中国煤炭建设监理 30 年
（1988—2018）

中国煤炭建设协会　编

煤 炭 工 业 出 版 社

·北　京·

图书在版编目（CIP）数据

中国煤炭建设监理30年：1988—2018/中国煤炭建设协会编．
--北京：煤炭工业出版社，2018

ISBN 978-7-5020-5802-9

Ⅰ．①中… Ⅱ．①中… Ⅲ．①煤矿—矿业建筑—工程施工—
监理工作—概况—中国—1988-2018 Ⅳ．①TU272.1 ②F426.9

中国版本图书馆CIP数据核字(2018)第198305号

中国煤炭建设监理 **30** 年 （1988—2018）

编　　者	中国煤炭建设协会
责任编辑	罗秀全
责任校对	孔青青
封面设计	王　滨

出版发行 煤炭工业出版社（北京市朝阳区芍药居35号　100029）
电　　话 010-84657898（总编室）　010-84657880（读者服务部）
网　　址 www.cciph.com.cn
印　　刷 北京建宏印刷有限公司
经　　销 全国新华书店

开　　本 787mm×1092mm$^1/_{16}$　**印张** 19　**字数** 456千字
版　　次 2018年9月第1版　2018年9月第1次印刷
社内编号 20181255　　　　　　**定价** 178.00元

编 辑 委 员 会

序

　　煤炭工业是我国的重要的能源支柱产业。长期以来，煤炭在我国一次能源生产和消费结构中的比重一直占70%和60%以上。改革开放以来，经过几百万煤炭人40年的不断拼搏、创新和改革发展，煤炭行业整体面貌发生了巨大变化，煤炭资源安全高效绿色智能化开发与清洁高效低碳集约化利用水平跃升世界先进行列，供应保障能力大幅提高，有力地支撑了国民经济和社会长周期持续健康发展。

　　我国建设监理制度于1988年开始试点，1997年《中华人民共和国建筑法》以法律制度的形式做出规定，从而使建设监理在全国范围内进入全面推行阶段。随着我国建设监理制度的试点和推行，建设监理业务便应运而生，并随着我国市场经济体制机制建设和发展，不断得到充实完善，逐渐成为工程建设程序的重要组成部分和建设工程实施的惯例。推行建设监理制度的目的是确保工程建设质量和安全，提高工程建设水平，充分发挥投资效益。

　　煤炭行业是我国最早开展建设监理试点的行业之一。30年来，我国煤炭建设监理企业从1家发展到120余家，从业人员从不足10人壮大到1.6万人；煤炭建设监理企业和全体工程技术人员，他们长年坚守在煤炭建设项目一线，恪尽职守、兢兢业业，在推进我国14个大型煤炭基地建设、促进大型现代化煤矿和安全高效矿井建设中做出了突出贡献。

　　30年来，煤炭行业在煤炭建设监理领域，逐步建立了一套比较完整的工程监理法规体系，创立了一套比较系统的工程监理理论，积累了一套比较成熟的工程监理经验，培养了一支素质较高的监理队伍，监理出一批效益良好的优质工程项目和鲁班奖项目，创立了一批信誉良好的监理企业。

　　30年来，煤炭行业在煤炭建设监理和项目管理方面进行了大量的实践和探索，结合行业特点制定了相应的管理办法，并在实践中逐步发展和完善，监理队伍不断发展壮大，市场行为逐步规范，基本形成了一个规模适度、专业齐全、有法可依、有章可循的煤炭建设监理体系。

　　30年来，中国煤炭建设协会坚持服务宗旨，积极发挥桥梁纽带作用，积极推动构建煤炭建设监理管理体系，逐步形成了以市场为基础、国际化为方向、信息化为支持的全过程咨询服务体系，形成了各类监理企业分工合理、竞争有序、协调发展的行业布局，为煤炭建设监理领域健康发展奠定了基础。

值此煤炭建设监理制度实施 30 周年之际，中国煤炭建设协会组织编制了《中国煤炭建设监理 30 年（1988—2018)》，总结和回顾了煤炭建设监理 30 年艰辛而富有成效的工作业绩，通过实际案例，深入总结了我国煤炭建设监理制度建立和创新的历史经验，对进一步推进煤炭建设工程科学化、集约化、规范化发展，增强企业创新意识，提高建设工程质量科学管理水平具有重要意义；也必将推动煤炭建设监理行业走上规范化、科学化的发展道路，使行业和企业树立科技创新意识，提高工程项目的科学化管理水平。

站在新的起点上，煤炭工业改革进入了新的发展阶段，开启了建设现代化煤炭经济体系的新征程。煤炭建设监理领域要深入贯彻落实党的十九大精神，坚持以习近平新时代中国特色社会主义思想为指导，深化煤炭供给侧结构性改革，深入推进理念创新、技术创新、模式创新，改造提升旧动能，培育发展新动能，努力开创煤炭建设事业新局面，为全面建成小康社会做出新的更大的贡献！

2018 年 8 月于北京

目　　次

第一章　煤炭建设监理人之歌

30 年岁月如歌

中煤中原（天津）工程监理有限公司　郑铁胜

30 年如歌岁月，
30 年执着探索，
30 个冬夏春秋我们一起走过。
30 年辛勤耕耘，
30 年丰硕收获，
30 年的光荣与梦想我们一起总结。
当 30 支深情和祝福的蜡烛点燃，
我们的心中激荡起含泪的喜悦。
当 30 朵明媚的鲜花在心头绽放，
我们的回忆里仿佛都是美丽的花朵。
30 年前，当第一个监理项目在晋南实施，
当第一批监理人在成庄矿井入住，
那里面承载了多少人的辛勤汗水，
那一刻，又有多少人在一瞬间泪光闪烁。
30 年后今天，看华夏大地中原的足迹遍布，
城市轨道交通监理占鳌头、领风骚，
这时间，又有多少人欢欣鼓舞、心潮澎湃。
30 年的风风雨雨，
辛勤耕耘的日子，艰苦创业的艰辛，
有多少感动你还记得，
又有多少真情让你不能忘却。
我们等待着一个日子，
可以把回忆一一梳理，
把往事一一总结。
我们盼望着一个时刻，
可以为今天的辉煌喝彩，
向真诚的朋友说声感谢。
这个日子就是今天，
就让我们把压抑已久的激情释放，

把无法按捺的祝福——诉说。
把时光凝聚的豪情播撒，
向世界大声宣布——
我们是中原监理人，我们自豪！
我们是工程监理者，我们欢乐！

煤炭监理三十抒怀

（五律）

中煤中原（天津）工程监理有限公司　郑铁胜

风雨三十载，
监理中原人。
胆似汉秦风，
情如巴蜀云。
煤田望远路，
地铁思责深。
殊途吾尔任，
辉煌明日心。

建设者之歌

鹤壁市鹤武工程建设监理有限公司　傅国庆

这里是矿区①中北部的一方高地，海拔228米是它的身姿，这里可以眺望矿区的一隅，这里曾是一片沉睡亿万年寂静的土地；而今在这方高地上飘逸着建设者的身影、飘扬着建设者的旗帜，这里是矿区重点建设项目的工地，是建设者唤醒了这块沉睡的土地。

这块高地的梦醒还要从矿区主力矿井扩建项目选址说起。方案比选，方案设计，资源相对集中优势，矿井系统合理布局，项目选址就在这里——矿区中北部的这方高地。

从那时起，勘探者的身影穿梭在这里，高高的钻塔在这里耸立，伴随着轰鸣欢快的钻歌声，拨开了厚重的黄土、唤醒了沉睡的土地。一米、一米、又一米，钻进、钻进、再钻进，厚重的黄土面世了，砂层和砾石也被请出来松松筋骨，不得了，新近系的地层②足足厚达三百米，创造了矿区新地层的厚度纪录史；钻进，继续向下钻进，熟悉的煤系地层揭开了，斑斓的岩石面世了，彩色的泥岩、坚硬的砂岩、致密的灰岩和喜人的闪耀着乌金光泽的煤层面世了，让人欣喜，令人陶醉……乃至一位爱好者将那根显示着地层沧桑纹理、长达两米的岩芯装饰于新房的博古壁；钻进，向下钻进，超越千米，达到终孔位置。宝贵的地质资料让人们欣喜，满足了人们探索的目的，验证了项目选址的正确和意义。同时也向建设者展示了项目建设的难度和艰巨，工程需要克服诸多罕见的技术难题——巨厚不良地层、超千米深井，这些都是国际难题。

设计，论证，优化，再设计，面对矿区首次遇到的厚达300米的新地层，河南第一口千米深井采用什么样的施工工艺？特殊凿井工艺还是普通凿井工艺？巨厚表土层，富水、高压流砂条件，深井提升、支护的困难，揭煤的安全和工期，这些难题不容忽视，不可忽视。普通凿井工艺需要克服富水、高压流砂的威胁，甚至陷于涌砂、工程报废的境地，需要有创新性、针对性的手段和工艺，才能实现安全、高效、经济的目的。特殊凿井工艺稳妥可靠，但是施工技术要求高、难度大，投资和工期都是一个令人不能小视的问题……论证、优化、设计，决策者们认真分析、果断决策，为了企业的发展，为了项目早日见到效绩，决定采用综合治水治砂普凿工艺，决定在这块高地上探索、创新，克服艰难险阻，打造建设者的丰功伟绩。严谨的方案、周密的施工组织设计、可靠的安全技术措施，围绕着工程项目建设拉开了前序。

建设者开进了工地，高地响起了铿锵的号子、飘起了鲜艳的红旗、洒满了建设者的足迹。井塔像巨人一样屹立。面对 1038 米的井筒主体，面对七米井径的设计，面对复杂困难的地层层序……建设者开始挑战世界难题。

井筒开挖了，探索地层的井筒开挖了，一米，两米，厚实的黄土见到阳光了，凝重纯净的岩石，孕育着地球生命的地层向建设者炫耀展示。十米、二十米、三十米、一百米，立井降水的措施，第一强含水层的通过安全顺利；井筒在延深着，一百米，二百米，斑斓的泥岩、砂岩、砾岩面世了，然而，超前探测的信息告诉建设者：260 米深位置的砂砾石层厚达 5 米，水力压强 1.6 兆帕，单孔涌水量达到 150 立方米/时，大量的涌砂、涌水……时刻对施工安全威胁、威逼。这是关键时刻，这是井筒安全施工面对的最大难题。面对从未遇到过的艰难条件，建设者挑战性的设计了一套套方案，进行了一次次试验，砂砾层置换注浆、帷幕加固、化学浆液封水补强，构筑人工围岩体！水泥的注入，置换了砂石，作业上百个回次，终达目的；效果检验、风险分析，坚定了建设者克服困难取得胜利的信心和意志。决策者、领导们来到了现场，技术人员、工人共同严谨组织、精心施工每一道工序，借助创造性的人工围岩技术成果，终于安全战胜了最困难的流砂砾石。二百八十米，三百米，新地层通过了，攻坚战成功了，建设者胜利了填补了同类工程条件施工技术的空白，同时也是解决了国际性的难题，为项目建设节约资金千万余，有效缩短了建设工期。

井筒向深部地层开挖着，开挖着，井筒揭开了煤系地层二叠系，伞钻③奏出铿锵的乐符，大抓④将矸石轻轻抓起，井筒在延深。面对新的困难，勇敢的建设者奋力搏击，连创月进尺百米⑤，刷新纪录，创造奇迹，建设者的伟绩在这里书写，新的纪录丰碑在这里树立。

这里是矿区中北部的一方高地，在这方高地上飘扬着建设者的旗帜、飘逸着建设者的身影，建设者在这里创造了辉煌的业绩，谱写了新的史诗！

注：
①指河南省北部的鹤壁矿区；
②指第四系、第三系的地层；
③伞状钻机，凿岩钻眼机具；
④像手指样的装岩机具；
⑤指 2009 年 4 月和 5 月井筒施工连创月进尺百米纪录。

第二章　煤炭建设监理行业发展回顾

伴随着我国改革开放的不断推进和深化，在 20 世纪 80 年代中后期，在借鉴世界先进的工程管理经验和方法，并结合我国国情，我国开始了试点工程监理制度，该制度是我国工程建设管理的一项重要制度，标志着我国工程建设的管理模式发生新的重大变革。经过 30 年的不断发展，工程监理制与法人责任制、招标投标制和合同管理制共同作用、相互促进，已成为我国工程建设管理的基本制度。它适应了社会主义市场经济发展和改革开放的要求，加快了工程建设管理方式的向社会化、专业化方向的步伐。

20 世纪 80 年代中期，党的十一届三中全会通过《中共中央关于经济体制改革的决定》，国务院决定在工程建设领域实行投资有偿使用、投资主体多元化、投资包干责任制及工程招标投标制等一系列重大的改革措施，标志着我国开始了由计划经济向社会主义市场经济转变，改变传统的工程建设管理方式势在必行。1988 年，建设部先后颁发了《关于开展建设监理工作的通知》和《关于开展建设监理试点工作的若干意见》，明确提出要建立建设工程监理制度。国家推行强制监理的一个重要目的是通过对监理企业法律责任的规定，促进建筑市场的规范，制约建设单位和施工单位的建设行为。煤炭行业是我国最早开始实行工程监理的行业之一。煤炭行业从 20 世纪 80 年代开始，就在山西常村煤矿采用项目管理模式，引进 Primaver Project Planner（P3）软件，由煤炭工业济南设计院等单位进行了中文版编译工作，对 P3 软件成功地进行了汉化；在原国家投资公司的支持下，举办多期培训班；在安太堡露天煤矿、济宁三号矿井等一批重点建设项目推广应用，均取得良好效果。

1988 年

1988 年 6 月 1 日，河南煤炭开发咨询服务公司（煤炭行业成立的第一家监理咨询公司，1999 年更名为河南工程监理咨询公司），与永夏矿区建设管理委员会签订陈四楼矿监理合同，对"陈四楼矿井及选煤厂工程"实行全过程监理，工程建设期历时 118 个月。河南永城陈四楼矿成为全国首批建设监理试点工程、河南省第一个建设监理试点项目。该矿设计生产规模 240 万吨/年，1990 年 7 月 26 日正式开工，1997 年 11 月投产移交，获部优工程奖。1990 年 8 月，在《建设监理》创刊号上刊登了介绍陈四楼项目监理工作经验的文章。

1988 年 7 月 25 日，城乡建设环保部印发《关于开展建设监理工作的通知》〔（1988）城建字第 142 号〕，决定参照国际惯例，建立具有中国特色的建设监理制度。

1988 年 11 月 28 日，建设部印发《关于开展建设监理试点工作的若干意见》〔（88）建建字第 366 号〕，《意见》决定将北京、上海、天津、南京、宁波、沈阳、哈尔滨、深圳八市和能源、交通两部的水电和公路系统作为全国开展建设监理工作的试点单位。

1989 年

1989 年 7 月 28 日，建设部印发《建设监理试行规定》[（89）建建字第 367 号]。该《规定》的目的是为了改革工程建设管理体制，建立建设监理制度，提高工程建设的投资效益，建立建设领域社会主义商品经济新秩序。

1989 年全国确定了 10 个专业项目进行建设监理的试点工作，其中，中国统配煤矿总公司委托中安设计工程公司对准格尔项目中心实行监理，工作内容也是全过程的管理，该项目历时 4 年。

1990 年

1990 年 9 月 17 日，建设部印发《关于加强建设监理培训工作的意见》[（90）建建字第 431 号]。该《意见》目的是提高建设监理队伍的素质，奠定建设监理的牢固基础，逐步向国际水平靠近，并使广大建设、设计和施工单位适应这项制度，加强建设监理的培训和普及建设监理知识。

1991 年

1991 年，煤炭工业部颁布了《煤炭建设监理暂行规定》《煤炭建设监理工程师资格考试及注册实施细则》《煤炭工程建设监理单位资质管理规定》，为煤炭工程监理制度有效实施提供了良好政策环境。

1991 年 5 月，我国免试确认首批监理工程师 100 名，规定监理工程师必须持证上岗。

1991 年 11 月 21 日，建设部与国家工商行政管理局以建法［1991］798 号文件发布《建筑市场管理规定》。

1992 年

1992 年 1 月 18 日，建设部发布《工程建设监理单位资质管理试行办法》（建设部第 16 号令），自 1992 年 2 月 1 日起实施。主要内容包括：监理单位的设立；监理单位的资质登记与监理业务范围；中外合营、中外合作监理单位的资质管理；监理单位证书管理；监理单位的变更与终止等。

1992 年 2 月 20 日，建设部印发《关于进一步开展建设监理的通知》［建建（1992）75 号］。

1992 年 6 月，建设部发布《监理工程师考试和注册试行办法》（建设部第 18 号令），自 1992 年 7 月 1 日起施行，我国开始实施监理工程师资格考试。

1992 年 9 月 18 日，国家物价局、建设部联合发布了《关于发布建设工程监理费的有关规定的通知》（价费字【1992】479 号），自 1992 年 10 月 1 日起实施。几年的实践表明，实行工程建设监理制度，在控制工期、投资和保证质量等方面都发挥了积极作用，保证了工程建设监理事业的顺利发展，维护了建设单位和监理单位的合法权益。

截止到 1992 年底，全国有 28 个省（自治区、直辖市）及国务院工业、交通等 20 个部门先后开展了建设监理工作。

1993 年

1993 年，中国建设监理协会成立，中国煤炭建设协会成为其会员单位。

1993 年煤炭部和中国煤炭建设协会在邢台共同召开了第一次煤炭建设监理工作会，同时成立了第一届中国煤炭建设协会建设监理委员会，通过了章程，确定了秘书长和理事单位名单。名誉理事长：毕孔耜，会长：赵景岐，副会长：安和人、张志德、赵俊奇、马志高、崔增祁、刘彦学，秘书长：刘玉峰。

1993 年，建设部公布了第一批 59 家甲级监理单位，建设监理进入了稳步发展阶段。煤炭工业部根据工程建设发展需要和工作形势，部署了结束试点、转向稳步发展工作。

1994 年

从 1994 年开始要求新开工基本建设项目均实行监理制度。1994 年 1 月 10 日，煤炭工业部、国家能源投资公司印发《关于印发〈煤炭工业基本建设项目成套设备工作暂行办法〉的通知》（煤办字【1994】10 号）。

1994 年 2 月 3 日，建设部、人事部联合印发《关于印发〈监理工程师资格考试试点工作的具体办法〉的通知》（建监【1994】99 号）。

1994 年 5 月，煤炭工业部印发《关于颁发〈煤炭工业建设工程质量监督办法〉的通知》。

1994 年 12 月 18 日，煤炭工业部批准成立"中国煤炭建设监理协会监理专业委员会"，煤炭工业部与中国煤炭建设协共同印发《关于同意成立中国煤炭建设协会监理专业委员会的通知》（中煤建协字【1994】第 11 号）。

截止到 1994 年底，煤炭行业成立了 33 家工程监理企业，从业人数 1503 人。首次全国考试通过 34 人，近 2000 人参加了建设部和煤炭行业监理工程师培训。

1995 年

1995 年 2 月，煤炭工业部印发《关于印发〈煤炭建设监理工程师资格考试及注册实施细则（试行）〉的通知》（煤规字［1995］51 号），其中包括监理工程师资格考试及考核、监理工程师注册等内容。

1995 年 3 月 11 日，中国建设监理协会印发《关于同意中国煤炭建设协会工程建设监理专业委员会加入中国建设协会的批复》［(95) 中建监协字第 04 号］，中国煤炭建设协会成为中国建设监理协会团体会员。

1995 年 4 月，国家开发银行业务局印发《关于加强煤炭工业基本建设项目成套设备工作监督管理的通知》（煤石综［1995］23 号）。

1995 年 5 月，煤炭工业部印发《关于认真执行〈煤炭工业基本建设项目成套设备工作暂行办法〉的通知》（煤规字【1995】105 号）。

1995 年 10 月，建设部、国家工商行政管理局印发了《工程建设监理合同（示范文本）》（GF 95—0202），规范了监理单位与业主的权责利关系。

1995 年 12 月，建设部、国家计委印发《关于印发〈工程建设监理规定〉的通知》（建监〔1995〕737 号），自 1996 年 1 月起实施。对工程监理服务的内容描述是"控制工程建设的投资、建设工期、工程质量，进行工程建设合同管理，协调有关单位间的工作关系"。

1995 年 12 月，煤炭工业部印发《关于颁发〈煤炭建设工程质量认证办法〉的通知》。

1995 年 12 月，建设部印发《关于表彰全国建设监理先进地区和部门、先进单位和工作者、支持监理工作先进单位的通报》（建监【1995】706 号），表彰了全国建设监理先进地区和部门 18 家，煤炭工业部规划发展司是其中之一；表彰了全国先进建设监理单位 51 家，其中煤炭行业西安煤炭建设监理中心、河南煤炭开发咨询服务公司获此荣誉；表彰了全国先进建设监理工作者 143 名，其中煤炭行业有赵俊奇、吴亚中、张敢、赵金岭、杨天常。

截止到 1995 年底，煤炭行业监理企业为 36 家，从业人员超过 1600 人，其中获得全国监理工程师资格的有 53 人，甲级监理单位 4 家。

1996 年

1996 年，我国开始全面推行建筑工程监理制度。为确保工程建设质量、进一步提高工程建设水平、充分发挥投资效益、促进煤炭行业工程建设监理事业的健康发展，自 1996 年起，煤炭行业不仅新开工建设的大中型项目全部实行监理，而且要求其他自由资金、多种经营、商业银行贷款等资金渠道的各类项目实行建设监理制。

1996 年，煤炭工业部办公厅印发了《关于深化煤炭基本建设改革的若干意见》。

1996 年 5 月，煤炭工业部印发《关于印发〈煤炭建设工程施工招投标管理办法〉的通知》，其中包括招标、投标、开标、评标、定标等内容。

1996 年 6 月，煤炭工业部印发《关于实行建设项目法人责任制的试行办法的通知》（煤基字【1996】282 号）。

1996 年 6 月，煤炭工业部印发《关于发布〈煤炭工程建设监理规定〉的通知》（煤基字【1996】254 号），其中包括监理的管理、监理的内容、委托监理与监理程序、监理单位与监理工程师、监理的主要职责、监理费用和监理效果评价、奖惩和争议的调解仲裁等内容。

1996 年 8 月煤炭工业部印发《关于印发〈煤炭工程建设监理单位资质管理办法〉的通知》（煤基字【1996】384 号），其中包括监理单位的设立、监理单位的资质等级与监理业务范围、监理单位的资质管理、监理单位的证书管理、监理单位的变更与终止等内容。

1996 年 8 月，建设部、人事部印发《建设部、人事部关于全国监理工程师执业资格考试工作的通知》（建监【1996】462 号），从 1997 年起，全国正式举办监理工程师执业资格考试。

1996 年 1 月，煤炭工业部办公厅印发了《关于表彰煤炭建设监理先进单位、先进工作者和支持监理工作先进单位的通知》（煤厅字【1996】13 号）。煤炭建设监理先进单位 5 家：西安煤炭建设监理中心、河南煤炭开发咨询服务公司、部武汉设计研究院中汉工程建设监理公司、部选煤设计院工程研究监理部和广东省重工业设计院工程监理部。煤炭建设监理先进工作者 13 名：赵俊奇、龚长发（西安煤炭建设监理咨询中心），吴亚中、林文书（部武汉设计研究院中汉工程建设监理公司），张志麻、张林洲（部西安设计研究院陕西中安监理公司），张敢、马天保（河南煤炭开发咨询服务公司），赵金岭（山西煤炭建设监理咨询公司），杨天常（部选煤设计研究院工程监理部），贺仁安（广东省重工业设计院工程监理部），单正良（部南京设计研究院工程建设监理公司），王学成（部邯郸设计研究院中原建设监理咨询公司），黄清霞（部太原设计研究院山西监理中太工程建设监理公司）。支持监理工作先进单位 5 家：河南永夏矿区建设管理委员会、陕西黄陵矿区建设管理委员会、山西霍州矿务局、华晋焦煤公司、淮北矿务局。

截至 1996 年，煤炭行业有注册监理工程师 781 人，完成监理项目 94 项，投资 137 亿元。

1997 年

1997 年，煤炭行业开始对新建、改扩建、技术改造项目、地方煤矿、地质勘探工程等全面实行建设监理制。

1997 年 3 月，国家计划委员会《印发〈国家计委关于基本建设大中型项目开工条件的规定〉的通知》（计建设【1997】352 号），其中包括"项目施工监理单位已通过招标选定"的要求和基本建设大中型项目施工组织设计大纲与编制的要求。

1997 年 4 月，煤炭工业部、国家工商行政管理局印发《关于印发煤矿建筑安装工程承包合同示范文本的通知》。

1997 年 11 月 1 日，第八届全国人民代表大会常务委员会第 28 次会议通过《中华人民共和国建筑法》，自 1998 年 3 月 1 日起施行。

截止到 1997 年底，煤炭建设监理单位发展到 71 家，其中甲级 14 家、乙级 14 家，煤炭甲级 13 家、煤炭乙级 3 家、临时资质 27 家；从业人员 4000 人，其中全国注册监理工程师 53 人。另外，中国煤炭建设协会举办了第一批煤炭行业总监理工程师考核认定，认定人数为 52 人。

1998 年

1998 年 2 月 9 日，煤炭工业部印发《关于发布〈煤炭建设监理项目总监理工程师任职资格管理办法〉的通知》（煤基字【1998】40 号）。

1998 年 3 月 1 日开始实施的《中华人民共和国建筑法》（1997 年 11 月 1 日第八届全国人大常委会第二十八次会议通过），为工程监理制度的有效实施提供了良好的法律法规以及政策环境，工程监理逐步走向法制化轨道。

1998 年按照煤炭工业体制改革的要求，煤炭部改为国家煤炭工业局，其职能发生了很大转变，同时加强了行业协会的作用，国家煤炭局将有关煤炭建设行业管理的具体职能全部划由中国煤炭建设协会承担。9 月 3 日国家煤炭工业局印发《关于印发国家煤炭工业局社会团体组织职能范围的通知》（煤司办字［1998］26 号）。

1998 年 10 月 16 日，中国煤炭建设协会《转发国家煤炭工业局关于印发〈国家煤炭工业局社会团体组织职能范围〉的通知》（中煤建协字［1998］33 号），其内容包括了中国煤炭建设协会负责煤炭建设监理单位资质和个人资格的具体审办工作等。

1988 年，向建设部申请并获甲级资质 6 家，即沈阳院诚信监理公司、北景园中京监理所、合肥院华夏监理公司、宁夏灵州工程监理咨询公司、山西煤炭建设监理公司和平顶山兴平建设监理公司。

截止到 1998 年，煤炭行业有监理单位 77 家（其中合格 71 家），其中甲级资质 17 家、乙级 54 家（其中合格 52 家）、临时资质 6 家。

1999 年

1998 年底至 1999 年，国家煤炭工业局撤销，其部分职能划到行业协会，行业协会由国家经贸委管理。

1999 年，中国煤田地质总局发布《关于矿产资源补偿煤田地质勘查项目监理工作的通知》，规范地质勘探监理的合同文本。

1999 年 8 月 30 日，第九届全国人民代表大会常务委员会第十一次会议通过《中华人民共和国招标投标法》，自 2000 年 1 月 1 日起施行。

1999 年 10 月，中国建设监理协会评选全国先进工程建设监理单位 65 家，其中煤炭行业 2 家，即煤炭工业部南京设计研究院南京华宁工程建设监理公司和西安煤炭建设监理中心；另有蒋胜舫、赵俊奇、尹显志获优秀总监理工程师称号。与此同时，通过申报评选出煤炭行业先进工程建设监理单位 13 家和行业优秀总监理工程师 23 位。

1999 年 10 月 28 日，中国煤炭建设协会发文给建设部《关于对参加全国监理工程师资格考试通过人员（第二批）进行注册的报告》（中煤建协函【1999】35 号），将煤炭行业通过全国监理工程师考试、符合注册条件的 5 人进行上报。

截止到 1999 年，煤炭行业有监理单位 77 家（其中合格 71 家），其中甲级资质 17 家、乙级 54 家（其中合格 52 家）、临时资质 6 家。煤炭行业从事监理的工程技术人员约 5300 人，其中，全国注册监理工程师 1012 人、行业注册监理工程师 2900 余人、行业总监理工程师近 600 人。全年在监项目 612 项（投资 716.67 亿元），项目的种类和范围已涉及 10 多个行业，其中行业内 298 项投资 362.65 亿元、行业外 314 项投资 354.02 亿元。

2000 年

2000 年 1 月 10 日，国务院第 25 次常务会议通过《建设工程质量管理条例》（中华人民共和国国务院令第 279 号），自 2000 年 1 月 30 日起施行。

2000 年，建设部颁发《建设工程监理规范》（GB 50319—2000），这是建设监理制度的又一次历史性突破。《建筑法》和《建设工程监理规范》标志着我国建设监理行业的发展进入了新阶段。同年，中国煤炭建设协会监理专业委员会召开第二届会员代表大会。名誉理事长：毕孔耕，理事长：安和人，副理事长：范振启、赵俊奇、贾元、刘天宇、罗鹤年，秘书长：高新建，副秘书长：李安居、张钦邦、许以俪。会议期间颁布了《中国煤炭建设协会建设监理委员会管理办法（讨论稿）》，并聘任了全国煤炭建设监理与项目管理专家。

2000年1月13日，交通部印发《关于公布第十批公路工程监理工程师审批结果的通知》（交公路发【2000】82号），批准了173位同志资质变更、631位同志具有公路工程监理工程师资格、1919位同志具有公路专业监理工程师资格，其中包括中国煤炭建设协会组织报送并通过资质评审的监理工程师13人、专业监理工程师76人。公路工程监理工程师：张永亭、邱明学、黄忠义、桂宁、邰俊凯、李泽民（B、F）、刘宏才（B、F）、宋光华、金天、夏吉光、程永昌、张百祥、刘家山（B、F）。公路工程专业监理工程师：郭永强、付熙照、姚清宝、楚念明、杨朝阳、刘辉、付建中、黄贤坤、程荣富、朱殿甲、顾晓林、鲍涛、刘荣球、高胜阳、冯建华、窦玉康、李德春、刘顺朝、李全清、单秀英、王长疗、史坚、冯冠学、陶建勋、姚习康、孙光辉、史先如、霍建平、秦友华、赵敏、鱼云龙、范效思、杨建华、王军强、王建良、杨学祥、浦毅、屈磊、罗一明、李相甲、郭超、王忠山、徐勇、张漫雪、王成利、刘少臣、沈森林、徐连利、陈广达、王双高、郑友毅、田秋清、刘兴洲、刘传新、崔鲁平、李建江、谢宁、符一飞、何昔银、汪旭、谭友春、张卫东、王晓鹏、卫荣富、张雪冬（F）、焦丽娜（F）、刘辉文（D）、王宏光（F）、马民强（F）、马建恒（F）、王锐峰（B）、张全文（B）、崔光理（F）、张增继（F）、伍育群（F）、罗典异（D）、刘铁鸣（B）、杜锋（B）、高中文（B）、李全荣（D）、陆芳（F）、刘素芬（F）、寇涛（B）、宋伟（B）、吴凡（F）、孙凤革（F）。

2000年2月11日，建设部、国家工商行政管理局印发《关于印发〈建设工程委托监理合同（示范文本）〉的通知》（建建【2000】44号），该合同（示范文本）（GF—2000—0202）是对1995年建设部、国家工商行政管理局联合颁布的《工程建设合同（示范文本）》（GF 95—0202）的修订，原示范文本同时废止。

2000年5月26日，中国煤炭建设协会印发《关于表彰煤炭行业先进工程建设监理单位和优秀总监理工程师的通知》（中煤建协字【2000】033号），表彰煤炭行业先进工程建设监理单位13家、优秀总监理工程师23名。煤炭行业先进工程建设监理单位（13家）：河南工程咨询监理公司、广东重工建设监理有限公司、煤炭工业工业部济南设计研究院工程建设监理公司、陕西中安监理公司、开滦矿务局建设工程监理部、徐州矿业建设监理有限公司、辽宁诚信建设监理有限责任公司、武汉中汉工程建设监理公司、山西省煤炭建设监理有限公司、黑龙江宏业工程建设监理有限责任公司、宁夏灵州工程监理咨询公司、山西煤炭建设监理咨询公司、北京康迪建设监理咨询公司。煤炭行业优秀总监理工程师（23名）：邢金林、马世通、刘立明、赵建华、徐龙卿、苏新瑞、乔付军、李景山、李涛、杨启何、马忠仁、聂云龙、白纯真、张苏智、李万箱、张百祥、叶建平、林文书、刘俊珠、吴自伟、宋义先、李德汉、王毅。

2000年9月29日，中国煤炭建设协会发文给交通部基本建设质量监督总站《关于申报第十一批交通公路工程监理工程师资格的报告》（中煤建协【2000】第58号），报送煤炭行业申报第十一批交通公路工程监理工程师资格者160人（监理工程师53人、专业监理工程师 107 人）。

2000 年 10 月 19 日，中国煤炭建设协会发文给建设部《关于煤炭行业申请 2000 年全国监理工程师注册的报告》（中煤建协字【2000】061 号），报送了煤炭行业 68 人申请监理工程师注册的资料。

2000 年 12 月 7 日，国家质量技术监督局、建设部发布《建设工程监理规范》（GB 50319—2000），自 2001 年 5 月 1 日起实施。

据统计，截止到 2000 年 7 月，煤炭行业管理并注册的监理单位有 80 余家，其中，甲级监理资质 20 家，煤炭行业甲级 29 家、乙级 29 家、临时资质 5 家。

2001 年

2001 年 1 月 16 日，国家经贸委印发《关于印发〈国家经贸委主管行业协会管理意见〉的通知》（国经贸产业【2001】57 号），明确中国煤炭建设协会为中国煤炭工业协会的代管协会，业务主管单位是国家经贸委。

2001 年 1 月 17 日，建设部印发《建设工程监理范围和规模标准规定》（建设部第 86 号令），目的是为了确定必须实行监理的建设工程项目具体范围和规模标准，规范建设工程监理活动。该规定自发布之日起施行。

2001 年 3 月 14 日，交通部印发《关于公布第十一批公路工程师审批结果的通知》（交公路发【2001】111 号），其中煤炭行业 15 家监理企业（煤炭部南京设计院华宁监理公司名单在江苏盛名册内）取得公路工程监理工程师资格者 61 人，其中公路工程监理工程师 12 人、公路工程专业监理工程师 49 人。公路工程监理工程师：潘兴、董振诗、梁军、林文书、李强、裴祥勋、颜东峰、沈宗约、徐晋鹏、杜金寿、解晓明、吕文捷。公路工程专业监理工程师：于大方、郭晓红、贺小何、倪崇义、曹映、吴小军、李振文、李树澄、回春武、訾友发、杜连义、刘尚荣、杨建勋、孙锡本、郭峰、刘威、高术平、韩凤飞、刘崇禄、马建荣、李梁沂、满德军、崔长龙、贾建华、江培信、师民、吴成法、王丕亮、苏静、张义显、赵学鸿、单金富、曹一林、周君武、艾先文、曹茂川、曹洁民、韩蜀、李英慧、范晓飞、胡学斌、张旺、宋冠军、蒋永铨、纪少卿、丁越峰、田军、曹全民、刘晓东。

2001 年 8 月 29 日，建设部颁布第 102 号令《工程监理企业资质管理规定》，自发布之日起施行。内容包括资质等级和业务范围、资质申请和审批、监督管理等。

2001 年 11 月 14 日，建设部印发《关于印发〈工程监理企业资质管理规定实施意见〉的通知》（建市【2001】229 号），内容包括资质申请、主项资质和增项资质、申报材料、审批、年检、证书的发放要求等。

2001 年 12 月 26 日，中国煤炭建设协会发文给交通部基本建设质量监督总站《关于煤炭行业申报 2001 年度交通公路专业监理工程师资格的报告》（中煤建协【2001】096 号），报送煤炭行业申报 2001 年度公路工程专业监理工程师资格者 93 人。

2001 年国家质量监督检验检疫总局开始筹备建立"设备工程监理制度"，中国煤炭建设协会参与了相关政策、标准的制定与编制，并反映企业诉求。11 月国家质量监督检验检疫总局、国家发展计划委员会、国家经济贸易委员会联合印发《设备监理管理暂行办法》（国质检质联【2001】174号）。

截至2001年，据统计煤炭行业监理企业近90家，其中具有建设部颁发的甲级资质企业近30家（其中大部分企业同时具有行业的甲级资质），乙级资质企业近60家。

2002 年

2002年，中国煤炭建设协会制定《煤炭行业工程监理工程师资格和注册管理办法》，并配合建设部印发《关于加快建立建筑市场有关企业和专业人员信用档案的通知》（建市【2002】155号）和《房屋建筑工程施工旁站监理管理办法（试行）》，建立了《煤炭行业监理企业单位手册》。

2002年5月1日，建设部出台并实施《建设工程项目管理规范》（GB/T 50326—2001）。

2002年6月，建设部印发《关于加快建立建筑市场有关企业和专业技术人员信用档案的通知》。

2002年6月18日，交通部印发《关于公布第十二批公路工程专业监理工程师首期审批结果的通知》（交公路发【2002】253号），其中经中国煤炭建设协会推荐通过的有17人。第十二批公路工程专业监理工程师（首期）：李桎、陈安全、于俊生、任广庆、曹佩芳（D）、王健（E）、安华强（F）、侯振荣、姜海峰、姚建刚、张原丁、侯永祥、刘凤禄、卫德、刘建英、李丹一（D）、郭春青。2002年7月19日，交通部印发《关于公布第十二批公路工程专业监理工程师第二期审批结果的通知》（交公路发【2002】253号），其中经中国煤炭建设协会推荐通过的有12人。第十二批公路工程专业监理工程师（第二期）：尹民安（B）、王作庭（B）、王胜军、李安、朱济堂、王锋、李嘉（F）、于景瑞（F）、纪恩富、张会莉、金成华、崔荣（F）。

2002年7月17日，建设部印发《关于印发〈房屋建筑工程施工旁站管理办法（试行）〉的通知》（建市［2002］189号），自2003年1月1日起施行。

2002年9月，中国煤炭建设协会印发《关于表彰煤炭行业先进建设监理企业、优质工程监理企业、优秀项目总监理工程师和优秀监理工程师的通知》（中煤建协字【2002】093号），评选出煤炭行业先进建设监理企业17家，优质工程监理企业7家，优秀项目总监理工程师46名，优秀监理工程师71名。煤炭行业先进建设监理企业：辽宁诚信建设监理有限责任公司、平顶山中平工程监理有限公司、河北煤炭建设监理咨询公司、淮北市淮武工程建设监理有限责任公司、湖南中湘建设工程监理咨询有限公司、河南工程咨询监理公司、淮南国汉建设监理咨询公司、开滦（集团）有限责任公司工程建设监理部、南京华宁工程建设监理公司、武汉中汉工程建设监理公司、煤炭工业部济南设计研究院工程建设监理公司、兖矿集团邹城长城工程建设监理有限公司、山西省煤炭建设监理有限公司、北京康迪建设监理咨询公司、徐州矿业建设监理有限公司、双鸭山双威工程建设监理有限责任公司、重庆中庆监理工程公司。煤炭行业优质工程监理企业：河北煤炭建设监理咨询公司、淮南国汉建设监理咨询有限公司、平顶山市兴平工程建设监理有限公司、河南工程咨询监理有限公司、平顶山中平工程监理有限公司、兖矿集团邹城长城工程建设监理有限公司、煤炭工业部济南设计研究院工程建设监理公司。煤炭行业优秀项目总监理工程师：曹全民、宣始青、张家勋、王先锋、史秉元、王云台、李威彬、王金禄、关玉奇、李强、何军、白靖、丛德俊、孙连静、梁军、张振远、王秀成、陈永乾、张喜明、郑滨涛、王毅、刘晓光、秦佳之、王国明、高剑锋、刘兴华、蒋胜舫、孟肖、孟远林、刘志章、王亨民、李建新、孙世民、周齐林、俞黎明、李广义、刘扬、马葭林、郭长胜、代红、张钦邦、孙升来、董际海、王惠芳、张杰、杨启何。煤炭行业优秀监理工程师：王富庭、史国正、齐岩、王瑞兰、刘鲜美、郑月新、张高明、乔顺东、杨仲武、周永昌、蒋端生、肖敏、薛晓光、徐光华、左君、张润英、张国亚、于俊生、王鲁、李永清、王明亮、王希平、佟杰、宋恩普、杨光、高凤祥、刘灿华、赵建平、周建宇、李清良、李栓贵、刘志伟、杨海雁、李振伟、张帮勇、李献忠、杨同新、俞彩芬、王殿俊、吴添泉、宋正明、易天镜、孙宇勇、黎树林、陆以智、高术平、崔建星、邱传波、汲广跃、张永亭、陈安全、左永红、许子伯、王叶青、张云泽、刘树东、杨健、高云翔、盖喜秋、吴东清、范仁富、张磊、王立京、信恒生、罗大鹏、崔忠文、肖进国、王月番、王强、陈锡福、王大梁。

2002 年 11 月，国家质量监督检验检疫总局发布第 28 号局令《设备监理单位资质管理办法》，自 2002 年 12 月 1 日起施行。

2002 年 12 月 5 日，人事部、建设部联合印发《建造师执业资格制度暂行规定》（人发【2002】111 号），这标志着我国建立建造师执业资格制度的工作正式启动。

2003 年

2003 年 3 月，建设部印发《关于培育发展工程总承包和工程项目管理企业的指导意见》（建市【2003】30 号），明确了工程总承包和工程项目管理的基本概念和主要方式，并提出了推行的具体措施。

2003 年 7 月 16 日，中国煤炭建设协会对 1996 年煤炭工业部制定的《煤炭工程建设监理规定》进行修订，并根据新的行业管理体制和行业协会组织企业实行自律的要求，印发《关于印发〈煤炭行业工程建设监理自律管理试行办法〉的通知》（中煤建协字【2003】71 号），对收费标准、监理工作标准和人员配备标准予以明确。同年还印发了《煤炭建设监理工程师管理办法》《煤炭行业总工程师管理办法》。

2003 年 10 月 29 日，人事部、国家质量监督检验检疫总局印发《注册设备监理师执业资格制度暂行规定》（国人部发【2003】40 号）。

2003 年 11 月 12 日，国务院第 28 次常务会议通过《建设工程安全生产管理条例》（中华人民共和国国务院令第 393 号），自 2004 年 2 月 1 日起施行。

截至 2003 年底，煤炭行业工程监理企业有 45 家，企业从业人员 2700 余人，注册监理工程师 514 人，煤炭行业监理工程师 1214 人。

2004 年

2004 年，中国煤炭建设协会成为中国设备监理协会会员。

2004 年 9 月中国建设监理协会发布《关于表彰优秀总监理工程师和优秀监理工程师的通知》（中建监协【2004】8 号），表彰全国优秀总监理工程师 86 人，其中煤炭行业 3

人：山西煤炭建设监理咨询公司孟维民、河南工程咨询监理公司曹全民、煤炭工业部济南设计研究院工程建设监理公司秦佳之；表彰全国优秀监理工程师 180 人，其中煤炭行业 6 人：石家庄新世纪建设监理有限公司张沫、陕西中安监理公司左永红、宁夏灵州工程监理咨询公司刘大智、安徽华夏建设监理有限责任公司吴本勇、煤炭工业部邯郸设计研究院中原建设监理咨询公司李春清、重庆中庆监理工程公司汪平。中国煤炭建设协会安和人为中国建设监理协会第四届常务理事，煤炭工业部济南设计研究院工程建设监理公司秦佳之、煤炭工业邯郸设计研究院中原建设监理咨询公司郭庆华、河南工程咨询监理公司赵立新为中国建设监理协会理事。

2004 年 11 月 16 日，住建部颁布《关于印发〈建设工程项目管理试行办法〉的通知》（建市【2004】200 号）。为了促进我国建设工程项目管理健康发展，规范建设工程项目管理行为，不断提高建设工程投资效益和管理水平，依据国家有关法律、行政法规制定该办法。

截至 2004 年底，煤炭建设监理单位有 80 家，监理企业合同额 32833.34 万元，企业从业人数 5964 人，注册监理工程师 1734 人，煤炭行业监理工程师 3344 人。

2005 年

2005 年 1 月，国家质量监督检验检疫总局印发《注册设备监理执业资格注册管理办法》（国质检人【2005】50 号）。

2005 年 9 月 9 日，中国设备监理协会印发《关于认可注册设备监理师执业资格注册登记机构的通知》（中设协通字【2005】29 号）。根据国家质量监督检验检疫总局《注册设备监理师执业资格注册管理办法》的规定，全国设备监理行业自律组织为注册设备监理师执业资格注册管理机构，负责注册设备监理师执业资格注册管理工作。中国煤炭建设协会为有注册登记机构资格的 47 家之一，其机构编号 CAPECIRA206。煤炭行业内通过人事部、国家质检总局共同考核认定的设备监理师均在中国煤炭建设协会办理注册。

2005 年 9 月 28 日，建设部发布《建设工程质量检测管理办法》（建设部令第 141 号），自 2005 年 11 月 1 日起施行。其第十三条规定：质量检测试样的取样应当严格执行工程建设标准和国家规定，在建设单位或工程监理单位监督下现场取样。

2005 年 7 月，据中国煤炭建设协会的煤炭建设监理统计数据，煤炭行业 78 家参加了统计，2004 年监理企业总合同额 31306.86 万元，企业从业人数 5088 人、注册监理工程师 1446 人、煤炭行业监理工程师 2822 人。

2006 年

2006 年，为贯彻和落实《煤炭行业工程建设监理自律管理办法》，针对一些建设单位、监理企业反映监理市场恶性压价、存在着用不正当的方法取得项目的问题，中国煤炭建设协会组织主要监理企业召开了自律工作座谈会议，分析煤炭建设监理投标中存在的问题，提出了煤炭建设监理的服务质量，在讨论达成共识的基础上共同签订了《煤炭建设监理企业自律公约（试行）》。

2006 年，随着煤炭地质工程的大规模开展，在地质监理企业和建设单位的大力支持下，中国煤炭建设监理协会监理专业委员会在对地质工程监理工作进行了大量调研的基础上，组织地质监理企业编制了《煤炭地质工程建设监理导则》。

2006 年 1 月 26 日，建设部颁布《注册监理工程师管理规定》（建设部第 147 号令），自 2006 年 4 月 1 日起实行。其包括注册、执业、继续教育、权利和义务、法律责任等内容。

2006 年 4 月 17 日，建设部印发《关于印发〈注册监理工程师注册管理工作规程〉的通知》（建市监函【2006】28 号）。该规程包括三部分内容：注册申报表及网上申报要求、申报材料要求、注册申报程序等。

2006 年 4 月 28 日，建设部印发《关于由中国建设监理协会组织开展注册监理工程师继续教育工作的通知》（建办市函【2006】259 号）。

2006 年 6 月 12 日，国家发展和改革委员会、国土资源部、建设部、国家安全生产监督管理总局、国家煤矿安全监察局联合印发《关于加强煤炭建设项目管理的通知》（发改能源【2006】039 号），其内容包括：加强地质勘查管理、严格建设项目核准、严把设计质量关、规范施工和监理招投标、实行项目开工备案、明确安全监管责任、规范竣工验收程序和严格各类资质管理。

2006 年 6 月 28 日，中国煤炭建设协会根据 2005 年对煤炭行业 80 余家建设监理企业统计及其主要经济技术指标排序，印发《关于公布煤炭行业建设监理企业 2005 年度综合实力前 15 名的通知》（中煤建协字【2006】54 号）。煤炭行业建设监理企业 2005 年度综合实力前 15 名：陕西中安监理公司、河南工程咨询监理公司、重庆中庆监理工程公司、山西诚正建设监理咨询有限公司、南京华宁工程建设监理公司、安徽华夏建设监理有限责任公司、西安煤炭建设监理中心、煤炭工业邯郸设计研究院中原建设监理咨询公司、煤炭工业部济南设计研究院工程建设监理公司、宁夏灵州工程监理咨询公司、江苏盛华工程监理咨询有限公司、山西宇通建设工程项目管理有限公司、北京康迪建设监理咨询公司、神东监理有限责任公司、辽宁诚信建设监理有限责任公司。

2006 年 9 月 20 日，建设部印发《关于印发〈注册监理工程师继续教育暂行办法〉的通知》（建市监函【2006】62 号），明确了继续教育学时、教育内容、方式、培训单位和监督等要求。

2006 年 10 月 16 日，建设部印发《关于落实建设工程安全生产监理责任的若干意见》（建市［2006］248 号）。

2006 年 12 月 25 日，中国煤炭建设协会印发《关于表彰 2006 年煤炭行业先进监理企业及优秀监理企业、优秀项目总监理工程师及优秀专业监理工程师和优质工程监理企业的通知》（中煤建协字【2006】113 号），表彰了 2006 年煤炭行业先进监理企业 11 家、优秀监理企业 16 家、优秀项目总监理工程师 75 人、优秀专业监理工程师 71 人、优质工程监理企业 5 家（表 2-1）。2006 年煤炭行业先进建设监理企业：北京康迪建设监理咨询公司、中煤邯郸中原建设监理咨询有限责任公司、山西宇通建设工程项目管理有限公司、山西诚正建设监理咨询有限公司、神东监理有限责任公司、辽宁诚信建设监理咨询有限责任公司、煤炭工业部济南设计研究院工程建设监理公司、重庆中庆监理工程公司、中煤陕西中安项目管理有限责任公司、西安煤炭建设监理中心、宁夏灵州工程监理咨询公司。2006 年煤炭行业优秀建设监理企业：唐山开滦工程建设监理有限公司、河北煤炭建设监理咨询公司、山西中太工程建设监理公司、山西煤炭建设监理咨询公司、山西省煤炭建设监理有限公司、沈阳方正建设监理有限公司、淮北市淮武工程建设监理有限责任公司、兖矿集团邹城长城工程建设监理有限公司、平顶山中平工程监理有限公司、平顶山兴平工程建设监理有限公司、湖南中湘建设工程监理咨询有限公司、武汉中汉工程建设监理公司、中煤涿州地质技术咨询开发中心、山东煤炭地质工程勘查研究院、河南煤炭地质监理事务所、昆明恒岩地质工程监理有限公司。2006年煤炭行业优秀项目总监理工程师：郑春才、王砚锋、张云利、韩宝玉、倪世顺、马健生、杜连仲、郭迎波、雷振华、李彦、盛习德、孙继锋、赵友合、王云台、史国政、王富庭、王成社、张云泽、张兆祥、王叶青、张成虎、张永会、郝彦青、冯晓建、张国安、聂新明、孙利群、杨文平、汪峰、商广海、艾先文、董立稳、舒克勇、刘家纯、白云山、王振捷、孙柏永、曹宝元、刘玉峰、朱春山、鄂义利、温洪志、罗国丰、赵志红、吴本勇、宋玉国、吾买尔·伊不拉音、秦璐、易天镜、宋正明、吴添泉、刘兴华、孔钢、秦德诚、陈增福、张祖峰、张利新、张家勋、张延军、王永轩、夏学红、包冠军、宣始青、倪琳、徐连利、胡川、赵兴忠、李西安、高忠文、孙同仁、郭清杰、赵雄、高术平、李广义、杨俊青、李威斌。2006年煤炭行业优秀专业监理工程师：李广和、王明国、单立辉、杨富栋、高志和、杨胜坡、韩长朴、杨运金、齐岩、赵冠军、许向东、王岳栋、陈兴华、黄站正、刘树东、张修武、周润明、赵丽茵、陈拉存、郭增世、王晓勤、杨立新、李小雄、党小民、王宏田、肖立群、赵世燕、张明文、陈飞、常庆滨、付显民、郭忠义、李银龙、陈忠年、崔景清、苗泽善、陈建峰、曹金銮、蔡春芳、刘庆云、刘选超、孙群、王本猛、赵勇、李修政、高剑峰、孙岩、李峰、高舜、孔令春、宋福星、梁道纪、许志涛、李正军、裴有名、赵全明、孔锦屏、牛志刚、于俊生、胡振东、王鲁、李建刚、陈全成、吴新群、宁琴贵、蒋端生、唐德荣、许飞、陈家厚、田正茂、陶春艳。

表2-1　2006年煤炭行业优质工程监理企业

监理企业名称	获　奖　项　目
宁夏灵州工程监理咨询公司	"宁夏灵州煤矿羊场湾二矿原煤、末煤储仓及装车系统工程"获2004年度全国煤炭行业"太阳杯"工程
神东监理有限责任公司	"陕西神东公司榆家梁矿地面生产系统改扩建工程""陕西神东公司榆家梁矿产品仓工程"获2005年度全国煤炭行业优质工程
山西宇通建设工程项目管理有限公司	"山西官地矿970水平皮带输送机安装工程"获2005年度全国煤炭行业优质工程
平顶山兴平工程建设监理有限公司	"河南平顶山一矿三水平提升副井安装工程""河南开封碳素厂串接石墨化针状焦车间及沥青仓库工程""河南平顶山十矿三水平新回风立井井筒工程"获2004年度全国煤炭行业优质工程
枣庄科信工程建设监理公司	"山东枣庄滨湖矿井工程"获2005年度全国煤炭行业"太阳杯"工程

2006年5月，据中国煤炭建设协会的煤炭建设监理统计数据，煤炭行业68家参加了

统计，2005 年监理企业总合同额 51140 万元，总营业收入 29352.96 万元，企业最高收入 1280 万元。企业从业人数 6896 人，其中注册监理工程师 1204 人，煤炭行业监理工程师 3009 人。

2006 年 6 月，住建部市场监管司发布《2005 年度建设工程监理统计资料》。2005 年参加统计的全国建设工程监理企业 5927 个（矿山工程 117 个），甲级资质企业 1296 个（矿山工程：主营 11 个+非主营 31 个）、乙级资质企业 2043 个（矿山工程：主营 18 个+非主营 39 个）、丙级资质企业 2588 个（矿山工程：主营 6 个+非主营 12 个）。2005 年末，工程监理企业从业人员 433193 人（矿山工程 3359 人），注册执业人员 98683 人（矿山工程 627 人）。

2007 年

2007 年，国家发展改革委、国家安全监管总局、国家煤矿安监局印发的《煤矿安全改造项目管理暂行办法》，强调了煤矿安全改造项目实行工程监理制。工程监理单位受煤矿安全改造项目法人委托，公正、独立、自主地开展监理业务，对煤矿安全改造项目的投资、工期和质量等实行全过程的监理。11 月 23 日国家发展改革委发布《煤炭产业政策》，从煤炭产业布局、准入、技术、安全、节约利用和环境保护等方面提出了要求，其中提到"开办煤矿或者从事煤炭和煤层气资源勘查，以及煤矿建设项目设计、施工、监理、安全评价等应具备相应资质"。中国煤炭建设协会监理专业委员会配合建设部和国家发展改革委制定《建设工程监理与相关服务收费标准》，在煤炭建设监理企业内开展监理收费工作的普查和调研工作，提出了比较完善的煤炭监理与项目管理收费标准和案例，并派人参加了由住建部牵头组织的《建设工程监理与相关服务收费标准》的编制。还参与了中国建设监理协会对建设监理工作如何发展、监理项目人员配备和开展项目管理可行性等课题的研究。

2007 年 3 月 30 日，国家发展和改革委员会、建设部联合印发《关于〈建设工程监理与相关服务收费管理规定〉的通知》（发改价格【2007】670 号），规定收费管理规定和收费标准，自 2007 年 5 月 1 日起执行。原国家物价局、建设部下发的《关于发布工程建设监理费有关规定的通知》[（1992）价费字 479 号] 自本规定生效之日起废止。

2007 年 5 月 31 日，建设部印发《关于印发〈工程监理企业资质标准〉的通知》（建市【2007】131 号），规定工程监理企业资质分为综合资质、专业资质（甲级、乙级、丙级和事务所）。

2007 年 6 月 26 日，住建部印发《工程监理企业资质管理规定》（建设部令第 158 号），规定了资质等级的划分、标准、业务范围，资质申请和审批，监督管理和法律责任等内容，自 2007 年 8 月 1 日起施行。

2007 年 7 月 31 日，住建部印发《关于印发〈工程监理企业资质管理规定实施意见〉的通知》（建市【2007】190 号），内容包括：资质申请条件、申请材料、受理审查程序、证书和监督管理等。

2007 年 10 月，人事部、国家质量监督检验检疫总局下发《关于〈注册设备监理师执业资格制度暂行规定〉、〈注册设备监理师执业资格考试实施办法〉和〈注册设备监理师执业资格考核认定办法〉的通知》，明确中国煤炭建设建设为煤炭行业注册设备师的注册初始点。

2007年，中国建设监理协会发布《关于表彰2006年度先进工程监理企业、优秀总监理工程师、优秀监理工程师和优秀协会工作者的决定》（中建监协【2007】3号），表彰新进工程监理企业92家，其中煤炭行业的中煤邯郸中原建设监理咨询有限责任公司、中煤陕西中安项目管理有限公司2家获此荣誉；同时表彰105名优秀总监理工程师，其中煤炭行业的白云山（辽宁诚信建设监理有限责任公司）、刘大智（宁夏灵州工程监理咨询公司）、易天镜（煤炭工业部济南设计研究院工程建设监理公司）3人获此荣誉；表彰188名优秀监理工程师，其中煤炭行业的杨兴伟（山西宇通建设工程项目管理有限公司）、陈怀耀（山西煤炭建设监理咨询公司）、代红（山西省煤炭建设监理有限公司）、韩还高（山西诚正建设监理咨询有限公司）关玉奇（平顶山市兴平工程建设监理有限公司）、王宏光（中煤陕西中安项目管理有限责任公司）、鲁长权（安徽华夏建设监理有限责任公司）7人获此荣誉。同年，建设部印发《关于2007年度中国建筑工程鲁班奖（国优工程）获奖单位的通报》（建质【2007】272号），95项工程获得2007年度中国建筑工程鲁班奖（国家优质工程）。

2007年12月，中国建设监理协会发布《关于表彰共创鲁班奖工程监理单位与总监理工程师的通报》（中建监协【2007】16号），其中煤炭行业山西煤炭建设监理咨询公司监理的"山西煤炭进出口集团公司职工集资住宅楼"（总监理工程师：孟建民）、安徽华夏建设监理有限公司监理的"国投新集刘庄煤矿工程"（总监理工程师：徐向荣）、枣庄科信工程建设监理公司监理的"枣庄矿业（集团）有限责任公司滨湖矿井"（总监理工程师：徐浩东）、山西煤炭建设监理咨询公司监理的"潞安矿业屯留煤矿主井系统机电安装工程"（总监理工程师：陈怀耀）获得"共创2007年鲁班奖工程监理企业"荣誉称号。

2007年6月，据中国煤炭建设协会的煤炭建设监理统计数据，煤炭行业71家参加了统计，2006年监理企业总合同额58140万元，总营业收入35353万元，企业最高收入1699万元，企业平均收入497.95万元。企业从业人数7696人，其中注册监理工程师1804人，煤炭行业监理工程师3509人。煤炭行业排名前15名监理企业的营业收入均超过1500万元，前20名监理企业的营业收入均超过1000万元。

2008 年

2008年3月，为加强煤炭地质工程项目监理与项目管理，提高煤炭地质工程监理和项目管理工作的质量和水平，中国煤炭建设协会结合煤炭地质勘查工程及其监理工作的具体情况，组织编制并印发《关于发布〈煤炭地质工程监理导则（试行）〉的通知》（中煤建协【2008】21号），自2008年4月1日起试行。

2008年7月25日，中国建设监理协会印发《关于公布第一批注册监理工程师继续教育培训单位的通知》（中建监协【2008】15号），首批58家培训单位包括中国煤炭建设协会推荐的矿山专业继续教育的两所院校，即中国矿业大学和山东科技大学。

2008年7月24日，中国煤炭建设协会印发《关于公布煤炭行业建设监理企业2007年度综合实力前20名的通知》（中煤建协字【2008】59号）。煤炭行业建设监理企业2007

年综合实力前 20 名：山西省煤炭建设监理有限公司、山西诚正建设监理咨询有限公司、中煤陕西中安项目管理有限责任公司、煤炭工业邯郸设计院中原建设监理咨询公司、河南工程咨询监理有限公司、安徽国汉建设监理咨询有限公司、河南中豫建设监理有限公司、山西煤炭建设监理咨询公司、安徽华夏建设监理有限责任公司、中煤国际工程集团重庆设计研究院、西安煤炭建设监理中心、江苏盛华工程监理咨询有限公司、北京康迪建设监理咨询有限公司、宁夏灵州工程监理咨询公司、沈阳方正建设监理有限公司、河南兴平工程管理有限公司、神东监理有限责任公司、山西宇通建设工程项目管理有限公司、辽宁诚信建设监理有限责任公司、煤炭工业济南设计研究院有限公司。

2008 年 9 月 28 日，中国煤炭建设协会印发《关于表彰煤炭行业先进建设监理企业、优质工程监理企业、优秀项目总监理工程师、优秀监理工程师和特殊贡献者的通知》（中煤建协字［2008］73 号），表彰了煤炭行业建设先进监理企业 20 家、优质工程监理企业 4 家（表 2-2）、优秀项目总监理工程师 92 名、优秀监理工程师 69 名、特殊贡献者 8 名。2008 年煤炭行业先进建设监理企业：北京中煤国际工程集团华宁工程监理有限公司、北京康迪建设监理咨询公司、山西省煤炭建设监理有限公司、山西煤炭建设监理咨询公司、山西中太工程建设监理公司、山西宇通建设工程项目管理有限公司、山西诚正建设监理咨询有限公司、中煤陕西中安项目管理有限责任公司、西安煤炭建设监理中心、辽宁诚信建设监理有限责任公司、中煤国际工程集团重庆设计研究院、沈阳方正建设监理有限公司、河南工程咨询监理有限公司、平顶山市兴平工程建设监理有限公司、宁夏灵州工程监理咨询公司、煤炭工业部济南设计研究院工程建设监理有限公司、安徽华夏建设监理有限责任公司、淮北市淮武工程建设监理有限公司、中煤涿州地质技术咨询开发中心、昆明恒岩地质工程监理有限公司。优秀项目总监理工程师：郑春才、单立辉、周庆武、左清孝、李建平、刘发国、李泽春、王砚峰、王立新、崔景清、冯玉金、孙国柱、陈怀耀、杨兴伟、张华文、李杭、李顺利、徐永旭、范晓飞、胡志刚、郭卫斌、黄建华、吴国基、吉斌、郑行军、韩信群、任延辉、李忠维、于景瑞、张家勋、李保周、蔡长军、张延军、李献忠、宣始青、梁大蔚、李树奎、刘辉文、唐德荣、许飞、楚念明、孟远林、张凯、李汝明、王国庆、梁敏、于俊生、李永清、王云台、史国正、王富庭、张云泽、易天镜、宋正明、吴添泉、孙岩、孔钢、王本猛、韩信群、赵红志、吴国正、吴本勇、孔德奉、宋长喜、乔顺东、程玉荣、曹金銮、雷振华、赵友合、戴保平、商广海、党晓民、李小熊、高树民、赵丽茵、王晓勤、陈翠芳、丁三有、陈拉存、吴可、韩秀杰、赵瑞平、冯平均。优秀监理工程师：靳昭辉、王文硕、侯毅、郭涛、董新国、曹永政、黄清华、黄新民、张瑜、贺小军、吴小辉、俞勇、梁旭光、邓生祥、张树森、谢帅众、魏化东、杨建平、周同川、张永成、李东、付熙照、王修利、李伟扬、贾常青、陈安全、张雪、冯俊杰、胡振东、齐岩、许向东、王叶青、张云泽、任浩军、张建平、吴刚、牛宇翔、李学明、李翔、帅永祯、王殿俊、秦德诚、孔祥玺、吴宝利、宋恩强、鲍士阔、刘庆云、刘选超、周世虎、陈勇、秦道谋、陈家茂、王昌友、陈运志、孙继锋、段浩、王丙湘、王宝明、田克敏、王春、王建军、王利文、马晋平、任好军、王宏田、汪锋、刘建炯、韩德林、晏嘉。煤炭工程建设监理特殊贡献者：赵国源、张振义、高明德、秦佳之、徐贵孝、姚建华、张家勋、黄清霞。

2008 年 11 月 12 日，住房和城乡建设部印发《关于印发〈关于大型工程监理单位创建工程项目管理企业的指导意见〉的通知》（建市【2008】226 号），对工程项目管理企业的基本特征、创建工程项目管理企业的基本原则和措施等作出了规定。

2008年11月8日，国家发展和改革委员会印发《关于印发中央政府投资项目后评价管理办法（试行）的通知》（发改投资【2008】2959号）。

2008年，中国煤炭建设协会监理专业委员会总结煤炭建设监理20年的工作方式和经验，编写完成《煤炭工业建设工程监理与项目管理导则》。另外，四川汶川大地震后中国煤炭建设协会接到国家质量监督检验检疫总局向各专业协会发出成立援救专家组的通知，立即向煤炭行业有注册设备监理师的企业发出号召，得到了安徽华夏建设监理咨询公司、山西省煤炭建设监理有限公司、开滦建设监理有限公司、山西阳泉诚正建设监理有限公司等企业和注册设备师的积极响应。

2008年，经住建部批准中国建设监理协会组织评选中国工程监理大师，11月中国建设监理协会印发《关于授予龚花强等六十四名同志中国工程监理大师的决定》。全国共授予了64名中国工程监理大师，其中煤炭行业秦佳之、张百祥2人获"中国工程监理大师"称号。

2008年11月，中国建设监理协会印发《关于表彰中国建设监理创新发展20年工程监理先进企业、优秀总监理工程师、优秀监理工程师和建设监理协会优秀工作者的决定》（中建监协【2008】26号），表彰中国监理创新20年工程监理企业181家，其中煤炭行业的山西煤炭建设监理咨询公司、中煤陕西中安项目管理有限公司获此荣誉；同时表彰的165名优秀总监理工程师中，煤炭行业的陈怀耀（山西煤炭建设监理咨询公司）、雷振华（中煤邯郸中原建设监理咨询有限责任公司）2人获此荣誉；表彰的238名优秀监理工程师中，煤炭行业的展永春（山西煤炭建设监理咨询公司）、习明修（河南中豫建设监理有限公司）、关玉奇（平顶山市兴平工程建设监理有限公司）、李保周（河南工程咨询监理有限公司）、侯晓明（中煤国际工程集团重庆设计研究院）、李东（中煤陕西中安项目管理有限责任公司）6人获此荣誉。

2008年度，中国建筑工程鲁班奖工程98项，其中煤炭行业煤炭工业济南设计研究院有限公司监理的"新矿集团龙固矿井及洗煤厂工程"（总监理工程师：易天镜）、宁夏灵州工程监理公司监理的"宁夏羊场湾矿井工程"（总监理工程师：赵利东）、安徽国汉建设监理咨询有限公司监理的"淮南矿业集团顾桥矿井工程"（总监理工程师：黄靖）获得"共创2008年鲁班奖工程监理企业"荣誉称号。

2008年6月，据中国煤炭建设协会的煤炭建设监理统计数据，煤炭行业99家参加了统计，2007年监理企业总合同额96119万元，总营业收入63802万元，企业最高收入3706万元，企业平均收入644.5万元。企业从业人数1100人，其中注册监理工程师1760人，煤炭行业监理工程师（监理员）65000人。

表2-2　2008年煤炭行业优质工程监理企业

企 业 名 称	项 目 名 称
山西煤炭建设监理有限公司	"山西屯留煤矿主井井筒工程"获2006年优质工程奖
平顶山市兴平工程建设监理有限公司	"河南开封碳素厂串接石墨针状焦车间及沥青仓库工程"获2005年煤炭行业优质工程及"太阳杯"奖
河北金石煤业监理有限责任公司	"河北陶二矿改扩建副井井筒工程"获煤炭行业优质工程奖
淮北市淮武工程建设监理有限责任公司	"安徽蜀北矿井副井井筒工程"等获2007年煤炭行业优质工程奖

2009 年

2009 年 1 月，中国煤炭建设协会组织编写的《全国注册监理工程师继续教育培训选修课教材：矿山工程》，由中国建筑工业出版社出版。

2009 年 7 月，国家安监总局、国家煤矿安监局、国家发展和改革委员会、国家能源局印发《关于进一步加强煤矿建设项目安全工作的通知》（安监总煤【2009】146 号）。

2009 年 10 月，中国煤炭建设协会建设监理专业委员会召开第三届会员代表大会，完成了第三届理事会的换届工作，并印发《关于印发中国煤炭建设协会建设监理委员会第三届理事会组成的通知》（中煤建协【2009】115 号）。中国煤炭建设协会建设监理专业委员会第三届理事会组成：会长为中国煤炭建设协会安和人，副会长为煤炭工业郑州设计研究院有限公司董事长杨彬、中煤西安设计工程有限责任公司副总经理丛山、北京康迪建设监理咨询有限公司总经理张钦邦、山西省煤炭建设监理有限公司总经理苏锁成、河南工程咨询监理有限公司董事长赵立新、煤炭工业济南设计研究院有限公司总经理助理秦佳之、山西诚正建设监理咨询有限公司董事长刘万江、山西煤炭建设监理咨询公司总经理李建业，秘书长为中国煤炭建设协会许以俪，副秘书长为中煤陕西中安项目管理有限责任公司总经理张百祥、安徽华夏建设监理有限责任公司总经理姚联盟、河南工程咨询监理有限公司董事长张家勋、北京合力通工程咨询有限公司经理王顺、北京中煤国际工程集团华宇工程有限公司监理分公司经理杜连仲、山西省煤炭建设监理有限公司技术负责人代红。

2009 年，煤炭行业的安徽国汉建设监理咨询有限公司、广东重工建设监理有限公司 2 家企业取得了住建部颁发的"监理企业综合资质"，中煤设备工程监理公司、山西诚正建设监理咨询有限公司 2 家企业取得国家质量监督检验检疫总局颁发的设备监理甲级资质。有 2 人获得"香港注册测量师"称号。

2009 年 10 月 13 日中国煤炭建设协会"关于印发《煤炭建设工程监理与项目管理自律管理办法》和《煤炭建设工程监理与项目管理暂行规程》"（中煤建协【2009】123 号）。

2009 年 10 月 10 日，中国煤炭建设协会根据 2008 年对煤炭行业 90 余家企业统计及其主要经济指标综合排序，印发《关于公布煤炭行业建设监理企业 2008 年度综合实力前 20 名的通知》（中煤建协字【2009】112 号）。煤炭行业建设监理企业 2008 年度综合实力前 20 名：山西省煤炭建设监理有限公司、山西诚正建设监理咨询有限公司、中煤陕西中安项目管理有限责任公司、煤炭工业邯郸设计研究院中原建设监理咨询公司、河南工程咨询监理公司、安徽国汉建设监理咨询有限公司、河南中豫建设监理有限公司、山西煤炭建设监理咨询公司、安徽华夏建设监理有限责任公司、中煤国际工程集团重庆设计研究院、西安煤炭监理中心、江苏盛华工程监理咨询有限公司、北京康迪建设监理公司、宁夏灵州工程监理咨询公司、沈阳方正建设监理咨询公司、河南兴平工程管理有限公司、神东监理有限责任公司、山西宇通建设工程项目管理有限公司、辽宁诚信建设监理有限责任公司、煤炭工业济南设计研究院有限公司。

2009 年 11 月，中国建设监理协会发布《关于表彰 2009 年度共创鲁班奖工程监理企业与总监理工程师的决定》（中建监协【2009】30 号），对 2009 年度中国建筑工程鲁班奖工程90项工程的监理企业和总监理工程师进行表彰，其中煤炭行业煤炭工业济南设计研究院有限公司监理的"济南卷烟厂易地技术改造项目联合工房""聊城市人民姻缘医疗保健中心"（总监理工程师：易天镜）、中煤陕西中安项目管理有限责任公司监理的"西安电子科技大学新校区公共教学楼群行政与图书馆"（总监理工程师：李东）、西安煤炭建设监理中心监理的"陕西彬长矿业集团有限公司办公大楼"（总监理工程师：徐永旭）获得"共创2009年鲁班奖工程监理企业"荣誉称号。

2009年，中国煤炭建设协会参与了中国设备监理协会组织的《把握设备工程的特点、规范，促进工程监理管理体系建设研究》报告的编写。

2009年6月，据中国煤炭建设协会的煤炭建设监理统计数据，煤炭行业103家参加了统计，2008年监理企业总合同额1161856万元，总营业收入77718万元，企业最高收入8756万元，企业平均收入754.5万元。企业从业人数12000人，其中注册监理工程师2000人，煤炭行业监理工程师（监理员）7000人、注册设备师149人。

2009年6月，住建部市场监管司发布《2008年度建设工程监理统计资料》。2008年参加统计的全国建设工程监理企业6080个（矿山工程132个），其中综合资质企业17个，甲级资质企业1695个（矿山工程：主营14个+非主营29个），乙级资质企业2221个（矿山工程：主营15个+非主营52个），丙级资质企业2146个（矿山工程：主营6个+非主营16个），事务所资质1个。2008年末，工程监理企业从业人员542526人（矿山工程5102人），注册执业人员122155人（矿山工程724人）。

2010 年

2010年，中国煤炭建设协会组织编写《煤炭建设工程监理与项目管理自律管理办法和暂行规程》宣贯及继续教育讲义，并印发《煤炭行业监理工程师继续教育培训管理办法（试行）》。

2010年4月10日，国家发展和改革委员会、国家能源局、国家安全生产监督管理总局、国家煤矿安全监察局联合印发《关于进一步加强煤矿建设项目安全管理的通知》（发改能源【2010】709号）。

2010年，中国煤炭建设协会为适应煤炭监理事业的快速发展，启动了《煤炭地质工程监理规程》修订工作，中国煤炭建设协会组织召开多次专门会议进行统稿和修改。2010年5月，在西安启动《煤炭地质工程监理规程》修订工作；2010年10月，在银川召开会议，对规程进行了第二次修编；2010年12月，在成都召开会议，对规程进行了第三次修编；2011年3月将规程上网进行了公示；2011年7月20日，中国煤炭建设协会发布了《煤炭地质工程监理规程（试行）》。

2010年6月3日，中国煤炭建设协会印发了《关于公布首批"全国煤炭建设监理与项目管理专家"名单的通知》（中煤建协字【2010】49号），全国煤炭建设监理与项目管理专家（表2-3）参与相关政府部门的政策制定及行业标准的编审、煤炭建设监理与项目管理的理论及行业发展研究、行业专业技术人员培训和煤炭行业建设项目的咨询服务等。

2010年6月，中国煤炭建设协会印发《煤炭行业监理工程师继续教育培训管理办法》，并公布《煤炭行业监理工程师继续教育师资名单》（中煤建协函字【2010】85 号）。

2010 年 6 月 22 日，中国煤炭建设协会印发《关于 2009 年度煤炭建设监理企业 20 强名单的通知》（中煤建协字【2010】60 号）。2009 年度煤炭建设监理企业 20 强名单：中煤陕西中安项目管理有限责任公司、中煤邯郸中原建设监理咨询有限责任公司、山西省煤炭建设监理有限公司、广东重工建设监理有限公司、山西煤炭建设监理咨询公司、山西诚正建设监理咨询有限公司、煤炭工业郑州设计研究院有限公司、北京康迪建设监理咨询有限公司、西安煤炭建设监理中心、沈阳方正建设监理有限公司、宁夏灵州工程监理咨询公司、安徽华夏建设监理有限责任公司、河南兴平工程管理有限公司、中煤国际工程集团重庆设计研究院、河南工程咨询监理公司、神东监理有限责任公司、安徽国汉建设监理咨询有限公司、山西宇通建设工程项目管理有限公司、江苏盛华工程监理咨询有限公司、江苏广厦建设监理有限公司。

2010 年 10 月 15 日，中国煤炭建设协会印发《关于表彰煤炭行业先进建设监理企业、十佳监理部、优秀总监理工程师、优秀监理工程师和优秀监理成果的通知》（中煤建协字【2010】86 号），表彰 2010 年煤炭行业先进建设监理企业 17 家、煤炭行业十佳监理部（表 2-4）、煤炭行业优秀总监理工程师 59 人、煤炭行业优秀监理工程师 82 人和 8 项煤炭行业优秀监理成果（表 2-5）。煤炭行业先进建设监理企业：中煤国际及工程集团北京华宇工程有限公司、中煤国际工程集团重庆设计研究院、中煤陕西中安项目管理有限责任公司、中煤邯郸中原建设监理咨询有限责任公司、神东监理有限责任公司、宁夏灵州工程监理咨询有限公司、山西中太工程建设监理公司、山西煤炭建设监理咨询公司、山西诚正建设监理咨询有限公司、沈阳方正建设监理有限公司、阜新德龙工程建设监理有限公司、江苏广厦建设监理有限公司、安徽华夏建设监理有限责任公司、煤炭工业济南设计研究院有限公司、兖矿集团邹城长城工程建设监理有限公司、河南兴平工程管理有限公司、西安煤炭建设监理中心。煤炭行业优秀总监理工程师：远继星、郑春才、张世民、周庆武、单立辉、黄建华、俞黎明、尹耀林、王砚峰、刘发国、王立新、段浩、苑玉杰、雷振华、高忠文、贾常青、张永成、杨建华、韩德林、张玉峰、刘建炯、代保平、党晓民、商广海、郑月新、刘永升、史国正、王云台、王富庭、齐岩、孙利祥、崔科斌、孟旭东、白纯真、苏新瑞、侯毅、杨立新、刘凤林、温洪志、韦彩凤、郭忠义、曹金銮、余国海、吴本勇、徐向荣、孙岩、王本猛、孔钢、蔡长军、李献忠、夏学红、顾耀德、张家勋、杨国正、关玉奇、周克剑、徐永旭、吴成法、李顺利。煤炭行业优秀监理工程师：宁琴贵、郑新文、王久远、刘扬、陶春艳、李广义、杨俊普、苑玉杰、雷振华、王丙湘、段浩、李进、李现恩、李海波、苏亮、王明刚、刘启文、郭清杰、张春陆、王勤旺、李小雄、任好军、于海洋、柯彦相、刘玉江、郭公义、焦玉旺、姚建文、俞红泉、刘春彦、孟凡春、聂士同、金龙、梁立华、王传金、李忠贤、杨勇、王玉良、曹洪滨、刘云坤、刘善义、张兴春、周步强、袁玉庭、陈家茂、潘忠、苏长利、孔祥钰、李修政、邹本田、聂化明、王永轩、王伟修、陈广胜、李峰、宋福星、谢瑞君、孔令春、马钦民、孟明福、叶红彦、白秋贵、李柏成、彭述鸿、余力航、徐宏月、林鑫亮、康美玉、徐光伟、薛建国、薛瑞明、乔佳、王红维、梁敏、李祥元、杜玮、张春民、王德晓、杨新民、贾永民、索建军、郭俊。

表2-3　全国煤炭建设监理与项目管理专家名单

序号	单　位　名　称	姓名
1	煤炭工业济南设计研究院有限公司	秦佳之
2	中煤陕西中安项目管理有限责任公司	张百祥
3	河南工程咨询监理公司	张家勋
4	中煤国际工程集团北京华宇工程有限公司	向　毅
5	山西诚正建设监理咨询有限公司	吕保金
6	中煤涿州地质技术咨询开发中心	张玉峰
7	河南省煤炭地质勘察研究院	徐连利
8	山东科技大学资源与土木工程系	贾宏俊
9	山东科技大学资源与土木工程系	王祖和
10	中国矿业大学建筑工程学院	赵　利

表2-4　煤炭行业煤炭行业十佳监理部

企　业　名　称	监　理　部　名　称
中煤陕西中安项目管理有限责任公司	察哈素矿井及选煤厂工程项目监理部
中煤涿州地质技术咨询开发中心	宁夏鲁能甜水河及李家坝煤炭勘探工程监理部
神东监理有限责任公司	万利布尔台矿井项目监理部
宁夏灵州工程监理咨询有限公司	枣泉煤矿项目监理部
山西煤炭建设监理咨询公司	第四监理部
山西诚正建设监理咨询有限公司	寺家庄矿井工程监理部
铁法煤业集团建设工程监理有限责任公司	长城窝堡大强项目监理部
河南工程咨询监理有限公司	河南焦煤公司赵固二矿监理部
河南兴平工程管理有限公司	平宝煤业有限公司首山一矿建设项目监理部
西安煤炭建设监理中心	陕西彬长公司咸阳基地项目监理部

表2-5　煤炭行业优秀监理成果

企　业　名　称	成　果　项　目
中煤陕西中安项目管理有限责任公司	华能能源交通产业公司青岗坪煤矿井筒工程监理实施细则——李树奎　顾建华　李西安　左永红　孟肖　李嘉喜
	西安电子科技大学"巨构"项目质量创优监理成果与监理工作总结——李东　左永红　王红维　胡维炜　朱青岗　贾凤仪　乔培俊　周心思
中煤邯郸中原建设监理咨询有限责任公司	内蒙古蒙泰不连沟煤矿主、副斜井工程监理实施细则——苑玉杰　闫成涛　杜传民　庞明

表 2-5（续）

企 业 名 称	成 果 项 目
山西省煤炭建设监理有限公司	晋煤集团赵庄 600 万吨/年矿井工程监理实施细则——苏新瑞　张云奎　刘建平　杨文平　李芳文　葛晓伟
山西诚正建设监理咨询有限公司	阳煤总姻缘创伤急救大楼工程监理工作规划与实施细则——冯晓建　戴生良　刘建生　胡金芳　刘玉复　赵李茵　李红梅
安徽华夏建设监理有限责任公司	安徽淮南矿业集团顾桥矿井监理实施细则——吴本勇　汤久国　徐向荣　刘选超　张宣龙
煤炭工业济南设计研究院有限公司	山东济宁泗河口煤港口码头工程监理规划、细则及总结——秦佳之　易天镜　王本猛　李庆芳　吴少生　王国明　孙宇勇　吴添泉　潘忠　罗向云　秦德诚
	广西金桂纸浆厂工程监理规划、细则及总结——秦佳之　王本猛　易天镜　孙群　李庆芳　李修正　张健　孙宇勇　罗向云　秦德诚

2010 年 12 月，中国建设监理协会发布《关于表彰 2010 年度先进工程监理企业、优秀总监理工程师、优秀监理工程师、协会优秀工作者的决定》（中建监协【2010】33 号），表彰全国先进工程监理企业 147 家，其中煤炭行业的山西煤炭建设监理咨询公司、安徽国汉建设监理咨询有限公司、河南兴平工程管理有限公司、广东重工建设监理有限公司、中煤陕西中安项目管理有限责任公司、宁夏灵州工程监理咨询有限公司、中煤邯郸中原建设监理咨询有限责任公司、山西诚正建设监理咨询有限公司 8 家获此荣誉；同时表彰的全国 155 名优秀总监理工程师中，煤炭行业的筍松平（中煤邯郸中原建设监理咨询有限责任公司）、刘万江（山西诚正建设监理咨询有限公司）、陈怀耀（山西煤炭建设监理咨询公司）、黄靖（安徽国汉建设监理咨询有限公司）、刘万敏（煤炭工业郑州设计研究院有限公司）、关玉奇（河南兴平工程管理有限公司）5 人获此荣誉；表彰的全国 203 名优秀监理工程师中，煤炭行业的崔科斌（山西省煤炭建设监理有限公司）、侯毅（山西煤炭建设监理咨询公司）、席立群（河南工程咨询监理有限公司）、李威彬（湖南中湘建设工程监理咨询有限公司）、梁敏（中煤陕西中安项目管理有限责任公司）、赵利东（宁夏灵州工程监理咨询有限公司）6 人获此荣誉。

2010 年 12 月，中国煤炭建设协会编写了《煤炭建设监理行业发展报告》，该报告分六个部分，介绍了煤炭行业发展，即煤炭建设监理行业发展基本情况、煤炭建设监理行业现状分析、煤炭建设监理行业运行分析、煤炭建设监理行业发展环境分析、煤炭建设监理行业发展目标和对煤炭建设监理与项目管理行业发展的建议。

2010 年 6 月，据中国煤炭建设协会的煤炭建设监理统计数据，煤炭行业 108 家参加了统计，2009 年监理企业总合同额 178914.86 万元，总营业收入 110382.51 万元，企业最高收入 5818 万元，企业平均收入 1022 万元。企业从业人数 16376 人，其中注册监理工程师 2309 人（其中注册矿山工程专业 565 人）、注册设备师 149 人、注册造价师 249 人，煤炭行业监理工程师 4513 人、煤炭行业监理员 1802 人，中级职称以上人数占到总人数的 60.29%。

2010 年 6 月，住建部市场监管司发布《2009 年度建设工程监理统计资料》。2009 年参加统计的全国建设工程监理企业 5475 个（矿山工程 95 个），其中综合资质企业 49 个，甲级资质企业 1917 个（矿山工程：主营 134 个+非主营 309 个），乙级资质企业 1999 个（矿山工程：主营 14 个+非主营 36 个），丙级资质企业 1496 个（矿山工程：主营 1 个+非主营 1 个），事务所资质 14 个。2009 年末，工程监理企业从业人员 581973 人（矿山工程 5414 人），注册执业人员 130194 人（矿山工程 717 人）。

2011 年

2011 年 4 月 22 日，第十一届全国人民代表大会常务委员会第二十次会议通过《关于修改〈中华人民共和国建筑法〉的决定》。

2011 年 7 月 20 日，为进一步保证煤炭建设工程质量，提高煤炭设备工程监理的管理水平，规范监理行为，促进设备工程监理规范化、制度化和标准化，在《煤炭建设工程监理与项目管理自律管理办法》《煤炭建设工程监理与项目管理暂行规程》和《设备工程监理规范》（GB/T 26429—2010）的基础上，中国煤炭建设协会印发《煤炭设备工程监理规程（试行）》（中煤建协字【2011】64 号），自 2011 年 8 月 1 日实施。该规程明确了煤炭设备工程监理的工作程序和工作方法。

2011 年 7 月 20 日，中国煤炭建设协会发布《关于印发〈煤炭地质工程监理规程（试行）〉的通知》（中煤建协字【2011】64 号）。该规程将监理人员、机构、内容、程序、规划、细则、监理工作通用方法及通用勘查手段提炼出来，精简明了，便于使用。根据规程试用过程中的实际情况，增加了地质调查、矿井地质勘查、工程地质勘察等监理内容，在矿产资源勘查中增加了水资源勘查、地热资源勘查、非常规天然气资源勘查等监理内容。

2011 年 12 月 20 日，国务院发布《中华人民共和国招标投标法实施条例》（国务院令第 613 号），自 2012 年 2 月 1 日起施行。

2011 年 7 月，据中国煤炭建设协会的煤炭行业监理统计数据，2010 年底煤炭行业工程监理企业 110 家，监理企业总合同额 208667.57 万元，总营业收入 138058.6 万元，监理企业总从业人数 18985 人，国家注册监理工程师 2173 人，注册设备师 208 人，煤炭行业监理工程师 5430 人、监理员 2642 人。

2011 年 6 月，住建部市场监管司发布《2010 年度建设工程监理统计资料》。2010 年参加统计的全国建设工程监理企业 6106 个（矿山工程 105 个），其中综合资质企业 57 个，甲级资质企业 2148 个（矿山工程：主营 16 个+非主营 29 个），乙级资质企业 2272 个（矿山工程：主营 12 个+非主营 48 个），丙级资质企业 1605 个，事务所资质企业 24 个。2010 年末，工程监理企业从业人员 675397 人（矿山工程 7564 人），注册执业人员 141433 人（矿山工程 783 人）。

2012 年

2012 年 3 月，中国煤炭建设协会组织编写完成了《全国注册监理工程师继续教育培训选修课教材：矿山工程（第二版)》。

2012 年 10 月，中国建设监理协会印发《关于表彰 2011—2012 年度先进工程监理企业、优秀总监理工程师、优秀专业监理工程师及监理协会优秀工作者的决定》（中建监协 [2012] 25 号），表彰全国先进工程监理企业 134 家，其中煤炭行业的山西煤炭建设监理咨询公司、煤炭工业济南设计研究院有限公司、中煤陕西中安项目管理有限责任公司 3 家获此荣誉；同时表彰的全国 157 名优秀总监理工程师中，煤炭行业的崔科斌（山西省煤炭建设监理有限公司）、刘自鑫（河南兴平工程管理有限公司）、李献忠（河南工程咨询监理有限公司）、赵雄（中煤陕西中安项目管理有限责任公司）4 人获此荣誉；表彰的全国 198 名优秀监理工程师中，煤炭行业的陆艳鹏（山西煤炭建设监理咨询公司）、张雪（河南兴平工程管理有限公司）、孟远林（中煤陕西中安项目管理有限责任公司）、张世民（中煤国际工程集团北京华宇工程有限公司）、石宏广（河南工程咨询监理有限公司）、陈安松（安徽华夏建设监理有限责任公司）6 人获此荣誉。据住房和城乡建设部统计，2012 年全国工程监理企业 6605 个，工程监理收入排名前 100 名企业中煤炭行业的山西省煤炭建设监理有限公司名列第 11 名。

2012 年 5 月 25 日，中国煤炭建设协会根据对 2011 年煤炭行业 111 家建设监理企业统计及其主要经济指标汇总排序，印发《关于公布 2011 年度煤炭建设监理企业营业收入与合同额前 20 名的通知》（中煤建协字【2012】61 号）。2011 年度煤炭建设监理企业营业收入前 20 名：山西省煤炭建设监理有限公司、广东重工建设监理有限公司、安徽国汉建设监理咨询有限公司、西安煤炭建设监理中心、北京康迪建设监理咨询有限公司、煤炭工业郑州设计研究院有限公司、山西煤炭建设监理咨询公司、中煤陕西中安项目管理有限责任公司、煤炭工业济南设计研究院有限公司、山西诚正建设监理咨询有限公司、河南工程咨询监理公司、沈阳方正建设监理有限公司、山西宇通建设工程项目管理有限公司、宁夏灵州工程监理咨询公司、中煤邯郸中原建设监理咨询有限责任公司、中煤科工集团南京设计研究院、江苏盛华工程监理咨询有限公司、安徽华夏建设监理有限责任公司、中煤科工集团重庆设计研究院、河南兴平工程管理有限公司。2011 年度煤炭建设监理企业合同额前 20 名：山西省煤炭建设监理有限公司、山西宇通建设工程项目管理有限公司、广东重工建设监理有限公司、中煤陕西中安项目管理有限责任公司、安徽国汉建设监理咨询有限公司、山西煤炭建设监理咨询公司、北京康迪建设监理咨询有限公司、河南工程咨询监理公司、山西诚正建设监理咨询有限公司、辽宁诚信建设监理有限责任公司、沈阳方正建设监理有限公司、山西中太工程建设监理公司、煤炭工业郑州设计研究院有限公司、煤炭工业济南设计研究院有限公司、河南兴平工程管理有限公司、陕西建安工程监理有限公司、安徽华东建设监理咨询有限公司、中煤科工重庆设计研究院、中煤邯郸中原建设监理咨询有限责任公司、中煤科工集团南京设计研究院。

2012 年 11 月 12 日，中国煤炭建设协会印发《关于表彰煤炭行业先进监理企业、双十佳监理部、优秀总监理工程师、监理工程师和优秀监理工作成果的通知》（中煤建协字【2012】134 号），表彰了度煤炭行业先进建设监理企业 20 家、双十佳监理部（表 2-6）、煤炭行业优秀总工程师 59 人、优秀监理工程师 101 人和 7 项监理工作成果（表 2-7）。2012 年煤炭行业先进建设监理企业：中煤国际工程集团北京华宇工程有限公司、中煤科工集团重庆设计研究院、中煤邯郸中原建设监理咨询有限责任公司、中煤陕西中安项目管理有限责任公司、中煤地质工程总公司（监理分公司）、邯郸市中煤华盛地质工程监理有限责任公司、唐山开滦工程建设监理有限公司、山西中太工程建设监理公司、山西煤炭建设监理咨询公司、山西宇通建设工程项目管理有限公司、山西华台煤田地质新技术中心、山西诚正建设监理咨询有限公司、沈阳方正建设监理有限公司、淮北市淮武工程建设监理有限责任公司、煤炭工业济南设计研究院有限公司、河南工程咨询监理有限公司、湖南中湘建设工程监理咨询有限公司、广东重工建设监理有限公司、西安煤炭建设监理中心、宁夏灵州工程监理咨询公司。

2012年12月31日，中国煤炭建设协会印发《关于印发〈煤炭工业矿井施工组织设计规范（试行）〉的通知》（中煤建协字【2012】148号），自2013年1月1日开始实施。矿井施工组织设计是指导煤矿建设技术、经济和管理等各方面的综合性技术服务文件，可提高煤炭建设工程项目管理水平，保证建设工程安全、优质、高效顺利实施，推进煤炭建设工程科学化、规范化和标准化发展。规范由中国煤炭建设组织、陕西煤业化工集团有限公司和中煤西安设计工程有限公司会同有关单位共同编写制定。

2012年12月20日，国务院颁布《中华人民共和国招标投标实施条例》（国务院令第613号）。

2012年7月，据中国煤炭建设协会的煤炭行业监理统计数据，2011年底煤炭行业工程监理企业110家，监理企业总合同额302837.215万元，总营业收入199533.93万元，企业最高收入17779.96万元，企业平均收入1882.3万元。其中，21家煤炭地质工程监理与项目管理合同额10582.87万元、营业收入9034.03万元。监理企业总从业人数19226人，国家注册监理工程师2186人，注册设备师208人，煤炭行业监理工程师5458人、监理员2687人。

2012年7月，住建部市场监管司发布《2011年度建设工程监理统计资料》。2011年参加统计的全国建设工程监理企业6512个（矿山工程115个），综合资质企业83个，甲级资质企业2407个（矿山工程：主营19个+非主营31个）、乙级资质企业2392个（矿山工程：主营12个+非主营51个）、丙级资质企业1598个（矿山工程：主营0个+非主营1个）、事务所资质32个。2011年末，工程监理企业从业人员763454人（矿山工程8326人），注册执业人员158485人（矿山工程854人）。2013年全国工程监理企业收入排名前100名的企业中，煤炭行业的山西省煤炭建设监理有限公司名列第17名。2012年煤炭行业优秀总监理工程师：杨凡、王荣榜、左清孝、岳润田、孙继锋、王炳湘、赵雄、孙同仁、许飞、王国庆、张世民、王洪申、仲崇祥、薛争强、胡川、李广义、贾宽云、张玉峰、胡晓东、齐岩、史国正、张修武、张兆祥、郭公义、崔岳、吕建青、韩秀杰、陈翠芳、丁三有、吴玲琴、狄效斌、董国刚、韦彩凤、温宏志、罗国丰、周继杰、王勤芝、何祥国、高子琪、聂化明、潘忠、邹本田、石宏广、张延军、张家勋、蔡长军、关玉奇、刘自鑫、彭炎林、蒋端生、林炳周、余力航、吴成法、刘永升、李学明、康宁、白三虎、秦路、吾买尔·伊不拉音。2012年煤炭行业优秀监理工程师：刘中龙、王军升、卢坤、贾鲁民、李清娥、许佳尧、闫成涛、孟远林、李伟杨、唐德荣、楚念明、黄展、贾耀非、李汝明、李树奎、胡成栋、朱广海、蔡井海、王晓波、王百良、焦杰、宁琴贵、郑新文、陶春艳、俞黎明、刘扬、扬俊普、王勤旺、张建文、杨建平、佟有林、张云泽、王叶青、李群、段志明、朱殿甲、周建军、陆艳鹏、闫福平、王耐生、白强、武历芳、王海俊、牛晓波、赵文锦、郭剑辉、赵立辉、王维成、李艳华、王国强、梁立华、王传金、郭福俊、杨宝玉、王建、刘善义、程勇、陈安松、周世虎、鲍士阔、贾自臣、陈家茂、宋涛、鲁清平、赵德忠、孙群、王本猛、孔祥钰、许志涛、高舜、马钦民、石道利、项务本、梁道纪、付萌、陈景松、高超、吴新群、焦文忠、胡振东、李凤英、彭隆楚、蒋卫生、陈晨、向波、黎运美、王忠诚、吕明、李顺利、杜玮、昝建生、李宗辉、罗旭、袁田发、王立军、张俊秀、于俊斌、冷万权、康宁、周文军、陈聘龙。

表2-6 2012年煤炭行业双十佳监理部

序号	单 位 名 称	监 理 部 名 称
1	北京康迪建设监理咨询有限公司	张煤机监理部
2	中煤陕西中安项目管理有限责任公司	李家坝煤矿建设工程项目监理部
3	中煤地质工程总公司（监理分公司）	内蒙古自治区东胜煤田纳林才登详查区巴彦淖尔井田煤炭勘探项目监理部
4	中煤涿州地质技术咨询开发中心	中央地勘基金金杭东煤炭普查项目监理部
5	邢台光华煤炭工程监理有限公司	大城监理部
6	唐山开滦工程建设监理有限公司	曹妃甸工业区装备制造区配套工业厂房项目监理部
7	山西省煤炭建设监理有限公司	龙泉矿井监理部
8	山西煤炭建设监理咨询公司	斜沟煤矿及选煤厂工程监理部
9	山西诚正建设监理咨询有限公司	阳泉煤业集团七元矿井（800万吨/年）项目监理部
10		阳泉市育才路2#、3#住宅楼项目监理部
11	内蒙古华准工程监理有限责任公司	哈尔乌素项目监理部
12	铁法煤业集团建设工程监理有限责任公司	大强项目监理部
13	煤炭工业济南设计研究院有限公司	龙固监理部
14	河南工程咨询监理有限公司	鲁新矿井监理部
15	河南工程咨询监理有限公司	巴彦高勒矿井项目监理部
16		高家堡矿井监理部
17	西安煤炭建设监理中心	胡家河监理部
18	陕西建安工程监理有限公司	神南服务区监理项目部
19	宁夏灵州工程监理咨询有限公司	双马项目部
20	新疆天阳建筑工程监理有限责任公司	神华新疆公司昌吉硫磺沟屯宝煤矿建设工程监理部

表2-7 2012年煤炭行业优秀监理工作成果

序号	监 理 工 作 成 果	单 位 名 称
1	陕西银河薛庙滩矿井二号副斜井工程监理实施细则	中煤陕西中安项目管理有限责任公司
2	国电建投内蒙古察哈素矿井副立井提升系统安装工程监理工作报告	
3	山西汾西双柳煤矿太灰水疏放及安全评价工程监理报告	山西华台煤田地质新技术中心
4	山西阳煤长沟矿井建设项目监理工作总结	山西诚正建设监理咨询有限公司
5	辽宁铁法长城窝堡矿井工程监理应急救援预案	铁法煤业集团建设工程监理有限责任公司
6	山东新汶龙固矿井建设工程总监理规划	煤炭工业济南设计研究院有限公司
7	神华宁煤羊场湾煤矿项目监理总结	宁夏灵州工程监理咨询有限公司

2013 年

2013 年 5 月 13 日，住房城乡建设部和国家质量监督检验检疫总局正式发布新版《建设工程监理规范》（GB/T 50319—2013）。

2013 年 6 月 8 日，中国煤炭建设协会根据 2012 年对煤炭行业 109 家建设监理企业统计及其主要经济指标汇总排序，印发《关于公布 2012 年度煤炭建设工程监理企业营业收入前 30 名及煤炭地质工程监理企业营业收入前 5 名的通知》（中煤建协字【2013】68号）。2012 年度煤炭建设工程监理企业营业收入前 30 名：山西省煤炭建设监理有限公司、山西煤炭建设监理咨询公司、北京康迪建设监理咨询有限公司、山西诚正建设监理咨询有限公司、广东重工建设监理有限公司、安徽国汉建设监理咨询有限公司、西安煤炭建设监理中心、中煤陕西中安项目管理有限责任公司、中煤邯郸中原建设监理咨询有限责任公司、河南工程咨询监理公司、山西宇通建设工程项目管理有限公司、沈阳方正建设监理有限公司、煤炭工业济南设计研究院有限公司、宁夏灵州工程监理咨询公司、陕西建安工程监理有限公司、河南兴平工程管理有限公司、江苏盛华工程监理咨询有限公司、煤炭工业郑州设计研究院有限公司、安徽华夏建设监理有限责任公司、安徽华东工程建设监理咨询有限公司、辽宁诚信建设监理有限责任公司、神东监理有限责任公司、山西中太工程建设监理公司、江苏广厦建设监理有限公司、中煤科工集团南京设计研究院、内蒙古华准工程监理有限责任公司、唐山开滦工程建设监理有限公司、大同煤炭建设监理有限责任公司、中煤国际工程集团北京华宇工程有限公司、新疆天阳建筑工程监理有限责任公司。2012 年度煤炭地质工程监理企业营业收入前 5 名：邯郸市中煤华盛地质工程监理有限责任公司、中煤地质工程总公司、陕西煤田地质监理事务所、江西恒拓工程监理咨询有限公司、北京中煤地荣达地质技术咨询有限责任公司。

2013 年 11 月 28 日，中国煤炭建设协会组织编写、国家能源局发布《煤炭工业选煤厂施工组织设计规范》（NB/T 51010—2013）、《煤炭地质工程监理规范》（NB/T 51009—2013），均自 2014 年 4 月 1 日起实施。

2013 年，中国煤炭建设协会组织编写了《煤炭行业优先监理工作成果汇编》。

2013 年 7 月，据中国煤炭建设协会的煤炭行业监理统计数据，2012 年底煤炭行业工程监理企业 109 家，监理企业总合同额 414257.55 万元，总营业收入 218665.61 万元，企业最高收入 23779.52 万元，企业平均收入 3800.53 万元。其中，21 家煤炭地质工程监理与项目管理合同额 13116.62 万元、营业收入 11555.23 万元。总从业人数 19910 人，国家注册监理工程师 2190 人，注册设备师 230 人，煤炭行业监理工程师 5315 人、监理员 2399 人。

2013 年 8 月，住建部市场监管司发布《2012 年度建设工程监理统计资料》。2012 年参加统计的全国建设工程监理企业 6605 个（矿山工程 119 个），综合资质企业 89 个，甲级资质企业 2567 个（矿山工程：主营 19 个+非主营 34 个），乙级资质企业 2475 个（矿山工程：主营 11 个+非主营 53 个），丙级资质企业 1470 个（矿山工程：主营 0 个+非主营 1个），事务所资质 4 个。2012 年末，工程监理企业从业人员 822042 人（矿山工程 7216人），注册执业人员 171902 人（矿山工程 821 人）。2012 年，全国工程监理企业收入排名前 100 名企业中，煤炭行业的山西省煤炭建设监理有限公司名列第 11 名。

2014 年

2014 年 1 月 30 日，国家质量监督检验检疫总局、国家发改委、工业和信息化部联合下发《关于加强重大设备监理工作的通知》（国质检质联【2014】60 号），要求切实落实重大设备质量安全责任，建立完善重大设备监理的协同管理机制，同时以附件的形式公布了《国家鼓励实施设备监理的重大目录（2014 版）》，将煤炭、冶金、电力等 9 个大行业、35 个设备专业的重大设备或关键设备，纳入首批国家鼓励实施设备监理的重大设备目录。同月，中国煤炭建设协会的网站上建立了煤炭行业工程监理信息系统。

2014 年 3 月 18 日，中国煤炭建设协会组织编写、国家能源局发布《煤炭建设工程监理与项目管理规范》（NB/T 51014—2014）、《煤炭设备工程监理规范》（NB/T 51015—2014），实施日期均为 2014 年 8 月 1 日。

2014 年 4 月 28 日，国家质量监督检验检疫总局以 157 号令公布《设备监理单位资格管理办法》，自 2014 年 7 月 1 日起施行。

2014 年 8 月，住建部印发《建筑工程五方责任主体项目负责人质量终身责任追究暂行办法》（建质【2014】124 号）、《住建部办公厅关于严格落实建筑工程质量终身责任承诺制的通知》（建办质【2014】44 号）。

2014 年 9 月，住建部印发《关于印发〈工程质量两年行动方案〉的通知》（建市【2014】130 号）。

2014 年 12 月 4 日，中国煤炭建设协会印发《关于表彰煤炭行业先进建设监理企业、十佳监理部、优秀总工程师、优秀监理工程师和优秀监理工作成果的通知》（中煤建协字【2014】88 号），表彰了煤炭行业先进建设监理企业 20 家、十佳监理部（表 2-8）、优秀总工程师 56 人、优秀监理工程师 87 人、优秀监理工作成果 13 项（表 2-9）。煤炭行业先进建设监理企业：中煤科工集团北京华宇工程有限公司、中煤地质工程总公司、邯郸市中煤华盛地质工程监理有限责任公司、中煤邯郸中原建设监理咨询有限责任公司、山西省煤炭建设监理有限公司、山西煤炭建设监理咨询公司、山西诚正建设监理咨询有限公司、山西中太工程建设监理有限公司、安徽华东工程建设监理咨询有限公司、萍乡同济工程咨询监理有限公司、煤炭工业济南设计研究院有限公司、河南工程咨询监理有限公司、河南兴平工程管理有限公司、中煤科工集团武汉设计研究院有限公司、中煤科工集团重庆设计研究院有限公司、广东重工建设监理有限公司、中煤陕西中安项目管理有限责任公司、西安煤炭建设监理中心、陕西建安工程监理有限公司、宁夏灵州工程监理咨询有限公司。

2014 年 12 月，中国建设监理协会印发《关于表彰 2013—2014 年度先进工程监理企业、优秀总监理工程师、优秀专业监理工程师及监理协会优秀工作者的决定》（中建监协【2014】79 号）。先进监理企业 124 家，其中有煤炭行业 5 家：山西省煤炭建设监理有限公司、广东重工建设监理有限公司、中煤邯郸中原建设监理咨询有限责任公司、煤炭工业济南设计研究研究院有限公司、中煤陕西中安项目管理有限责任公司；优秀总监理工程师 113 名，其中煤炭行业 3 名：山西煤炭建设监理咨询公司周长红、安徽国汉建设监理咨询有限公司陶新双、河南工程咨询监理有限公司张家勋；优秀专业监理工程师109名，其中煤炭行业2名：宁夏灵州工程监理咨询有限公司任浩军、河南工程咨询监理有限公司吴新群。煤炭行业优秀总监理工程师：李泽春、周庆武、薛争强、杨振侠、龙陆军、赵文超、赵占林、李海波、苗晓波、党晓民、张辉、白纯真、崔科斌、杨海平、郭公义、齐志娟、张云奎、孟维民、韩冠军、丁三有、赵瑞平、王海生、延晋阳、郝卫东、赵红志、李延来、陶新双、钟敏、鲁清平、龚声宏、孔祥钰、王本猛、张健、石宏广、陈景松、高超、夏学红、胡振东、焦文忠、李广义、陈春林、宁琴贵、吕明、邓高萍、陈晨、陈少加、李汝明、赵雄、张永成、黄展、贾常青、吴小辉、刘立楠、尹利海、吴成法、冷万权。煤炭行业优秀总监理工程师：崔景清、高清、张大民、郭炜荣、任日春、王化耀、晏嘉、贾鲁民、蒋俊峰、樊立强、米攀峰、夏广庆、赵春阳、郭香文、解飞波、田满怀、杨利军、张占峰、刘建基、李果善、李起阵、张海燕、刘建平、展永春、赵建义、王春、陈新、牛晓波、朱科、程卓彦、王健、张乃军、刘凤林、王建、杨林贵、沙利刚、黄俊川、王辉、郭小川、刘涛、代保平、李小雄、陈海良、秦道谋、邵长好、殷剑、郭忠宾、刘晓、汪世清、周剑学、于鲁文、魏文建、张弓、张永、崔志强、杨百亮、席立群、杨保志、高万海、叶红彦、杨俊普、高术平、张庆丰、田正茂、张跃国、郑新文、潘新伟、庞博、巩燕平、张建军、钦义友、高庆春、景志勤、乔佳、蔚才、谢治国、杜玮、罗旭、罗宁、向永亮、李宗辉、詹三明、陈波、秦西河、杨登福、王耀宝、贺富军。

表2-8 煤炭行业十佳监理部

序号	单位名称	监理部名称
1	宁夏灵州工程监理咨询有限公司	红柳煤矿项目监理部
2	山西诚正建设监理咨询有限公司	创日泊里矿监理部
3	中煤陕西中安项目管理有限责任公司	葫芦素选煤厂工程项目监理部
4	河南工程咨询监理有限公司	红庆河煤矿监理项目部
5	煤炭工业济南设计研究院有限公司	金鸡滩监理部
6	河南兴平工程管理有限公司	五矿产业升级监理部
7	萍乡同济工程咨询监理有限公司	江仓一井田监理部
8	山西太行建设工程监理有限公司	岳城矿项目监理部
9	山西煤炭建设监理咨询公司	李村矿井工程监理部
10	北京中煤地荣达地质技术咨询有限责任公司	中央地质勘查基金准旗工程项目监理部

表2-9 2014年煤炭行业优秀监理工作成果

序号	优秀监理工作成果	单位名称
1	神华新街能源TBM试验工程安全监理实施细则	中煤科工集团北京华宇工程有限公司
2	神华新街能源TBM试验工程安全监理应急预案	
3	内蒙古自治区杭锦旗大营铀矿普查项目监理工作总结	北京中煤地荣达地质技术咨询有限责任公司

表2-9（续）

序号	优秀监理工作成果	单位名称
4	高河煤矿建设工程监理工作总结	山西煤炭建设监理咨询公司
5	斜沟煤矿11采区辅助运输上山掘锚机（奥钢联）施工监理细则	
6	阳泉煤业（集团）刨日泊里煤业有限公司揭煤工程监理实施细则	山西诚正建设监理咨询有限公司
7	金鸡滩矿井建设工程监理规划	煤炭工业济南设计研究院有限公司
8	唐家会选煤厂工程监理工作要点	河南工程咨询监理有限公司
9	察哈素矿井及选煤厂工程监理工作总结	中煤陕西中安项目管理有限责任公司
10	常家梁矿井斜井冻结法施工监理工作总结	
11	五举煤矿立井工作面预注浆通过含水层监理工作总结	中煤陕西中安项目管理有限责任公司
12	微型桩联合支护方式加固隐患基坑监理实施细则与总结	
13	汝箕沟煤矿露天复采工程火区爆破监理工作总结	宁夏灵州工程监理咨询有限公司

2014年12月，中国建设监理协会印发《关于表彰2013—2014年度先进监理企业、优秀总监理工程师、优秀专业监理工程师及监理协会优秀工作者的决定》（中建监协〔2014〕79号），表彰了全国优秀监理企业124家，其中煤炭行业4家：山西省煤炭建设监理有限公司、中煤邯郸中原建设监理咨询有限责任公司、煤炭工业济南设计研究院有限公司和中煤陕西中安项目管理有限责任公司；表彰了全国优秀总监理工程师113名，其中煤炭行业3名：周长红（山西煤炭建设监理咨询公司）、陶新双（安徽国汉建设监理咨询有限公司）、张家勋（河南工程咨询监理有限公司）。

2014年7月，据中国煤炭建设协会的煤炭行业监理统计数据，2013年底煤炭行业工程监理企业112家，监理企业总合同额399097.355万元，总营业收入263941.59万元，企业最高收入25759.61万元，企业平均收入2356.62万元。其中，21家煤炭地质工程监理与项目管理合同额1510.13万元、营业收入10809.58万元。监理企业总从业人数20377人，国家注册监理工程师2211人，注册设备师194人，煤炭行业监理工程师6018人、监理员3394人。

2014年8月，住建部市场监管司发布《2013年度建设工程监理统计资料》。2013年参加统计的全国建设工程监理企业6820个（矿山工程129个），其中综合资质企业100个，甲级资质企业2757个（矿山工程：主营25个+非主营34个），乙级资质企业2600个（矿山工程：主营12个+非主营56个），丙级资质企业1341个（矿山工程：主营0个+非主营1个），事务所资质22个。2012年末，工程监理企业从业人员890620人（矿山工程10319人），注册执业人员184982人（矿山工程1720人）。2013年全国工程监理企业收入排名前100名企业中，煤炭行业的山西省煤炭建设监理有限公司名列第17名。

2015 年

2015 年，中国煤炭建设协会组织编写、国家能源局发布以下标准：《煤炭工业矿井施工组织设计规范》（NB/T 51028—2015），发布日期 2015 年 4 月 2 日，实施日期 2015 年 9 月 1 日；《煤炭建设工程资料管理标准》（NB/T 51051—2016），发布日期 2015 年 2 月 5 日，实施日期 2016 年 7 月 1 日。2015 年 6 月 26 日，住建部、国家质检总局联合发布《露天煤矿施工组织设计规范》（GB 51114—2015），实施日期 2016 年 9 月 1 日。

2015 年，中国煤炭建设协会组织编写了《全国注册监理工程师继续教育培训选修课教材：矿山工程（第三版）》《煤炭行业监理工作范例（2015）》《煤炭地质工程监理实务》《煤炭设备工程监理实务》，均由煤炭工业出版社出版。

2015 年，中国煤炭建设协会参加并完成中国建设监理协会组织的《行政体制改革对建设监理发展的影响》课题、《工程监理制度发展研究报告》、中国工程建设联盟《关于工程建设行业管理体制改革的若干意见》，完成国家质量监督检验检疫总局组织编写的《重大设备监管目录》中的煤炭行业部分，参加了中国设备监理协会组织的《设备监理单位行业管理规范》的编写，并组织行业对国土资源部的《地质勘查项目监理规范（征求意见稿）》提出了修改意见。

2015 年 9 月，中国煤炭建设协会编写了《煤炭工程监理与项目管理发展报告》，该报告分四个部分介绍了煤炭行业发展，即全国工程监理行业现状、煤炭工程监理与项目管理现状与运行分析、煤炭工程监理与项目管理发展环境与分析和工程监理行业发展动态。

2015 年 9 月中国煤炭建设协会印发《关于公布 2014 年煤炭建设监理与项目管理企业合同额及营业收入前 30 名、煤炭地质工程监理与项目管理企业合同额及营业收入前 5 名的通知》（中煤建协字【2015】90 号）。2014 年度煤炭建设监理与项目管理企业合同额排名（前 30 名）：山西省煤炭建设监理有限公司、山西宇通建设工程项目管理有限公司、广东重工建设监理有限公司、山西诚正建设监理咨询有限公司、山西煤炭建设监理咨询公司、北京康迪建设监理咨询有限公司、陕西建安工程监理有限公司、煤炭工业济南设计研究院有限公司、山西中太工程建设监理公司、中煤陕西中安项目管理有限公司、煤炭工业合肥设计院、宁夏灵州工程监理咨询公司、河南工程咨询监理有限公司、萍乡市同济工程咨询监理有限公司、贵州省煤矿设计研究院、中煤邯郸中原建设监理咨询有限责任公司、山西太行建设工程监理有限公司、中煤科工集团北京华宇工程有限公司（监理分公司）、安徽国汉建设监理咨询有限公司、安徽华东工程建设项目管理有限公司、中煤科工集团武汉设计研究院、中煤科工集团重庆设计研究院、煤炭工业郑州设计研究院有限及公司（监理公司）、新疆天阳建筑工程监理有限责任公司、辽宁诚信建设监理有限责任公司、淮北市淮武工程建设监理有限责任公司、江苏广厦建设监理有限公司、大同煤炭建设监理有限责任公司、西安煤炭建设监理中心、沈阳方正建设监理有限公司。2014 年度煤炭建设监理与项目管理企业营业收入排名（前 30 名）：山西省煤炭建设监理有限公司、广东重工建设监理有限公司、北京康迪建设监理咨询有限公司、西安煤炭建设监理中心、山西煤炭建设监理咨询公司、煤炭工业济南设计研究院有限公司、贵州省煤矿设计研究院、山西诚正建设监理咨询有限公司、山西宇通建设工程项目管理有限公司、安徽国汉建设监理咨询有限公司、中煤陕西中安项目管理有限公司、中煤邯郸中原建设监理咨询有限责任公司、宁夏灵州工程监理咨询公司、江苏盛华工程监理咨询有限公司、河南工程咨询监理有限公司、神东监理有限责任公司、辽宁诚信建设监理有限责任公司、河南兴平工程管理有限公司、安徽华东工程建设监理咨询有限公司、萍乡市同济工程咨询监理有限及公司、江苏广厦建设监理有限公司、沈阳方正建设监理有限公司、中煤科工集团武汉设计研究院、山西中太工程建设监理公司、陕西建安工程监理有限公司、煤炭工业合肥设计院、中煤科工集团重庆设计研究院、大同煤炭建设监理有限责任公司、大同煤炭建设监理有限责任公司、中电投蒙东能源集团有限责任公司煤矿建设工程管理分公司。合同额及营业收入排名见表2-10。

表2-10　2014年度煤炭地质工程监理企业合同额及营业收入排名

排名	按合同额	按营业收入
1	山东省煤田地质规划勘查研究院	山东省煤田地质规划勘查研究院
2	山西蓝焰煤层气工程研究有限及公司	陕西煤田地质监理事务所
3	四川科远工程监理有限责任公司	北京大地金源地质勘查有限公司
4	陕西煤田地质监理事务所	内蒙古煤炭建设工程（集团）总公司（地质技术监理部）
5	邯郸市中煤华盛地质工程监理有限责任公司	重庆金灿建设工程有限公司（技术服务中心）

2015年，为准确反映煤炭行业工程监理与项目管理发展状况，建立煤炭建设监理与项目管理诚信平台，改进行业管理服务方式与企业管理模式，适应市场经济发展的需要和提高煤炭行业工程监理管理服务水平和效率，中国煤炭建设协会与筑业软件公司共同开发编制了"煤炭行业工程监理信息化管理系统"。该信息平台分管理版和企业版。

2015年6月，据中国煤炭建设协会的煤炭行业监理统计数据，2014年底煤炭行业工程监理企业115家，监理企业合同额449515.25万元，营业收入218240.19万元，企业最高收入20619万元，企业平均收入1897.74万元。其中，21家煤炭地质工程监理与项目管理合同额19601.47万元、营业收入12524.28万元。监理企业总从业人数16798人，注册监理工程师2301人（其中：矿山工程专业人数1172人）、注册设师220人，注册造价师250人，煤炭行业监理工程师5263人、煤炭行业监理员1802人，中级职称以上人数占到总人数的58.13%。

2015年7月，住建部市场监管司发布《2014年度建设工程监理统计资料》。2014年参加统计的全国建设工程监理企业7279个（矿山工程138个），综合资质企业116个，甲级资质企业3058个（矿山工程：主营26个+非主营41个），乙级资质企业2744个（矿山工程：主营14个+非主营54个），丙级资质企业1334个（矿山工程：主营0个+非主营3个），事务所资质27个。2014年末工程监理企业从业人员941909人（矿山工程9421人），注册执业人员201863人（矿山工程1102人）。2014年，全国工程监理企业收入排名前100名企业中，煤炭行业的山西省煤炭建设监理有限公司名列第28名、广东重工建设监理有限公司名列100名。

2016 年

2016 年 5 月，住房和城乡建设部印发《关于进一步推进工程总承包发展的若干意见》（建市【2016】93 号）。

2016 年 7 月，中国建设监理协会印发《关于表彰 2014—2015 年度鲁班奖工程项目监理企业及总监理工程师的决定》（中建监协［2016］46 号）。在 150 项鲁班奖受表彰的监理单位及总监理工程师中煤炭行业有 4 项：河南兴平工程管理公司的"工程劳模小区（安泰小区）5#、6#楼"（于俊生总监理工程师）；广东重工建设监理有限公司"太古汇商业、酒店、办公楼工程"（吕明总监理工程师）；山西煤炭建设监理咨询公司"同煤集团同忻矿井建设工程"（王应权总监理工程师）；安徽国汉建设监理咨询有限公司"安徽金安矿业有限公司草楼铁矿 300 万吨/年扩建工程"（陶新双、曾兆钟、张志建三位总监理工程师）。

2016 年 8 月 20 日，中国煤炭建设协会印发《关于印〈煤炭工程监理与项目管理行业自律公约〉的通知》（中煤建协字［2026］67 号），包括煤炭工程监理与项目管理自律公约后人管理办法。

2016 年 8 月，中国煤炭建设协会编写了《煤炭建设监理与项目管理行业发展报告》，该报告分四个部分介绍了煤炭行业发展，即全国工程监理行业发展简况、煤炭工程监理与项目管理行业发展简况、煤炭工程监理与项目管理发展环境分析、相关行业和部门在监理与项目管理方面的工作简况及发布的相关法规政策。

2016 年 9 月，根据《国家质量监督检验检疫总局关于加强重大设备监理工作的通知》（国质检质联【2014】60 号）的精神，中国煤炭建设协会协助中国设备监理协会共同开展专项调研和相关问题的研究，分别在北京中煤建设集团公司和山西潞安矿业（集团）有限责任公司，组织召开相关建设单位及监理企业参加的"煤炭行业重大设备监理专项座谈调研会"，并于 2016 年 10 月完成了调研报告，同时还参与了国家质检总局和中国设备监理协会组织的重大设备调研报告的编写工作。

2016 年 12 月，中国煤炭建设协会完成中国设备协会委托的《煤炭行业重大设备监理专项调研报告》，该报告分为五部分，即调研工作概况、设备投资简况、重大设备监理实施基本情况、设备监理制度及实施中存在的主要问题和建议。

2016 年 6 月，住建部市场监管司发布《2015 年度建设工程监理统计资料》。2015 年参加统计的全国建设工程监理企业 7433 个（矿山工程 151 个），其中综合资质企业 127 个，甲级资质企业 3249 个（矿山工程：主营 20 个+非主营 61 个），乙级资质企业 2860 个（矿山工程：主营 11 个+非主营 58 个），丙级资质企业 1188 个，事务所资质 9 个。2015 年末，工程监理企业从业人员 945829 人（矿山工程 6904 人），注册执业人员 223346 人（矿山工程 835 人）。2015 年，全国工程监理企业收入排名前 100 名企业中，煤炭行业的山西省煤炭建设监理有限公司名列第 95 名、广东重工建设监理有限公司名列 74 名。

2016 年 6 月，据中国煤炭建设协会的煤炭建设监理与项目管理统计数据，煤炭行业企业 108 家参加了统计，2015 年监理企业总合同额 806758.76 万元，总营业收入 184324.43 万元，企业最高收入 12097.9 万元。其中，21 家煤炭地质工程监理与项目管理合同额

9825.78 万元、营业收入 5043.36 万元。监理企业从业人数 13036 人、注册监理工程师 2180 人（其中：矿山工程专业人数 1124 人）、注册设计师 212 人，注册造价师 354 人、煤炭行业监理工程师 4790 人、煤炭行业监理员 1633 人、中级职称以上人数占到总人数的 74.5%。

2016 年 10 月中国设备监理协会印发 "2015 及 2016 年上半年设备监理单位统计分析报告"，其中：2015 年煤炭工程监理企业 8 家，制造阶段合同额 4457 万元，安装调试阶段 947 万元，总合同额 5404 万元。2016 年上半年煤炭工程监理企业 9 家，制造阶段合同额 36065 万元，安装调试阶段 6524 万元，总合同额 42589 万元。2015 年煤炭工程监理平均合同额 676 万元。

2017 年

2017 年，国务院办公厅印发《关于促进建筑业持续健康发展的意见》（国办发【2017】19 号）。

2017 年 1 月，中国煤炭建设协会与北京筑业志远软件开发有限公司对煤炭工程监理信息平台进行完善，编制了第二版的煤炭监理信息平台 CSIP 操作手册。

2017 年 5 月 2 日，住建部印发《关于开展全过程工程咨询试点工作的通知》（建市【2017】101 号）。

2017 年 7 月，住建部印发《关于促进工程监理行业转型升级创新发展的意见》（建市【2017】145 号），主要内容包括：加快完善工程监理制度、有序推进全过程工程咨询、切实提升监理服务水平、进一步规范监理活动等。

2017 年 6 月，据中国煤炭建设协会的煤炭建设监理与项目管理统计数据，煤炭行业企业 105 家参加了统计，并同时根据行业自律管理办法对煤炭行业监理企业开展了能力评价工作，其中 103 家通过了中国煤炭建设协会组织的煤炭工程监理能力评价，取得了相应的证，同时新增加了 7 家监理企业。2016 年全行业监理人数 11355 人，其中国家注册监理工程师 2186 人，煤炭行业监理工程师 5726 人，监理企业总合同额 410625 万元，监理企业总营业收入 147828 万元。

2017 年 7 月，住建部市场监管司发布《2016 年度建设工程监理统计资料》2016 年参加统计的全国建设工程监理企业 7483 个（矿山工程 146 个），综合资质企业 149 个，甲级资质企业 3379 个（矿山工程：主营 20 个+非主营 56 个），乙级资质企业 2869 个（矿山工程：主营 11 个+非主营 59 个），丙级资质企业 1081 个，事务所资质 5 个。2016 年末，工程监理企业从业人员 1000489 人（矿山工程 5522 人），注册执业人员 253674 人（矿山工程 792 人）。2016 年全国工程监理企业收入排名前 100 名企业中，煤炭行业的广东重工建设监理有限公司名列 73 名。

2018 年

2018 年 7 月，据中国煤炭建设协会的煤炭建设监理统计数据，煤炭行业 105 家参加了统计，2017 年全行业监理人数 11626 人，其中国家注册监理工程师 2497 人，煤炭行业监理工程师 5746 人，监理企业总合同额 410625 万元，监理企业总营业收入 147828 万元。

2018 年 6 月，住建部市场监管司发布《2017 年度建设工程监理统计资料》。2017 年参加统计的全国建设工程监理企业 7945 个（矿山工程 146 个），其中综合资质企业 166 个，甲级资质企业 3535 个（矿山工程：主营 22 个+非主营 55 个），乙级资质企业 3133 个（矿山工程：主营 11 个+非主营 58 个），丙级资质企业 1107 个，事务所资质 4 个。2016 年末，工程监理企业从业人员 1071780 人（矿山工程 6313 人），注册执业人员 286146 人（矿山工程 842 人）。2017 年全国工程监理企业收入排名前 100 名企业中，煤炭行业的广东重工建设监理有限公司名列 71 名。

第三章　煤炭建设监理企业

（按省份顺序排列）

一、北京

1. 北京康迪建设监理咨询有限公司

企业负责人介绍：

张钦邦，男，矿山机电专业，教授级高级工程师，国家注册监理工程师。历任中国统配煤矿总公司基建部机电设备部技术员，煤炭工业部规划发展司、基建管理中心基建项目处主任科员，中煤建设集团工程技术部副处长，北京康迪建设监理咨询公司总经理、总工程师，中煤建设集团公司副总经理，现任北京康迪建设监理咨询有限公司执行董事、总经理、党委副书记。

刘发国，男，湖南大学和中国矿业大学毕业，硕士学位。教授级高级工程师，具有国家注册监理工程师、造价工程师、一级建造师（建筑、矿山）、安全工程师等10项国家注册执业资格。历任煤炭工业部基建司处长、工程师，中煤建设集团公司主任；现任北京康迪建设监理咨询有限公司副总经理、技术负责人、党委副书记、纪委书记。

企业介绍：

北京康迪建设监理咨询有限公司成立于1994年，上级主管单位为中煤建设集团有限公司，是由国务院国有资产监督管理委员会所属央企中国中煤能源集团有限公司投资控股的国有企业。2009年，中煤能源集团有限公司决定将北京中煤建机电设备有限公司、北京中煤昊翔高新技术有限公司、北京中煤康迪注册安全工程师事务所有限公司三家子公司整合到该公司，注册资本金变更为3100万元，业务范围涵盖工程监理、建筑设计、造价咨询、设备监理、招标代理、安全管理、矿山设备贸易服务以及高新技术研发。

北京康迪建设监理咨询有限公司监理具备房屋建筑工程监理甲级、矿山工程监理甲级、市政公用工程监理乙级、电力工程监理乙级、铁路工程监理乙级、矿山工程（部分）设备监理乙级资质；可开展安全预评价、煤矿安全验收评价、煤矿及地下工程、民用建筑、铁路、桥隧工程的建设监理工作。该公司是一支技术力量雄厚、现场经验丰富、专业配备齐全、基础管理规范、勇于开拓创新的专业团队。现有员工500余人，其中教授级高工3人，高级工程师137人，工程师258人，国家各类注册人员115人。

北京康迪建设监理咨询有限公司结合下属设计单位的优势，在煤炭及建筑专业领域，可有效地从规划咨询、编制项目建议书、可行性研究报告、设计方案、初步设计和施工图设计等方面为建设方提供相关咨询服务。建筑专业领域可开展工程项目管理，包括全过程策划及实施阶段管理。另外，该公司于 2005 年 2 月通过了质量、环境、职业健康安全三体系认证，强化了基础管理，提升了安全意识，构建了完整的培训体系，营造了和谐的工作环境。该公司始终坚持"重安全、重质量、重服务、重管理"的工作理念，以客户的满意作为我们成功的衡量，提供全过程、全方位、全范围的建设工程全过程造价控制服务。包括全过程造价咨询服务、招投标代理、建设工程技术咨询、组织实施建设项目跟踪审计业务及其他咨询服务。

北京康迪建设监理咨询有限公司坚持"优质服务，达到顾客满意；预防污染，营造绿色环境；降低风险，保障健康安全；遵纪守法，持续改进业绩"的企业管理方针，遵循以顾客为中心，以提高服务质量、提高顾客满意度为目标，积极发挥公司在技术力量密集、管理经验丰富、信息交流充分等方面的优势。目前该公司所承揽的工程项目遍及全国 23 个省、直辖市、自治区，承接了一大批国家及省市重点中大型项目，受到了政府及建设方的一致好评，树立了良好的企业形象，特别是在煤炭建设领域获得了广泛的信任，并具有较高的认知度。竭诚为国内外各界朋友提供满意的优质服务，圆满实现建设项目的既定目标。

企业地址：北京市昌平区东小口镇中东路 398 号院 1 号楼 608 室

企业网址：www.bjkangdi.cn

企业 E-mail：kangdi_office@126.com

2. 中煤科工集团北京华宇工程有限公司

企业负责人介绍：

杜连仲，男，教授级高级工程师，国家注册监理工程师，2007 年 3 月至今任中煤科工集团北京华宇工程有限公司监理分公司经理。曾担任登封铁路、广州地铁、郑州地铁等项目总监理工程师，所监理的项目多次获得国家建筑行业奖项。担任现职以来，多次获得煤炭行业、北京市优秀管理者，2016 年荣获"北京市监理行业领军人物"称号。

周庆武，男，机电工程专业高级工程师，国家注册监理工程师、注册一级建造师（市政）、注册咨询工程师（投资）、注册安全工程师、注册设备监造师。1982 年 8 月—1998 年 12 月，在煤炭工业部北京煤矿设计研究院情报室从事煤矿设计情报工作，先后担任情报室主任、煤矿设计情报中心站副站长，其间先后负责并参与多个煤矿设计情报课题工作并有多个论文及译著发表。1998 年 12 月—2003 年 2 月在中煤国际工程集团北京华宇工程有限公司（原煤炭工业部北京煤矿设计院）总工办工作，从事工程技术管理工作。2003 年 3 月—2004 年 10 月任宁夏银川市商业银行海宝住宅区、银川市商业银行商住办公楼监理项目总监（获得自治区凤凰杯），2004 年 11 月—2005 年 5 月担任国家棉麻总公司盐城棉花库项目总监，2005 年 6 月—2006 年 7 月担任北京市和平街一中北苑校区工程项目总监，2006年8月担任监理公司西北区域经理，2006年8月—2007年8月担任青海江沧能源江沧煤矿项目总监，2007年9月—2008年10月任国家物资储备新疆835库项目总监，2008年11月—2010年12月任宁夏阳光集团韦一、永安煤矿项目总监。2011年1月—2013年1月任大连202路轨道交通工程第04、06、07标段总监，2013年2月—2014年4月担任神华新街台格庙矿井TBM斜井总监，2014年4月担任神华神东补连塔煤矿新建工业广场及2#辅运平硐项目总监（该项目获煤炭行业太阳杯）。2017年11月担任

中国华电银川供热穿黄隧道项目总监。2013年至今任中煤科工集团北京华宇公司监理公司总工程师。

企业介绍：

中煤科工集团北京华宇工程有限公司是2001年12月经国家工商行政管理局注册成立的高新技术企业，由中煤科工设计研究总院（原北京煤炭设计研究院）和中煤科工集团选煤设计研究院（原煤炭工业部选煤设计研究院）按照国际工程公司模式，以全部技术力量组建起来的现代企业。公司分为北京和平顶山两个工作区，下设西安分公司、新疆分公司、天津分公司，总部设在北京。公司目前拥有住房和城乡建设部核发的工程监理、工程设计、工程勘察、造价咨询等多个甲级资质，是集工程监理、工程咨询、项目管理、工程总承包业务为一体的国有大型工程管理企业。公司法定代表人为任方明，技术负责人为张保连。

中煤科工集团北京华宇工程有限公司下属两个全资监理子公司：北京中煤国际工程集团华宇工程监理有限公司（属于原北京煤炭设计研究院）和平顶山中平监理有限公司（属于原煤炭工业部选煤设计研究院）均为国内最早成立的监理公司之一。为适应战略需要，2009年7月华宇公司将两个子公司整合，资质平移至中煤科工集团北京华宇工程有限公司，监理业务由中煤科工集团北京华宇工程有限公司监理分公司承担。

监理分公司广泛招纳英才，目前公司在册监理人员210余人，其中高、中级以上职称人员占70%以上，各类注册工程师80余人，煤炭行业监理工程师90余人。监理人员专业涵盖矿建、建筑、结构、水暖电、机械、经济、轨道交通等，监理人员职称、年龄、专业、经验构成合理而高效。

监理分公司通过了质量、环境、职业健康安全三体系认证，形成了监理服务和监理工作规范化、标准化的管理，为客户提供优质的监理服务奠定了坚实的基础。北京华宇秉承六十多年的优良传统，用现代企业制度的管理方式及先进的服务理念，脚踏实地、创新超越，得到了国家、社会和行业的一致肯定，公司连续多年获得"中央企业先进集体""全国煤炭工业科技创新示范单位""创新型优秀企业""首都精神文明单位"等荣誉称号，2004—2017年连续被中国煤炭建设协会评选为煤炭行业先进监理单位，2000—2016年连续被北京市建设监理协会评选为北京市监理行业先进监理企业，2012—2017年连续被评选

为北京市建设行业诚信监理单位。

监理分公司自成立以来，持续健康稳定发展，监理项目遍布国内 20 多个省市及自治区，内容涉及公用建筑、住宅工程、市政道路、市政管线、市政桥梁、轨道交通、大型煤矿、非煤矿山等，承担工程监理项目近 600 余项，所监理工程项目荣获国家及省部级工程奖 30 余项。

监理分公司在发展中，坚持"守法、诚信、公正、科学"的原则，以服务国家建设、促进人与自然和谐发展为企业使命，坚持"绿水青山就是金山银山"的理念坚定不移走生态优先绿色发展之路，努力为业主提供满意的服务，并赢得了客户的广泛信任和支持。未来，公司仍将秉承"诚信守法、优良服务、以满意回报社会"的管理方针，竭诚向广大客户提供更满意的服务。

企业地址：北京市西城区安德路 67 号

企业 E-mail：769508342@ qq. com

3. 中煤设备工程咨询有限公司

企业负责人介绍：

李汉举，男，机电专业工程师。现任中煤设备工程咨询有限公司总经理/法定代表人。1995年 8 月—2006 年 3 月，任北京中煤–埃尔凯煤矿电器公司销售部主任。2010 年 7 月—2014 年 6月，任中煤设备工程咨询有限公司经营部经理。2014 年 7 月—2017 年 8 月，任中煤设备工程咨询有限公司副总经理。

赵军，男，工程师、注册设备监理师，现任中煤设备工程咨询有限公司副总工程师，技术负责人。1997—2012 年，作为专业监理工程师，主要进行矿山设备的监理；2012 年 8 月—2015 年，作为项目总监，负责设备投资额 110多亿元的中煤陕西榆林化工设备监理项目和设备投资额 50 余亿元的中煤平朔劣质煤示范项目监理；2016 年至今，负责新疆准东五彩湾北二电厂（2×660 兆瓦）项目、中煤平朔低热值煤电（2×660 兆瓦）项目、中煤大屯煤电（2×350 兆瓦）新建项目设备监理，任总监理工程师。2012

年参与编写了监理制度实施以来首个行业标准《煤炭设备工程监理规范》及其释义、培训材料等。2014 年被评为中国中煤能源集团先进工作者。

企业介绍：

中煤设备工程咨询有限公司于 1993 年 7 月 8 日成立，是具有法人资格的自主经营，独立核算的经济实体。公司注册资金 800. 89 万元。2003 年从事设备监理以来不断发展壮大，已经拥有一批承担设备监理的监理工程师等高级技术人才和专业人员，拥有一支长期服务于项目现场与设备生产企业现场的监理队伍。公司有职工 70 余人，取得国家注册设备监理工程师资格证书的有30人；公司人员全部通过煤炭系统设备监理培训。

中煤设备工程咨询有限公司主要业务范围包括三个方面：一是设备工程监理，业务主要包括露天矿、井工矿、选煤厂、煤化工项目、坑口电厂、火力发电站设备、水泥厂及煤炭综合利用工程项目的设备监理服务；二是设备工程技术咨询，业务主要包括设备工程技术咨询、技术开发、技术转让、技术服务、技术培训等；三是设备后评价，业务主要包括设备效能、综合成本费用、可持续性评价。

中煤设备工程咨询有限公司的质量方针：诚信为本、客观公正、优质高效、持续改进。其内涵是：一是诚信为本，以诚信待客，一丝不苟地履行对顾客的承诺，是我们一切工作的根本；二是客观公正，依据国家法律法规和客观存在的实际情况，公平公正地对待顾客和各相关方；三是优质高效，以高效的工作方法，认真负责的工作态度，为顾客提供优质的服务；四是持续改进，与时俱进，持续改进质量管理体系，优化各个过程，不断提高服务质量，实现顾客满意。

中煤设备工程咨询有限公司的业务是从中煤集团的项目开始，设备监理业务自2003年平朔公司安家岭项目选煤厂建设项目开始至今已经有25年的历史，在煤炭行业中处于领先地位。中煤设备工程咨询有限公司先后在平朔公司、大屯公司、鄂尔多斯分公司、中天合创公司、（原）中煤进出口公司、中煤华昱公司、中煤榆林公司从事设备监理工作。设备监理制度为保障设备制造质量，提高设备投资效益起到了重要作用。

中煤设备工程咨询有限公司是国家质检总局第一批颁发的36家甲级监理公司中，唯一的煤炭行业甲级监理公司。自2003年平朔安家岭选煤厂建设项目开始，先后完成的整体监理项目包括多个井工矿、选煤厂、露天矿、供热供电项目以及煤化工项目的设备监理工作、电厂项目的设备监理工作、设备后评价工作、设备技术咨询工作等。其项目实施过程中，监理当时国内最大的设备有：加压过滤机（GPJ120型）、WK-55型电铲、提升机（JKM-56型）、罐笼（7600×3700×11100）、50吨箕斗、4000千伏安移动变电站、MMD型半连续工艺设备（9000吨/时）。另外，完成了放顶煤、一次采全高等各类液压支架，共计一万余架，最大工作阻力13000千牛。2012年开展了进口设备的监理工作（对MMD公司和山特维克公司设备国外制造部分进行监理）。

中煤设备工程咨询有限公司自2012年开始陆续介入灵石中煤化工18.30化肥监理项目、平安化肥四期年产15万吨硝酸装置的监理项目、榆林"中煤180万吨/年甲醇、醋酸系列深加工及综合利用"项目、平朔劣质煤项目、中煤蒙大年产50万吨工程塑料（烯烃）项目、中煤远兴煤化工项目等设备监理工作，投入监理人员最高达到130余名，遍布50多个设备制造厂，全面、系统、规范地对各煤化工设备制造项目进行监理工作。主要监理设备有：合成氨设备、甲醇生产设备、大型空气压缩机、压力容器、合成塔、交换器、气化炉、绕管式换热器、磨煤机、空分装置、亚洲第一高塔"丙烯精馏塔"、硝酸四合一机组、液化氮塔、合成气化炉、LNG装置等机组型设备、180万吨/年甲醇制烯烃装置、60万吨/年烯烃分离装置、30万吨/年聚乙烯装置、30万吨/年聚丙烯装置等。目前榆林项目仍有延续投入设备正在监理工作中。

由于2016年煤炭市场持续低迷，井工露天矿等基础建设工作逐步减少。公司为适应市场需要，在保持原有监理业务不变的前提下，详细分析并积极开拓现有的设备监理市场，从常规驻厂设备监理业务逐步延伸细化至设备大修监理业务，从传统煤炭设备监理行业逐步进入化工、电力设备监理行业。自 2016 年起，公司先后承接了新疆五彩湾 2×660 兆瓦电厂设备监理项目、平朔 2×660 兆瓦电厂设备监理项目、大屯 2×330 兆瓦设备监理项目。

在公司发展过程中，除传统监理市场外，还开拓了多种业务渠道。如为中煤采购中心编制的设备后评价报告、支护材料专项检查报告，以及为中煤平朔集团公司编制的设备报废量化标准、熔覆焊修复项目试验报告等项目。

在国家去产能、优化产业部署的发展前提下，公司需要对现有业务认真分析、积极规划、努力转型，这对公司既是挑战，也是机遇。公司正在将比较单一的集团内业务发展为集团内外业务多元化并存；从单一煤炭设备监理市场逐步发展进入化工、电力甚至核电设备监理市场；合理利用高校、各领域专家等资源，将公司提供的传统设备监理服务进一步转化为更专业的技术咨询服务。

企业地址：北京市东城区和平里九区甲 4 号安信大厦 A702 室

企业网址：www. cceecc. com

企业 E-mail：zhcceecc@126. com

4. 中煤地质工程有限公司

企业负责人介绍：

林中湘，男，水工环地质专业教授级高级工程师。1992 年 7 月毕业于成都地质学院核原料与核技术工程铀矿地质勘查专业，获大学本科学历，工学学士学位；2010 年 6 月毕业于中国地质大学地质工程专业，获博士研究生学历，工学博士学位。现任中煤地质集团有限公司党委书记、董事长、总经理。1992 年 7 月—2006 年 8 月在湖南省地质局水文二队工作，历任技术员、岩土公司施工队长、项目经理、岩土公司副经理、岩土公司三分公司副经理、勘察院三分院副院长、工程部经理、副队长（副处级）、队长（正处级）；2006 年 8 月—2010 年 11 月在湖南省地矿局四〇一队工作，历任队长、湖南省地质建设工程（集团）总公司总经理；2010 年 11 月—2016 年 1 月任湖南省煤田地质局局长、党组副书记；2016 年 1 月—2016 年 10 月任湖南省有色地质勘查局总工程师；现任中煤地质集团有限公司党委书记、董事长、总经理。参加工作以来，先后参与和主持项目 100 余个，其中国家重点项目 3 个，国土资源部项目 5 个，其他大型项目 15 个，内容涵盖水文地质、工程地质、环境地质、基础、桥梁、土建水利工程施工、工程勘察、测绘测量，水井物探、灾害评估、灾害治理及治理设计等领域，工程合格率 100%。

宋宗维，男，地质矿产专业。高级工程师，现任中煤地质集团有限公司副总经理。1983年12月—2011年4月，在内蒙古自治区第九地质矿产勘查开发院工作，担任过技术员、助理地质工程师、地质工程师、工质矿产工程师、地质公司经理、副院长等职；2011年4月—2014年7月，担任中煤地质工程总公司北京地质调查分公司经理；2014年7月至今，担任中煤地质集团有限公司副总经理。主持勘查并提交的"内蒙古自治区克什克腾旗拜仁达坝矿区铅锌银多金属详查报告"获国土资源部"全国地质勘查行业优秀地质找矿项目"一等奖。另外，主持完成的"内蒙古自治区西乌珠穆沁旗巴其北煤炭普查"项目，经中矿联评审通过，提交煤炭资源储量为103亿吨，属于大型煤田。曾多次获得内蒙古自治区地质矿产开发局"优秀共产党员""建立主业标兵"等称号。另外承担的由中央地质勘查基金投资实施的内蒙古杭东大营铀矿勘查项目，取得重大突破，发现了国内最大规模的可地浸砂岩型铀矿床。在内蒙古白音乌拉煤田为中煤地质集团有限公司成功找到一处具有良好开采价值的铀矿资源。

企业介绍：

中煤地质工程有限公司（原中煤地质工程总公司，2017年12月27日经北京市工商行政管理局核准变更为中煤地质工程有限公司）由国务院经济贸易办公室于1994年批准成立，隶属于中国煤炭地质总局，是国资委下辖的一家现代化央企，注册资金10亿元。公司法定代表人林中湘，技术负责人宋宗维。该公司拥有各类专业子、分公司29家，其中北京市高新技术企业3家，境外企业1家，香港离岸公司2家；服务区域遍及国内20多个省（市、区）和境外10多个国家（地区）；拥有固体、液体和气体矿产勘查，地球物理勘查，地球化学勘查，地质钻探，地灾治理工程勘查、设计、施工和危险性评估，地质工程监理，区域地质调查，水工环地质调查，地基与基础施工，市政公用工程总承包等31项甲级或壹级资质。

中煤地质工程有限公司是中国煤炭建设协会会员单位，通过中国煤炭行业工程监理企业的甲级能力评价，中煤地质工程有限公司（北京）监理分公司为该公司非独立法人的下属公司，主要从事固体矿产勘查、地质钻（坑）探、地球物理勘查、气体矿产勘查、液体矿产勘查、区域地质调查、环境地质调查、遥感地质调查、测量、水文地质、工程地质、地质灾害等工程的监理和咨询业务。

（北京）监理分公司自成立以来，在内蒙古正镶白旗宝力根套海、内蒙古呼和诺尔、内蒙古大杨树盆地、内蒙古阿鲁科尔沁旗敖包山、内蒙古赤峰市当铺地、内蒙古东胜、内蒙古鄂尔多斯市东胜区、鄂尔多斯市东胜区罕台镇、内蒙古乌兰格尔、内蒙古东胜煤田乌审旗黄陶勒盖、内蒙古呼伦贝尔市新巴尔虎左旗嵯北区、内蒙古巴彦淖尔、内蒙古准格尔、黑龙江省鹤岗市宝泉岭二分场、黑龙江省宝清县双河镇、新疆乌鲁木齐察布查尔县、新疆准东煤田吉木萨尔县、山西省忻州市宁武县、山西省洪洞县、山西省大同市、山西省乡宁县、山西省静乐县、山西省霍州市、山西省太原市阳曲县、山西省长治、山西省阳泉、甘肃省宁县和盛镇—泾川县荔堡镇、甘肃省灵台、青海省大柴旦、青海省天峻县、青海省德令哈市、贵州省习水县、河北省沙河市、浙江省宁波市钱湖等地区承揽项目；主要监理项目有内蒙古自治区东胜煤田纳林才登详查区巴彦淖尔井田煤炭勘探工程监理项目、甘肃灵台南矿区唐家河井田南川河井田煤炭资源勘探工程监理项目、青海省鱼卡煤田整装勘查监理项目、新疆伊南煤田察布查尔县阿尔玛勒井田煤田勘探监理项目、内蒙古自治区东胜煤田乌审旗黄陶勒盖井田煤炭资源勘探工程监理项目、内蒙古呼伦贝尔市新巴尔虎左旗嵯北区煤炭资源勘探工程监理项目、青海省木里煤业开发集团有限公司聚乎更煤矿区一井田南部（六号井）勘查监理项目、神华地质勘查有限责任公司地质勘探工程施工合同监理项目（内蒙古杭锦旗铀矿地质勘查钻探工程）、青海省鱼卡煤田整装勘查工程监理项目等。

（北京）监理分公司所承揽的监理项目均严格按照《煤炭地质工程监理规范》、国家现行有关规范标准和项目设计及合同任务，依照事前预控、事中监控、旁站、巡视跟踪检查、事后核验的监理程序进行层层把关、严格管理，均高标准、高质量地完成了所有监理任务，得到了业主单位的一致好评。

企业地址：北京市石景山区玉泉路59号3号楼1008室

企业网址：www. CCGEGC. com

企业 E-mail：236458311@ qq. com

5. 北京中煤地荣达地质技术咨询有限责任公司

企业负责人介绍：

张玉峰，男，煤田地质专业，高级工程师。1983年8月—12月在中国煤炭地质总局一局173队工作任技术部长；2000年开始从事煤炭地质工程技术服务、技术咨询、煤炭地质工程监理工作；2004年1月—2007年9月在中国中地集团国际工程部、东南亚分部工作，任国际咨询工程师；2007年9月—2014年5月任中国煤炭地质总局煤炭资源信息中心副主任。2014年5月至今在中国煤炭地质总局勘查研究总院荣达公司工作，任法人代表、总经理。为神华集团、中煤集团、华能集团、华电集团等专家库成员。2009年参加由中国煤炭建设协会组织的《煤炭地质工程监理导则》（试行版）编写工作。另外，积极参加能源行业项目立项、报告审批工作。参加各类报告评审100余次。

张春陆，男，高级工程师，北京中煤地荣达地质技术咨询有限责任公司技术负责人。从事煤炭地质工作36年，监理工作15年，先后参加了国家地质勘查基金在内蒙古、云南、贵州、青海、新疆的煤炭工程、铝土矿工程、铀矿工程监理；参加内蒙古地质勘查基金第二、第三期煤炭地质勘查工程及金属矿工程监理；参加宁夏地质勘查基金第一、第二期煤炭地质勘查工程及金属矿工程监理；参加神华集团、中煤集团、华能集团、华电集团、鲁能集团在各省的煤炭地质勘查工程监理；参加东方环宇集团、中石油、中海油、中联煤层气、蓝焰集团在新疆，陕西韩城、榆林，山西阳泉、柳林、临县开展的煤层气地质勘查工程监理；先后监理项目30余个。曾两次获得煤炭行业优秀监理工程师称号。

企业介绍：

为了适应改革的需要，适应煤炭行业调整的需求，1988年中国煤炭地质总局地质处组织一批地质专家成立了地质技术咨询服务部，主要业务范围是向各省煤炭地质局及投资集团提供地质技术咨询服务。经过6年探索，1994年中国煤炭地质总局地质勘查监理中心正式挂牌成立，田山岗任中心主任。1998 年，国家煤炭工业局为中国煤炭地质总局地质勘查监理中心的田山岗、锻铁梁、张子光、左光国、陈守才、时作舟、袁国泰、唐辛、邓振琦等 10 位地质专家颁发了煤炭地质工程勘查总监证书。2004 年，中国煤炭地质总局地质勘查监理中心正式更名为中煤涿州地质技术咨询中心。2004 年 12 月变更为北京中煤地荣达地质技术咨询有限责任公司，国有独资法人企业，上级主管单位为中国煤炭地质总局勘查研究总院。现任法人代表张玉峰、技术负责人张春陆。获得煤炭建设协会甲级资质证书。北京中煤地荣达技术咨询有限责任公司在 2008 年、2010 年、2012 年连续 3 次荣获煤炭建设协会优秀监理企业称号。2010 年该公司宁夏鲁能甜水河煤炭勘查监理部荣获煤炭建设协会十佳监理部称号；2012 年该公司中央地质勘查基金杭东煤炭普查项目部荣获煤炭建设协会双十佳监理部称号；2014 年该公司中央地质勘查基金准旗工程项目监理部荣获煤炭建设协会十佳监理部称号。

2014 年，内蒙古大营铀矿普查项目监理工作总结获煤炭行业优秀监理工作成果。

正因大营铀矿监理成果，公司被国土资源部授予大营铀矿发现功勋单位称号，因为大营铀矿的发现使中国甩掉了贫铀的帽子。2010 年、2012 年、2014 年公司连续三次荣获煤炭建设协会十佳监理部称号，2014 年荣获优秀监理成果一项，该成果在 2012 年被国土部评为十大找矿成果。

30 年来我们在全国富煤地区监理煤炭工程 500 余个，从煤炭工程到金属矿床，从地热工程到煤层气工程，从水文工程到地质勘察工程，从工程监理服务到地质技术服务实现了地质技术服务全覆盖。

企业地址：北京市丰台区靛厂路 299 号

企业 E-mail：13930868652@139.com

6. 北京方诚宏基工程监理有限公司

企业负责人介绍：

赵淑艳，女，高级工程师。从事工程设计、工程咨询、工程造价、工程监理、工程总承包管理等工程咨询管理工作二十余年，现任北京方诚宏基工程监理有限公司企业负责人。

张会竹，女，采暖与通风专业，高级工程师，注册监理工程师，硕士学历。从事工程监理工作二十余年，现任北京方诚宏基工程监理有限公司技术负责人兼总工程师。所监理过的项目多次在煤炭行业获奖。

（赵淑艳）

企业介绍：

北京方诚宏基工程监理有限公司现有工程技术人员 50 余人，其中教授级高工 1 名，高级工程师 21 名，高级经济师 1 名，国家注册监理工程师 22 名，造价工程师 5 名，中级以上技术职称人员 34 名。专业范围齐全，设计建筑、结构、电气、水暖、通风空调、燃气、通信、企管、财经等门类。

公司秉承"公正科学、诚信服务、务实求真、共创发展"的宗旨，业务包括建设项目管理、工程监理、技术咨询、招标代理、造价咨询等。在长期的工程建设监理咨询活动中，广大工程技术人员以守法、诚信、公正、科学的准则，努力做好本职工作，得到了广大开发商的好评，为公司赢得了信誉。

企业地址：北京市朝阳区望京街 10 号院 2 号楼 13 层 1303

企业 E-mail：bjfchj@163.com

二、天津

中煤中原（天津）建设监理咨询有限公司

企业负责人介绍：

孙凤革，男，工业与民用建筑专业，教授级高级工程师、国家注册监理工程师、国家注册造价工程师，中煤中原（天津）建设监理咨询有限公司执行董事、总经理。曾担任深圳北站综合交通枢纽总监，荣获鲁班奖和詹天佑奖；郑州风和日丽小区 13 号、34 号、46 号楼获河南省优质工程"中州杯"。担任公司总经理以来，公司连续多年获煤炭行业先进监理企业称号，2014 年获全国先进监理企业称号，2015 年获天津市五一劳动奖状。

筍松平，男，毕业于西安建筑科技大学土木工程专业，高级工程师，国家注册监理工程师、国家注册造价工程师，中煤中原（天津）建设监理咨询有限公司总工程师。曾担任杭州地铁 1 号线工程 JL-46（下沙延伸段 3 标）、杭州地铁 1 号线一期工程 JL1-9 标、杭州地铁 4 号线一期工程 JL4-1 标、杭州地铁 5 号线 JL5-4 标等项目总监理工程师。

企业介绍：

中煤中原（天津）建设监理咨询有限公司（原中煤邯郸中原建设监理咨询有限责任公司）为国家、省、行业"先进工程监理企业"，是中国中煤能源集团公司下属中煤邯郸设计工程有限责任公司的全资子公司。公司成立于 1989 年，是国内最早成立的监理公司之一，1994 年首批获得建设部监理甲级资质，现拥有房屋建筑工程、矿山工程、铁路工程、市政公用工程监理甲级资质，以及机电安装工程、电力工程监理乙级资质，国家人防工程监理甲级资质。经过多年监理实践，已培养了一支专业水平高、管理能力强、专业配套、经验丰富的监理队伍。公司注重企业文化和形象的建设，奉行以人为本的治企理念，不断吸纳、培养各类专业技术人才，壮大监理队伍。

公司成立 20 多年来，承揽的监理业务涉及矿井、选煤厂、高层建筑、大型居住区、工业厂房、污水处理厂、城市管网、城市道路、地铁轻轨、综合交通枢纽、输配发电工程、铁路、公路、机场跑道等工程，监理项目分布在全国 23 个省、市、自治区，先后承接监理项目 300 余项，工程总造价已超过 1000 亿元。经过多年的锤炼，已成为跨行业、跨地区的优秀大型综合监理单位。

多年来，我公司先后承接深圳、广州、佛山、天津、南京、成都、西安、沈阳、杭州、武汉、郑州、青岛、大连、宁波、福州、厦门、合肥等 17 座城市 70 余项地铁项目。所监理的地铁工程涉及明挖（车站、区间）、矿山法（暗挖）隧道、盖挖（逆作、顺作）、盾构隧道、地面车站、综合交通枢纽、地面线、高架桥（车站、区间）、车辆段和辅助建筑等多种不同施工工法的土建工程，以及地铁的设备安装、装饰、装修等工程。多项工程荣获鲁班奖、詹天佑奖、国家优质工程奖，已成为轨道交通监理行业的一支劲旅。

企业地址：天津市红桥区大丰路安顺大厦 3 号楼中煤设计

企业网址：www.zhongyuan.net.cn

企业 E-mail：zhongyuanoffice@163.com

三、重庆

中煤科工集团重庆设计研究院有限公司

企业负责人介绍：

汪平，男，水利系水工建筑专业，教授级高级工程师，国家注册监理工程师，香港注册建筑测量师，煤炭行业监理工程师。2001 年 9 月—2011 年 1 月中煤国际工程集团重庆设计研究院从事监理工作，曾任总监理工程师、重庆中庆监理工程公司副总经理和常务副总经理。2013 年 9 月至今在中煤科工集团重庆设计研究院有限公司从事工程监理管理工作，任工程监理咨询院院长。兼任重庆工贸职业技术学院客座教授、重庆市建设监理协会副秘书长、中国煤炭建设协会建设监理委员会理事、重庆市建设委员会、重庆市交通委员会、重庆市发展改革委员会、重庆市水利局评标专家库成员。担任总监理工程师期间多个大型项目获得重庆市巴渝杯、重庆市三峡杯优质结构工程奖和市政工程金杯奖。为《建设工程监理工作规程》（DBJ50/T-232—2016）的主要审查人和《煤炭行业监理工作范例》（2017）的编审人员。

彭善友，男，电气专业，教授级高级工程师，国家注册监理工程师、煤炭行业监理工程师，现任中煤科工集团重庆设计研究院有限公司副总工程师、监理咨询院副院长、总工程师。1996 年 8 月—2000 年 2 月，在煤炭工业部重庆设计研究院重庆中庆监理工程公司工作，任公司副经理。2000 年 3 月—2007 年 12 月，在重庆中庆监理工程公司工作，任公司法人代表、经理。2008 年 1 月—2012 年 12 月，任中煤科工集团重庆设计研究院中庆监理公司经理（监理公司被设计院吸收合并，成为设计院二级部门）。2009 年 11 月起任重庆市监理协会副秘书长。2013 年 1 月—2017 年 5 月，任中煤科工集团重庆设计研究院有限公司副总工程师、监理咨询院副院长。2017 年 6 月至今，任中煤科工集团重庆设计研究院有限公司副总工程师、监理工作技术负责人，监理咨询院副院长、总工程师。是《煤炭建设监理与项目管理规范》的主要审查专家，《煤炭行业监理工作范例》的编审人员，煤炭建设监理与项目管理专家。

企业介绍：

中煤科工集团重庆设计研究院有限公司组建于1953年，原隶属燃料工业部，后为煤炭工业部直属设计院，是国家综合性甲级勘察设计单位。现为国务院国资委所属中国煤炭科工集团有限公司管辖的企业。是重庆市建设监理协会常务理事单位，中国煤炭建设协会建设监理委员会理事单位。企业法定代表人薛巍，监理业务技术负责人彭善友。

1990年9月成立重庆中庆监理工程公司，同年开展监理业务，2007年12月10日，"中煤国际工程集团重庆设计研究院"吸收合并"重庆中庆监理工程公司"，2011年4月2日，"中煤国际工程集团重庆设计研究院"更名为"中煤科工集团重庆设计研究院"；2013年9月23日"中煤科工集团重庆设计研究院"更名为"中煤科工集团重庆设计研究院有限公司"，同年11月监理公司升级为工程监理咨询院。

20多年来，监理业绩已遍布全国20多个省市，业务范围包括大中型公共建筑、住宅小区、工业厂房等房屋建筑工程，城市道路、立交、桥梁、隧道、地铁、轻轨、输油、输气及排水工程，江河穿越、山体穿越、给排水、污水处理等市政公用工程，大型煤矿、有色矿、选煤厂等矿山工程。

公司拥有多位从事工程设计与监理工作多年且管理经验丰富的各专业技术人员，现有监理从业人员300余人。其中，高、中级职称人员125人，国家级注册监理工程师76人，行业注册监理工程师179人，重庆市监理从业资格115人。取得了ISO 9001：2008质量管理体系、ISO 14001：2004环境管理体系、OHSAS 18001—2011职业健康安全管理体系三项认证证书。监理工作按照国家认证的质量、环境、职业健康安全管理三标体系运行，连续多年获得煤炭行业先进建设监理企业、重庆市先进工程监理企业。所服务的项目多次获得中国土木工程詹天佑奖、国家优质工程银奖、中国市政工程金杯奖、煤炭行业太阳杯、重庆市市政工程金杯奖、重庆市巴渝杯优质工程奖、重庆市三峡杯优质结构工程奖等奖项。坚持"以质量求生存、以产品树形象、以诚信闯市场、以服务赢顾客、以团队创事业、以创新促发展"的企业精神。遵循"诚信守法、质量为本、竭诚服务、顾客满意"的质量方针，恪守"承诺之事即为大事"的诺言，信奉"您的成功才是我们最大的成功"之理念。公司部分代表性获奖项目如下：重庆科技馆获第十届中国土木工程詹天佑奖（2011年2月）；涪陵石板沟长江大桥获2011—2012年度国家优质工程银奖（2012年11月）；重庆国金中心T2塔楼工程获2016—2017年度国家优质工程奖（2016年12月）；成渝高速公路永川匝道口迁建工程获2009年度中国市政金杯奖（2009年12月）；重庆市涪陵区长江一桥南桥头改造工程被评为2015年度全国市政金杯奖（2016年2月）；重庆市轨道交通六号线（小什字—茶园站段）工程被评为2015年度全国市政金杯奖（2016年2月）；渝阳矿水井湾排矸立井工程获煤炭行业工程质量太阳杯（2011年12月）；四川芙蓉新维煤矿新场井主平硐掘砌工程获煤炭行业工程质量太阳杯（2015年12月）；中渝国际都会4号地块写字楼和大商业工程获重庆市三峡杯结构工程奖（2017年5月）。

企业地址：重庆市渝中区大坪虎头岩经纬大道780号

企业电话：023-68890485

四、河北

1. 唐山开滦工程建设监理有限公司

企业负责人介绍：

张云泽，男，2008 年 12 月至今担任总监理工程师的安徽淮南顾桥矿井工程荣获中国建设工程鲁班奖。

企业介绍：

唐山开滦工程建设监理有限公司于 1995 年 3 月成立，隶属于开滦（集团）有限责任公司。1995 年 3 月，开滦矿务局基本建设处职能转换组建开滦矿务局建设工程监理部，王毅任负责人；2002 年 11 月，开滦集团董事会决定组建"唐山开滦工程建设监理有限公司"，成为股份制企业，王毅任董事长；2004 年 11 月，公司改制成为公司制企业，改制后新企业注册资本 300 万元，茹绍宁任董事长；2009 年 4 月，郑开礼任唐山开滦工程建设监理有限公司法定代表人和董事长；2012 年 12 月，尹宝来任唐山开滦工程建设监理有限公司董事会董事、董事长。现公司法人为尹宝来，技术负责人为吴成梅，企业资质为煤炭行业监理甲级，住建部房屋建筑工程监理甲级、矿山工程监理甲级、市政公用工程监理甲级、电力工程监理乙级，设备行业监理甲级，人防监理丙级资质。

公司业务以整体矿山建设为主，另有专项勘探、冷冻和注浆、井工、洗选、电厂、铁路、设备、市政等工程专业。公司成立以来已完成 1107 个工程项目监理任务，其中大型矿山工程项目 89 项，井筒工程 25 项，大型选煤厂工程 12 项。所监理的淮南矿业集团顾桥矿井工程获"鲁班奖"，淮南顾桥南区进风井井筒及提升系统设备安装工程、林西煤矿选煤厂等工程获煤炭行业"太阳杯"奖，曹妃甸项目部获煤炭行业双十佳项目监理部，共获得国家和省部级奖项 45 项。

企业地址：河北省唐山市路南区增盛东街 3 号（建设集团院内）

企业 E-mail：tskljlgs@ kailuan. com. cn

2. 邯郸市中煤华盛地质工程监理有限公司

企业介绍：

2007 年 3 月，经中国煤炭建设协会批准成立邯郸市中煤华盛地质工程监理有限责任公司。公司具有中国煤炭建设协会颁发的煤炭甲级监理资质，注册资本 300 万元。现有注册监理工程师 82 名，其中高级工程师 35 人、工程师 47 人。

公司为中国煤炭地质总局水文地质局（中国煤炭地质总局华盛水文地质勘察工程公司）控股的具有独立法人资格的监理企业。中国煤炭地质总局水文地质局我国煤炭系统唯一的专业水文地质局，现有技术人员 1284 人，具有国土资源部颁发的固体矿产勘探甲级、水文地质勘探甲级资质。

自 2007 年起，公司先后承接了山西晋城煤业集团公司、山西潞安矿业集团、山东省新汶矿业集团、鲁能集团新疆哈密、大唐呼伦贝尔能源公司、中煤能源哈密分公司与内蒙古鄂尔多斯分公司、神华集团等大型煤业集团煤田地质勘探、专门水文地质补勘、煤层气、三维地震、电法勘探、航测等项目监理工程。到目前为止，共承接近 300 余项监理工程项目，在完成监理工作的同时，也积累了丰富的监理工作经验。

公司始终坚持"公平、公正、科学、诚信"的监理工作原则，以勤奋、努力、谨慎、诚信、效果为工作方针，业主利益至上的服务宗旨，本着对社会、对业主负责的态度，把追求完美的工程质量作为最高目标。从抓管理提高从业人员整体素质入手，在不断提高执业人员专业理论知识水平的基础上，强化执业人员的职业道德意识。真正树立了业主利益至上、工程质量第一，严格按照规范要求执行的监理观念。并在实践中总结出了"三全三控一不漏"的工作方法，即：全面监督、全程监督、所得各类记录全部检查，主动控制、事先控制、质量控制，不漏任何死角。严谨的工作作风，积极、认真的工作态度，赢得了业主的一致好评。

3. 邢台光华煤炭工程监理有限公司

企业负责人介绍：

张春沛，男，水文地质专业，高级工程师，曾任中国煤炭地质总局173队地质技术员、勘察处处长、项目经理、地质主编副总、生产安全副队长。2014年起任邢台光华煤炭工程监理有限公司法定代表人、总经理兼技术负责人。

企业介绍：

邢台光华煤炭工程监理有限公司创建于2006年，经中国煤炭建设协会及工商行政主管部门核准建立，具有甲级监理资质，注册资金300万元人民币。公司主要经营范围包括煤炭地质和水文地质的物探、钻探、测量等工程的建设监理以及煤炭工程咨询。

邢台光华煤炭工程监理有限公司拥有专业配套的各类工程技术和管理人员80余名，其中教授级高级工程师3人，高级工程师35人，工程师20人。公司现有各类监理人员62人，其中总监理工程师18人，专业监理工程师39人。

公司自建成以来，承揽了大量的煤炭地质勘探工程监理业务，获得"工程建设百强监理单位""全国十佳监理部"等多项荣誉称号。依托自身技术优势，积极开拓监理市场，先后在山西、内蒙古、新疆、甘肃、云南、青海、宁夏等地完成地质勘探监理项目。与中煤能源集团有限公司、国家能源投资集团有限责任公司、山西潞安矿业（集团）有限公司、阳泉煤业（集团）有限责任公司、靖远煤电股份有限公司、开滦（集团）有限责任公司、冀中能源集团有限责任公司等长期合作，受到了业主的一致好评。公司在工程项目监理过程中严格执行煤炭地质勘探规程规范，遵循"守法、诚信、公正、科学"的准则，本着"公正、独立、自主"的原则，开展工程项目监理工作，以严谨的科学态度，优质的技术服务，诚实的工作态度，良好的信誉，鲜明的工作特色，积极为煤炭地质勘探工程的广大客户做好服务。

企业地址：河北省邢台市桥西区郭守敬北路486号

企业E-mail：xtghjlgs@qq.com

4. 河北德润工程项目管理有限公司

企业负责人介绍：

郭昱辉，男，现任河北德润工程项目管理有限公司董事长。从事监理工作18年，任河北省人防协会副会长，邯郸市监理协会副会长，邯郸市邯山区第八届政协委员。2006 年 6 月组建成立了河北德润工程项目管理有限公司。

刘忠，男，工业与民用建筑专业毕业，高级工程师。注册监理工程师、注册造价工程师、注册咨询工程师、注册一级建造师。曾任北京奥运会国家体育总局秦皇岛训练基地运动员训练馆等多个项目总监理工程师。现任河北德润工程项目管理有限公司的技术负责人。组织建立和运行公

（郭昱辉）

司技术质量安全管理体系，发表论文《大跨度预应力混凝土梁施工》，为住建部在邯郸市推行的《工程质量监理情况报告制》试点工作作出了一定贡献。

企业介绍：

河北德润工程项目管理有限公司，成立于 2006 年 6 月，公司具有中国煤炭建设协会颁发的工程监理与项目管理企业甲级资质证书，住建部颁发的矿山工程监理甲级、房屋建筑工程监理甲级、市政公用工程监理甲级、通信工程监理甲级，河北省住建厅颁发的水利水电工程监理乙级、电力工程监理乙级。工程招标代理暂定级。河北省人民防空办公室颁发的人防工程监理乙级资质。公司通过了质量管理体系认证、职业健康安全管理体系认证、环境管理体系认证。

公司注册执业人员 87 人次，其中：注册监理工程师 61 人，注册造价师工程师 9 人，一级注册建造师 17 人。中国煤炭建设协会工程监理与项目管理专业人员 43 人，河北省监理工程师 136 人，人防监理工程师 20 人。公司现有职工 245 人，其中具有高级职称 58 人，中级职称 148 人。公司项目主要分布在河北、河南、山东、山西、内蒙古、甘肃、江苏、天津、云南等地区，目前下设 9 个分公司。2017 年完成监理费收入 2340 万元。近年来所监理的工程获得 7 项省优质工程、5 项市优质工程。

2017 年 10 月，邯郸市华北建设监理有限责任公司监理人员的并入，增强了公司矿山专业的监理能力。

企业地址：河北省邯郸市光明南大街 409 号旺角商业广场 C#楼 22 层

企业 E-mail：hbdr666@126.com

五、山西

1. 山西省煤炭建设监理有限公司

企业负责人介绍：

苏锁成，男，高级工程师，2002 年 8 月至今任山西省煤炭建设监理有限公司总经理，中国煤炭建设协会常务理事，山西省建设监理协会副会长。著有《充分发挥监理企业在煤炭建设中的作用》《认真汲取安全事故教训 强化施工现场安全监理》《设备监理的定位

与发展方向》《煤炭监理企业持续健康发展的实践与体会》《煤炭监理企业实施多元化发展战略的探讨与实践》《浅谈依法治企对监理企业持续发展的重要性》《新形势下监理企业如何开拓市场经营业务的探索》《煤炭监理企业如何应对新时代的机遇与挑战》等多篇论文，分别在《中国建设监理与咨询》《建设监理》《山西建筑》等杂志上发表，并获优秀论文多项奖。参编书籍有《企业劳动制度改革实务汇编》《煤炭工业基本建设管理》。科研成果有 KTK-PC 系列矿井提升机智能控制系统。先后获得中国建筑业"创新管理百位杰出贡献企业家"，山西省"煤炭系统先进工作者""煤炭行业非煤产业优秀厂长（经理）""优秀监理企业经理""优秀共产党员""先进工作者"等称号。2016 年，获得山西省建设监理协会"三晋监理功臣""三晋监理楷模"称号。

杨海平，男，矿业工程专业，山西省煤炭建设监理有限公司总工程师，教授级高级工程师，国家注册监理工程师。山西省人力资源和社会保障厅高级职称评审专家，山西省煤炭工业厅中级职称评审委员会副主任。从事监理工作 18 年，监理项目有：王庄煤矿+540 米水平延深矿建、土建及机电安装工程；王庄煤矿+540 米水平延深进、回风井二期井巷掘砌工程；山煤集团经纺

煤业山西长治经纺庄子河 120 万吨/年矿井改扩建工程；新疆京能汉水泉三号（800 吨/年）煤矿工程等。监理的山西潞安余吾煤业屯南煤矿南进和回风立井井筒工程监理荣获中国煤炭建设协会、煤炭工业建设工程质量监督总站煤炭工程质量"太阳杯"奖；国投昔阳能源有限责任公司白羊岭煤矿 90 万吨/年选煤厂工程监理荣获中国煤炭建设协会、煤炭工业建设工程质量监督总站煤炭工程质量"太阳杯"奖；国投昔阳能源有限责任公司 90 万吨/年白羊岭煤矿兼并重组整合工程监理荣获中国煤炭建设协会、煤炭工业建设工程质量监督总站煤炭工程质量"太阳杯"奖。在核心期刊发表论文：《中国煤炭》——《大跨度复合顶板的支护研究与应用》，《中国煤炭》——《厚锚固板理论在巷道锚固支护中的应用研究》，《山西建筑》——《谈如何做好建设工程项目监理的信息管理工作》，《山西建筑》——《工程监理人员要自觉践行社会主义核心价值观》，《建设监理》——《监理服务价格放开对工程建设监理企业的影响及建议》。2017 年荣获"监理通杯"第二届监理论文大赛一等奖。获 2013—2014 年度"全省煤炭建设先进工作者"称号；2014 年以来，连续获中国煤炭建设协会"优秀总监理工程师"称号，山西省建设监理协会"优秀总监理工程师""杰出青年总监理工程师""优秀总工程师"称号。

企业介绍：

山西省煤炭建设监理有限公司是山西省煤炭工业厅直属国有企业，成立于 1996 年 4 月。具有建设部颁发的矿山工程甲级、房屋建筑工程甲级、市政公用工程甲级、机电安装工程乙级、电力工程乙级监理资质；具有煤炭行业矿山建设、房屋建筑、市政及公路、地

质勘探、焦化冶金、铁路工程、设备制造及安装工程甲级监理资质。同时，还获得水利水保工程监理资质、环境工程监理资质、煤矿生产能力核定资质、人民防空工程建设监理单位乙级资质，并协助省厅组织山西省煤炭安全质量标准化验收工作。公司为中国建设监理协会会员单位，山西省建设监理协会副会长单位，中国煤炭建设协会常务理事单位，中国设备监理协会、山西省煤炭工业协会的会员单位。

公司现有职工1138人。其中国家注册监理工程师69人，造价师5人，一级建造师5人，注册安全师5人，注册设备监理师16人，环境监理工程师10人，人防监理工程师20人，水利水保监理工程师22人。煤炭行业监理工程师873人。具有正高级职称3人，高级职称88人，中级职称839人。公司机关设有五部：市场经营部、综合事务部、项目管理部、计划财务部、党群工作部；十一室：办公室、人力资源和社会保险室、设备和资料采购供应室、后勤服务管理室、市场经营管理办公室、投标管理室、监理合同管理室、新闻宣传中心、安全质量管理室、职信息化办公管理室、对外财务管理室。2004年，企业通过了GB/T 19001—2008标准质量体系认证，2014年建立了环境管理体系和职业健康安全管理体系。2017年通过信用等级评价获得AAA认证。

公司目前在建监理项目400多个。其中，年产千万吨级以上的矿井有：西山晋兴斜沟年产3000万吨/年煤矿、同煤浙能集团麻家梁年产1200万吨/年煤矿、同煤集团同发东周窑年产1000万吨/年煤矿、霍州煤电庞庞塔年产1000万吨/年煤矿；荣获国家优质工程奖的工程有：山西煤炭运销集团泰山隆安煤业有限公司矿井工程、潞安新疆集团砂墩子煤矿井底及硐室掘砌工程；荣获中国建设"鲁班奖"的工程有：山西潞安高河矿井工程及选煤厂工程、府西公寓工程；荣获煤炭行业工程质量"太阳杯"奖的有：山西乡宁焦煤集团申南凹矿井副立井井筒工程、山西潞安余吾煤业屯南煤矿南进和回风立井井筒工程、山西晋煤集团赵庄矿副斜井井筒工程、山西阳泉保安煤矿主立井井筒及相关硐室工程、山西阳泉市上社煤炭公司办公楼工程。其中，太原煤气化龙泉矿井项目监理部和兰亭御湖城南堰住宅小区荣获全国"双十佳"项目监理部。公司监理项目遍布山西、内蒙古、新疆、青海、贵州、海南、浙江等地等省份，并于2013年走出国门，进驻刚果（金）市场。为实现企业可持续发展，公司实施了"以监理为主业，多元化发展、多渠道创收"的战略，目前已启动五个新项目，分别是山西兴煤投资有限公司、山西美信工程监理有限公司、山西锁源电子科技有限公司、山西保利绿洲装饰设计有限公司、山西蓝源成环境监测有限公司。

2002年以来，公司连年被中国煤炭建设协会评为"煤炭行业工程建设先进监理企业"，被山西省建设监理协会评为"先进建设监理企业"，被山西省煤炭工业基本建设局评为"煤炭基本建设先进集体"。2009年至今，公司党委每年都被山西省煤炭工业厅机关党委评选为"先进基层党组织"，被山西省直工委评为"党风廉政建设先进集体"，被山西省直机关精神文明建设委员会授予企业"文明和谐标兵单位"。2007年以来，公司综合实力排名一直位于全国煤炭建设监理企业前列，连续八年在全国煤炭系统监理企业排名第一；从2011年起，连续四年在全省建设监理企业中排名第一，并迈入全国监理企业100强。

公司认真贯彻落实科学发展观，确立"以监理为主、多元化发展"的发展战略；恪守"诚信、创新永恒，精品、人品同在"的经营理念；以人为本、以法治企、以德兴企、以文强企，坚持以"忠厚吃苦、敬业奉献、开拓创新、卓越之上"的"山西煤炭精神"为标杆，要求每一位员工从我做起，把公司的信誉放在首位，充分发挥优质监理特色服务的优势，力求做到干一个项目，树一面旗帜，建一方信誉，交一方朋友，拓一方市场。

企业地址：太原市并州南路6号鼎太风华B座21层

企业网址：www. sxmtjl. cn

企业 E-mail：sxmtjl@126. com

2. 山西煤炭建设监理咨询有限公司

企业负责人介绍：

陈怀耀，男，建筑工程专业，高级工程师、国家注册监理工程师。山西省评标专家库专家、山西省建设监理协会副会长。1997年9月起至今就职于山西煤炭建设监理咨询有限公司，从事工程监理及造价咨询工作，先后担任监理工程师、总监代表、总监总经理助理、副经理、执行董事、书记、经理等职务。自1997年开始从事监理工作以来，主要参加建设了晋城无烟煤集团寺河矿井地面工程、山西大学商务学院图书馆工程、西山煤电集团金城公司建材厂、建工苑住宅小区工程、山西潞安集团长治北铁路交接场工程、山西潞安矿业集团屯留矿井及选煤厂工程等10余项房屋建筑、矿山工程的监理工作，工程总造价近32亿元。其中，山西潞安矿业集团屯留矿井及选煤厂工程因监理业绩突出，于2007年12月荣获国家建设工程优质奖"鲁班奖"。在工作之余，2003—2017年撰写了10多篇论文，2013年参与了《煤炭地址工程监理规范》的编写。多次荣获中国建设监理协会、中国煤炭建设协会、山西省建设监理协会颁发的"优秀监理工程师""优秀总监理工程师"荣誉称号。

韩冠军，男，给水排水专业，工程师，国家注册监理工程师。现就职于山西煤炭建设监理咨询有限公司总工程师、党委委员及工会主席等职务。自2000年开始从事监理工作以来，主要参加建设了山西汾西矿业集团贺西煤矿、山西柳林兴无选煤厂、山西柳林邓家庄煤矿、山西山西柳林同德煤矿、省煤炭厅8号住宅楼、潞安矿业集团能化基地建设项目、霍州煤电有限公司中峪矿井（500万吨/年）、山西柳林华晋焦煤选煤厂技

改工程（800万吨/年）、晋能清洁能源天镇光伏发电（300兆瓦）二期工程（80兆瓦）及扶贫项目（40兆瓦）项目、晋能清洁能源阳高光伏发电（80兆瓦）项目、山西石楼县光伏发电扶贫项目、西藏自治区阿里地区六县市基础设施配套工程革吉县项目工程总承包项目管理、福建省福州市餐厨废弃物处理及资源化PPP项目工程管理、中石化鄂尔多斯中天合创库区增容工程总承包项目管理等20余项房屋建筑、矿山工程、电力工程的监理

工作及总承包项目管理，工程总造价近 50 亿元。组织编写公司内部培训教材，切实提高从业人员的综合素质。在本人的组织和主持下，组织有经验的技术人员分阶段编写了一套完整的岗前培训、安全教育及强化学习等方面的《监理知识培训教材》（丛书）。

企业介绍：

山西煤炭建设监理咨询有限公司隶属于晋能集团有限责任公司，是国有独资企业，注册资金 1765 万元人民币。其前身是成立于 1991 年 4 月的山西煤炭建设监理咨询公司。

公司是山西省建设监理协会、山西省煤矿建设协会副理事长单位，是中国建设监理协会、中国煤炭建设协会理事单位，是山西省煤炭工业协会、山西省招投标协会会员单位。公司具有矿山、房屋建筑、市政公用、电力工程监理甲级资质，拥有公路、化工石油工程监理乙级资质、人防工程监理丙级资质和招标代理资质。执业范围涵盖矿山、房屋建筑、市政、电力、公路、化工石油等多个工程类别。公司通过了质量、环境和职业健康安全（三标一体）等管理体系认证，保证公司运营持续有效，在受控状态。

公司设有综合办公室、党群工作部、计划财务部、安全质量管理中心、市场开发部、招标部 6 个职能部门以及 118 个现场工程监理部。公司现有员工 568 人，国家注册监理工程师 65 人，国家注册造价工程师 3 人，国家注册安全工程师 5 人，国家注册一级建造师 8 人，国家注册设备监理师 15 人；省级监理工程师 267 人，行业监理工程师 225 人。

公司自成立以来，承接完成和在建的矿山、房屋建筑工程以及市政、公路、铁路等项目工程 700 余项，监理项目投资额累计达到 2000 多亿元，所监理项目工程的合同履约率达 100%，未发生一起监理责任事故。公司所监理的工程中，5 个工程获得中国建筑工程"鲁班奖（国家优质工程）"奖项；25 个工程获得中国煤炭行业优质工程奖；17 个工程获得煤炭行业"太阳杯"奖；13 个工程获得山西省优良工程奖；9 个工程获得山西省"汾水杯"奖；公司先后 5 次获得全国建设监理先进单位；连续 17 年获得山西省工程监理先进企业；8 次获得煤炭行业优秀监理企业；9 次获得省煤炭工业厅（局）煤炭基本建设系统先进企业。先后有 198 人次获得国家、省部级和地方行政主管部门、行业协会以及集团公司的表彰奖励。

企业地址：山西省太原市南内环街 98-2 号（财富国际大厦 11 层）

企业网址：www.sxmtjl.com

3. 大同宏基工程项目管理有限责任公司

企业负责人介绍：

曹乃铭，男，工程师，现任董事长、总经理，根据集团公司下发的扶持政策文件精神，积极联系集团公司企划部和各相关二级单位，努力拓展集团公司内部市场，并尝试参与外部市场投标，努力开拓外部市场，寻求更大的发展空间。确保"完全实现自养"的经营责任目标顺利完成。公司收入逐年上涨，屡创新高，完成了"完全实现自养"的经营业绩责任目标。为适应日趋激烈的市场竞争，突破承揽业务瓶颈，公司资质升级为住建部房屋建筑工程监理甲级资质。随后成立了转型工作领导组，曹乃铭同志亲认组长，制定了具体实施步骤。于2017年7月将公司成功转型为工程项目管理公司，并报请集团公司在集团公司全面推行工程项目管理工作。

丁大军，男，高级工程师，注册监理工程师。曾任大同矿务局燕子山工程处建井科科长；大同煤炭建设监理有限责任公司技术部部长；大同煤炭建设监理有限责任公司任副总工程师；大同煤炭建设监理有限责任公司任总工程师；现任大同宏基工程项目管理有限责任公司任总工程师。

企业介绍：

大同宏基工程项目管理有限责任公司前身为大同煤炭建设监理有限责任公司，成立于1992年12月。2017年6月26日更名为大同宏基工程项目管理有限责任公司，为大同煤矿集团有限责任公司全资子公司，注册资本410万元，法定代表人曹乃铭，技术负责人丁大军。公司总人数189人，其中高级工程师22人，中级职称127人，煤炭行业监理工程师104人，煤炭行业监理员8人，国家注册监理工程师34人，注册造价师4人，一级建造师3人。

公司为中国煤炭建设协会会员单位，通过中国煤炭建设协会甲级监理企业能力评价；并取得中华人民共和国住房和城乡建设部房屋建筑工程监理甲级资质、山西省住房和城乡建设厅矿山工程监理乙级资质；ISO 9001国际质量认证；AAA信用等级认证证书。公司经营范围包括房屋建筑工程监理，矿山工程监理，路桥、市政、电力、铁路和控制测量、地质钻探及工程的建设监理与咨询服务，控制测量、地质钻探及常规地球物理勘探工程监理，建筑工程的项目管理、工程招标代理，工程造价咨询服务。

公司所监理的山西大同煤矿集团大唐塔山煤矿体育馆工程、国家矿山应急救援大同队指挥中心办公楼工程、同煤科技研究院办公楼工程荣获煤炭行业工程质量"太阳杯"奖，山西同煤集团四台煤矿412盘区进风井工程荣获煤炭行业优质工程称号。荣获山西省煤炭建设行业优秀监理企业、全省煤炭基本建设先进单位和同煤集团文明和谐单位、劳模大会先进单位、党风廉政建设先进单位、先进基层党组织。

企业地址：山西省大同市矿区救护街10号

企业E-mail：tmjlwj@126.com

4. 山西诚正建设监理咨询有限公司

企业负责人介绍：

刘万江，男，工业与民用建筑专业，高级工程师。现任山西国辰建设工程勘察设计有限公司、山西诚正建设监理咨询有限公司董事长。曾任阳泉矿务局第二工程处建筑工区技术副主任、

阳泉矿务局第三工程处土建工区主任、阳泉矿务局第三工程处土建四队队长、阳泉矿务局基建处副处长、阳泉煤业集团基建处处长。2003年开始担任山西国辰建设工程勘察设计有限公司、山西诚正建设监理咨询有限公司董事长。2010年被山西省煤矿建设协会评为先进工作者，2011年6月被山西省企业联合会、山西省企业家协会评为2010年度山西省优秀企业家，2012年被评为阳泉市矿区2011年度先进个人，2016年5月被评为山西监理协会成立20周年"三晋监理功臣"。

戴生良，男，工业与民用建筑专业，工程师。现任山西诚正建设监理咨询有限公司总经理。曾任诚正公司监理一部部长助理、诚正公司监理二部部长、诚正公司监理二分公司经理。2013年开始担任山西诚正建设监理咨询有限公司总经理。2010年被山西省建设监理协会评为山西省杰出青年总监，2015年被山西省煤矿建设协会评为优秀监理企业经理，2016年被山西省煤矿建设协会评为先进工作者，2016年被山西省煤矿建设协会评为优秀监理企业经理，2018年被山西省建设监理协会评为山西省五四杰出青年总监。

吕保金，男，建井工程专业，高级工程师，注册监理工程师，现任山西诚正建设监理咨询有限公司总工程师。1984年至今，一直从事煤矿建设工作，在矿井建设施工技术及施工管理、矿井建设工程项目管理及煤矿建设工程监理等领域有扎实的理论功底和丰富的实践经历，业绩颇丰。进入监理行业以来，紧紧围绕企业安全生产、提高监理工作质量等重点工作，在以下方面作出了努力和贡献：一是创造性地开展工作，创新施工现场安全管理的监理工作流程；二是落实加强总监队伍建设的工作要求，领导和组织优秀监理部建设；三是组织和领导现场监理人员监理工作质量检查考核，促进和提高现场监理人员的技术水平、监理工作能力和管理技能；四是建立企业员工培训制度，出台常态培训计划并组织领导实施；五是紧跟国内外建设行业新技术应用，积极组织和推广本企业BIM工作。2008年至2010年，作为主要起草人编制行业规范《煤炭建设工程监理与项目管理规范》（NB/T 51014—2014）、《煤炭工业矿井施工设计规范》（NB/T 51028—2015）；2014年，作为主要编写人编制教材《注册监理工程师继续教育培训选修课教材》（矿山工程第三版）；2015年，作为公司总工程师组织并担任总编编写了企业标准《建设工程监理工作指南》（80万字），为规范本企业员工监理工作行为和提高本企业监理工作质量做出了贡献，并为煤炭同行提供了有价值的参考资料。2009年起，受中国煤炭建设协会委派，在煤炭行业全国注册监理工程师继续教育、煤炭行业总监及行业监理工程师等培训中担任授课讲师。2010年被中国煤炭建设协会授予首批"全国煤炭建设监理与项目管理专家"称号；2015年被山西省建设监理协会授予"优秀总工程师（技术负责人）"称号；2011年以来多次被阳煤集团授予"科技工作先进个人""职工教育培训先进工作者"称号。

企业介绍：

山西诚正建设监理咨询有限公司成立于2000年11月，是由原阳泉煤业（集团）有限责任公司基本建设处分流划转后于2000年11月成立的工程监理咨询公司。2003年3月，公司作为独立法人与山西国辰建设工程勘察设计有限公司合署办公，以"一套人马、两套牌子"的方式实现工程技术人才、企业资产资源、工程信息的共享，企业发展进入了快车道。2008年3月，阳泉煤业（集团）有限责任公司对公司进行二次改制，对新组建的山西辰诚建设工程有限公司进行51%的控股，山西诚正建设监理咨询有限公司作为山西辰诚建设工程有限公司的全资子公司运作。

目前，山西诚正建设监理咨询有限公司注册资本618万元，法定代表人和独立董事为戴生良，总经理杨文清，技术负责人吕保金，公司的上级主管部门为阳泉煤业（集团）有限责任公司。现具有国家住房与城乡建设部房屋建筑工程监理甲级、市政公用工程监理甲级、电力工程监理甲级、矿山工程监理甲级、化工石油工程监理乙级、机电安装工程监理乙级、公路工程监理丙级资质；具有通过中国煤炭建设监理协会工程监理甲级企业能力评价，山西省人民防空办公室颁发的人防工程监理丙级资质。

企业获得的荣誉：山西省煤炭建设协会"优质工程奖"——阳煤综合楼，四矿小区1号、4号住宅楼，太化新材料园区，阳泉煤业集团翼城堡子煤业有限公司90万吨/年矿井兼并重组整合项目，昔阳氯碱项目一期工程工业水纯水处理工程，阳煤集团太化新材料工业园区原料煤/燃料煤筒仓工程；山西省煤炭建设协会"三晋杯质量奖"——阳煤集团太化新材料工业园区原料煤/燃料煤筒仓工程，阳泉煤业集团翼城堡子煤业有限公司90万吨/年矿井兼并重组整合项目，昔阳氯碱项目一期工程工业水纯水处理工程，馨瑞家园3号、世纪宏苑A区、馨瑞家园1~4号及F4、四矿居住小区S7~S9住宅楼。

公司组织编制了《建设工程监理工作指南》，共分六篇、九册。六篇分别为房屋建筑工程、机电安装工程、煤矿井巷工程、监理工作实务、煤炭建设工程技术资料管理、法律法规。《建设工程监理工作指南》旨在指导建设工程施工阶段的监理业务，规范监理人员履责行为，指导现场监理人员监理工作中正确履行监理工作程序和职责，提高监理人员业务素质和监理工作水平。

矿山工程：中一矿选煤厂工程、阳煤集团新元矿、元堡矿、寺家庄矿、榆树坡矿、平舒矿井、太原煤气化龙泉矿井、长沟煤矿机械化升级改造、阳煤一矿西部区域、五矿赵家分区、碾沟矿井、南岭矿井等工程。

房屋建筑工程：阳煤总医院创伤急救病房楼工程、晋煤总医院高层住院大楼、阳泉市卓凡大酒店工程、药林寺会议中心、星光大厦、金地大厦、天融中兴一期工程、山西新景矿安全培训大楼、阳煤采煤沉陷综合治理工程古城小区一二标段、潞安府秀江南、泽盛苑北区住宅楼工程、太化房地产紫景天城、太化房地产蓝月湾等监理项目。

市政公用工程：阳煤集团四矿桥工程、阳泉市洪城路-洪城北路、山西国阳桃南道路延伸工程、山西国阳桃南集中供热工程、山西国阳桃北新干线刘家垴至四矿口管网工程、阳煤集团供水改造蒙河主干线工程、矿区"煤改气"工程、矿区矸山生态恢复工程、山西阳泉神堂嘴煤层气工业园区 CNG 项目等工程。

电力工程：国阳新能股份有限责任公司第三热电厂 1×60 兆瓦技改工程、山西省阳泉市采煤沉陷区光伏领跑技术基地工程、阳煤集团瓦斯发电项目、阳煤集团 3×135 兆瓦煤矸石综合利用电厂工程、晋煤寺河矿 110 千伏变电站至岳城矿 35 千伏线路工程等工程。

化工石油工程：新疆国泰新华一期项目工程、阳煤太化清徐新材料园区、阳煤集团和顺化工有限公司"18·30"尿素项目、阳煤集团 40 万吨电石工程、昔阳氯碱工程、平定乙二醇项目工程、阳煤集团氯碱化工 6 万吨/年离子膜烧碱及安全环保整改项目等工程。

企业地址：山西省阳泉市矿区北大西街 10 号

企业 E-mail：sxczjsjl@126.com

5. 山西辰诚建设工程有限公司

企业介绍：

山西辰诚建设工程有限公司成立于 2006 年 4 月，注册资本 3758 万元，由世界 500 强企业——阳泉煤业（集团）有限责任公司控股 51%，其他自然人股东占 49%。公司的上级主管部门为阳泉煤业（集团）有限责任公司。现任企业负责人刘万江，技术负责人王安安。

2006 年 4 月公司成立以来至今，组织机构设有办公室、财务部、总监办以及设备监理分公司等部门，现有国家注册设备监理工程师 31 人。

公司取得井工矿山工程、洗选煤设备工程设备监理甲级资格，有色冶金设备、输变电设备监理乙级资格，化工设备、光伏发电设备暂定乙级资格。公司为《煤炭设备工程监理规范》（NB/T 51015—2014）的主编单位。

企业主要业绩：山西新元煤炭有限责任公司 110 千伏变电站增容 SSZ11-63000/110 型变压器设备制造监理，山西宁武榆树坡煤业有限公司副斜井 JK-3.5×2.5/31.5 绞车设备制造监理，阳泉煤业（集团）股份有限公司 ZCC10000/26/45 型超前支护液压支架设备制造监理，阳泉煤业（集团）股份有限公的 ZYD12000/22.5/45D 型端头液压支架、ZYG12000/26/56D 型过渡液压支架、ZY12000/30/68D 掩护型液压支架设备制造监理；阳泉煤业（集团）股份有限公司五矿花河峪轴流风机设备制造监理，山西新景矿煤业有限责任公司芦南风井项目提升机设备制造监理，二矿北茹集中带式输送机巷 1400 毫米带式输送机设备制造监理，阳泉煤业（集团）股份有限公司二矿龙门副立井提升机设备制造监理。

企业地址：山西省阳泉市北大西街 10 号

企业 E-mail：sxccjs@sxccjs.com

6. 山西太行建设工程监理有限公司

企业负责人介绍：

任山增，男，电气自动化专业，高级工程师，山西省评标专家库专家、山西省建设监理协会常务理事。曾任晋城煤业集团凤凰山矿机掘二队负责人，晋城煤业集团工程处服务公司经理。

2008年5月至今，任山西太行建设工程监理有限公司总经理、执行董事。

延晋阳，男，工业与民用建筑专业，高级工程师、国家注册监理工程师、国家注册一级建造师、山西省评标专家库专家。先后任晋煤集团集资电厂基建科、综合服务科任副科长。在山西煤炭建设监理咨询公司晋城项目监理部先后担任专业监理工程师及总监理工程师。2008年5月至今任山西太行建设工程监理有限公司总工程师。担任总监期间监理过的有代表性的工程有晋煤集团古书院矿绿苑小区工程、赵庄二号井新建90万吨/年矿井工程（含矿、土、安工程）、长平矿杨家庄风井工程、晋城运盛公司生产调度楼工程（装配式结构）、晋煤集团晋圣上孔煤业有限公司资源整合项目工程、晋煤集团顺民农业开发有限公司食用菌（香菇）产业中心项目。

近几年，先后在《山西建筑》《建材与装饰》《晋煤科技》等杂志上发表过多篇论文。

企业介绍：

山西太行建设工程监理有限公司成立于2008年5月13日，是自负盈亏、自主经营、自我发展的独立法人单位，注册资本300万元。

公司的资质等级为矿山工程监理甲级、房屋建筑工程监理甲级、市政公用工程监理乙级、电力工程监理乙级，可承担矿山工程、工业与民用建筑工程、市政公用工程、电力工程的建设监理业务及可以开展与之相适应的建设工程项目管理、技术咨询等业务。

公司管理层设有经理1名、总工程师1名、副经理3名，下设综合办公室、经营财务部、工程监理部三个职能部门，现场设有8个项目监理部。现有员工89人，其中高级工程师6人，中级职称41人，初级职称8人。目前公司具有国家注册监理工程师35人、国家注册造价师5人、国家注册一级建造师7人、山西省监理工程师31人。

近几年公司所监理有代表性的工程有：运盛公司生产调度楼工程（装配式建筑）、晋煤集团技术研究院研究检测实验楼工程（装配式建筑）、晋城集中供热分公司储煤场封闭EPC总承包工程、山西晋煤集团沁秀煤业有限公司岳城矿选煤厂工程、晋煤集团临汾晋牛煤矿工程、晋煤集团北石店区新建污水处理厂项目、段河分布式低浓度瓦斯发电项目等。

公司于2009年通过了ISO 9001：2008质量管理体系认证，坚持以质量体系建设服务于监理工作全过程，使公司各项质量管理工作均处于有效受控状态。2012年度公司荣获中国建筑业联合会颁发的"全国工程监理安全管理先进单位"荣誉称号，2013—2017年连续五年荣获山西省建设监理协会颁发的"山西省先进监理企业"荣誉称号，2016年荣获中国煤炭建设监理协会颁发的"煤炭行业先进监理企业"荣誉称号。公司监理的"山西晋煤集团坪上煤业有限公司资源整合项目工程"被山西省煤炭工程质量监督中心站评为优良工程。岳城矿选煤厂项目监理部及赵庄煤业南苏风井项目监理部分别于2014年、2016年被中国煤炭建设协会评为"煤炭行业双十佳监理部"。

企业地址：山西省晋城市泽州北路龙嘉大厦6层602室

企业E-mail：jmthjlgs@126.com

7. 潞安工程项目管理有限责任公司

企业负责人介绍：

秦占彪，男，工业与民用建筑专业，高级工程师。1981 年 7 月至今，历任潞安矿务局设计处设计室主任，潞安矿务局设计处处长，山西潞安工程勘察设计咨询有限责任公司执行董事、总经理，山西潞安工程勘察设计咨询有限责任公司、山西潞安工程项目管理有限责任公司董事长。

赵元平，男，电气自动化专业，工程师，国家注册监理工程师、煤炭行业监理工程师继续教

育培训师。1987 年参加工作，先后在淮海工业集团、市对外服务中心等企业任职，2004 年开始从事监理工作，2009 年被公司任命为山西潞安工程项目管理有限责任公司矿建监理技术负责人。任职期间，多次被公司评为年度优秀总监理工程师、优秀技术负责人，2014 年被山西省建设监理协会评为优秀总监理工程师，从事监理工作以来，担任总监及管理的项目有山西长治武乡王家裕煤业集团王家裕煤矿 60 万吨扩建 120 万吨工程、潞安华亿北村 120 万吨选煤厂工程、潞安夏店 200 万吨选煤厂工程、潞安余吾矿文体中心工程、潞安漳村矿邕子风井工程等 30 余项。工程全部保质保量按时完成，得到了业主的一致好评。

企业介绍：

山西潞安工程项目管理有限责任公司成立于 2005 年，隶属山西潞安工程勘察设计咨询有限责任公司控股子公司，主营业务为煤炭矿山及房屋建设工程监理，目前拥有房屋建筑工程监理乙级、市政公用工程监理丙级，煤炭行业（矿山）监理甲级和工程招标代理。公司注册资本 300 万元，公司现有员工 100 余人，其中国家注册监理工程师 17 名，注册造价工程师 3 名，国家级注册建造师 5 名，煤炭行业总监及监理工程师 76 名，具有高级职称技术人员 20 余名。公司年监理项目总投资超过 10 亿元，年在监项目 60 余项，年完成产值 2000 余万元。公司下设总监室、安全技术部、市场部、工程管理部四个管理部门（部分管理职能由上级控股公司相关部门代管）和若干个项目部。

公司 2013 年通过 GB/T 19001—2008 质量管理体系（ISO 9001：2008，IDT）认证，GB/T 24001—2004 环境管理体系（ISO 14001：2004，IDT）认证，GB/T 28001—2011 职业健康安全管理体系认证。

企业地址：山西省长治襄垣潞安集团设计处

企业网址：www.lagcjl.com

企业 E-mail：lakcsj@ vip.163.com

8. 山西华台煤田地质新技术中心

企业负责人介绍：

室内检查监理资料（右二为张勇）

张勇，男，煤田地质专业，高级工程师，山西华台煤田地质新技术中心经理。主要从事煤田地质勘查研究、地质工程监理工作。主要工作业绩：主持完成了"山西汾西中兴煤业有限责任公司生产矿井地质报告""山西煤炭进出口集团洪洞恒兴煤业有限公司矿井水文地质类型划分报告""山西煤炭进出口集团左权宏远煤业有限公司矿井水文地质类型划分报告""山西汾西中兴煤业有限责任公司矿井防治水中长期规划报告""大同冀东水泥有限责任公司石灰岩矿东采区北边坡稳定性评价报告"。在"山西汾西矿业集团正新煤焦有限责任公司和善煤矿地面水文地质调查报告""山西汾西矿业集团正新煤焦有限责任公司贾郭煤矿地面水文地质调查报告""山西汾西矿业集团新峪煤业有限责任公司地面水文地质调查报告"编制中为项目骨干。参与编制了《山西省煤炭资源有效保障能力分析》一书。参与编制的省级价款项目《山西省宁武煤田静乐县步六社勘查区煤炭普查地质报告》被中国煤炭工业协会组织的第十五届优质报告评选中，荣获新发现矿产资源报告奖。

狄效斌，男，水文地质专业，高级工程师，山西华台煤田地质新技术中心总工程师。主要从事水文地质、工程地质、环境地质调查、勘查及研究，地质工程监理工作。主要工作业绩：自参加工作以来，曾先后参与和主持负责了几十个部、省级国家地质勘查相关项目（课题）以及煤矿企业自筹地质勘查项目的调查、施工、监理和报告编制。其主要项目名称：大同煤田左云南勘查区煤炭地质详查、平朔东露天矿田煤炭地质详查、大同煤田同忻井田煤炭地质精查、大同市阳高

野外地质调查（右为狄效斌）

县王官屯水源地供水水文地质勘察、常村煤矿煤炭开采对地下水影响评价、山西省河东煤田保德县杨家湾勘查区煤炭地质详查、山西省沁水煤田沁源县程壁勘查区煤炭地质详查、霍州煤电集团李雅庄煤矿水文地质勘探、汾西矿业集团新峪煤业有限公司水文地质调查、山西省襄汾县北李勘查区煤炭地质详查、山西怀仁联顺玺达柴沟煤业有限公司矿井水患补充调查、山西沁水煤田霍东矿区南部奥灰岩溶水贮存规律及其对煤炭开发影响研究等。在《水文地质工程地质》《矿业安全与环保》《南水北调与水利科技》《煤炭技术》等期刊共发表专业技术论文十多篇。2012年12月，论文《东周窑煤矿井检区水文地质条件及涌水量预测》（煤炭技术，2009年10月）被山西省科学技

术协会/人力资源和社会保障厅/科技厅/财政厅联合评为山西省第十六届优秀学术论文三等奖。

企业介绍：

山西华台煤田地质新技术中心成立于1992年11月，是隶属于山西省煤炭地质勘查研究院的国有法人企业。山西省煤炭地质勘查研究院2017年9月经院党政联席会会议程通过任命张勇同志为山西华台煤田地质新技术中心法人，任命狄效斌同志为山西华台煤田地质新技术中心总工程师。

企业主要从事综合地质、煤矿地质、煤层气、物探勘查、评价，地质地形图件绘制及技术咨询服务，计算机软件开发，地质工程监理、地质技术咨询服务等业务。其中，地质工程监理所主要从事煤田地质、水文地质、煤层气、工程测量、地震及地球物理勘查等地质工程的监理和技术咨询服务业务，具有工程监理与项目管理企业甲级监理资质。现有煤田地质、水文地质、工程测量、煤层气、地震、电法及地球物理勘查等专业监理人员67人。

企业的主要业绩有：霍州煤电集团公司河津区地质勘探工程（老窑头、五星、薛虎沟、福星、海圣、腾辉等6个矿），阳泉煤业集团创日泊里煤业有限公司矿井建设项目井田煤炭、煤层气综合勘探监理，阳泉煤业集团于家庄煤业补充勘探地质工程监理，新疆准东煤田木垒县博塔莫云勘查区、库兰喀孜干西北部井田2013年度煤炭勘探工程监理，山西安鑫煤业有限公司古县永乐区块煤层气勘查工程监理，山西汾西曙光煤业有限公司三维地震勘探工程监理，阳泉煤业集团创日泊里煤业有限公司综合物探工程监理等。

企业地址：山西省太原市晋阳街170号汇强磁材大厦

企业E-mail：sxhtjls@163.com

六、内蒙古

1. 内蒙古三利煤炭基建咨询监理有限责任公司

企业负责人介绍：

李启刚，男，采煤专业，高级工程师。曾就职于内蒙古煤矿设计研究院有限责任公司，从事矿井设计工作，期间多次担任煤矿设计项目负责人，顺利建成移交的煤矿有40余座，2010年被内蒙古煤矿设计研究院调派至内蒙古三利煤炭基建咨询监理有限责任公司担任技术负责人一职，2017年至今，担任内蒙古三利煤炭基建咨询监理有限责任公司企业负责人。从事煤矿建设工程

多年，从设计工作到现场建设工作，既有理论知识又有实践经验，2011年以来多次担任自治区煤矿技术专家，参与评审、验收煤矿建设工程，同时多次参与编制自治区煤矿建设安全监督管理文件。

王金，男，资源环境与城乡规划专业，工程师，现任内蒙古三利煤炭基建咨询监理有限责任公司技术负责人，毕业后入职内蒙古煤矿设计研究院，从事矿业权规划设计，安全评价等煤矿相关设计工作，顺利完成了多个大型矿区的规划设计，其专业性和探索学习精神，得到了业主和主管部门的一致好评。毕业至今先后于 2007 年考取了国家注册安全工程师，2016 年考取了安全评价师和国家注册监理工程师执业证书，同年被内蒙古煤矿设计院调派至内蒙古三利煤炭基建咨询监理有限责任公司担任技术负责人一职。作为企业最年轻的高层管理干部，为企业注入了新的技术力量。

企业介绍：

内蒙古三利煤炭基建咨询监理有限责任公司成立于 1995 年，为内蒙古第一家煤矿建设监理公司。2010 年由内蒙古煤矿设计研究院有限责任公司注资收购，占股 96.5%，使该公司成为具有国有股份的监理公司。现公司法定代表人为李启刚，技术负责人为王金。公司一经成立就在煤矿建设的监理工作中展示了独特的专业技术优势，在煤矿建设中发挥了积极作用，率先担负起全区煤炭行业厂、矿建设的工程监理工作。

监理公司成立至今，一直以遵循国家和行业的法规、规范、政策及规定为工作的指导方针。在实践中发展壮大，在工作中锻炼成长，目前已成为自治区煤炭建设监理队伍中一个不可忽视的骨干力量，是一个完全按国家法规、规范政策和行业要求办事的正规的一流监理队伍。公司内设工程监理部、技术咨询部、经营财务部、综合部 4 个部门，下设 18 个监理处，分别负责公司所承揽的煤矿建设监理任务。公司在十多年的监理工作实践中形成了一套完善的工作规章制度和严格的管理规定。公司有矿建、土建、机电安装、水暖、道路、经济等各类具有技术职称的工程技术人员 93 名，其中取得全国注册监理工程师证的 21 名，取得国家煤炭行业监理工程师证书的 60 名，取得总监理工程师证书的有 19 名，取得评标专家的有 21 名，其他人员 12 名。

公司于 1997 年 3 月取得全国煤炭行业甲级资质证书，2015 年 6 月取得住建部（矿山工程、市政公用工程）监理乙级资质证书。

2010 年，公司自 1995 年 11 月正式注册以来，独立承担监理了大中小型煤矿、井工矿及煤矿地质勘察项目上百个。其中，600 万吨/年以上的煤矿 13 个，300 万吨/年煤矿 21 个，120 万吨/年煤矿 25 个，1000 万吨/年大型井工矿 5 个，90 万吨/年矿井 35 个，60 万吨/年矿井 48 个（包括井工矿），30 万吨/年矿井 32 个，150 万吨/年选煤厂 27 个，120 万吨/年选煤厂 31 个，60 万吨/年选煤厂 23 个，10 万吨/年煤气厂 2 个，10 万吨/年焦化厂 3 个，5 万吨/年锗厂，铁路 24 公里。出色完成了伊泰集团红庆河、蒙泰集团满来梁项目的地质勘察等，准东集装站 2000 万吨/年项目。已竣工投产使用的 100 多个项目，全部达到优良或合格以上质量，没发生过任何质量事故，均得到建设单位和施工单位及上级主管部门的认可和好评。

企业地址：内蒙古呼和浩特市新华东街中银城市广场 D 座 5 单元 502 室

企业 E-mail：289040246@qq.com

2. 赤峰蒙域建设监理有限责任公司

企业负责人介绍：

陶建达，男，助理工程师，现任赤峰蒙域建设监理有限责任公司法定代表人，企业负责人。2011 年就职于赤峰蒙域建设监理有限责任公司，2013 年就任副总经理，2017 年任总经理。

谢语诗，男，工民建专业，工程师，现任赤峰蒙域建设监理有限责任公司总工程师，技术负责人。曾就职于平庄矿务局基础建设公司，任项目经理。2003 年 6 月就职于赤峰蒙域建设监理有限责任公司，担任国电内蒙古平庄煤业集团元宝山露天煤矿改扩建项目工程、国电内蒙古平庄煤业集团西露天煤矿改扩建项目工程等项目的总监理工程师。2008 年起担任总工程师、技术负责人至今。

企业介绍：

赤峰蒙域建设监理有限责任公司前身是 1992 年成立的平庄矿务局监理处，1999 年平庄矿务局随着煤炭市场的不断发展，市场化进程不断深入，监理处进行了改制，企业改制后在赤峰市工商行政管理局元宝山分局注册为独立法人，企业名称为赤峰蒙域矿山工程建设监理有限责任公司；2011 年 3 月 25 日经赤峰市工商行政管理局元宝山分局核准，名称变更为赤峰蒙域建设监理有限责任公司。2000 年 2 月，获得中国煤炭建设协会颁发的煤炭建设监理与项目管理甲级资质证书（从事新建、改扩建矿山建设项目的矿建、土建、机电安装、工程地质勘查、煤化工及配套的电力工程，房屋建筑、市政公用工程，地质环境治理工程、坑口电厂工程的建设监理及技术咨询等监理工作）；2015 年 3 月，获得内蒙古自治区住建厅颁发的房建、市政乙级监理资质证书。

公司工程技术人员、专业齐全，涵盖工业与民用建筑、结构工程、采矿工程、选矿工艺、机械工程、电气工程、通信工程、自动化控制、给排水工程、煤气工程、环保工程、采暖通风、热机热力、工程地质、工程测量、造价咨询及项目管理等，完全满足资质范围内的所有工程监理资格条件。

公司自成立以来主要监理的工程有：平煤集团公司老公营子煤矿土建、安装工程（120 万吨/年），元宝山露天煤矿改扩建土建、安装工程（1500 万吨/年），风水沟煤矿改扩建项目工程（240 万吨/年），内蒙古锡林浩特西二露天煤矿土建、安装工程（700 万吨/年），西露天煤矿改扩建项目工程（300万吨/年），内蒙古平庄煤业爱民温都煤矿项目工程土建、安装工程（120万吨/年），白音华露天煤矿项目工程（700万吨/年），内蒙古庆华集团庆华佳苑住宅区一、二、三期工程（28万平方米），平煤技工学校新建及改造项目工程（6.2万平方米），平煤老工村新建住宅工程（11万平方米），原平庄矿务局大院住宅开发工程（11万平方米），赤峰华腾建筑安装公司幸福家园及东楼区住宅开发工程（16万平方米），平煤公司红庙煤矿、西露天煤矿、元宝山煤矿、风水沟煤矿、古山煤矿住宅开发工程32万平方米等平煤公司一大批大中型工业项目、民用项目及各煤矿的矿区公路的监理。共承担了成型的新建及改扩建煤矿10余座、选煤厂20余座，住宅近200万平方米。

公司主要业绩：平煤老公村改造、土楼改造等住宅工程有22栋获得自治区的优质工程称号，老公营子煤矿原煤储仓工程获得自治区的主体结构优质工程称号，污水处理厂获矿区优质工程称号，变电所设备安装工程获矿区样板工程称号。

企业地址：内蒙古自治区赤峰市元宝山区平庄镇哈河街东段路北

企业E-mail：cfmyjlgs@163.com

3. 内蒙古华准工程监理有限责任公司

企业负责人介绍：

郑月新，男，土木工程专业，高级工程师、煤炭一级总监理工程师、国家注册监理工程师。现任内蒙古华准工程监理有限责任公司总经理。曾在准能公司公用工程项目部任部门经理，在准能工程监理公司任部门经理，在内蒙古华准工程监理有限责任公司任监理部总监，在内蒙古华准工程监理有限责任公司任副经理，2009年3月至今内蒙古华准工程监理有限责任公司任总经理。作为总监期间负责的监理项目：神朔铁路公司委托的霍家梁等隧道病害整治工程、十里焉站改土建、黄羊城站改土建四电工程项目管理及监理，神朔铁路公司黄河特大桥桥面防水和铺架工程、神朔铁路阴塔至南坡底56公里新增二线工程监理，神朔铁路复线神木北至神池南线下综合五六标和神木北站改标项目监理，神朔铁路万吨列扩能改造神木北等站站前工程，神朔铁路朱盖塔站站区住宿综合楼工程等施工监理多个大型项目的监理工作。被神朔铁路分公司扩能工程指挥部评为优秀总监理工程师，该工程被评为"陕西省建设工程长安杯"。被中国煤炭建设协会评为"煤炭行业优秀总监理工程师"。

朱宝金，男，矿山测量专业，高级工程师、国家注册监理工程师。曾在准格尔煤田建设指挥部、准格尔煤炭工业公司黑岱沟露天矿筹备处工作，在黑岱沟露天矿筹备处地测科任副科长，在黑岱沟露天矿筹备处地测科任科长、工程技术部地测组组长、生产技术部经理，在准格尔煤炭工业公司组织部副部长，2002年3月至今任内蒙古华准工程监理有限责任公司任副总经理兼支部书记。参与了《黑岱沟露天矿验收测量自动化系统简介》一书的编写工作，并参与编写了《矿山测量》一书。1990年被中国统配煤矿总公司评为优秀青年知识分子，1991年被共青团中央授予共和国重点建设工程青年功臣。

企业介绍：

内蒙古华准工程监理有限责任公司前身为准格尔煤炭工业公司工程监理公司，1998年准格尔煤炭工业公司划归神华集团公司后改为（神）华准（格尔）工程监理公司，2000年8月经内蒙古自治区人民政府批准成立内蒙古华准工程监理有限责任公司，具有煤炭建设工程监理甲级和房屋建筑工程、铁路工程监理乙级资质。营业范围包括：露天矿山工程、铁路工程、工程地质及矿山地质勘察、公路工程和矿山配套电力工程的建设监理，房屋建筑工程和市政公用工程的建设监理。2005 年为响应国有企业实行主辅分离的政策，全面完成非国有股股份制改制。企业性质为有限责任公司。2014 年 2 月被国家住房城乡建设部批准晋升为铁路工程甲级资质监理单位。目前公司具有煤炭行业工程监理与项目管理甲级企业证书、铁路工程监理甲级、房屋建筑工程乙级、矿山工程乙级和测绘乙级资质证书。

目前，公司现有在册高、中、初级技术人员 70 余名。高级工程师 11 人，中级职称 32 人，初级职称 20 余人。其中，国家注册监理工程师 23 人，造价工程师 2 人，一级建造师 1 人。注册资产 300 万元。拥有各种先进检测、测量仪器设备（全站仪、GPS 等），价值 100 余万元。

公司内部设有项目监理部、测量监理部、安质部、财务部、经营部和综合办等部门。公司现有完善的工作制度，管理先进、规范、科学，已通过质量管理体系认证。现场监理工作制度齐全，安全监理制度体系完备。各项监理工作在制度化、标准化、规范化和程序化框架内稳步运行。

公司成立以来，先后承担了准格尔项目一期工程，准格尔黑岱沟露天矿和选煤厂扩建技改工程，新建哈尔乌素露天矿、选煤厂工程，设备维修中心改扩建工程，氧化铝中试厂扩建工程，神朔铁路复线工程，神朔铁路 1.4 亿吨扩能改造工程，神朔铁路全线 266 千米无缝线路工程，神朔铁路 2010—2012 年整治整修工程，神朔铁路 2.2 亿吨万吨列扩能改造工程，包神铁路复线及巴图塔至东胜段无缝线路工程，神华胜能公司露天矿一、二期地面生产系统及相应扩能工程，大准铁路复线工程，大准铁路万吨列扩能改造工程，大准铁路无缝线路工程，大准铁路整治整修工程，神华准池铁路整治整修工程，准能集团新建办公大楼装饰装修工程，准能集团 2017 年专项计划及成本类工程，黑岱沟露天煤矿和哈尔乌素露天煤矿外委剥离工程，完成了 300 多平方千米的大地测量和工程测量任务，累计完成各类投资达 500 亿元。

公司把"坚持优质服务，保持廉洁自律，牢记社会责任，当好工程职业卫士"作为工作准则，所服务的项目均取得了显著成效，一大批工程获奖，深受建设单位和社会各界的好评。在神华集团有较高的知名度和社会信誉，先后多次被评为先进建设监理单位。公司始终遵循"公平、独立、诚信、科学"的执业准则，坚持"以真诚赢得信赖，以品牌开拓市场，以科学引领发展，以管理创造效益，以优质铸就成功"的经营理念，恪守"质量第一、安全第一、服务第一、信誉第一"和信守合同的原则，以实现"三大控制"为目标，以优质的服务为前提，以优质高效的工作回报社会各界，得到了广大客户的充分肯定。

企业地址：内蒙古鄂尔多斯市准格尔旗薛家湾镇鼎华加油站对面建安公司院内

企业 E-mail：huazhunjianli2005@163.com

4. 神东监理有限责任公司

企业负责人介绍：

任水泉，男，高级工程师。1989 年 1 月—2018 年 6 月在神华神东工作，曾任神东上湾矿建井队队长、副总工程师；在保德矿（原康家滩、孙家沟矿）工作期间，历任筹建组副组长、总工程师、副矿长；在大海则煤矿工作期间任副矿长；在生产准备处工作期间任副处长。在哈拉沟煤矿工作期间任副矿长；在万利一矿工作期间任矿长兼党委书记；在乌

兰木伦煤矿工作期间任矿长；上榆泉煤矿管理处任处长；上榆泉煤矿任矿长、煤电公司执行董事；布尔台煤矿任矿长兼党委书记和神东监理公司党委副书记、经理。1999—2002年曾经分管矿井的基建工作。现任神华集团神东煤炭公司神东监理公司经理。2005—2008年连续三年获得神东集团优秀党员、先进生产工作者等称号；2007年获得神东集团优秀科技创新成果三等奖；2013年获得神华集团安全生产先进个人称号；2013年获得鄂尔多斯东胜区煤炭行业先进工作者称号；2013年获得神华集团"小改革、小发明、小创造"三等奖；2015年获得山西省忻州市安全先进个人称号；2015年被评为神华神东煤炭公司优秀领导干部。

2006年3月，在《陕西煤炭》发表《康家滩矿8号煤层回采巷道的支护优化》；2007年4月，在《陕西煤炭》发表《康家滩矿88101综采面赋存分析及管理》；2008年3月，在《陕西煤炭》发表《预警信号在连续采煤机机尾摆动中应用》；2014年4月，在《山西煤炭》发表《煤矿井下减少火工品使用技术的研究与实践》；2014年12月，在《山西煤炭》发表《连运一号车驾驶室闭锁装置改进研究》；2013年9月《产业纵横》题为《一本赢万利 安全又高效》的文章介绍了该同志在万利一矿的工作情况；2018年1月，在《煤炭技术》发表《综放面采空区侧巷道大变形控制技术研究》。在上湾矿工作期间，曾经主持处理巷道软岩遇水膨胀的底拱施工；在康家滩建井期间，独立指挥、安全、快速、高效地完成井筒和井下系统的完善工作，为矿井的提前投产创造了条件；在孙家沟工作期间，是公司首个接触并逐步摸索高瓦斯矿井的管理者，为后期的瓦斯管理奠定了基础；在生产准备处工作期间，重点探讨了连续采煤机掘进施工的工艺，并编制成材料，指导专业化连采施工；为防止连采机尾摆动伤人事故发生，改造完成声光信号在连续采煤机机尾摆动过程中的应用，极大地避免了机尾摆动时人员挤帮伤亡事故的发生；在哈拉沟矿工作期间，主要进行矿井标准化与综连采工作面动态达标管理，成为神东在陕西煤矿的标准化窗口；在万利一矿工作期间，主要进行改造矿井标准化工作，同时打造神东背部窗口；在乌兰木伦矿工作期间，主要对矿井标准化和队伍建设、标准提升进行重点关注；在上榆泉工作期间，由于体制改革，先后从神东公司划转至国神工作，主要在矿井人员稳定方面起到重要作用，使社会秩序和安全生产秩序得到良好的稳固。同时，对于从原神东划转国神的洗选、物供、后勤物业、医务等四中心与矿井、原电煤公司六单位进行整合，形成对外为山西鲁能河曲煤电公司的经营格局。

张一直，男，采煤专业，高级工程师，国家注册监理工程师、注册投资建设项目管理师。现任国家能源集团神东煤炭集团有限责任公司神东监理有限责任公司副经理、总工程师。1987年1月—1993年在神华神东工作，曾任神府公司生产处任技术员、工程师；活鸡兔煤矿连采队任工

程师；神府公司基建部任工程师、高级工程师；神东煤炭公司基建部任矿建科科长；神东监理有限责任公司任总工程师；神东监理有限责任公司任副经理兼总工程师。一直从事煤矿建设管理工作，引领监理公司由乙级晋升为矿山工程甲级监理资质，并为千万吨矿井群的建设和接续作出了其应有的贡献。

企业介绍：

神东监理有限责任公司成立于 1998 年，位于内蒙古自治区鄂尔多斯市伊金霍洛旗乌兰木伦镇。现由神东煤炭集团公司注资 300 万元，是神东煤炭集团全资子公司。现持有国家矿山工程专业甲级、房屋建筑工程专业乙级、煤炭行业煤炭甲级监理资质从业。

公司设立党政办、经营部、工程技术部、安全质量管理办公室 4 个业务部室，21 个项目监理部。从业人员 143 名，正式员工 140 人，其中助理级以上领导 10 人，劳务工 3 人。党政办、经营部、工程技术部、安质办 4 个机关职能部室，大柳塔煤矿等 21 个项目监理部；员工平均年龄 37 岁。研究生 3 人，本科 106 人，专科 37 人。其中高级工程师职业技术资格 13 人，中级工程师职业技术资格 78 人，助理工程师职业技术资格 31 人。

公司现有全国注册监理工程师 24 人，全国注册造价师 4 人，一级建造师 4 人，持有行业监理工程师证书 43 人，持有内蒙古建设厅颁发的监理工程师证书 51 人，其余人员均取得行业协会颁发的监理上岗证，员工持证上岗率达到 100%。

自 2011 年至今，所监理的工程多项被煤炭建设行业评为优质奖、"太阳杯"奖工程；以及陕西省"长安杯"工程和文明工地；山东省工程质量"泰山杯"等，曾连续 4 年被中国煤炭建设协会评为"全国煤炭行业先进建设监理企业"和"优质建设监理企业"，并连续 7 年跻身于全国煤炭监理企业 20 强之列；所辖的布尔台矿监理部被评为首届全国煤炭行业十佳监理部，并为鄂尔多斯市级精神文明单位。

企业地址：内蒙古伊旗上湾

企业 E-mail：10031292@shenhua.cc

5. 内蒙古科远宏光监理咨询有限公司

企业负责人介绍：

张光亮，男，工业与民用建筑专业，高级工程师、国家注册监理工程师、国家注册一级建造师，现任内蒙古科远宏光监理咨询有限公司的法定代表人。曾在中国人民解放军汽车 28 团服役；在内蒙古煤炭建设集团工程部工作；2002 年 11 月至今，在内蒙古科远宏光监理咨询有限公司工作，先后从事色连二号矿井地面建筑工程监理、内蒙古铁物能源有限公司霍林河集运站系统项目总承包监理等多个大型项目的监理工作并任总监理工程师。

企业介绍：

内蒙古科远宏光监理咨询有限公司成立于

2002年11月，是自主经营、自负盈亏、独立核算、具有独立法人企业，住房和城乡建设部颁发的房屋建筑甲级、矿山工程甲级监理企业资质，煤炭行业监理甲级、化工石油乙级、地质灾害乙级资质以及涉密资质的建设工程监理、咨询、项目管理单位。并于2007年通过ISO 9001质量体系认证。按照ISO 9001：2008标准质量体系要求，建立了公司整体的质量管理体系，并制定了组织人事、计划财务、生产经营、项目管理和档案信息管理制度在内的管理体系。公司现有职工168人，其中注册造价师5人，注册一级建造师7人，注册监理工程师29人（注册矿山工程22人、房屋建筑工程15人、化工石油工程10人、市政公用工程5人），注册咨询师1人，注册安全师1人，注册会计师1人，正高级工程师5人，高级工程师22人，中级工程师116人，行业监理工程师97人，内蒙古级监理工程师46人，技术员25人。

公司具有现代化的办公设施及监理装备，配有计算机辅助管理系统，公司下设工程项目管理部、市场开发部、行政部、财务部四大部室，下设工程项目技术管理部。于2015年6月与多家设计院所达成工程技术战略合作协议，为公司在工程技术领域拓宽了发展空间。

近年来，公司得到了社会各界的认可与好评。2009—2012年度连续四年被呼和浩特市建设委员会、呼和浩特市建设监理协会评为"优秀建设监理企业"，8名监理工程师被评为优秀监理工程师，并受到建设单位的多次好评。公司于2016年获得呼和浩特市建筑业协会颁发的"青城杯"及2016年度先进工程监理企业，于2016年获得煤炭行业"太阳杯"工程称号。

公司自成立以来，完成了房屋建筑、矿山工程、矿山灭火、矿产勘查、矿山地质灾害治理、污水处理、市政建设、仿古建筑、化工石油工程、能源评价、国土资源规划、编制、评审等各类监理工程项目百余项。

企业地址：内蒙古呼和浩特市新城区展东路25号

企业E-mail：kyhgjlgs@126.com

6. 内蒙古蒙宏建设监理有限责任公司

企业负责人介绍：

李亮，男，工民建专业，高级工程师。2004年3月至今在内蒙古蒙宏建设监理有限责任公司任董事长。

李峰，男，采煤专业，工程师。1994—1999年在焦作朱村煤矿工作，任职技术员。2000—2005年在平顶山中平监理公司工作，任职监理员、监理工程师、总监。2005年至今在内蒙古蒙宏建设监理有限责任公司工作，任职总监、技术负责人。

企业介绍：

内蒙古蒙宏建设监理有限责任公司成立于2000年5月18日，公司注册资金300万元。注册地址在鄂尔多斯康巴什区，在鄂尔多斯西部鄂托克旗设有分部。

公司是具有独立法人资格的自主经营、独立核算的经济实体。公司具有房屋建筑工程监理乙级资质、市政公用工程监理乙级资质以及矿山工程监理甲级资质，可以跨地区承接建筑工程、市政工程及矿山工程建设监理业务。

公司内部用工全部实行聘用制，聘用人员均具备监理专业技术职能，现有从业人员55

人，均可胜任总监理工程师技务。公司经中质协质量保证中心审定，已正式通过质量管理体系认证。公司于 2005 年 4 月被鄂尔多斯市工商局授予市级"重合同守信用"单位，被评选为 2015 年度内蒙古自治区"先进建设工程监理企业"，是内蒙古自治区工程建设协会理事单位。

公司监理业务范围包括：房屋建筑工程、市政公用工程、市政道路、园林绿化；矿山工程，包括井工矿、露天矿的新建、改扩建、资源整合工程；选煤厂的新建、改扩建工程；机电安装工程；矿区配套的建筑、市政、电力等工程。具有中级以上专业技术人员 45 人，其中高级工程师 15 人，国家注册执业监理工程师和建造师 15 人。

先后监理了东胜创世纪大厦、创世纪住宅区、康巴什北区、乌兰镇、棋盘井等地市镇管网道路和 20 万吨/日污水处理厂的工程监理服务，棋盘井第一小学餐饮宿舍楼建设工程，鄂托克旗农贸市场 18 号、20 号楼工程，康巴什驰恒商务大厦，鄂尔多斯市康巴什新区第一幼儿园工程，鄂尔多斯鑫通星湖湾住宅小区楼工程，鄂尔多斯奥林康园工程，鄂尔多斯育雅轩住宅小区工程、乌海市华资煤焦有限公司精煤场地封闭工程、内蒙古星光煤炭集团有限责任公司一号井工程、内蒙古广泰煤业集团华武煤业有限公司采剥工程等代表性工程，其中获奖工程 7 项。创造了 17 年无监理质量和安全事故的辉煌业绩，在本地区和自治区行业内享有良好声誉。

企业地址：内蒙古自治区鄂尔多斯市康巴什新区建银大厦 13 层 1301 室

企业 E-mail：menghongjianli@126.com

7. 内蒙古家园建设工程监理咨询有限公司

企业负责人介绍：

李治祥，男，工业电气自动化专业，高级工程师。国家注册监理工程师、注册造价师。毕业后就职在内蒙古建筑承包总公司担任设计所所长，内蒙古建筑承包公司任项目经理、公司经理，1999 年在内蒙古承兴监理公司从事监理工程师工作并任经理，2009 年担任内蒙古家园建设工程监理咨询有限公司法定代表人。

吴争春，男，供热通风与空调工程专业，高级工程师、国家注册监理工程师。曾在内蒙古建筑工程承包总公司从事设计施工监理等多项工作十余年，是自治区专家库专家。2009 年起担任内蒙古家园建设工程监理咨询有限公司总工程师。

企业介绍：

内蒙古家园建设工程监理咨询有限公司成立于 2001 年 6 月，具有中华人民共和国住房和城乡建设部颁发的矿山工程监理甲级、房屋建筑工程监理甲级资质；内蒙古自治区住房和城乡建设厅颁发的市政公用工程监理乙级资质；内蒙古自治区人民防空办公室颁发的人民防空工程监理乙级资质；内蒙古自治区住房和城乡建设厅颁发的电力工程监理乙级资

质；内蒙古自治区国土资源厅颁发的地质灾害防治工程监理丙级资质，中国煤炭建设协会颁发的煤炭甲级资质。并已通过 GB/T 19001、GB/T 24001、GB/T 28001 认证。

公司员工总人数为 95 人，包含矿建、建筑、市政、结构、机电、自动化、给排水、道桥、暖通、消防、测量、经济管理等方面的专业人员；高级职称 15 人、中级职称 59 人、初级职称 8 人。其中全国注册监理工程师 32 人、全国注册造价工程师 3 人，全国注册一级建造师 6 人；煤炭行业监理工程师 50 人，省级监理工程师 38 人。其中 50% 的工程师从事过重大项目的管理工作，有扎实的专业理论基础和丰富的现场管理经验。

企业地址：内蒙古自治区呼和浩特市赛罕区乌兰察布东街甲 106 号兴安丽景小区 2 号楼

企业 E-mail：jiayuanjianli@ 163.com

七、辽宁

1. 辽宁诚信建设监理有限责任公司

企业负责人介绍：

于学仕，男，选矿专业，教授级高级工程师。2014 年 2 月至今任辽宁诚信建设监理有限责任公司总经理。

白云山，男，高级工程师。曾在沈阳矿务局第三工程处工作，担任过技术员、助理工程师、工区技术经理等职务。2003 年至今在辽宁诚信建设监理有限责任公司工作，担任过专业监理工程师、总监理工程师、公司安全生产部部长、副总经理等职务。2012 年至今担任辽宁诚信建设监理有限责任公司副总经理及技术负责人。

企业介绍：

辽宁诚信建设监理有限责任公司成立于 1994 年 8 月，在辽宁省工商行政管理局注册登记，是中煤科工集团沈阳设计研究院有限公司的全资子公司（独立法人企业）。公司具有建设部甲级监理资质（市政公用工程监理甲级、房屋建筑工程监理甲级、矿山工程监理甲级、铁路工程监理甲级）、煤炭行业甲级监理资质。

公司现为中国煤炭建设协会监理专业委员会员单位，沈阳建设监理协会常务理事单位、中国铁道监理协会会员单位。公司依托中煤科工集团沈阳设计研究院有限公司，具有雄厚的技术力量、完善的管理制度、丰富的监理经验和良好的企业信誉。

公司现有员工 150 余人，高级技术职称 52 人，工程师 92 人；建设部注册的监理工程师 48 人，地方及行业注册的监理工程师 100 人。监理工程师的专业范围包括工业与民用建筑、结构工程、采矿工程、选矿工艺、机械工程、化工机械、电气工程、通信工程、自动化控制、给排水工程、煤气工程、环保工程、采暖通风、热机热力、道桥工程、隧道工程、铁路及公路运输、工程地质、工程测量、工程经济等，可承担多种类型工程项目及大型综合项目建设监理。

公司建立了科学的运行机制和完善的管理制度，贯彻 ISO 9001、ISO 14001、OHSAS 18001 标准，建立了质量、环境和职业健康安全一体化管理体系，全体员工认真贯彻"精心监理、质量至上；遵规守法、预防污染；以人为本、保障安全；持续改进、提高绩效。"的管理方针。

公司资信等级为 AAA 级。连续多年被评为全国煤炭行业先进监理单位、辽宁省先进监理单位、沈阳市先进监理企业，并连续多年荣获辽宁省"守合同、重信用"企业。

企业地址：沈阳市沈河区先农坛路 12 号

企业 E-mail：176909536@ qq. com

2. 阜新德龙工程建设监理有限公司

企业负责人介绍：

张成，男，工业与民用建设专业，高级工程师，国家注册监理工程师。2004 年 6 月至今任阜新德龙工程建设监理有限公司总经理。

齐树军，男，机电专业，工程师，国家注册监理工程师。2010 年 4 月至今任阜新德龙工程建设监理有限公司机电监理工程师、技术负责人。

企业介绍：

阜新德龙工程建设监理有限公司成立于 2004 年 7 月 28 日，董事长于凤杰，总经理张成，技术负责人齐树军。公司现有监理从业人员 71 人，其中建设部注册监理工程师 23 人，注册造价师 2 人，国家质检局注册设备监理工程师 6 人，一级建造师 4 人，煤炭行业注册监理工程师 56 人，监理员 4 人。高级职称 17 人，中级职称 48 人，初级职称 4 人。

公司具有住房和城乡建设部颁发的矿山工程监理甲级资质，房屋建筑工程监理乙级资质、市政公用工程监理乙级资质。煤炭行业工程监理与项目管理企业证书，能力评价甲级。监理范围包括：井工矿、露天矿的新建、改扩建、资源整合、延深开拓工程；选煤厂的新建、改扩建工程；机电安装工程；矿区配套的建筑、市政、电力工程；矿井地质勘查工程监理与项目管理及技术咨询服务。公司监理人员包括矿建、采矿、露采、选煤、矿山机电、地质、勘探、测量、机械、土建、水暖、电气、经济、统计等专业，满足资质范围内各项监理工作的需要。

随着业务范围不断扩展，公司经营范围不断加大，各项管理机制逐步完善，先后有228人次参加各种渠道的专业培训，融入先进的办公理念。2010年起取得质量管理体系认证、环境管理体系认证和职业健康安全管理体系认证。连续8年取得辽宁省守合同重信用单位。于2010年10月获得中国煤炭建设协会颁发的先进监理企业称号，2011年4月获得了辽宁建设监理协会颁发的先进监理企业称号。

企业地址：辽宁省阜新经济技术开发区56号金地花园26-107

企业 E-mail：zzzz813@163.com

3. 铁法煤业集团建设工程监理有限责任公司

企业负责人介绍：

于海，男，工业与民用建筑专业，高级工程师。曾在铁法煤业集团设计院任工程师、高级工程师、总工；2014年10月至今在铁法煤业集团建设工程监理有限责任公司任企业负责人。

陈新慧，女，土木工程专业，高级工程师。具有全国注册监理工程师、一级建造师、注册安全工程师等任职资格。1994年7月参加工作，从事工程建设工作24年，历任技术员、项目经理、工程材料检测室主任、计量站站长。现任铁法煤业集团建设工程监理有限责任公司技术负责人、经理。

企业介绍：

铁法煤业集团建设工程监理有限责任公司成立于2002年4月，注册资金300万元人民币，具有中华人民共和国住房与城乡建设部房屋建筑工程和矿山工程甲级资质，以及煤炭协会行业房屋建筑工程和矿山工程甲级资质。

公司现有员工58人，高级工程师26人，国家注册监理工程师21人，国家注册造价师5人，煤炭行业监理工程师39人，辽宁省监理工程师6人。

公司主要从事井工矿、露天矿的新建、改扩建、资源整合、延深开拓工程；选煤厂的新建、改扩建工程；机电安装工程；矿区配套的建筑、市政、铁路工程、电力工程等建设项目。

公司自成立以来，共监理大小项目600多项，工程总投资200多亿元人民币。公司连续多年被评为铁法能源公司的先进单位、先进科技团队，2010年和2012年公司所属大强项目监理部先后获得了全国煤炭行业"十佳""双十佳"监理部，"辽宁铁法长城窝堡矿井工程监理应急救援预案"荣获煤炭行业优秀监理工作成果，多人获得全国煤炭行业优秀总监理工程师和优秀监理工程师的光荣称号。2012年公司被评为铁岭市"重合同守信用"单位。于2004年通过了ISO 9001：2000质量管理体系认证，在长期的监理工作实践中，通过科学化、规范化的管理与操作逐步建立和完善了一套切实可行的监理工作体系。

公司监理业务拓展到铁岭、抚顺、山西、内蒙古、吉林等省市，工程类别涉及矿山建筑、工业与民用建筑、铁路、公路、电气、给排水等专业。例如：辽宁通用煤矿机械制造厂、铁煤集团文体中心、铁煤集团总医院、铁煤集团宇泰花园住宅小区、铁煤集团平安成片住宅小区、铁煤集团铁强墙体材料公司、大兴矿砖厂、铁新水泥厂、铁煤集团中心高层住宅小区、热电厂、长城窝堡煤矿矿井风井井筒工程、长城窝堡煤矿矿井副井井筒工程、铁煤集团大平矿装车仓、热电厂贮灰大坝、铁煤集团瓦斯抽放站、铁煤集团大兴矿圆桶仓、铁煤集团大平矿井塔、长城窝堡煤矿选煤厂、长城窝堡煤矿铁路专用线、吉林三河矿业工程、吉林梓楗新型建材工程以及各单位煤矿安全技术改造工程等。

企业地址：辽宁省调兵山市辽北技师学院

企业 E-mail：307912584@qq.com

八、吉林

长春煤炭设计研究院

企业负责人介绍：

王广明，男，机械专业，正高级工程师。1990 年 8 月—2006 年 4 月年间就职于吉林舒兰矿务局，曾任吉林舒兰矿业集团公司处长/副经理/副院长/院长。2016 年 3 月至今任长春煤炭设计研究院院长、党委书记。监理的项目有：宇光能源股份有限公司二矿 2018 年安全改造工程，吉通公司光伏发电项目，吉林华利机械设备制造有限责任公司土建工程施工及机电设备安装工程监理等多个大型监理项目。

贾晓宇，男，土木工程及采矿工程专业，高级工程师，参加工作先后在矿建分院、土建分院从事设计及运营管理工作，先后从事采矿及土建设计工作。曾任长春煤炭设计研究院生产经营计划办公室副主任、主任，长春煤炭设计研究院监理公司副总经理，2014 年 12 月至今，长春煤炭设计研究院院长助理兼监理公司总经理，负责公司运营管理工作。

孙东，男，电子工程专业，高级工程师、国家注册监理工程师。现任长春煤炭设计研究院监理公司技术负责人。曾从事机电设计工作，并任长春煤炭设计研究院计划经营办公室主任，长春煤炭设计研究院副院长；2017 年 7 月至今任长春煤炭设计研究院副院长/长春煤炭设计研究院监理公司技术负责人。担任总监期间负责的监理项目有：辽源方大重卡机械锻造项目 21 亿煤矿项目管理及监理，辽矿集团龙家堡煤矿工业产业园监理项目 300 万吨（国家一级标准化矿井），珲矿集团八连城煤矿监理项目 300 万吨（国家一级标准化矿井），吉林鑫源蛋品发展有限公司冷洁蛋与蛋品精深加工建设项目，吉通集团包尔呼顺煤矿 500 万吨项目监理等多个大型项目的监理工作。

企业介绍：

长春煤炭设计研究院监理公司（其前身是原吉林省永泰建设工程监理有限责任公司）成立于 1995 年 8 月 21 日，1997 年 5 月取得煤炭工业部颁发的监理单位甲级资质。1998 年 3 月吉林省建设厅核定为乙级资质监理单位。2014 年 10 月被吉林省质量技术监督局核定为乙级设备监理资质。2017 年吉林省永泰建设工程监理有限责任公司的资质归长春煤炭设计研究院，监理公司为独立法人的单位。长春煤炭设计研究院主要业务是服务于地方政府煤炭行业管理部门和大、中、小矿山等企事业单位，为其提供咨询、设计和相关技术服务。目前设计院共有在册员工 126 人，其中技术人员 93 人，工人 9 人，管理人员24人。注册资本979万元。法人代表王广明，监理公司负责人贾晓宇，技术负责人孙东。

设计院内设机构有：矿建监理部、土建监理部、机电安装监理部、科研所、运营部、财务科、人力资源科、后勤服务部、地质测量科。

设计院经营范围包括煤炭（矿井、选煤厂）工程监理、建筑工程监理、工程咨询、工程测量、煤矿生产能力核定、地质灾害评估等。

设计院具有煤炭行业（矿井、选煤厂）监理甲级资质、建筑行业（建筑工程）监理乙级资质、工程监理机电设备安装乙级资质、工程咨询（煤炭、建筑、）甲级资质、工程测量丁级资质、矿井生产能力核定资质。现有研究员1人，教授级高工5人，高级工程师36人，工程师22人；一级建筑师3人、一级结构工程师4人、造价师2人、电气工程师1人、设备工程师2人、咨询工程师11人、监理工程师21人、安全评价工程师13人、安全工程师9人，经过专业培训人员53人。此外，公司纳入省安全生产监督管理局专家库管理的专家共8人，涵盖采矿、矿建、土建、机械、电气6个专业。

近几年来，公司不断强化服务，树立形象，广拓监理市场，累计完成监理工程项目达三十余项，其中一级工业项目四个；二级工业项目四个；二级民用项目七个，三级民用建筑监理项目四十多项。

企业地址：长春市朝阳区长安路13号

企业E-mail：jlytjl@126.com

九、黑龙江

1. 鹤岗三维建设监理有限公司

企业介绍：

鹤岗三维建设监理有限公司成立于1996年11月，是经住房和城乡建设部、黑龙江省建设厅批准成立的国家房屋建筑和市政工程乙级监理企业，并具有中国煤炭建设协会颁发的煤炭乙级资质。鹤岗三维建设监理有限公司是鹤矿集团公司下属的全资子公司，独立的法人主体、独立纳税、独立进行会计核算。鹤岗三维建设监理有限公司企业法人兼技术负责人冷丽。

企业设立总经理1人，技术负责人1人（兼任），现有员工66人，具有高级职称人员27人，中级职称人员34人，初级职称人员3人；全国注册监理工程师12人，一级建造师5人，注册造价工程师1人，煤炭监理人员26人。

企业业绩：益新煤矿矿井水处理厂安装工程被评为太阳杯工程，建安嘉苑和市政府信访办公楼工程及沿河南A组团小区工程被评为结构优质工程。土建：矸石热电厂项目工程、峻发选煤厂400万吨项目工程、鑫塔水泥2500吨/天新型平法熟料水泥生产线搬迁技术改造工程、鸟山矿井及选煤厂工程；矿建：益新煤矿三、四水平恢复延深工程北部回风立井及水帘洞工程、南山煤矿冲击地压示范矿井建设项目工程；设备安装：兴安煤矿副井设备安装工程、益新煤矿选煤厂设备安装工程。

企业地址：辽宁省阜新经济技术开发区56号金地花园26-107

企业E-mail：lengli0208@163.com

2. 双鸭山双威工程建设监理有限责任公司

企业负责人介绍：

李云辉：男，高级经济师，企业法人代表、经理。

刘泽春：男，矿建专业，高级工程师，技术负责人。

企业介绍：

双鸭山双威工程建设监理有限责任公司成立于 1997 年 1 月 23 日，目前是中国煤炭建设协会批准的煤炭行业甲级监理单位，黑龙江省住房和城乡建设厅批准的房屋建筑工程、市政公用工程乙级建设监理单位。经营范围为矿山工程、一般工业与民用建筑安装工程和一般道路桥梁工程的建设监理；工程项目管理和评估，招投标代理及其他工程技术咨询和技术开发。注册资本 300 万元（全部为自然人出资）。

公司组织机构设置：董事长兼总经理 1 人，副总经理 2 人（其中 1 人兼总工程师）。下设两部一办一分公司：工程监理部、经营管理部、综合办公室及云南分公司。公司现有员工 72 人，全部具有高、中级技术职称，其中国家注册监理工程师 16 人/次，省部级注册监理工程师 68 人。

公司自成立以来，不断完善和加强企业自身建设，严格按照《公司法》运作，为适应市场经济需要，落实岗位聘任、工资分配、劳动合同等三项制度改革，并全面放开进入社会监理市场，2013 年底已改制为完全自然人出资的股份制企业。

公司先后承担了东荣二矿、东荣三矿、东荣一矿新井建设，集贤矿、双阳矿、七星矿、东保卫矿的改扩建工程和国家储备粮库、国家物资储备库建设工程的监理；同时承担了本地区 2000—2014 年的沉陷区、棚户区改造工程。目前在建项目有龙煤鹤岗分公司鸟山煤矿及选煤厂、双鸭山东保卫煤矿技改工程、双鸭山市沉陷区及棚户区建设等项目监理。累计承揽监理工程 207 项。2015 年拟投标工程有龙煤集团东辉煤矿、哈尔滨地铁 2 号线、中海石油华鹤煤矿项目、黑龙江和云贵地区部分煤矿整合项目等。

公司自成立以来，获"太阳杯"两项、"龙江杯"两项，"结构优质" 13 项、"文明标准化工地" 19 项。

企业地址：黑龙江省双鸭山市尖山区东平行路中段

企业 E-mai：shuangweijlgs@ 163. com

3. 黑龙江省铭建工程设计有限公司

企业负责人介绍：

杨勇，男，电力工程专业，工程师。1999 年毕业后入职七台河朝阳工程设计有限责任公司，历任设计师、主任设计师、设计室主任。2007 年受聘于黑龙江三兴工程设计有限责任公司，历任设计室主任、副总经理。2013 年至今任黑龙江省铭建工程设计有限公司总经理。

石碉，男，工业与民用建筑专业，高级工程师。1961年毕业后入职黑龙江省煤矿设计院，历任设计师、主任设计师、设计室主任，副总工程师。2007年受聘于黑龙江三兴工程设计有限责任公司，任副总经理。2013年至今任黑龙江省铭建工程设计有限公司总工程师。

企业介绍：

黑龙江省铭建工程设计有限公司成立于2013年10月，注册资金300万元，注册地为黑龙江省哈尔滨市，是中国煤炭建设协会会员单位、中国勘察设计协会会员单位。

公司现有员工90余人，其中煤炭行业监理从业人员50余人，勘察设计行业专业技术人员40余人。专业类型涵盖建筑、结构、给排水、暖通、电气、道桥、自控、动力、采矿、地质、机电、通风、露采、总图运输、概（预）算等十余个专业，其中国家注册工程师17人，教授级高级工程师3人、高级工程师22人，工程师32人，助理工程师18人。

公司设行政部、财务部、设计部、监理部四大部门。监理部设项目一所、项目二所、项目三所、综合管理所；设计部设建筑一所、建筑二所、市政一所、市政二所、综合管理所。公司办公场所700余平方米，有现代化的办公环境和先进的办公设备及工程仪器，并配备计算机辅助管理系统，并于2018年初顺利通过了ISO 9001国际质量认证。

公司主要经营范围为煤炭监理与勘察设计。其中，煤炭行业监理甲级；建筑工程设计专业乙级；给水工程设计专业乙级、排水工程设计专业乙级、道路工程设计专业乙级、热力工程设计专业乙级、环境卫生工程设计专业乙级。

监理部业务方面，先后承担黑河市振兴煤矿改扩建项目（45万吨/年）、黑河市宝发煤矿新建煤矿项目（45万吨/年）、黑河市永发煤矿改扩建项目（15万吨/年）、黑河市军金原煤有限责任公司资源整合项目（30万吨/年）、密山市桂龙煤矿改扩建项目（30万吨/年）、七台河市鹿山优质煤有限公司鹿西一井改扩建项目（30万吨/年）、七台河市鹿山优质煤有限公司七井改扩建项目（15万吨/年）、七台河市七虎力煤矿改扩建项目（30万吨/年）、密山市兴安煤矿改扩建项目（15万吨/年）、大兴安岭漠河宏伟煤矿改扩建项目（15万吨/年）等近50个煤矿监理项目，共计完成合同额近1500万元。

设计部业务方面，先后完成哈尔滨市平房区秀水名苑三期设计项目（90000平方米）、七台河城中名府小区设计项目（约70000平方米）、哈尔滨市眼科医院设计项目（12000平方米）、北国明珠小区（棚户区改造）工程（140689.35平方米）、黑河中房尚城项目（47627.59平方米）、杜蒙县泰康镇西南部分地块棚户区（城中村）改造南环路市政配套设施及环境工程项目设计、江山村（东兴城）棚户区改造市政配套基础设施建设工程（道路设计）、2018年双鸭山市龙生供热供水有限公司"三供一业"分离移交老旧小区供热改造项目设计等几十个设计项目，共计完成合同额近千万元。

企业地址：黑龙江省哈尔滨市南岗区红旗大街289号龙绅花园A栋702室

企业E-mai：13845113858@163.com

4. 黑龙江恒远工程管理有限公司

企业负责人介绍：

刘伟杰，男，工民建专业，高级工程师，现任黑龙江恒远工程管理有限公司执行董事、总经理。毕业后在黑龙江七台河矿务局土建工程总公司工作，先后担任技术员、主任工程师、项目经理、公司工程技术部主任及副总经理。从事技术职务期间施工过住宅、医院、工业厂房、道路及桥梁工程；任项目经理期间本部门每年完成局内计划投资两千万元以上，部门效益良好无亏损；任工程技术部主任期间，主管全公司工程技术及内业资料整理归档，使全公司技术管理内、外业都正规化；任副总经理期间主管动迁、生产和工程经济结算工作。2012年4月调转到黑龙江龙煤矿业工程设计研究院工作并筹备成立恒远公司，相继整合了煤炭甲级资质、房屋建筑工程和市政公用工程乙级资质，并于2015年11月晋升了房屋建筑工程甲级资质。

方金生，男，工民建专业，高级工程师、国家注册监理工程师、国家注册咨询（投资）工程师，现任黑龙江恒远工程管理有限公司总工程师（技术负责人）。毕业后在黑龙江七台河矿务局土建工程总公司工作，先后担任技术员、主任工程师、公司安全质量技术部主任。参与的主要工程有七台河矿务局龙湖矿项目、七台河矿务局煤矸石热电厂项目、七台河应龙山花园小区项目、七台河朝阳小区二组团和五组团项目、七台河怡安小区等项目。主要从事以上项目的施工及管理工作。2013年调转至黑龙江恒远工程管理有限公司工作，参与的主要项目有七台河市如意家园十四标段项目、七煤集团新立煤矿竖井及井塔滑模项目、七台河亚太国际商城综合体项目、鸡西市跃进家园项目、佳木斯大学附属医院第四医院项目、七台河文化中心项目、沈煤集团矿井安全改造项目、双鸭山矿业集团双阳煤矿冷冻结竖井等项目，在这些项目中主要从事总监及项目管理工作，期间还参与了《黑龙江省地下智能停车库技术导则》的编制工作。

企业介绍：

黑龙江恒远工程管理有限公司成立于1995年，曾用名有鸡西汇诚建设监理有限公司、鸡西北方建设监理有限责任公司，现为黑龙江龙煤矿业工程设计研究院有限公司下属全资子公司，公司性质为国有企业。在黑龙江省大庆市、鸡西市设有分公司。

公司具有建设部颁发的房屋建筑工程监理甲级资质、市政公用工程监理乙级资质，矿山工程监理甲级资质，是具有多项资质的项目管理企业。业务范围为房屋建筑工程、市政公用工程、矿山建设项目的矿建、土建、安装工程和矿区配套工程及铁路、电力、通信等工程的建设监理、造价咨询、招标代理和项目管理。现有各类专业技术人员140人，其中高级工程师36人，工程师55人，助理工程师40人；国家注册监理工程师17人，国家注册一级建造师6人，国家注册造价工程师2人，黑龙江省监理人员140人，总监理工程师45人。公司自2012年迁址佳木斯市以来，监理业务逐年增加并拓展到佳木斯市场以外，在大庆市及四个煤城全面开展相应业务，还不断向省内外其他城市扩展。

公司近3年内已完成或正在参与建设的房屋建筑和市政工程项目有：七台河市文化中心项目监理、七台河市如意家园项目、双鸭山岭东博爱小区项目、萝北县第一小学校等工程，共计三百多万平方米；鸡东县交通大厦、鸡西市鸡冠区法院等6项大型公用建筑；亚泰选煤厂、双河选煤厂、佳木斯市郑龙煤矿机械制造有限公司钢结构厂房等多项大型工业建筑；佳木斯市郊区公路建设监理、鸡西市中心大街改造、西山路改造、和平大街改造、鸡西市可再生能源示范项目余热利用工程、七台河市盛泰国际城市综合体项目管理、佳木斯市联盟华庭项目监理、大庆三为国际健康城项目监理、佳木斯市城区老工业管网建设改造工程监理等多项市政工程项目。

公司已完成的和正在监理的矿井项目有：西鸡西立井、荣华立井、荣华二井、杏花二水平改扩建、城子河二水平改扩建、七台河新立矿矸石立井与副井井塔、龙湖煤矿等14个项目，新建和改造选煤厂项目工程10项，主要有：平岗选煤厂、杏花选煤厂、东山选煤厂、城子河选煤厂、盛和矿选煤厂等、龙煤新疆公司、沈煤集团鸡西盛隆煤矿等工程项目。已完成工程合格率100%。

企业地址：黑龙江省佳木斯市向阳区红旗路9号

企业E-mai：hljhy2012@163.com

5. 七台河市振兴建设监理有限责任公司

企业负责人介绍：

付裕，男，机电工程专业，高级工程师，企业法人、总经理。

王占臣，男，工业与民用建筑专业，高级工程师，企业技术负责人。

企业介绍：

七台河市振兴建设监理有限责任公司成立于1997年7月。公司现已经发展成为七台河市唯一一家经七台河市工商行政管理局批准注册，并经省建设厅及有关行业协会批准通过的具有房屋建筑工程乙级、市政工程乙级和矿山工程甲级资质的独立法人工程监理单位。2004年公司通过了ISO 9001国际质量体系认证，并多次获得省优秀监理单位光荣称号。

公司现有在册职工182人，全部监理人员均来自各个设计、施工、质量监督等单位，监理人员具有丰富的专业知识和项目管理经验。其中：国家注册监理工程师18人，国家注册一级建造师5人，国家注册造价师3人，煤炭行业监理工程师41人，黑龙江省注册监理工程师170人，教授级高级工程师3人，高级工程师27人，工程师92人；建筑行业的法律法规规范适时修改，为适应新形势下的工作需要，公司监理人员每年都要参加省市主管部门及本公司组织的各种专业技术培训。

公司成立以来，先后承担了七台河市各类工程监理项目180余项，建设总投资达90多亿元。房屋建筑工程有沉陷区、棚户区、开发住宅小区、大型公建等工程，监理面积达280多万平方米；其中步行街友谊商厦和国土资源局办公楼获黑龙江省"龙江杯"工程奖，另外获得住宅小区工程结构优质奖四项、乙级优质奖五项。市政工程有山湖路、东进路、环城人行路改造等项目。矿山工程有年产（60~98）万吨的焦化工程五项，年产（60~150）万吨的选煤厂工程四项，井深800多米立井井筒工程九项，立井井塔滑模工程两项，年产6000万块矸石空心砖厂两座等。

近几年工作业绩更是突出，公司先后承担的监理项目有：同仁新居多层、高层建筑12万平方米及配套工程，欧洲新城多层、高层建筑14万平方米及配套工程，滨尚雅居别墅、多层、高层建筑15万平方米及配套工程，银泉小区多层、高层建筑18万平方米及配套工程，市总工会综合楼高层建筑6.2万平方米及配套工程，银达雅居高层建筑9.8万平方米及配套工程，棚户区改造北岸新城多层建筑18万平方米及配套工程，宝泰隆嘉园一期高层住宅区 8 万平方米及配套工程，桃南菜市场 4 万平方米公共建筑工程，七台河市东北亚财富中心 13.6 万平方米公共建筑工程等大中型工程监理项目。

企业地址：黑龙江省七台河市桃山区桃北街（学府街 81 号）

企业 E-mail：344134324@ qq. com

十、江苏

徐州大屯工程咨询有限公司简介

企业负责人介绍：

张芝玉，男，电气自动化专业，高级工程师。现任徐州大屯工程咨询有限公司执行董事、党委书记、工会主席。

曹德坤，男，高级经济师。现任徐州大屯公司工程咨询有限公司经理、党委副书记。

任增峰，男，工业与民用建筑工程专业，高级工程师、国家注册监理工程师、国家注册设备监理工程师、国家注册建造师、环保工程师。自 2000 年 5 月从事监理工作，历任监理工程师、

总监代表、总监理工程师，现任徐州大屯工程咨询有限公司副总工程师。监理了浙江温岭五龙小区、沛县安泰小区、沛县杨屯镇张街新村和蒋海新村、孔庄锅炉房、沛县火车站、大屯公司拓特机械制造厂综合修理车间和 35 千伏变电所、姚桥选煤厂、大屯公司选煤中心改造、沛县东原港选煤厂等大型工程。

企业介绍：

徐州大屯工程咨询有限公司是中煤大屯煤电（集团）有限责任公司的全资子公司。

公司成立于 1970 年，注册资本 1200 万元，公司工程监理拥有住房和城乡建设部颁发的矿山工程监理甲级、房屋建筑工程甲级，中国煤炭建设协会颁发的煤炭监理甲级、地质监理甲级，江苏省住建厅颁发机电安装工程监理乙级、市政公用工程监理乙级，江苏省质监局颁发的设备监理乙级，江苏省民防局颁发的人防工程监理丙级等资质，涵盖了工程建设技术服务的大部分领域。公司通过了 GB/T 19001—2016（质量）、GB/T 24001—2016（环境）、GB/T 28001—2011（职业健康安全）"三体系"认证，企业信用等

级为 AAA 级。主营业务包括建筑工程、煤炭工程、市政工程设计、勘察、测量、监理、咨询、地质勘查、造价咨询、招标代理、设备监理。截至 2017 年底，公司总资产 13622 万元。公司现有员工 280 人，具有中高级专业技术职称或注册工程师执业资格的占 70% 以上。公司现有国家级企业技术中心平台 1 个。

公司自 1997 年开始开展监理业务，20 年来，公司参与了大屯煤电集团、伊朗塔巴斯、平朔集团、华晋能源、中天合创能源、伊化矿业、蒙大矿业、华润集团、国投哈密能源等国内重点煤炭工程建设；拓展了上海、南京、珠海、昆山、黄岩、徐州、宿迁等市政、房建工程等众多领域建设；先后荣获能源部、冶金工业部科技进步奖、江苏省扬子杯、煤炭行业工程质量太阳杯等一批国家、行业及地方优质工程奖，还荣获煤炭工业优秀质量管理小组、徐州市先进集体、徐州市"安康杯"竞赛优胜单位、大屯公司先进单位等殊荣；长期保持质量安全达标企业，并连续多年获得市级守合同重信用企业称号。2017 年入选"江苏省装配式建筑部品部件监理企业首批名录"。

公司主要代表性的建设监理项目有：矿山工程，姚桥煤矿二期扩建项目、孔庄三期改扩建项目、徐庄西风井项目、新建姚桥选煤厂、新建沛县东原选煤厂、大屯公司选煤中心三厂升级改造项目、大屯公司"上大压小"2×350 兆瓦机组辅助项目；房屋建筑工程，杨屯镇蒋海新村、杨屯镇张街新村、新城嘉苑 B 区、大屯煤电集团公司研发中心、沛县阳光四期、内蒙古中煤蒙大新增倒班宿舍楼工程、中天合创倒班宿舍楼等；市政项目，253 省道、321 省道沛县城区下穿孔庄煤矿铁路专用线改线工程，中天合创能源有限责任公司矿井水深度处理工程，徐州马场湖路贯通工程等；机电安装、设备监理及监造，大屯发电厂锅炉烟气脱硝改造工程，大屯发电厂 1、2 号机组及 6、7 号机组脱硫脱硝改造，大屯热电厂 3、4 号机组及 8、9 号机组脱硫脱硝改造项目，新疆五彩湾电厂发电机组设备监造等。

企业地址：徐州市沛县大屯煤电集团内

企业 E-mail：450897923@qq.com

十一、安徽

1. 煤炭工业合肥设计研究院有限责任公司

企业负责人介绍：

闫红新，男，煤炭工业合肥设计研究院有限责任公司董事长，正高级工程师、中国煤炭行业勘察设计大师、安徽省工程设计大师、中国煤炭建设协会勘察设计采矿专业委员会主任、全国煤炭工业技术创新优秀人才、全国煤炭工业劳动模范、中国煤炭工业协会煤炭发展规划专家委员会委员、安徽省工程系列正高级工程师评委、安徽省政府科学技术奖评审专家，享受国务院特殊津贴、省政府特殊津贴。长期从事煤炭工业矿井安全高效开采、资源综合利用及节能环保等领域工程技术研究工作，在复杂地质条件下矿井开拓部

署，深厚表土层建井技术、煤矿瓦斯综合治理技术、"三软"厚煤层安全高效开采技术、深井高地温矿井热害治理技术、资源综合利用及节能环保等方面的研究。获得省、部级科学技术一等奖3项，二等奖2项，三等奖1项，发明专利3项，实用新型专利14项；获得国家级优秀工程设计金奖、银奖、铜奖各1项，省、部级优秀工程设计一等奖7项，全国优秀工程咨询成果一等奖1项、二等奖2项、三等奖3项，省部级优秀工程咨询成果一等奖16项。为3项国家标准主编（第一起草人），参编5项国家标准；在CN刊号物上共发表科技论文6篇。

赵红志，男，高级工程师、国家注册监理工程师、国家注册设备监理师、国际工程项目经理，现任煤炭工业合肥设计研究院有限责任公司监理公司总经理，煤炭工业合肥设计研究院有限责任公司专业带头人，煤炭行业一级总监。担任多项国家和地方重点工程的设计、项目管理和监理工作。担任赤道几内亚国家电网输变电二期工程设备总监造师，担任赤道几内亚埃比贝因、阿尼索克和涅方城市电网工程项目管理项目经理。担任总监的项目有合肥元一希尔顿酒店工程荣获安徽省"黄山杯"，合肥元一时代广场、合肥元一希尔顿酒店工程获"全国建筑工程装饰奖"，中节能（宿迁）生物质发电工程获国家新能源示范工程。2006年获"第一届中国IPMP国际项目经理大奖"优秀国际项目经理。曾获"煤炭行业优秀总监理工程师"和"安徽省优秀总监理工程师"荣誉称号。主编的《10(6)kV高压开关柜直流操作二次接线》标准设计，荣获安徽省优秀设计一等奖，参编了《煤炭设备工程监理规范》和《煤炭地质工程监理规范》等行业标准。

企业介绍：

煤炭工业合肥设计研究院有限责任公司（原煤炭工业合肥设计研究院）是国家甲级综合性勘察设计研究单位，安徽省高新技术企业，现由安徽省人民政府国有资产监督管理委员会直接监管。

1953年建院，现有员工近900余人，其中：中国工程设计大师1人、煤炭行业工程勘察设计大师2人，安徽省工程设计大师3人，享受政府特殊津贴专家15人。公司法人代表为闫红新，技术负责人为王勇。

煤炭工业合肥设计研究院有限责任公司于2014年4月16日吸收合并安徽华夏建设监理有限责任公司（全资子公司），并承继安徽华夏建设监理有限责任公司的"房屋建筑工程监理甲级，矿山工程监理甲级、市政工程监理甲级、电力工程监理乙级、人防工程监理乙级、设备监理乙级"等资质。作为全国煤炭行业和安徽省成立较早的监理企业之一，多次荣获全国煤炭系统先进监理企业、安徽省十强监理企业、安徽省外向型骨干企业、安徽省建设监理先进企业、合肥市建设监理先进企业、安徽省工商局重合同守信用等称号，2007年、2008年被住房和城乡建设部评为共创鲁班奖工程监理企业。

公司监理的矿山工程项目近40个。煤矿项目30多个，铁矿项目5个，其他类型矿山工程项目3个，总设计生产能力近20000万多吨。主要监理的煤矿项目：淮南矿业集团顾桥煤矿（1000万吨/年），获2008年鲁班奖；国投新集刘庄煤矿（800万吨/年），获2007

年鲁班奖和 2009 年新中国成立六十周年百项经典暨精品工程称号；泊江海子矿井矿、土、安工程（1000 万吨/年）；谢桥煤矿二副井、中央风井工程（1000 万吨/年）；纳林河二号矿井及洗煤厂建设项目工程（800 万吨/年）口孜东煤矿矿建、土建、安装工程（800 万吨/年）；门克庆矿井矿、土、安工程（1200 万吨/年）等。主要监理的铁矿项目：马鞍山白象山铁矿矿建、土建、安装工程（200 万吨/年），福建龙岩马坑铁矿工程（300 万吨/年），安徽马钢张庄铁矿采选工程（500 万吨/年）。主要监理的选煤厂项目：淮南顾桥选煤厂土建、安装工程（1000 万吨/年），纳林河二号矿井及选煤厂建设项目工程（800 万吨/年），国投新集刘庄煤矿选煤厂（800 万吨/年）淮北涡北选煤厂工程监理（600 万吨/年）。监理的其他类型矿山项目主要有：含山石膏矿（30 万吨/年），滁州铜鑫矿业主井技改工程监理。

企业地址：安徽省合肥市阜阳北路 355 号

企业网址：www.hfmty.com

2. 安徽省淮北市淮武工程建设监理有限责任公司

企业负责人介绍：

陈远坤，男，正高级工程师、注册监理工程师、一级项目管理师。曾任淮北矿业集团有限责任公司工程处技术员、工区主任、技术科长；淮北矿业集团有限责任公司基本建设处副处长，煤矿筹备处主任；任淮北矿业集团有限责任公司分管煤矿建设的副总工程师。2015 年至今任淮北市淮武工程建设监理有限责任公司董事长、总经理。主持建设了 12 对新井和 10 多对技改矿井，针对华东地区冲击层度、煤层埋藏深，地压大，构造复杂等地质特点，先后推广应用了井筒地面预注浆及多点分枝加固关键硐室施工技术，井筒冻注掘"三同时"施工技术，钻注平行作业施工技术，"一扩成井"钻井新技术和千米深井围岩改性 L 型钻孔地面注浆施工技术等。主持完成了国家和省部级科研项目七项。其中，国家科技进步奖二等奖 1 项（"一扩成井"钻井法凿井关键技术及装备研究），煤炭行业科学技术进步奖特等奖 1 项，省科学技术进步奖一等奖 1 项、二等奖 4 项。发表学术论文 3 篇。2007—2008 年被聘为中国煤炭学会第五、六届煤矿建设与岩土工程专业委员会委员，《建井技术》杂志编委会委员，第五批国家安全生产专家组成员。

乔顺东，男，矿井建设专业，高级工程师。1997 年至今任淮北市淮武监理公司监理工程师、总监、技术负责人注册监理工程师、注册安全工程师、安徽省评标专家。长期从事矿井建设和监理工作，多次在工程杂志上发表论文，多次荣获省市和煤炭行业优秀监理和优秀总监称号。

企业介绍：

安徽省淮北市淮武工程建设监理有限责任公司成立于 1996 年，注册资金为 300 万元。目前拥有矿山工程监理甲级、房屋建筑工程监理甲级、市政工程监理乙级、人防工程监理丙级资质，同时还有工程造价咨询乙级、工程招标代理乙级等资质。

公司管理体系：执行质量、环境、职业健康安全"三标一体"的管理体系，通过了质量管理体系（ISO 9001）、环境管理体系（ISO 14001）和职业健康安全管理体系（OHSAS 18001）三合一认证。

公司现有员工有 120 多人，其中正高级工程师 1 名、高级工程师 31 名、中级职称 76 名，约占总人数的 90%；国家注册监理工程师 33 人，注册设备监理工程师 3 人，省部级监理工程师 115 人，注册造价工程师 10 人，注册安全工程师 19 人、注册招标师 2 人，注册一级建造师 9 人，二级建造师 4 人，其中有 16 余名总监获省（部）级优秀监理工程师荣誉；专业涉及广泛，如建筑学、土木工程、工程经济、工程测量、道路桥梁、工程地质、矿山工程、采暖及通风空调、给排水、综合布线等。

公司采用现代化管理技术，应用先进的技术设备、管理软件及先进的试验检测设备，并构建了公司总部与各现场项目部互通的网络交流平台。

公司自成立以来，先后承担并完成了 190 余项各类工程监理项目，遍布 9 个地区（淮北、宿州、亳州、滁州、内蒙古鄂尔多斯、陕西榆林、新疆塔城、新疆哈密、甘肃庆阳等地区），累计完成矿山、安装、建筑、化工、电厂工程等总造价近 265 亿元，在矿山工程、化工工程、公共建筑、公寓及住宅工程、学校及体育建筑工程、医院建筑、工业建筑及厂房、装饰及精装修工程、污水处理、环境治理、园林绿化、土地整理等多项领域均取得良好的监理业绩。主要业绩有：淮北矿业（集团）工程建设有限责任公司科技大厦 1 号楼工程（鲁班奖），淮北矿业股份有限公司救护大队新址项目，淮北市桓湖花园东、南、北区（高层、多层高档住宅小区）工程，淮北矿业股份有限公司龙湖物流园项目，涡阳县金桂山庄项目，中泰广场住宅工程，临涣工业园水厂一期、二期工程，桃园煤矿污水处理厂、杨庄煤矿污水处理厂等 12 个污水处理厂工程项目，淮北矿业集团公司涡北矿井、涡北选煤厂、刘店矿井、信湖矿井、许疃矿井、袁店矿一井和二井、青东矿井、孙疃矿井、杨柳矿井、内蒙古鄂尔多斯陶古图矿井、陕西榆林古城一矿、新疆哈密一号井等项目，中利发电厂工程、芦岭煤矿矸石电厂、杨庄煤矿矸石电厂、邹庄煤矿瓦斯电厂、芦岭煤矿瓦斯电厂等 7 个电厂工程，安徽华塑盐化工业园工程、临涣焦化股份有限公司二期工程等项目。所监理的项目有 1 项获"国家级优质工程奖鲁班奖"（是淮北地区目前唯一的），10 多项获"省部级优质工程奖黄山杯、太阳杯"，1 项获"省级安全标准化工地"，4 项获"市级安全标准化工地"，10 余项获"市级优质工程奖"等优质工程。

公司多次获地方、省级及国家级荣誉，2006 年度淮北市优秀监理企业，2008 年度安徽省优秀监理企业，2009 年度安徽省优秀监理企业，2008 年度煤炭行业先进建设监理企业，2010 年度煤炭行业先进建设监理企业，2012 年度煤炭行业先进建设监理企业，2010—2011 年度安徽省优秀监理企业，2009—2010 年度淮北市守合同重信用企业，2011—2012 年度淮北市守合同重信用企业，2013—2014 年度淮北市守合同重信用企业，安徽省监理协会会员，中国监理协会会员，中国设备监理协会会员，中国煤炭建设协会会员，中国煤炭建设监理协会会员等荣誉。所监理的项目曾获国家科技进步二等奖和中国煤炭工业协会科技进步一等奖，获得皖北地区目前唯一的1项"国家级优质工程奖鲁班奖"。

企业地址：安徽省淮北市相山区桓谭路66号国购心城5栋201室

企业E-mail：qqqqsssdd@sina.com

3. 安徽国汉建设监理咨询有限公司

企业负责人介绍：

吴毅，男，煤田地质及勘探专业，高级工程师，从事监理工作13年。曾在淮南基建局地测处任助理工程师；在淮南矿务局地测处任工程师；在淮南矿业集团调度室任高级工程师；2005年1月至今，在安徽国汉建设监理咨询有限公司任总经理、董事长。

黄靖，男，土木工程专业，高级工程师，国家注册监理工程师、造价工程师、一级建造师，从事监理工作21年。曾任淮南市东方建设实业公司质检科科长；淮南市永信监理公司技术负责人；2005年至今任安徽国汉建设监理公司技术负责人、副总经理。2010年被评为全国优秀总监理工程师；2015—2017年连续三年被评为安徽省优秀总监理工程师。

企业介绍：

安徽国汉建设监理咨询有限公司（原淮南国汉监理公司）成立于1997年5月，具有工程监理综合资质，人民防空工程监理乙级资质，公司现法定代表人为吴明淏，技术负责人为黄靖，注册资金1.2亿元，是全国百强和安徽省10强监理企业之一，是中国建设监理协会理事，中国煤炭建设协会、安徽省监理协会常务理事单位。

企业组建安徽国汉建设监理咨询有限公司，变更公司注册资本为616万元；2012年11月，变更公司注册资本为1016万元；2016年4月，变更公司法定代表人为吴明淏；2016年9月，变更公司注册资本为5000万元；2017年3月，变更公司注册资本为12000万元。

公司主要从事工业与民用建筑工程、市政工程、燃气工程、新能源（清洁能源）工程、铁路工程、公路工程、化工石油工程、机电安装工程、电力工程、水利电力工程、矿山工程、加工冶炼工程、通信工程、港口与航道工程、农林工程、环保工程、第三方巡查工程等所有专业类别建设工程项目的工程监理及相应类别工程的项目管理、技术咨询等业务。

公司所监理的多项工程荣获"鲁班奖""黄山杯""太阳杯""琅琊杯"等国家级、省、部级及市级表彰，并被评为全国"AAA级"信用企业、安徽省"重合同、守信用"先进单位。

公司形成了一套独特的、成熟的、规范的管理工作经验和运作机制，是率先通过ISO 9001质量管理体系认证、ISO 14001环境管理体系认证、OHSAS 18001职业健康安全体系认证的监理单位。

监理的"安徽淮南丁集煤矿主、副井井筒冻结工程"于2018年12月荣获煤炭行业工程质量"太阳杯"奖，监理的"安徽淮南丁集煤矿主井井筒及相关硐室工程于2018年12月荣获煤炭行业工程质量"太阳杯"奖，监理的"淮南矿业集团顾桥煤矿南区进风井井筒及提升系统设备安装工程"2010年12月荣获煤炭行业工程质量"太阳杯"奖，监理的"淮南矿业集团顾桥矿井工程"2012年12月荣获2012年度鲁班奖工程监理企业荣誉称号。

企业地址：安徽省淮南市洞山西路31-1号

企业网址：www.ahghjl.com

企业E-mail：ghjlgs@sina.com

十二、江西

江西同济建设项目管理股份有限公司

企业负责人介绍：

何祥国，男，高级工程师、国家注册监理工程师，曾获得"优秀总监理工程师"称号。现任江西同济建设项目管理股份有限公司董事、总经理。

张志英，男，高级工程师、国家注册监理工程师。获得过江西省建设监理协会颁发的"优秀总监理工程师"称号。现任江西同济建设项目管理股份有限公司技术负责人。

企业介绍：

江西同济建设项目管理股份有限公司成立于2002年，属于江西省国资委监管企业，是江西省能源集团公司所属的特大型国有企业——萍乡矿业集团有限责任公司的下属企业。公司法人代表蔡毅，技术负责人张志英。公司现已在新三板挂牌，证券简称同济建管，证券代码871076。

公司于2016年5月完成增资扩股后注册资本600万元。

（何祥国）

由于业务发展的需要，2016年8月22日公司名称变更为江西同济建设项目管理股份有限公司，法定代表人由刘德萍变更为蔡毅。

公司经营范围为工程造价、工程招标代理、工程检测、桩基检测、工程监理、工程咨询、理化检验。经过多年的发展，公司现具有中华人民共和国住房和城乡建设部颁发的工程监理综合资质，可承担所有专业工程类别建设工程项目的工程监理业务，可以开展相应类别建设工程的项目管理、技术咨询等业务。江西省住房和城乡建设厅颁发的电力工程监

（张志英）

理乙级资质，中国煤炭建设协会颁发的矿山工程、工业与民用建筑工程、机电安装工程、公路工程、市政公用工程、电力工程、冶炼工程甲级资质，江西省国土资源厅颁发的地质灾害治理工程乙级监理资质，江西省人民防空办公室颁发的人防工程乙级资质，江西省交通厅公路工程监理资质，是萍乡市唯一的一家具备工程监理综合资质的单位。

公司通过了 ISO 9001 标准认证，并执行质量、环境和职业健康安全"三合一"管理。公司先后在青海、甘肃、陕西、云南、福建、贵州、湖南、南昌、赣州设立了分公司，形成覆盖全国的业务发展网络。

公司设有行政部、财务部、投标部、市场部、工程部、技术部、质量部、安全部等部门，并邀请相关工程、经济等专业博士、专家人员组成公司专家顾问团，为公司前景作出规划、指导。公司现有员工 300 余人，国家注册工程师 125 人，其中高级工程师 62 人，行业监理工程师 265 人。高级、中级职称监理人员占 80% 以上，绝大多数具有国家建设部或江西省颁发的注册监理工程师、专业监理工程师和相关的监理资质。

公司技术装备配套齐全，配置有全站仪、经纬仪、水准仪、激光测距仪、液压万能实验机等大型工程检控设备、多种检测仪器和试验设备，并具有先进的人员定位考勤系统和计算机信息管理系统。监理项目全部实现人员定位考勤和计算机管理，安装配置多种功能先进的软件系统，形成覆盖全国十多个省市的监理咨询服务网络。

截至目前，公司共承担了两千多项工程的监理任务。经过数年的发展，公司在工业及民用建筑工程、矿山、公路、市政、电力等专业监理上，积累了丰富的工程项目管理经验，形成了自己的特色，具备了承担大型项目工程监理的能力。近年来，公司积极参与激烈的市场竞争，通过投标取得了一大批大、中型监理项目。近年来先后荣获"江西省工程监理先进企业""全国煤炭行业先进建设监理企业"等荣誉，已完工的项目中有多个被评为优良工程，其中湘雅萍矿医院获杜鹃花奖，东方巴黎获省优良工程奖，九江方大上上城、中共萍乡市委党校、芦溪县公安局侦查大楼、萍乡碧桂园综合楼及芦溪县古城家园 6 号、12 号楼等获市级优良工程奖等荣誉。主要大型项目有：

三江源国家公园生态保护与建设工程，萍乡市海绵城市建设工程，采煤沉陷区综合治理避险安置监理工程，芦溪—万龙山—武功山公路路面建设工程，芦溪县人民医院改扩建工程，芦溪县中医院、萍乡市麻山生态新区人居环境（萍水河沿岸滨河生态缓冲带）建设项目——桃源溪径北岸、赣县梅储路扩建工程项目，赣州经济技术开发区岗边大道（叶山大道—长汀路）建设工程，赣州市阳光年西域华城周边五条道路工程，赣州市中央公园项目，中冶赣州生活垃圾发电项目，中节能萍乡市生活垃圾发电项目，中国华电江苏能源光伏发电项目，南方电网贵州、河北、广东、吉安光伏发电项目，S232 陈家塘至南岗口公路改建工程，萍乡碧桂园、九江碧桂园项目，青海江仓—井田项目，萍乡市佳禾文化广场项目，润达国际城市综合体项目，九江方大上上城湖口住宅小区工程，誉城小区工程，赣州市公安局监管中心项目，南昌大学实验动物中心工程，赣州经开区华鑫北地块棚户区安居小区工程，湖南郴州九工丘和米筛岭铁矿、辽宁同达一区平硐、二、三区铁矿，贵州大运煤矿等一大批大型建设项目。尤其是三江源国家公园生态保护与建设工程更是被誉为青海省"天字号"工程，国家主席习近平曾莅临青海省生态环境监测中心考察，要求"筑牢国家生态安全屏障，使青海成为美丽中国的亮丽名片"。

企业地址：安徽省淮南市洞山西路31-1号

企业E-mail：357750447@qq.com

十三、山东

1. 煤炭工业济南设计研究院有限公司

企业介绍：

煤炭工业济南设计研究院有限公司是以工程设计、监理和总包为主的跨行业、多专业综合性甲级资质单位。公司前身为"上海煤矿设计院"，成立于1953年。1970年成建制分迁至山东，1986年更名为"煤炭工业部济南设计研究院"，1989年8月经批准成立"煤炭工业部济南设计研究院工程建设监理公司"，1995年5月经煤炭工业部核定为煤炭行业甲级建设监理单位，1997年5月经建设部审查核定为国家甲级工程建设监理单位。2007年，"煤炭工业部济南设计研究院"成为中国通用技术集团有限公司控股企业，更名为"煤炭工业济南设计研究院有限公司"。2008年8月，"煤炭工业部济南设计研究院工程建设监理公司"整体归并到"煤炭工业济南设计研究院有限公司"。

公司持有矿山工程、房屋建筑工程、市政公用工程、电力工程、机电安装工程五项监理甲级资质。近三十年来，先后开展了矿山、选煤厂、造纸厂、热电厂、光伏发电、生物质电厂、输变电、脱硫、脱硝、除尘、污水处理、轨道交通、市政道路、市政管网、市政绿化、住宅小区、公用建筑、高层民用建筑、工业建筑、工业设备安装等近千项工程监理和项目管理业务，以及数十项选煤厂、煤矿、脱硫、脱硝、除尘、工业厂区、污水处理等工程总承包业务。

公司是中国建设监理协会理事单位、中国煤炭建设协会常务理事单位、山东省建设监理协会常务理事单位，先后被评为"山东省建设工程先进监理企业""煤炭行业综合实力前十名建设监理企业""煤炭行业先进工程监理单位""全国先进工程监理单位""煤炭行业双十佳监理部"等近百项荣誉称号，1项总承包工程、3项监理工程荣获中国建设工程"鲁班奖"，17项监理工程获煤炭行业优质工程"太阳杯"奖，百余项参建工程荣获国家和省部级优质工程奖项。

企业地址：山东省济南市堤口路141号

企业E-mail：jmyjlgs@163.com

2. 兖矿集团邹城长城工程建设监理有限公司

企业介绍：

兖矿集团邹城长城工程建设监理有限公司成立于1996年，隶属于兖矿集团有限公司，法人梁继新、技术负责人陈广胜。公司自成立以来，先后经历三次法人变更，注册资本从初始60万元增至目前的300万元。公司原设执行董事、经理、财务负责人等各一名，经过两次变更现设有执行董事、经理、财务负责人各一名，同时设有监事一名，副经理两名。

公司业务范围包括煤炭电力、机电安装、煤化工等。具有住房和城乡建设部颁发的房屋建筑工程、矿山工程、市政工程甲级监理资质，并通过中国煤炭建设协会能力评价，取得甲级监理企业证书。公司现为中国煤炭建设监理协会理事单位、中国设备监理协会会员单位、山东省建设监理协会会员单位，被住房和城乡建设部信息中心列入2002年度中国建设工程监理咨询企业名录。历年来，公司多次被评为全国煤炭行业先进监理企业，多次受到山东省建设厅、山东省煤管局、济宁市建委表彰，连续多年被评为兖矿集团基本建设管理先进单位。

公司自成立以来，先后承接了五百余项工程建设项目的监理及咨询工作。所监理的工程项目，在房屋建筑工程中，有综合办公楼、高层公寓、影剧院、体育场馆、综合医院及成规模的住宅小区；在市政工程方面，有大型锅炉房和集中供热工程、污水处理厂、各类管网、城市道路及公路；在工业项目中，既有多座矿山建设及大型选煤厂建设项目，也有中型水泥厂扩建、机电安装工程、工业技改工程等。近年来，随着兖矿集团的建设与发展，公司参与了多个大型煤化工建设项目的监理，先后在山东、广西、贵州、北京、上海、陕西、山西、新疆、内蒙古、安徽等省市开展监理工作。在公司所监理的工程项目中，合格率100%，合同履约率100%。公司所监理的数十项工程先后荣获国家优质工程银质奖、煤炭行业"太阳杯"奖、全国煤炭行业优质工程奖、全国化工行业优质工程奖、山东省建设工程"泰山杯奖"、陕西省石化优良工程奖、山东省煤炭工业优良工程奖等奖项。

企业地址：山东省邹城市设计院路169号

企业E-mail：ykccjl@126.com

3. 枣庄科信工程建设监理公司

企业负责人介绍：

田桂平，男，高级经济师。1979年12月参加工作，一直在枣庄矿业集团设计院工作。现任枣庄矿业集团设计院院长、枣庄科信工程建设监理公司经理。具有煤炭行业监理工程师执业资格，山东省建设工程评标专家、枣庄市建筑施工安全生产专家。

徐浩东，男，土建专业，高级工程师。1982年7月参加工作，先后在枣庄矿业集团基本建设处、工程技术处、基地办公室、行政处、机关事务管理处、设计院工作。现任枣庄矿业集团设计院副院长、监理公司副经理兼总工程师。具有国家注册监理工程师执业资格、中国工程建设职业经理人资格、煤炭行业监理工程师继续教育师资资格，山东省建设工程评标专家、枣庄市建筑施工安全生产专家。

企业介绍：

枣庄科信工程建设监理公司成立于1996年，是枣庄地区唯一一家具有矿山乙级监理资质的国有监理企业。

公司经20多年的创新发展，现有员工近百人，大专以上学历占90%；高、中级职称占71%；取得国家各类注册执业资格证书人员109人次。可从事一般工业与民用建筑工程、矿井和选煤厂工程、各种土石方工程、供水采暖工程、各种非标准设备的制造和安装工程、城市煤气储存设备的制作与安装工程等建设监理。

　　公司建立了计算机网络智能办公系统，构建了信息沟通平台，利用计算机网络对项目监理部进行远程管理，极大地提高了管理效率。

　　多年来，公司始终坚持以科学发展为主线，以现代文化为引领，始终坚持以人为本、持续创新、科学高效、优质服务的发展理念；始终坚持"立足本埠，拓展外埠"的市场经营战略，不仅站稳了本埠矿山监理市场，并且进入内蒙古、云南、贵州等外埠矿山监理市场，公司历年签订监理合同额、营业收入、人均产值三项指标均为本埠监理企业前列。

　　2005年以来的十多年间，公司监理的11项工程荣获煤炭行业最高奖"太阳杯"。监理的滨湖矿井建设工程获国家建筑最高奖"鲁班奖"。

　　企业地址：山东省枣庄市薛城区临山路377号

　　企业 E-mail：zzkxjl@163.com

十四、河南

1. 河南工程咨询监理有限公司

企业负责人介绍：

　　马军亮，男，高级经济师，中国煤炭建设协会常务理事，河南省建设监理协会常务理事。现任河南工程咨询监理有限公司董事长（法定代表人）兼党委书记。曾在河南省煤炭工业厅机关工作；并任河南煤炭力源实业公司任副经理、经理；河南工程咨询监理有限公司副董事长、党委书记；2015年1月至今任河南工程咨询监理有限公司董事长兼党委书记。

　　张家勋，男，矿井建设专业，教授级高级工程师，国家注册监理工程师、国家注册一级建造师、招标师、一级安全评价师。现为中国

煤炭建设协会第八届理事会兼职副秘书长、中国施工企业管理协会质量专家（国家级）、全国煤炭行业首批建设监理与项目管理专家、河南省煤炭学会矿井建设专业委员会委员、河南省建设监理协会专家委副主任、《能源与环保》编委、《煤炭工程》审稿专家、河南省综合评标专家。现任河南工程咨询监理有限公司副总经理、总工程师。曾在河南工程咨询监理公司历任技术员、矿建专业监理工程师、总监理工程师，2007年9月至今，在河南工程咨询监理有限公司任副总经理、总工程师。担任总监理工程师负责的主要项目有：永煤集团城郊煤矿（规模240万吨/年），山东省济西生建煤矿（45万吨/年），安徽淮南

矿业集团公司丁集煤矿一期工程（规模500万吨/年），焦煤集团赵固一矿矿井、铁路、选煤厂项目（规模240万吨/年），焦煤集团赵固二矿（规模180万吨/年），内蒙古巴彦高勒煤矿（规模1000万吨/年），内蒙古查干淖尔一矿（规模800万吨/年）等大型项目的管理及监理工作。担任总监的多个单位或单项工程获得煤炭行业"优质工程""太阳杯"质量奖。2008年起，连续被评为河南省建设监理协会、煤炭建设协会优秀总监；2008年监理20年大庆获"煤炭工程建设监理特殊贡献者称号"、"中国建设监理创新发展20年优秀总监理工程师称号"（国家级）、"河南省建设监理20年突出贡献优秀总监理工程师"、中国建设监理协会2013—2014年度优秀总监理工程师（国家级）。2006年起，被聘为全国煤炭建设监理人员岗位、煤炭行业监理工程师及注册监理工程师继续教育培训教师；2014年起，被聘为河南省专业监理工程师培训教师、注册监理工程师培训教师；2016年起被聘为"河南理工大学建筑与土木工程专业硕士研究生企业指导教师"。作为编写人参与了《煤炭建设工程监理与项目管理规范》《煤炭工业选煤厂工程施工组织设计规范》《煤炭工业矿井施工组织设计规范》等10部国家或煤炭行业标准、规范的编写工作；发表论文20余篇；主编或参编煤炭建设类工具书3部、教材5部；获得省级科技进步奖或优秀煤炭行业咨询成果4项。

企业介绍：

河南工程咨询监理有限公司前身为1954年成立的中南煤炭基本建设局，1971年改组成立煤炭工业部河南省煤矿基本建设公司，1987年河南省煤矿基本建设公司撤销，更名为河南煤炭开发咨询服务公司，1996年更名为河南矿业工程建设公司，1999年更名为河南工程咨询监理公司，2007年改制为有限责任公司。

公司现为中国建设监理协会会员单位、中国煤炭建设协会常务理事单位、中国煤炭工业协会理事单位、中国工程咨询协会会员单位、国际咨询工程师联合会（FIDIC）会员单位、河南省建设监理协会常务理事单位。

公司自1988年开始从事工程咨询、监理业务，是我国首批监理试点企业。1993年10月获原国家建设部颁发的工程监理甲级资质证书，1995年8月获原国家计委颁发的工程咨询单位甲级资格证书，是全国首批甲级监理公司和甲级工程咨询单位。1989年公司承揽了全国首批建设监理试点工程—河南永城陈四楼矿的建设监理业务，该工程荣获部优工程奖。

河南工程咨询监理有限公司服务范围涵盖工程建设监理、工程咨询、项目管理、工程设计、工程招标代理、矿山瓦斯等级鉴定等业务领域。目前拥有房屋建筑、矿山、机电安装工程甲级监理资质，市政、电力乙级监理资质，人防工程丙级监理资质；建筑、煤炭工程甲级咨询资质，火电、建材、环境、市政、机械丙级咨询资质；煤炭行业乙级设计资质；工程招标代理、瓦斯等级鉴定等多项资质。

截至目前，公司已完成了千余个项目的监理、咨询、设计等业务，累计投资额约2900亿元，遍及全国19个省、市、自治区。连续多年被评为"煤炭行业先进监理企业""中国煤炭监理企业二十强""河南省先进监理企业""河南省监理企业二十强"。城郊煤矿、丁集煤矿、赵固一矿、红庆河煤矿、高家堡煤矿、巴彦高勒煤矿等近百项工程获得煤炭行业工程质量最高奖"太阳杯"及煤炭行业优质工程奖，近四十余项工程获得"中州杯""中州杯银奖""结构中州杯""菊花杯"等省市级奖项。

公司拥有各类工程技术人员共 300 余人，其中教授级高级工程师 5 人，高级工程师 50 余人，各类国家注册师 80 余人。

公司通过了 ISO 9001 质量、ISO 14001 环境和 ISO 18001 职业健康安全管理体系认证，实现了质量、环境、职业健康安全"三标"一体化认证。

企业地址：河南省郑州市金水区任砦北街 1 号 1 号楼 11 层 1110 号

企业 E-mail：Hnhdgczx@ 163. com

2. 中赟国际工程股份有限公司

企业负责人介绍：

曲振亭，男，高级工程师，法定代表人、总经理，注册造价工程师、注册监理工程师。有 30 余年大型工程项目管理实践经验，对煤炭、建筑、市政、铁路、公路、火电、基础设施等专业建设项目全过程控制有丰富经验。

徐明生，男，中赟国际工程股份有限公司技术负责人，高级工程师，国家注册监理工程师、一级注册建造师。毕业后一直从事铁路、公路、城市道路设计工作以及煤炭、建筑、市政、铁路、公路等的监理工作，并多次被评为河南省优秀项目总监。

企业介绍：

中赟国际工程股份有限公司的前身为煤炭工业部郑州设计研究院，创立于 1971 年，是原煤炭工业部重点设计院之一，全国首批核准的甲级工业设计院，建设部命名的全国优秀设计院，高新技术企业，AAA 级信用单位。2006 年改制为科技型企业；2012 年完成股份制改造；2015 年在全国中小企业股份转让系统挂牌，并连续进入创新层。2017 年 5 月根据公司战略发展需要，公司名称变更为中赟国际工程股份有限公司，证券简称中赟国际；股票代码 834695。上级主管部门为河南省工业和信息化委员会。

公司拥有近 20 项甲级资质、40 多项乙级、专项及其他资质，具有境外承包工程资格。产品和服务涵盖煤炭、建筑、市政、电力、新能源、智能化、环境、冶金矿山、岩土、物流工程等诸多领域，可以为海内外客户提供从规划咨询、工程造价、环境评价、勘察设计、工程监理、设备采购、EPC 总承包到生产运营全过程的高品质服务和一体化解决方案。

河南中豫建设监理有限公司 1991 年 4 月经原煤炭工业部批准，河南省工商行政管理局注册成立，是煤炭工业部郑州设计研究院出资设立的具有独立法人资格的监理单位，与中赟国际工程股份有限公司拥有同一法人代表，各类注册人员共用。根据 2005 年中华人民共和国建设部令第 137 号的要求，严格按照中华人民共和国建设部 2007 年第 158 号令《工程监理企业资质管理规定》要求，河南中豫建设监理有限公司 2009 年监理资质回归设计院，拥有矿山、房屋建筑、市政工程甲级监理资质，电力、石油化工工程乙级监理资质。2017 年 4 月公司名称变更为中赟国际工程股份有限公司。公司董事长杨彬，法定代表人、总经理曲振亭，技术负责人徐明生。

中赟国际工程股份有限公司工程监理部在河南、新疆、河北、山西、青海、贵州等地承接大中型项目 200 余项，涵盖煤矿、选煤厂、钼厂、金矿、铁矿、铝厂、电厂、水泥厂、高层建筑、市政工程、公路、铁路、桥梁等各类工业与民用工程。成立以来承担项目的总投资已超过 200 亿元，并将业务拓展至非洲（几内亚 558 铝土矿）、东南亚（老挝华潘煤电一体化、老挝钾镁盐矿东泰矿区项目）等地区。先后获得了全国总承包银钥匙奖、全国优秀项目管理奖、"中州杯奖"等省部级以上奖励 40 余项，中国煤炭建设协会"优质工程""太阳杯"工程等数十项。在河南工程监理企业 20 强中名列前茅，连年被评为河南省先进工程监理企业，被省建设厅授予河南建设工程监理二十年突出贡献奖。新桥煤矿南风井建设项目监理部被评为"十佳监理部"

企业地址：河南省郑州市中原区中原路 210 号

企业网址：www.mtzsy.com

企业 E-mail：zyjl001@126.com

3. 河南兴平工程管理有限公司

企业负责人介绍：

洪源，男，机电专业，教授级高级工程师，国家注册监理工程师。2009 年 12 月 9 日至今任河南兴平工程管理有限公司董事长（法定代表人）、总经理。2007 年被聘为中国设备工程专家库高级专家；2009 年中国煤炭工业协会设备管理分会机电制修专业委员会主任；2009 年中国煤炭学会资深会员；2010 年被聘为中国平煤神马集团综合评标专家库机电专业专家；2013 年被聘为中国煤炭全国理事会理事；2016 年兼任河南省建设监理协会副秘书长；2016 年兼任平顶山市建筑业协会副会长。著有《德国 AEG 直流提升机机电控系统的数字化改造》《中国煤机行业的发展趋势》《依靠科技进步，强化成本管理》《矿井通风机监控系统的设计与实现》等数篇论文，分别在《煤炭科学技术》《矿山机械》《中国煤炭》等杂志上发表，并获优秀论文多项奖。"平顶山八矿构造物理环境及瓦斯灾害预测与防治""矿山建设工程管理体系研究与实施""全过程质量控制技术在工程监理企业中的研究与应用""监理企业核心竞争力提升研究与实施"等课题荣获河南省级科技进步 3 项奖，河南省工信厅科技进步奖 3 项，平顶山市级科技进步奖 4 项，集团公司科技进步奖 15 项。先后获得全国设备管理优秀工作者，全国煤矿机械工业优秀企业家，全国煤炭经济研究优秀个人，中国平煤神马集团公司先进工作者、科技工作先进个人。多次当选平顶山市卫东区人大代表。2017 年度中国煤炭建设协会颁发的优秀企业负责人。

刘自鑫，男，高级工程师。2006 年至今任

河南兴平工程管理有限公司总工程师、副经理。2004—2009年在平煤十一矿改扩建工程担任总监理工程师，所监理工程获"太阳杯"；2000—2013年先后在一矿三水平建设工程、五矿三水平建设工程、五矿己四采区建设工程、六矿三水平建设工程、十矿三水平建设工程、十二矿三水平建设等工程担任总监理工程师。其中，十一矿改扩建工程西冀进风井工程、五矿己四采区风井工程、五矿三水平进风井、十二矿三水平进风井等单位工程荣获煤炭行业"太阳杯"奖。2008年参与编写《矿井建设工程监理实用操作手册》，2013年作为主要起草人参与了中华人民共和国国家标准《煤矿设备安装工程质量验收规范》（GB 50946—2013）的编写工作。《平宝煤业有限公司首山一矿监理工作体会》《复合支护的可靠度分析》《高强混凝土在路面修补工程中的应用》等数篇论文分别在《建设监理》《中国煤炭》等杂志上发表。"全过程质量控制技术在工程监理企业中的研究与应用""基于信息技术的矿山工程监理现场目标控制研究""以塑造监理企业AAA级信用品牌为目标的核心竞争力目标""分布式光伏发电与光伏电站的优化与实施""钻井法和冻结法在八矿二井立井施工中的应用及优缺点对比的研究与实施"荣获河南省级科技进步三等奖1项，河南省工信厅科技进步奖3项，平顶山市级科技进步奖4项，集团公司科技进步奖11项。2012年被中国平煤神马集团聘为高级工程师。多次荣获中国煤炭监理协会颁发的优秀总监理工程师，中国平煤神马集团公司先进工作者、安全先进个人、科技工作先进个人。荣获2017年度中国煤炭建设协会颁发的优秀技术负责人。

企业介绍：

河南兴平工程管理有限公司是中国平煤神马集团控股的具有独立法人资格的工程管理公司，注册资金1000万元。公司先后通过ISO 9001国际质量管理体系、环境管理体系、职业健康安全管理体系认证。中国煤炭建设协会理事单位，中国设备监理协会会员单位，《中国煤炭》杂志全国理事会理事单位，《建设监理》杂志理事会副理事长单位，中国建设监理协会化工分会会员单位，河南省建设监理协会副秘书长单位，河南省建设工程招投标协会会员单位，平顶山市建筑业协会副会长单位。

河南兴平工程管理有限公司成立于1995年，是一家专门从事煤炭建设管理的监理企业。2005年进行股份制改造，经过三次增资扩股，注册资金由最初的105万元发展成目前的1000万元。其中，中国平煤神马集团占股60%，职工占股40%，建立了"三会一层"的法人治理组织架构。2008年进行转型发展，由专业单一的煤炭监理业务向煤炭与非煤并重的业务发展方面转变，公司经过20余年的发展，现拥有矿山工程、化工石油工程等六甲二乙一丙多项管理资质，包括工程监理、项目管理、招标代理、造价咨询等业务，目前已在全国十多个省份开展工程监理业务。

公司现拥有矿山工程、化工石油工程、电力工程、冶炼工程六项甲级监理资质，工程招标代理、工程造价咨询两项乙级资质，人防工程监理丙级资质。包括工程监理、项目管理、招投标代理、造价咨询和工程咨询经营等业务，被中国煤炭建设协会评为"全国煤炭行业二十强单位"，河南省住建厅评为"河南省工程监理企业二十强单位"。

公司业务由平顶山地区逐步拓展到新疆、内蒙古、青海、贵州、四川、湖北、山西、陕西、安徽、宁夏、云南、福建等十多个省市，监理业务涉及神华集团、国家电网、国电集团、华电集团、大唐集团等大型企业。

公司申报的科技进步与管理创新成果，分别荣获河南省科技进步奖，中国煤炭行业管理创新成果奖，中国煤炭工业协会管理创新成果奖，河南省工业和信息化科技进步奖，河南煤矿安全生产科技进步奖，平顶山市和中国平煤神马集团科技与管理一、二、三等奖五十余项。积极参与国家、地方、行业标准参编，组织开发了《矿山版监理大师》，开创了国内矿山工程监理软件的先河；组织编写的30余万字的《矿山建设工程监理实用操作手册》，填补了我国煤炭行业工程监理的空白，被煤炭监理行业指定为培训教材。联合开发的"矿山建设工程信息管理系统1.0"软件，为矿山工程资料整理及竣工验收提供了信息化管理条件，实现了建设单位、监理、施工等的信息共享。在国内《建设监理》和《中国煤炭》等各类学术期刊公开发表专业论文100多篇，多篇论文荣获优秀论文期刊奖。在业务开展中，注重运用先进的信息化系统提升企业和项目的管理能力，在现代化办公的基础上，建立了公司工程、技术、企业管理、财务、人力资源等电子档案，信息化水平不断提升，信息的传递更加高效、便捷，拉近了项目与公司总部的距离，为公司全国化的扩张战略奠定了良好的基础。

所监理项目工程的合同履约率达100%。兴平公司监理的安泰小区荣获国家优质工程最高奖"鲁班奖"；几十项工程分别荣获煤炭行业优秀工程"太阳杯"、河南省建设工程"中州杯"、河南省建设工程结构"中州杯"、河南省保障性安居工程安居奖、平顶山市"鹰城杯"等工程奖项。先后被评为中国工程质量监督管理协会颁发的"全国政府放心、用户满意十佳优秀工程监理企业"，河南省煤炭建设协会颁发的"河南省煤炭基本建设先进单位"、河南省工信厅颁发的"河南省煤炭建设工程质量管理先进单位"，被中国煤炭工业协会评为"煤炭行业AAA信用企业"，被中国建设监理协会化工监理分会评为全国"化工行业示范优秀企业"、全国"化行业示范项目奖"，2017—2020年度全省重点培育建筑类企业，公司多个项目部荣获"全国煤炭行业十佳项目监理部"。

企业地址：河南省平顶山市卫东区建设路东段南4号院

企业网址：www.hnxp666.com

企业E-mail：hnxpglgs@163.com

4. 河南省煤炭地质勘察研究总院

河南省煤炭地质勘察研究总院成立于1956年，现任法定代表人牛志刚（高级工程师），技术负责人王海泉（高级工程师）是一支从事找矿六十余年、能独立承担国家基础性、公益性、战略性找矿任务的国家功勋地质勘查专业队伍，也是一支专业密集、技术密集、人才密集、设备先进，拥有国内领先的核心技术支撑、屡屡承担和完成国家与河南省重点找矿任务的地质找矿劲旅。近年来总院在立足煤炭地质传统业务基础上，不断拓展新业务新领域新市场，逐步涉足了清洁能源勘查与评价、金属及战略新兴矿产勘查、环境恢复与治理、土地复垦、土壤污染与修复等多个领域，形成了资源、国土、环境三条主线并重的可持续发展模式。

总院拥有固体矿产勘查、气体矿产勘查、地球物理勘查、测绘、地质灾害评估、工程监理等甲级资质6个，液体勘查、区域地质调查、水工环调查、地球物理勘查、土地规划等乙级资质17个。业务范围涉及地质勘察设计与施工，水文地质、工程地质、环境地质调查、土地规划、土地整治、土地复垦、地球物理勘查、岩矿鉴定与测试、煤层气开发利用、煤质化验、地质测井、测量绘图、计算机软件开发、地质灾害调查、评估与治理、地质司法鉴定、工程监理、煤炭监督检验等多个学科多门专业。拥有国家质量管理体系认证的职业健康、安全管理、环境管理体系。

总院现有在编职工 138 人，具有大专以上学历的职工 131 人，其中拥有博士、硕士学位的高学历人员 52 人，教授级高级工程师 8 名，高级工程师 38 名。各类专业技术人员占全院职工的比例达到 90% 以上，在全省地质行业位居第一。在监理技术方面，总院有监理总监 2 名，注册监理工程师 1 名，高级监理工程师 15 名，中级监理工程师 25 名，技术员若干名。

历年来，总院找矿足迹不仅踏遍了河南山山水水，而且涉足了中东部的二十个省、自治区。同时，发挥找矿专业优势，走出国门发展，在坦桑尼亚、土耳其、老挝等国家初见成效。提交大型地质报告 50 余件、各类专业报告 1000 余件。探获各级别煤炭资源储量 240 多亿吨，钾盐资源储量 10 亿吨，其中可供建井煤炭资源储量 50 多亿吨。在监理工作方面，总院在贵州、内蒙古、山西、河南等地承担项目，项目成果得到了甲方的好评。承担的 30 余项省级地方财政拨款的地质勘查项目管理工作，均顺利省级主管部门验收通过，项目成果等级均为优秀。

近十年来有 130 余项（件）成果获得优秀地质报告和科技进步、找矿突出贡献等多种政府、行业奖励，其中荣获省部级以上奖励有 30 余荐（件），国家实用新型专利 5 项。荣获了地方政府和行业颁发的"市级文明单位""花园式单位""五好基层党组织""双文明单位"等多项荣誉。

企业地址：河南省郑州市二七区大学路 63 号

企业 E-mail：kcy67975202@163.com

十五、湖北

中煤科工集团武汉设计研究院有限公司

企业介绍：

中煤科工集团武汉设计研究院有限公司成立于 1954 年，原煤炭工业部直属设计研究院，现隶属于国务院国资委直管的中国煤炭科工集团有限公司，是国有独资的中央企业，全国综合甲级勘察设计研究院，公司法定代表人、党委书记、董事长韩晓东，总经理刘兴晖。公司于 1990 年 2 月开始从事工程监理业务，具有住房和城乡建设部颁发的房屋建筑工程、市政公用工程、矿山工程、铁路工程等四个领域工程监理甲级资质，监理分公司经理俞黎明，技术负责人刘扬。设立之初，企业名称为武汉中汉工程建设监理公司，2007 年 9 月合并到院本部，更名为中煤国际工程集团武汉设计研究院，2010 年 12 月更名为中煤科工集团武汉设计研究院，2013 年 8 月更名为中煤科工集团武汉设计研究院有限公司。

公司监理事业经过 20 多年的发展，在监理行业多次获得了省、市、煤炭行业先进监理企业、AAA 信誉企业，安全生产管理先进单位等多项荣誉，监理工程遍布全国多个省市，涉及房建、地铁、轻轨、铁路、公路、市政道路、装饰工程、矿井、选煤厂等工程领域，其中武汉轨道交通一号线一期工程、武汉市三环线关山一路立交桥工程、武汉市轨道交通 2 号线一期工程等荣获中国市政金杯示范工程，刘店煤矿、神华北电胜利等煤炭项目荣获太阳杯奖。还有几十项工程分别获得了省市优质工程奖（市政工程金杯及银杯奖、楚天杯奖、黄鹤杯奖、钱江杯奖、大别山杯奖等）。

企业地址：武汉市武昌区武珞路 442 号

企业网址：www.zmwhy.com.cn

企业 E-mail：zmjl2002@163.com

十六、湖南

湖南中湘建设工程监理咨询有限公司

企业负责人介绍：

李威彬，女，高级工程师，曾任中南大学湘雅三医院外科楼工程总监理工程师，现任湖南中湘建设工程监理咨询有限公司总经理。该工程连续三年被评为"湖南省安全文明示范工地"。

裴巧兰，女，高级工程师，曾在煤炭工业部长沙设计研究院从事暖通专业设计工作，并任专业组长、主任工程师等职；1996 年 6 月—2018 年在湖南中湘建设工程监理咨询有限公司从事建设工程监理工作。2004 年起任公司副总经理，主管经营及煤矿、非煤矿项目技术负责人，主要负责项目有：长沙核工业科技大厦暖通监理工程、湖南省财专教学楼暖通监理工程、长沙亚大数码港暖通监理工程、步行商业街暖通专业施工监理工程、贵州柿花田煤矿、贵州翁福磷矿、贵州木担坝煤矿、重庆盐井一矿、华润电力（涟源）良相煤矿、贵州黔西桂菁煤矿、贵州纳雍县王家营青利煤矿、贵州德科煤矿、贵州左家寨煤矿、贵州紫金矿业水银洞金矿低品位难选冶三期工程、广西桂华成珊瑚矿恢复开采工程、贵州林华矿井工程二期。

企业介绍：

湖南中湘建设工程监理咨询有限公司于 1990 年成立，原名中湘建设工程监理公司，于 1997 年更名为湖南中湘建设工程监理咨询有限公司，属于独立核算、自主经营、自负盈亏，具有法人资格的经济实体。已具备的监理资质：房屋建筑监理甲级资格、市政公用工程监理甲级资格、煤炭监理甲级资。主营业务：房屋建筑工程、市政公用工程及矿山工程全过程或分阶段建设监理；兼营业务：技术开发、技术服务和技术咨询。

随着体制改革的深入，经过几年的发展和改组，公司主业范围拓展为三个方面：房屋建筑工程，矿山工程，市政公用工程业务。2002 年 7 月，由建设部颁发房屋建筑工程甲级主项资质等级证书，由湖南省建设厅颁发市政公用工程和矿山工程两项乙级增项资质等级证书。2004 年 11 月，又取得了由建设部颁发的市政公用工程甲级增项资质等级证书。公司按 ISO 9001：2000 标准建立质量体系，经深圳质量认证中心（SQCC）认证审核，于

2002 年 7 月获得国际认证证书。

本公司主管部门系湖南第一工业设计研究院。公司实行总经理负责制，设副总经理、总经理助理、总工程师，下设有公司办公室、工程技术部、业务部和财务部，现场分设工程项目监理部。

公司主要以工程勘察设计技术人员为主体组建，拥有从事建设监理和技术咨询的各类技术人员 116 余人，其中包括各专业教授级高级工程师、高级工程师、高级经济师等高级职称 51 人，取得专业监理工程资格 87 人，其中国家级注册监理工程师 31 人，取得总监资格 30 人。监理从业人员均经建设部和省建委建设监理培训并取得建设监理工程师资格证书和岗位证书，可从事房屋建筑工程、市政公用工程和矿山工程的各项从设计阶段到施工阶段的监理业务。

公司拥有固定资产 500 余万元，流动资产 340 万元，办公用房 300 余平方米，配备计算机及管理软件、检测设备、仪器、工程照相、通信、交通工具等装备和最新监理法规、技术资料。

公司自组建以来，先后承担了各类工程设计和施工监理 100 多项，协助业主完成工程建设投资 51 亿元。公司在湖南、广西、贵州、重庆、山西、新疆等省市的工业与民用建筑、市政、公路、电力和煤炭、冶金矿山、焦化等工程监理提供了良好的服务。公司特点是专业广，技术力量强。南昆铁路部分路段，总投资 25000 万元，铁路部分路段工程监理过程中深受各界好评。公司成立以来，先后承担省内外百余项工程的建设监理，已完工近百项；主要业绩分为三个方面：一是住宅为主的建筑；如长沙望城坡阳明山庄小区（14 万平方米）、长沙华盛家园（10 栋 13 层，12 万平方米）等；二是公共性建筑及办公商务楼，如长沙华程大酒店（20 层，3.02 万平方米）、长沙亚大时代大厦（32 层，3.2 万平方米）、长沙百脑汇数码港（17 层，9.4 万平方米）等；三是煤矿监理及市政监理项目，如长沙市人民路 220 千伏电缆隧道（7 公里）、长沙友谊路—青园 220 千伏变电缆隧道桂林市万福路（临桂段）工程、贵州木担坝煤矿、贵州黔西贵箐煤矿等。

另外，监理的大型项目还有：贵州金佳矿井，一等矿山工程，180 万吨/年，总投资 21000 万元；人民路电缆隧道，2.63 千米，总投资 4000 万元；长沙华盛家园，120000 平方米，总投资 10000 万元；亚大时代（长沙亚大数码港），30 层，32000 平方米，总投资 5500 万元；长沙黄兴南路商业步行街，140000 平方米，总投资 28000 万元；湖南财富中心 32 层（含地下 2 层），框剪结构，6 万平方米土建及安装施工监理，总投资 12000 万；五一新干线 25 层，62000 平方米，总投资 6800 万元；中南大学湘雅三医院外科病房楼，68000 平方米，总投资 29000 万元；贵州黔西贵箐煤矿，120 万吨/年，总投资 24000 万元；桂林市万福路（临桂段），5.80 千米，总投资 13000 万元；重庆盐井 90 万吨/年，总投资 14000 万元。

公司建立了可操作的标准化监理工作服务质量体系，经质量认证中心（SQCC）认证审核，公司质量体系符合 GB/T 19001—2008（ISO 9001：2008）标准，获得国际认证证书。

企业地址：湖南省长沙市芙蓉区新军路 3 号

企业 E-mail：1124468743@ qq. com

十七、广东

1. 广东重工建设监理有限公司

企业负责人介绍：

赵旭，男，工程测量专业，教授级高级工程师、国家注册测绘师。现任广东省重工建筑设计院有限公司副总经理，广东重工建设监理有限公司总经理。该同志为广东省测量领域的知名专家，获得国家级、省部级优秀工程勘察奖数十项，先后被聘任为广州市测绘地理信息协会（原名为广州市测绘协会）常务理事、广州市测绘协会专家库成员、中国建筑学会勘察学术委员会委员、中国建设监理协会常务理事、广东省建设监理协会副会长，广东省建筑工程专业高级职称评审委员会专家。该同志还被聘任为建设部轨道交通建设专家组专家，参加全国轨道交通建设的督导检查。作为测量行业专家邀请参加编著了《基础测绘学》教材。该同志对技术创新极具敏感，引领着工程监测技术创新，是监测新技术研发的引导者和推动者，带领创新团队开发了多个监测信息系统平台。负责的监理公司，近年共获得10项新型实用技术和4项软件著作权，为工程监理行业的发展发挥了应有的作用。

刘琰，男，岩土工程专业，高级工程师，国家注册监理工程师、注册安全工程师。现任广东重工建设监理有限公司副总经理、总工程师、技术负责人及工程技术研发中心主任，全面负责公司技术管理工作，主管公司监理项目全覆盖的巡检，主持了公司OA平台在项目管理上的研发拓展，主导建立了公司主要业务的相关专技术标准，其所领导的工程技术研发中心已获得多项专利以及多项软件著作权。现为广东省建设监理协会专家委员会专家。

企业介绍：

广东重工建设监理有限公司（原名广东省重工业设计院监理部）始创于1991年，是广东省内最早开展监理业务单位之一，也是建设部颁发的第一批甲级工程监理企业和第一批甲级工程造价咨询资质企业，是以工程监理、项目管理、招标代理为主营业务的现代工程服务业国有企业。公司具有工程监理综合资质、招标代理甲级资质、环境监理资质、人防监理资质、中央投资项目招标代理机构资格，营业规模位居全国百强。

公司成立以来，多次荣获国家、省市协会"先进监理企业"称号，其中于2010年首次获得中国建设监理行业协会"优秀监理企业"称号，于2014年12月再次荣获中国建设监理行业协会"2013—2014中国建设监理协会先进监理企业荣誉证书"称号。公司成立至今，共获得422项国家、省、市各级奖项，国家级荣誉奖共14项、省级荣誉奖共179项，市级荣誉奖共229项。

在激烈的市场环境中，公司不断扩大经营规模，主动参与市场竞争，在巩固民建、市政、城市轨道交通等既有优势专业的同时，有选择性地进入和培养新的专业优势，如商业地产、矿山、水电等行业。到目前为止，公司共承接的监理项目2100多项，总建筑面积21000多万平方米，总造价25000多亿元。已有1950多项工程竣工交付使用。共承接招标代理项目1500多项，总代理造价1000多亿元，集中形成了以地铁、大市政、房建、环保等领域为主的监理业务架构，业务范围除广东省内外，遍及广西、湖南、湖北、河南、陕西、重庆、四川、云南、贵州、江苏、浙江、福建、海南等多个省市，形成了"立足广州，遍布珠三角，辐射全中国"的产业格局，公司合同额连续多年超过 2 亿元，位列全国百强。

经过二十多年的服务实践经验积累，公司现有员工 1300 人，其中具有助理工程师证 146 人，工程师证 283 人，高级工程师证 76 人，高级工程师（教授级）证 2 人；注册工程师证 168 人；持证上岗人员土建类专业岗位证 492 人，机电专业类岗位证 82 人，给排水专业岗位证 30 人，其他工程师类专业岗位证 66 人，非工程类岗位证 84 人。

公司在不断扩大经营范围的同时加强服务质量管理，为广大业主提供高附加值的优质服务。秉承"规范服务，顾客满意，预防污染，保护环境，降低风险，持续改进"的管理方针，执行 ISO 9001—2008、ISO 14001—2004 和 OHSMS18001—2001 三标一体化认证标准；全面推行信息化管理，提供项目信息化管理水平和办公效率；加大对技术创新的研发工作，拥有 10 项新型实用技术和 4 项软件著作权。

企业地址：广东省广州市黄埔区科学城揽月路 101 号保利中科广场 A 座 7 楼

企业网址：www.gdzgjl.com

企业 E-mail：gdzgjl@ gdzgjl.com

十八、贵州

贵州省煤矿设计研究院有限公司

企业负责人介绍：

青泉，男，选矿工程专业，高级工程师，国家注册监理工程师、注册咨询工程师、注册安全工程师、安全评价师。1991 年到贵州省煤矿设计研究院工作，现任贵州省煤矿设计研究院工程监理（项目管理）分管负责人。曾担任贵州盘县响水矿井（400 万吨/年）、大方县小屯矿井（120 万吨/年）等多个项目总监并获得煤炭行业"太阳杯"奖，作为项目负责人圆满完成了金沙县聚力选煤厂（120 万吨/年）EPC 项目等多个选煤厂总承包项目管理任务。先后获得煤炭行业优秀总监理工程师、贵州省优秀总监理工程师等荣誉。

龙祖根，男，采矿工程专业，工程技术应用研究员，国家注册监理工程师、注册咨询工程师、注册安全工程师、安全评价师。1989 年到贵州省煤矿设计研究院工作，现任贵州省煤矿设计研究院副院长（监理技术负责人）。指导的"贵州省大方县小屯煤矿"等多个工程获得煤炭行业"太阳杯"奖，发表的"盘江矿区瓦斯赋存规律及防治措施的研究"等多项学术成果获得贵州省人民政府科学技术进步奖表彰。1993 年 12 月其成果"矿井通风系统风流控制的计算机模拟及其在化处矿应用"获贵州省人民政府表彰的科技进步三等奖；1998 年 12 月其成果"矿井通风优化设计的研究"获贵州省人民政府表彰的科学技术进步四等奖；2002 年 1 月其成果"盘江矿区瓦斯赋存规律及防治措施的研究"获贵州省人民政府表彰的贵州省科学技术进步三等奖。

企业介绍：

贵州省煤矿设计研究院有限公司（原煤炭工业部水城煤矿设计研究院）始建于 1964 年，1987 年由六盘水市迁至贵阳市花溪区大水沟，同时更名为贵州省煤矿设计研究院。1988 年与成立于 1978 年的贵州省煤炭科学研究所合署办公，2006 年以贵州省煤炭科学研究所为基础，完成了贵州省矿山安全科学研究院（简称"矿山院"）的组建工作。2013

年1月起，公司从省能源局脱钩到省国资委监管。2013年7月，由省能源局和省国资委联合行文，将矿山院定位为公司的全资子企业。2017年12月经贵州省国资委批准实施公司改制，贵州省煤矿设计研究院更名为贵州省煤矿设计研究院有限公司。

公司目前持有工程勘察、工程设计、工程监理、工程咨询、地质灾害危险性评估、地质灾害治理工程设计、安全评价机构、固体矿产资源勘查等10个国家甲级资质，建设项目环境影响评价、环境监理、地质勘查、测绘、地质灾害治理工程监理、职业卫生技术服务机构等6个乙级资质；业务范围包括煤炭行业（矿井、选煤厂）的工程设计、咨询、监理、安全评价、项目管理，安全生产检测检验，建筑、公路、市政公用行业的设计、咨询、监理，生态建设和环境工程、火电（煤矸石发电）、机械，环境影响评价、环保竣工验收调查、建设项目环境监理，土地复垦及开发整理，工程勘察、工程测量，地质灾害的设计、评估、监理、施工，城镇规划等。是一家能够独立承担大中型煤矿矿区、矿井及其配套项目的规划咨询、勘察设计、建设监理和工程总承包业务，并正在向为煤炭企业全生命周期提供技术服务成功转型的贵州省唯一一家甲级煤炭勘察设计单位。

公司现有职工为281人，其中从事监理工作的91人。现有国家注册监理工程师29人，煤炭行业监理人员28人，地方监理人员16人，国家注册设备监理师2人，国家注册造价师4人，其他各类注册人员182人次。

近年来，公司针对贵州煤矿瓦斯防治的技术瓶颈，大力培养和发展瓦斯防治专业技术人才团队，开展了贵州省"十一五"重大专项、国家"十二五"科技支撑计划、省科技攻关、科学基金、省长基金等一系列纵向课题22项；发表科技论文300余篇，其中，SCI、EI收录11篇；共申请国家专利24项，已授权15项；获得工程咨询、勘察设计、工程质量、科研等省部级和国家奖项55项。

企业地址：贵州省贵阳市花溪区大水沟

企业网址：www.gzsmksjy.com

企业E-mail：83605517@qq.com

十九、云南

昆明恒岩地质工程勘查有限公司

企业负责人介绍：

伍早生，男，水工环专业，高级工程师。曾任云南地质工程第二勘察院总工程师，云南正瑞鑫矿业有限公司副总经理兼总工程师。2015年至今任昆明恒岩地质工程勘查有限公司法定代表人兼总经理。2015年6月参加了中国煤炭建设协会煤炭行业地质工程监理工程师培训，获得监理高级工程师证书。2015年12月参加了总监理工程师培训，并获得总监理工程师证书。

冯平均，男，水工专业，高级工程师。曾在一四三煤田地质勘探队一直从事地质勘探工作。曾任云南省煤田地质局昆明勘察公司副总经理。2004年昆明恒岩地质工程勘查有限公司成立，任公司项目总监、副总工程师、技术负责人至今。2006—2017年荣获中国煤炭建设协会优秀项目总监，2007年贵州纳雍比德煤矿补勘监理项目荣获云南省煤田地质局二等奖。2016年所著《云南化工大为二煤矿监理工作总结》一文获中国煤炭建设协会奖励。

企业介绍：

公司始建于 2004 年，当年 9 月获得煤炭建设乙级监理资质后，10 月在昆明市工商局注册为有限责任公司。经十余年的经营，公司实力得到加强，资产增加，注册资本扩大，监理技能提高，管理水平提高，2008 年 2 月资质升格为甲级。

经核准公司能从事矿山地质勘查、地球物理勘查、环境与灾害地质勘探、工程地质及基础施工监理，以及矿山地质技术咨询服务、资源储量核实。

公司监理工程师由组建初期的 23 人，经行业多次培训班培训、考试、考核，到目前为止，公司已有 61 人获得了监理工程师上岗证及职业资格证书，其中高级职称 25 人，中级职称 36 人。

监理工程师队伍绝大部分来自云南地矿、煤田等各专业勘探队伍的退休技术干部，熟悉各种矿产地质勘查的规程、规范等技术标准，熟悉各勘探手段，熟悉各矿区的地质情况，具有丰富的地质勘查工作经验。

公司自开始运作至今，先后在云南、贵州、重庆及山西等省市监理煤炭、金属等各类地质勘查监理项目 60 余个，其中煤炭地质勘查监理项目约 51 个，铝土矿勘查监理项目 12 个，地热井施工监理项目 1 个，其他监理项目 1 个；监理的各类勘查投资总额约 15.49 亿元，其中投资超千万元大型勘查项目 40 余个，所获地质储量上亿吨的特大型勘查项目约 50 余个。

在监理完成的项目中，公司共提交各类地质勘查等监理报告 60 余份，得到山东兖矿贵州能化公司、贵州六枝工矿集团、云南威信云投粤电扎西能源有限公司、云煤化工集团、国家安全局昆明工人疗养院等业主的好评。

企业地址：昆明市东风东路东风巷 87 号地矿大厦附楼 311 室

企业 E-mail：156711500@qq.com

二十、陕西

1. 中煤陕西中安项目管理有限责任公司企业

企业负责人介绍：

陈彤，男，工民建专业，高级工程师，国家注册监理工程师，陕西省政府投资评审中心专家、西安市建设监理协会副会长。现任中煤陕西中安项目管理有限责任公司总经理、法定代表人。曾任中煤西安设计工程公司（原煤炭工业西安设计研究院）办公室副主任、企管部部长、后勤服务中心经理，中煤建设集团公司办公室主任；并任中煤陕西中安项目管理有限责任公司副总经理、支部书记。作为总监负责了榆林杨伙盘煤矿项目管理及监理、新疆五彩湾南露天矿监理、沣泾大道景观提升工程等多个大型项目的监

（左 2 为陈彤）

理工作。作为编写人参与了《煤炭工业建设工程检测规范》《煤炭建设工程资料管理标

准》等规范、标准的编制工作。发表多篇论文。参与编写的《煤矿井巷工程质量评价标准实施细则》（教程），荣获中国煤炭教育协会"全国煤炭行业优秀教材一等奖"。被西安市建设监理协会授予2015—2016年度优秀企业家。

（前1为赵雄）

赵雄，男，煤田地质与勘探专业，教授级高级工程师，国家注册监理工程师、国家注册咨询工程师、煤炭行业一级总监理工程师。现为中煤陕西中安项目管理有限责任公司总工程师，中国煤炭建设协会兼职副秘书长。自1987年参加工作以来，先后从事煤矿地质测量、煤矿生产技术及监理与项目管理工作。从事地质测量及生产技术工作十余年，参加公路建设工程监理与管理项目工作3个，主持完成煤矿建设工程监理项目8个，解决建设工程中的多项技术难题，在监理工程获得多项荣誉。多次被评为全国、行业（省）、市优秀总监理工程师、优秀总工程师和设计院优秀共产党员。近几年来先后参与了6部行业标准及规范编写：《煤炭地质工程监理规范》（NB/T 51009—2013）、《生产矿井立井垮塌修复治理规范》（NB/T 51043—2015）、《煤炭建设工程资料管理标准》（NB/T 51051—2016）、《煤炭工业企业档案分类规则》（NB/T 51065—2016）、《煤炭建设工程检测管理规范》（NB/T 51066—2017）等；正在参与编写《煤炭建设工程资料归档与档案管理规范》《煤炭地质工程监理实务》《煤矿井巷工程质量评价标准》实施细则（教程）教材等。被聘为陕西能源技术学院能源工程系"校企合作与专业建设指导委员会"专家、中国煤炭工业协会档案分会专家委员会委员、中国施工企业管理协会质量（国优工程）专家、陕西省发改委综合评标评审专家库专家、陕西省档案局工程建设档案专家库专家。

企业介绍：

中煤陕西中安项目管理有限责任公司于1988年以陕西中安设计工程公司注册成立，全国首批十家监理试点单位，现隶属中煤能源集团下属中煤西安设计工程公司，法定代表人/总经理陈彤，技术负责人/总工程师赵雄。三十年来公司先后经历了四次组织机构的演变，一直是具有独立法人资格的国有全资公司，目前拥有住房和城乡建设部颁发的矿山工程甲级、房屋建筑甲级、市政公用工程甲级、机电安装工程甲级资质，交通运输部颁发的公路工程监理资质，陕西省住房建设厅颁发的招标代理和人防工程乙级资质。

公司先后于2006年、2010年、2012年、2014年四次获中国建设监理协会"先进工程监理企业"最高荣誉，历次获国家煤炭行业、陕西省、西安市优秀监理企业表彰，张百祥同志荣获"中国工程监理大师"称号。企业近年监理的项目鲁班奖三项，其他有代表性的国家、行业、省及市优质工程奖60余项，完成实用型科研项目10余项，省部级以上鉴定科研成果6项，主编和参编的标准规范10余部，集成国内最新的施工工艺和工法，编制六十余部大型、特大型矿井施工组织设计文件。

公司现有500余人从业，国家级各类注册工程师80余人，省部级监理工程师200余人，涉及采煤、矿建、工民建、测量、岩土工程、选煤、机制、总图运输、强弱电、给排水、暖通、公路、铁路、桥梁、项目管理、试验检测、造价等各类专业，满足资质范围内的工程监理资格条件。拥有一个 10 台套全站仪的监理测量组和一个能独立完成现场常规性试验的中心实验室，为现场监理服务提供有效的硬件设备保障，各监理现场的办公、测量、试验检测硬件设施满足需求，信息化管理平台已经建成投用，提高了对现场监理部工作开展的有效监控和指导。

企业地址：陕西省西安市雁塔路北段 64 号

企业 E-mail：shanxizhongan@ 126. com

2. 西安煤炭建设监理中心

企业负责人介绍：

吴成法，男，高级工程师，国家注册监理工程师。1984—1999 年曾在澄合矿务局基建处负责澄合矿务局基本建设管理工作；西安煤炭建设监理中心负责黄陵一号井建设工程监理工作，任专业监理工程师；西安煤炭建设监理中心负责玉华矿井建设工程监理工作；西安煤炭建设监理中心负责咸阳燕家河矿井建设工程监理工作，任总监理代表；1999 年曾任中心副主任，负责中心工程管理工作及担任项目总监；2016 年 8 月至

今，全面负责西安煤炭建设监理中心工作，主任，中心法定代表人。2012 年 11 月，"立井临时箕斗和罐笼混合提升系统的研究与应用"获安徽省科学技术奖三等奖；2011—2012 年，监理的张家峁煤矿和柠条塔煤矿食堂、文体活动中心工程获行业优质工程奖；2013—2014 年，监理的禾草沟煤炭资源整合矿井项目、禾草沟煤炭资源整合选煤厂项目获行业优质工程奖，禾草沟煤炭资源整合矿井项目、禾草沟煤炭资源整合选煤厂项目获"太阳杯"奖；2015—2016 年，监理的神木柠条塔矿业有限公司柠条塔矿井工程获行业优质工程奖，柠条塔矿井工程获"太阳杯"奖；2016 年 8 月任中心主任以来，中心共获得煤炭行业优质工程奖 21 个，"太阳杯"奖 15 个。2016—2017 年，监理的红柳林矿井工程项目获"鲁班奖"。

杜玮，男，高级工程师。国家注册监理工程师、国家注册一级建造师。现任西安煤炭建设监理中心总工程师。

企业介绍：

西安煤炭建设监理中心成立于 1991 年 3 月，是承担工程监理和咨询的专业机构。1994 年经建设部核定为全国首批甲级监理单位，1995 年经国家计委核定为甲级咨询单位。2009 年经建设部核定，取得房屋建筑甲级和矿山工程甲级监理资质。监理工程范围包括：矿山、公路、铁路、地质勘查、工业与民用建筑、电力工

程、环保工程、水利、水保工程、市政及公共配套设施、设备安装等。中心现有员工618人，其中具有高级技术职称65人，中级技术职称325人，国家注册监理工程师38人，国家一级建造师3人，国家注册造价师5人，国家注册安全工程师3人，煤炭行业注册监理工程师398人，交通部注册监理工程师13人，陕西省注册监理工程师138人。中心试验检测设备精良，手段齐全，配备有全站仪等各种测量、检测设备和工器具，完全能满足各种建设工程监理工作需要。中心各部门和各项目监理部工作均实行计算机辅助自动化，已通过GB/T 19001—2008（ISO 9001：2008）质量管理体系认证，GB/T 24001—2004（ISO 14001：2004）环境管理体系认证，GB/T 28001—2011职业健康安全管理体系认证。

截至2017年底监理中心已累计完成各类建设项目监理工程1920多个，监理工程总投资约4980亿元，主要项目有黄陵一号煤矿、红柳林煤矿、小纪汗井田地质勘探项目等矿山工程，西安咸阳国际机场二期改扩建工程和西汉高速公路等交通工程、西安西郊热电厂和大明宫遗址公园等市政工程，西安交通大学教学楼、图书馆、大会堂、宿舍楼及配套设施，西安电子科技大学新区A、B、C栋教学楼等工程，紫薇花园、雅荷花园、金泰假日花城等大型住宅小区工程。近年来中心所监理的工程合格率100%。有2项"鲁班奖"，1项"国家优质工程奖"，5项"长安杯"工程奖，5项国家级文明建设工地，37项省部级优质工程和安全文明建设工地。中心3次被评为全国先进监理单位，7次荣获煤炭行业先进监理单位，6次获陕西省先进监理单位，多次获得监理工程所在地市和建设单位的表彰奖励。自组建以来一直位居煤炭行业监理企业10强，全国监理企业百强，2011年荣获全国建筑企业联合会品牌50强。2010年被陕西省信用协会评为质量服务双满意单位。

企业地址：陕西省西安

企业网址：www.xamtjl.com

企业E-mail：mtjlzx@163.com

3. 陕西建安工程监理有限公司

企业负责人介绍：

刘继岗，男，水暖与通风专业，高级工程师。先后在蒲白矿务局建筑安装工程处、东莞中惠集团、西安裕华建设集团有限公司、陕西省煤炭物资供应公司担任技术负责人、部长及副总经理职务，2013年3月调至陕西建安工程监理有限公司任职，担任副总经理、总经理。任职后，重新修订了"总监理工程师管理办法"；成功申办了人防工程建设丙级资质；申请并获得"军工涉密业务咨询服务安全保密条件备案证书"；申请并获得企业信用资质认定证书；完成了三体系认证工作；制定了"外部市场开发管理办法"，有力促进了企业转型；对所有项目部安装考勤系统，加强了项目部管理，提高了项目部人员的出勤率；高度重视所监理项目的质量安全工作，成立督导检查组，经常深入施工现场进行检查，确保业主、施工单位与公司的沟通渠道畅通，确保所监理项目无安全事故发生。

袁田发，男，高级工程师，注册监理工程师，2012 年被评为煤炭行业优秀总监。1999 年开始从事监理工作，现任公司技术负责人。曾担任陕北矿区总负责人，张家峁矿井及选煤厂工程、柠条塔矿井工程、红柳林煤矿、安山煤矿、神南服务区、长安大学工程等多个项目总监，所监理的项目多项获煤炭行业"太阳杯"奖。

企业介绍：

陕西建安工程监理有限公司隶属陕西煤业化工集团有限责任公司，成立于 2002 年 3 月，注册资金 500 万元。经营范围包括房屋建筑、冶炼、矿山、化工、石油、水利、电力、林业及生态，铁路、公路、港口及航道、通信、市政公用、机电安装工程监理，以及相关类别建设工程的项目管理、技术咨询等业务。

公司发展至今，拥有房屋建筑工程监理甲级资质、煤炭工程监理甲级资质、化工石油工程监理乙级资质、矿山工程监理乙级资质、电力工程监理乙级资质、市政工程监理乙级资质，同时还具备设备监理乙级资质、人防工程监理丙级资质、建设项目环境监理资质等资格。并通过 GB/T 19001 质量管理体系认证，GB/T 28001 职业健康安全管理体系和 GB/T 24001 环境管理体系认证。

2017 年 3 月，公司法人代表、总经理、技术负责人变更，法人代表、总经理为刘继岗，技术负责人为袁田发。

公司先后获得陕西省建设监理协会"2015 年先进工程监理企业"、中国煤炭建设协会"2016 年度煤炭行业先进监理企业"称号。陕西煤化张家峁矿井及选煤厂工程还荣获2012—2013 年度国家优质工程奖，渭北煤化公园区 180 万吨甲醇 70 万吨聚烯烃项目荣获2015 年度全国化学工业优质工程奖，国家矿山救援铜川基地综合办公楼、中队综合楼工程荣获陕西省建设工程长安杯奖，桑树坪单身公寓 1 号楼工程等 17 项工程被评为煤炭行业"太阳杯"。同时神南矿区监理部 2012 年还被授予"双十佳"监理部。公司所监理的工程质量合格为 100%，无重大质量安全责任事故。

企业地址：陕西省西安市和平路东十一道巷 6 号

企业 E-mail：674297406@ qq. com

4. 陕西煤田地质项目管理咨询有限公司

企业负责人介绍：

张健，男，煤田地质专业，高级工程师，国家注册监理工程师、国家注册安全工程师、注册水利监理工程师。曾在陕西省煤田地质局一九四队从事地质、水工环及灾害地质工作，在陕西省煤田地质局地质处从事地质、水工环及灾害地质技术管理工作。2009年3月任陕西省煤田地质局勘察研究院副院长、总工程师。2011年10月任陕西煤田地质监理事务所所长，2017年12月任陕西煤田地质项目管理咨询有限公司执行董事、总经理、支部书记。2008年5—6月积极参加汶川地震陕南灾区次生地质灾害排查工作，受到国土资源部表彰，先后获陕西省地质学会和中国科协"抗震救灾先进个人"荣誉称号。2010年4月16日赴青海玉树参加抗震救灾工作，担任陕西煤田地质局地震次生地质灾害排查队副领队、囊谦县地震次生地质灾害排查组组长，历时11天，圆满完成了地质灾害排查任务。

企业介绍：

陕西煤田地质项目管理咨询有限公司是陕西省煤田地质集团有限公司下属独立法人企业，1997年12月经原国家煤炭工业部批准成立，为煤炭工业部批准成立的全国首家地质勘查监理单位。1998年1月在陕西省工商行政管理局登记注册，注册资本金200万元整。

公司主要经营范围：煤田地质勘探、水文地质及工程地质、环境地质勘察、地球物理勘探、金属非金属矿床的勘探、页岩气和煤层气勘探、煤系及共伴生矿床勘探、液体矿产勘察、地热开发及干热岩的勘探等工程监理与技术咨询，测量工程、水利工程、房屋建筑工程、市政工程、矿山工程的监理与技术咨询，地质灾害治理工程的勘察、设计、评估、监理与技术咨询，工程建设招投标代理与技术咨询等。

公司具有国家质量管理体系和职业健康安全管理体系双认证证书，具有地质勘查工程监理甲级、地质灾害治理工程监理甲级、房屋建筑工程监理乙级、水利工程监理丙级，地质灾害治理工程的勘察、设计、危险性评估丙级等资质。

公司现有各类工程技术人员共计85人，其中煤田地质、水文地质、工程地质、环境地质、地球物理物探、工程测量、工民建、水利工程、矿山工程、工程造价等各类专业技术人员77人，高级职称48人，中级职称25人。公司具有住建部注册监理工程师21人，一级建造师2人，造价工程师3人，国家注册安全工程师1人，中国煤炭建设协会地质监理工程师35人，国土资源部地质灾害治理工程监理工程师25人，陕西省专业监理工程师15人。

公司自成立至今多次被中国煤炭建设协会评选为年度生产安全先进单位。公司参编了《煤炭建设工程监理管理办法和暂行规程》《煤炭地质工程监理管理办法》，正在参与《地质灾害治理工程监理规范》的编制工作。

企业地址：陕西省西安市碑林区太乙路建东街东段4号

企业网址：www. mtdzjl. com

企业E-mail：287360137@ qq. com

5. 陕西矿达矿产开发咨询有限责任公司

企业介绍：

陕西矿达矿产开发咨询有限责任公司成立于2006年3月23日；企业法人：白育勤，机械及设备管理高级工程师；公司总经理（技术负责人）：李智民，教授级高级工程师、研究员、国家级矿产资源储量评估师。

陕西矿达矿产开发咨询有限责任公司主要业务是矿产资源勘查、开发的组织监理及技术咨询；矿业权申请及变更代办，矿业权转让咨询服务、计算机制图等。

公司拥有一批资深的已退休的高级技术专家作顾问，和具有实干精神及丰富的地质勘查管理经验的工程技术人员。目前取得中国煤炭建设协会监理资质证书人员有 6 名。

公司成立以来，受地方政府或大型企业委托，通过预查已成功在陕西省的府谷古城、麻镇—黄甫、延安贯屯、宜（川）南至韩（城）北、甘肃张掖等地找到大型—特大型煤产地，累计查明新增煤炭资源量 109.71 亿吨。为陕西省矿业权设置方案，国家及省级勘查规划编制及资源开发利用提供了翔实可靠的基础资料。

企业主要业绩：受陕西省府谷县、神木县国土资源管理部门的委托，参与了两个县域内煤炭资源整合管理及 70 个整合区补充勘探的监理工作，总结和积累了商业性勘查的监理办法和保证勘查工程质量提高的管理经验。受省国土资源管理部门的委托，参与了涵盖陕西省 7 个主要产煤市县煤矿区矿业权设置方案编制。编制了《榆林市岩盐矿产勘查开发规划》和《榆林市矿情通报（2011）》。受建设单位委托，完成了 21 份建设项目压覆矿产资源评估报告。受矿业权人及地方人民政府委托在内蒙古自治区、陕西省、甘肃省境内共提交了勘察设计及咨询意见书 12 份。普查、预查及找煤报告 11 份，核实报告 8 份，勘查技术管理及监理报告 12 份。涉及矿种为煤、岩盐、泥炭。完成山西、陕西、甘肃等地矿业权评估报告 37 份。

煤田地质勘探监理项目：《陕西省陕北石炭二叠纪煤田府谷县古城勘查区普查-详查》勘查单位陕西省地质矿产勘查开发局西安地质矿产勘查开发院；《陕西省宜南韩北石炭-二叠纪煤炭资源勘探》勘查单位中国地质调查局西安地质调查中心；《延安市贯屯煤矿扩大区勘探》勘查单位陕西省煤田地质局 194 队；《老爷岭勘查区煤炭资源勘查工程技术监督管理》勘查单位中煤科工集团西安研究院；《甘肃省花草滩煤矿补充勘探及扩大区勘探》勘查单位陕西省煤田地质局 194 队；《甘肃省山（丹）东永（昌）西资源勘查工程》勘查单位陕西省煤田地质局 186 队；《麟游东部勘查区煤炭资源勘查工程技术监督管理》勘查单位中煤科工集团西安研究院；《韩城市龙亭勘查区煤炭资源详查监理》勘查单位中国煤炭地质总局航测遥感局。

二十一、甘肃

1. 兰州煤矿设计研究院

企业负责人介绍：

王海涛，男，采矿工程专业，正高级工程师，国家注册采矿工程师、国家注册监理工程师。曾任兰州煤矿设计研究院采矿室副主任；兰州煤矿设计研究院工业所所长；兰州煤矿设计研究院矿井所所长；兰州煤矿设计研究院总工程师；兰州煤矿设计研究院院长、党委副书记。在工作中取得的成绩：甘肃省华亭矿区总体规划（2060 万吨/年），获得全国优秀工程咨询成果三

等奖，本人排名第一；甘肃省华亭矿区总体规划（2060万吨/年），获得省优秀工程咨询一等奖，项目负责人；窑街煤电公司海石湾矿井（150万吨/年），部优秀设计三等奖，项目负责人；红沙岗二号井可研报告（150万吨/年），省优秀咨询一等奖；宁夏宝丰集团四股泉一号井可研报告（120万吨/年），省优秀咨询一等奖，项目负责人；华煤集团山寨矿井改扩建可研报告（120万吨/年），省优秀咨询二等奖，项目负责人；红沙岗一号井可研报告（240万吨/年），省优秀咨询三等奖，项目负责人；靖远矿务局红会煤矿一号井（120万吨/年），省优秀设计一等奖，主要设计人。甘肃省煤炭工业优秀科技工作者；甘肃省煤炭工业优秀技术创新人才；2002年至今，获省煤炭一、二、三等奖若干项。主持编制了多部矿区总体规划、矿业权设置方案、陇东地区煤炭开发规划、青海省煤炭工业发展"十一五"规划、低热值电厂燃料论证报告、矿井开发利用方案、可行性研究报告、初步设计、安全专篇、社会稳定性分析专篇等，在全国及本省担任过多次评审、咨询专家。

王凯，男，采矿专业，高级工程师。全国注册监理工程师，全国注册咨询工程师。2015年3月至今任兰州煤矿设计研究院总工程师。参加项目情况：青海木里煤业有限公司聚乎更矿区二井田煤矿可行性研究报告（120万吨/年）；青海江仓能源发展有限责任公司娘姆特矿井可行性研究报告（120万吨/年）；青海江仓能源发展有限责任公司木里煤田江仓三井田（可可赛煤矿）（120万吨/年）；甘肃省平山湖矿区总体规划（240万吨/年）；甘肃省平山湖矿区一号井可行性研究报告（240万吨/年）。获奖情况：主持编制的《青海省木里煤业开发集团有限公司木里煤田江仓二号井田可行性研究报告》，荣获2014年度全国优秀工程咨询成果三等奖；参加编制的《甘肃平凉五举煤矿矿井及选煤厂可行性研究报告》，荣获2013年度煤炭行业（部级）优秀工程咨询成果二等奖；参加设计的《太西煤集团民勤实业公司红沙岗一号井》项目被评为甘肃省2016年度优秀工程勘察设计三等奖。2005年在《煤炭工程》杂志发表论文《浅谈界牌山隧道的设计》。

企业介绍：

20世纪60年代末，国家为加快甘肃煤炭工业的步伐，分别从沈阳、西安、北京煤矿设计院成建抽调专业人员，加上原省建院煤炭设计室，于1969年11月11日成立兰州煤矿设计院，后更名为兰州煤矿设计研究院。2004年由事业单位改制为国有独资企业。2004年1月通过ISO 9000质量体系认证，2013年8月通过GB/T 24001—2004环境管理体系和GB/T 28001—2011职业健康安全管理体系认证，至今保持认证。隶属甘肃省煤炭资源投资开发有限责任公司管理。

经营范围：工程勘察设计及工程管理服务（凭资质证经营），建设工程检测（凭资质证经营），房屋建筑工程监理（甲级），矿山工程监理（甲级），相应类别建设工程的项目管理和技术咨询（凭资质证经营），规划管理及测绘服务（凭资质证经营），科技信息及文献服务，科技咨询服务，建设工程总承包，机械电器设备设备销售，地质灾害治理。

兰州煤矿设计研究院可承担国内煤炭行业的工程勘察设计任务，可面向社会承担民用建筑、城镇规划、公路、给排水、供热、机械制造、通信工程、配套辅助企业的工程勘察设计任务，可承担技术咨询和科研、工程总承包、工程建设监理、岩土工程、经济评价及工程造价咨询任务。先后完成了靖远矿区、华亭矿区、青海木里矿区、红沙岗矿区、宁正矿区、甘肃鄂尔多斯盆地能源开发为代表的矿区、区域总体规划设计；承担了甘肃省的第一对年产300万吨的现代化矿井，甘肃红沙岗一、二号井，窑街煤电公司天祝三号矿井，青海鱼卡、柴达尔矿井、江仓矿井，宁夏马莲台矿井、四股泉一、二号井，新疆136团矿井，内蒙古白灵矿井、鄂尔多斯文玉、杨关、刘家渠矿井等几十对大中型矿井的设计。并承担和完成了索马里、苏丹等国的援交工程，设计了嘉峪关长城宾馆、兰州军区昌运大厦、广西钦州大厦、临洮县委县政府办公楼、甘肃政法学院教学楼、甘肃省体育局全民健身综合馆等高层建筑设计。获省级以上优秀工程勘察设计奖42项，省级以上优秀工程咨询成果奖18项，国家优秀工程咨询成果奖1项，国家优秀工程设计银质奖1项，计算机汉字系统软件获国家铜质奖1项。

监理分院：1995年，研究院取得矿山和房屋建筑工程甲级监理、人防工程丙级资质。监理分院以兰州煤矿设计研究院为依托，从兰州煤矿设计研究院抽调精兵强将组建而成。监理分院的监理人员都具有丰富的设计及现场施工经验，经监理分院二十余年的监理工作实践，目前已具备了承揽各类大中型工程的监理能力。监理分院自成立以来，完成各类工程监理项目400余项。完成的矿山和房屋建筑监理项目主要代表项目有：核桃峪矿井主斜井、副立井、回风井及措施井井筒掘砌工程，投资32909万元，生产能力800万吨/年；甘肃中牧山丹马场总场煤矿改扩建工程，投资3.0亿元，生产能力45万吨/年；甘肃电投武威职工生活基地暨武威"陇能家园"1号地块一期、二期工程建设项目，总建筑面积24万平方米，投资约8亿元。

监理工程项目获奖主要有：2017年，敦煌大剧院项目获"鲁班奖"；省委党校住宅楼工程获省级优质工程奖；会宁县嘉禾商务大厦1号楼工程获"飞天奖"；金昌人民政府行政中心和金昌市金川区综合档案馆、文化馆、图书馆工程获省级文明工地，市级标准化工地。

全院现有专职监理人员70人，其中中级人员22名。有注册监理工程师26名，注册造价师5人，一级建造师2名。

企业地址：甘肃省兰州市天水南路461号

企业网址：www.lzmksjy.com

企业E-mail：lzmksjy@163.com

2. 窑街煤电集团甘肃工程设计（咨询）有限责任公司

企业负责人介绍：

党廷俊，男，采矿工程专业，高级工程师。曾任窑街煤电集团公司科研设计院矿建设计室主任、科研设计院副院长、总工程师、高级工程师。2015年1月至今，任窑街煤电集团甘肃工程设计（咨询）有限责任公司副经理、总工程师，今窑街煤电集团公司技术中心副主任。作为总监负责的监理项目：天祝三号井改扩建工程项目（150万吨/年）管理及监理，山丹长山子矿

井工程项目（60万吨/年）管理及监理，海石湾矿井通风运输提升系统井筒工程项目（150万吨/年）管理及监理等。该同志撰写的《急斜特厚煤层综放开采方法应用实践》一文，在2002年新时期全国优秀学术成果评选活动中，荣获全国优秀学术成果一等奖。2006年撰写的《窑街矿区矿井开拓系统设计优化》获甘肃煤矿安全监察局科技进步二等奖。2008年撰写的《金河一号井提升运输系统优化研究》分别获甘肃省煤炭和中国煤炭工业协会科学技术二等奖和三等奖。2009年撰写的《海矿通风运输大倾角皮带运输应用》获集团公司科技进步二等奖。2013年参与完成的"大断面井巷穿越极不稳定地层围岩控制关键技术研究""复杂地质条件下矿井整合技术研究与实践"及"井口空气加热新技术应用"成果，分别荣获窑街煤电集团公司科技成果一、二、三等奖。2015年主持完成的"金河一号井通风系统优化研究"成果，荣获窑街煤电集团有限公司科技成果优秀奖。2015年主持完成的"矿井四大设备选型软禁在设计中的应用"获窑街煤电集团有限公司科技成果优秀奖。2007年8月，被甘肃省煤炭安全生产监督管理局授予"2006年度甘肃省煤炭工业优秀科技工作者"，2010年、2012年被评为集团公司"十佳技术带头人"，2013年被聘任为窑街煤电集团公司专家委员会成员。

袁崇亮，男，煤田地质勘查专业，高级工程师、总监理工程师。曾任天祝煤矿生产科科长、总工程师、安监处长，海石湾煤矿副矿长、总工程师；2010年6月至今，窑街煤电集团公司代总工程师、技术中心主任，窑街煤电集团甘肃工程设计（咨询）有限责任公司总经理、法人代表人。"突出矿井、油煤伴生综放面防灭火技术研究"获中国煤炭工业科学技术三等奖；"油煤伴生煤层 CO、C_2H_4 赋存特征及防灭火判别指标研究"获中国煤炭工业科学技术三等奖；"综采面上隅瓦斯治理技术研究"获甘肃省安全生产科学技术进步一等奖；2011年"窑街矿区 CO_2 赋存机理与区域性防突关键技术研究"获中国煤炭工业科学技术一等奖；2012年"大断面井巷穿越极不稳定地层围岩控制关键技术研究"获甘肃省科学技术进步二等奖。

企业介绍：

窑街煤电集团甘肃工程设计（咨询）有限责任公司是窑街煤电集团有限公司所属的全资子公司，成立于2005年10月，公司注册资本300万元。公司主要从事煤炭行业矿井主导设计、工业与民用建筑设计、道路工程建设规划、煤矿安全预评价及专项安全评价、技术咨询等工作。设有采矿、机电、工业与民用建筑、暖通、概预算、技术经济等专业。公司现持有煤炭行业（矿井）乙级和建筑丙级设计资质、工程咨询煤炭乙级和建筑丙级资质、工程监理煤炭乙级资质、市政公用工程监理丙级资质、煤矿生产能力核定资质、清洁生产审核咨询服务资质、建设项目环境监理资质，并通过了 ISO 9001：2015 质量管理体系认证。主要服务于集团公司内部的矿井、工业与民用建筑设计及工程监理工作。公司工程设计实现了自动化，计算机出图率达到100%。

公司与窑街煤电集团公司科研设计实行"两块牌子一套班子"运行，下设采矿工程所、建筑工程所、技术经济室、科研管理室、综合办公室、工程监理部。现有在册员工46

人，其中工程技术和管理人员 44 人，高级职称 15 人，中级职称 25 人，初级技术职称 4 人。目前公司拥有国家注册二级建筑师 2 人，一级结构师 1 人，二级结构师 1 人，注册安全工程师 3 人，注册监理工程师 5 人、注册咨询工程师 7 人。

截至 2017 年底，公司拥有各类仪器仪表及设备 60 多台套，建有 2 个 CAD 工作站，并与互联网相连，技术装备较为齐全。

企业地址：甘肃省兰州市红古区平安路 418 号科研设计院

企业 E-mail：1308757455@ qq. com

3. 兰州中诚信工程安全咨询有限责任公司

企业介绍：

兰州中诚信工程安全咨询有限责任公司成立于 2003 年，注册资金 1000 万元，固定资产 3000 余万元。公司是西北地区一家专门从事安全评价、安全标准化、工程咨询、工程设计、工程施工、工程监理、煤矿生产能力核定、职业病危害评价及检测、环境监测及安全技术咨询为一体的综合性工程安全技术服务机构，也是中国安全生产协会安全评价工作委员会委员单位。

公司现有自有产权办公用房 2500 平方米，正式聘用员工 98 人。其中：高级职称 17 人（教授级高工 1 人），中级职称 32 人，具有国家安全评价师职业资格人员 48 人，国家注册安全工程师 33 人，国家注册采矿工程师 4 人，注册一级结构师 2 人，注册二级建筑师 2 人，国家注册监理工程师 6 人，煤炭行业监理工程师 28 人，同时具有国家培训的环境监理人员 22 人，国家注册建造师 9 人，国家职业卫生技术服务机构专业技术人员培训合格证书人员 25 人，安全生产标准化评审人员（国家安全生产协会培训 4 人，国家危险化学品登记中心培训 3 人，省安监局培训合格证 8 人）15 人，国家清洁生产审核师 8 人，甘肃省安全生产专家 8 人，甘肃煤监局安全生产专家 3 人，兰州市及其他地（州）市安全生产专家 10 人。

公司下设综合办公室、安全评价部、设计咨询部、工程监理部、市场拓展部、质量监督部六个职能部室。另有一个全资子公司（兰州中诚信监测科技有限公司）、一个控股子公司（甘肃天佑职业卫生技术服务有限公司）、一个安全科技研发中心及一个涵盖职业卫生、环境、安全设备检测等内容的综合性实验室。

全资子公司——兰州中诚信监测科技有限公司现有员工 15 人，其中高级职称 5 人，拥有各类实验室检测设备 80 余台（套）。

控股子公司——甘肃天佑职业卫生技术服务有限公司现有员工 33 人，其中高级职称 6 人，具有国家职业卫生技术服务机构专业技术人员培训合格证书人员 25 人。拥有各类实验室检测设备 50 余台（套），配备各种采样设备 40 台（件）及各种现场检测设备 22 台（件）。

自公司成立以来，充分发挥公司科技人员在各类矿山、尾矿库、金属冶炼、化工等行业工程设计及灾害预防方面的技术特长，先后在甘肃、青海、新疆、宁夏、陕西、山西、河北、西藏等省（区）开展工程设计、安全评价及技术咨询工作。截至 2017 年 12 月底，共完成煤炭、金属非金属矿山、金属冶炼及尾矿库、化工建设项目等各类资质涵盖范围内的安全评价项目 1900 余项，标准化评审项目 360 余项，矿山工程设计、安全设施设计及咨询等项目 1300 余项，职业病危害因素评价及检测项目 300 余项，建设项目工程监理 35 余项。

自 2011 年以来公司连续被评为省级守合同重信用企业。2013—2015 年连续三年在甘肃省安全生产监督管理局组织的全省安全评价机构考核中荣获第一名。

企业地址：甘肃省兰州市城关区东岗西路 638 号　财富中心 10AF

企业网址：www. lzzcx. com

企业 E-mail：2361168201@ qq. com

二十二、宁夏

宁夏灵州工程监理咨询有限公司

企业负责人介绍：

孙建国，男，城镇建设专业，高级工程师。1990 年 7 月参加工作，先后在宁煤基建公司、宁夏煤炭厅基本建设处、太阳神大酒店等单位工作，现任神华宁夏煤业集团宁夏灵州工程监理咨询有限公司经理。自 2008 年从事现岗位工作以来，相继分管设计、监理、施工、项目管理及工程总承包、质量监督及环境保护等业务，组织、参与、建设、实施项目管理 69 项、工程监理 100 余项，工程总投资约 70 亿元。其中：设备维修中心、太西选煤厂快速装车系统、石槽村煤矿选煤厂干煤流系统、金凤煤矿选煤厂 4 个项目荣获中国煤炭行业工程质量"太阳杯"奖、优质工程奖。

俱宪军，男，工民建专业。1991 年 7 月—1996 年 12 月，原宁夏灵武矿务局基建处任技术员、工程师、项目负责人，1996 年 12 月调至宁夏灵州工程监理咨询有限公司；1996 年 12 月—2008 年 11 月，在宁夏灵州工程监理咨询有限公司任监理工程师、总监理工程师、公司技术部副主任、主任、土建副总工程师；2008 年 11 月至

今，任宁夏灵州工程监理咨询有限公司副经理、技术负责人、党总支委员。监理岗位工作期间，担任原灵武矿务局矿区一期公路、中心区公用工程、矿区总器材库等项目专业监理工程师；宁夏煤炭地质局石嘴山新时代广场、联通公司石嘴山综合楼、内蒙古乌素图钠厂项目总监代表、总监；宁夏体育场环境改造与整治工程总监理工程师；2004 年 1 月—2006 年 12 月，任宁夏煤业集团公司枣泉煤矿（600 万吨/年）总监理工程师；2006 年 9 月—2008 年 11 月，任宁夏煤业集团公司清水营煤矿（800 万吨/年）总监理工程师；2012 年 3 月—2015 年 12 月，任神华宁夏煤业集团 400 万吨/年煤制油项目总监理工程师。

企业介绍：

神宁煤业集团宁夏灵州工程监理咨询有限公司（简称灵州监理公司）是原宁夏煤炭基本建设监理咨询公司，成立于 1992 年 10 月，1995 年 6 月被原国家煤炭工业部批准为煤炭行业"甲"级监理单位，1999 年 10 月经国家建设部审核验收批准为国家"甲"级监理单位；2002 年 7 月经国家建设部审核验收批准为国家"四甲"级监理企业（房屋建筑工程监理甲级、矿山工程监理甲级、机电安装工程监理甲级、市政公用工程监理甲级）。同时拥有地质灾害乙级、设备监理乙级、化工石油乙级和人民防空丙级 4 项监理资质。2011 年 6 月通过了质量管理、环境管理、职业健康安全管理三标体系认证。

灵州监理公司业务范围涉及房建、市政、矿山、选煤厂、露天剥离、化工等领域，分布在宁夏、内蒙古、新疆、青海等地，已监理各类大型工业与民用工程 600 余项，工程造价总额超过 1000 亿元，拥有各类专业技术人员 280 余人，取得全国注册监理工程师 53 人，中高级职称 180 余人。已完成的项目有宁夏党委办公区、宁夏高速公路管理局、宁夏工人文化宫、宁夏体校迁建、宁夏警卫局、宁夏消防支队办公大楼、大世界商务广场、太阳神大酒店、中宁体育馆、银川美术馆、神华宁煤集团安全生产指挥中心、青海省第二长途电信枢纽楼、银星一井、银星二井、王洼矿、银洞沟矿、甲醇厂、二甲醚、烯烃、金山办公楼、煤制油办公区、金凤选煤厂等 200 余项房建、市政、矿井及选煤厂、煤制油及化工项目。目前正在实施的监理项目有：金家渠、枣泉、羊场湾、梅花井、清水营、石槽村、麦垛山、红柳、金凤等现代化大型矿井工程建设以及宁东能源化工基地的煤制油、煤化工副产品深加工、双烃、标定中心等大型化工项目的监理。同时还承担了 230 米高德丰大厦建设全过程、222 米高亘元万豪大厦精装修、国龙医院健康园、新百东门广场等地标性建筑项目的监理任务。

为了扩大市场占有额，增加营业收入，灵州监理公司全面实施"走出去"战略，2006 年 10 月中标青海西海煤电有限公司默勒三矿 30 万吨/年项目；2014 年 3 月，灵州监理公司在服务好集团公司基本建设的同时，将外拓市场的触角向神华集团基本建设项目延伸，同年 5 月中标了神新能源公司 1000 万吨/年红沙泉选煤厂项目，开拓了新疆监理市场；2017 年 6 月，承接了神华宝日希勒能源有限公司总投资 8400 万元的露天煤矿地面生产系统扩能改造项目，成功开拓了内蒙监理市场，形成了以集团公司内部市场为主，以国家能源投资集团市场、社会市场为重要补充的监理市场格局。

灵州监理公司先后多次被评为"共创 2008 年度鲁班奖工程监理企业"、中国建设协会"先进监理企业"、中国煤炭行业"先进监理企业"、宁夏回族自治区"先进监理企业"。2001—2017 年连续 16 年荣登中国煤炭建设监理企业 20 强之列，连续 10 年跻身中国煤炭建设监理企业营业收入 20 强。所监理的神宁集团 1000 万吨/年羊场湾煤矿工程赢得中国建筑行业最高荣誉——"鲁班奖"，并获得"新中国成立 60 周年 100 项经典暨精品工程"，金凤煤矿项目获得 2014—2015 年"国家优质工程奖"，2 项工程获得"全国化学工业优质工程奖"，15 项工程获得中国煤炭行业"太阳杯"优质工程奖，11 项工程获得宁夏回族自治区"西夏杯"优质工程奖，40 余项工程被评为自治区、银川市、吴忠市等"安全文明标准化工地"，QC 小组连续三年荣获"全国质量信得过班组"，监理项目部连续四届荣获中国煤炭行业"十佳监理项目部"。

公司是宁夏唯一一家被建设部批准的"四甲"监理企业（矿山工程、房屋建筑、机电安装、市政公用工程）。2005年5月通过了ISO 9001：2000质量体系认证，2011年6月通过了环境管理、职业健康安全管理体系认证。2008年2月15日经神华宁夏煤业集团公司党政联席会议研究决定（神宁人发〔2008〕69号）对现有的机构进行调整，成立宁夏能源工程公司，将集团公司下设的灵州监理公司等9个单位划归宁夏能源工程公司管理。

企业地址：宁夏银川市金凤区北京中路168号B座516

企业E-mail：lingzhoujl@163.com

二十三、新疆

1. 新疆天阳建筑工程监理有限责任公司

企业负责人介绍：

吾买尔·伊不拉音，男，高级工程师，国家注册理工程师、国家一级建造工程师。曾担任企业房屋建筑工程副总工程师，房屋建筑工程及矿山工程项目总监理工程师，2017年6月起任新疆天阳建筑工程监理有限责任公司经理。

秦路，男，高级工程师，国家注册监理工程师、国家一级建造工程师、国家注册安全工程师。2017年6月担任公司副经理、技术负责人职务。

企业介绍：

新疆天阳建筑工程监理有限责任公司注册资本金300万元，企业资质等级为房屋建筑工程监理甲级、矿山工程监理甲级、市政公用工程监理乙级、机电安装工程监理乙级、电力工程监理暂定丙级资质；2014年8月取得电力工程监理乙级资质证书。另外，公司还通过了中国煤炭建设协会组织的工程监理与项目管理能

力评价，并取得相应的证书，其工作内容包括地球物理勘查、地质钻探工程，煤田、煤矿火灾灭火工程等监理与项目管理证书；同时拥有新疆人防办颁发的人防工程监理丙级资质证书。

公司于2004年5月11日首次取得质量管理体系认证，2009年9月17日首次取得环境管理体系认证、职业健康安全管理体系认证。2015年9月10日，取得以上三体系的更版认证。

公司现有工程技术人员53人，其中高级技术职称18人，中级技术职称16人，初级技术职称7人。住建部注册监理工程师27人，煤炭行业注册监理工程师26人，国家一级注册结构工程师1人，注册造价工程师2人。具备矿建/采矿、建筑、结构、工艺、电气、暖通、给排水、工程经济、煤田地质钻探、火区灭火、测量等专业监理工程师。工程技术人员在二十余年的监理实践中积累了丰富的施工监理经验和完整的技术档案资料。监理公

司先后承担了公共建筑、矿山、工业厂房、市政、电力工程、集中供热工程、设备安装、煤田地质钻探、煤田灭火工程的监理。

监理分支机构：2013 年 6 月，成立新疆天阳建筑工程监理有限责任公司和田分公司，负责人艾合麦提江·艾尔肯，注册地址新疆和田地区和田市古江巴格乡塔木巴格村 823 号，技术人员 15 人，其中房屋建筑专业 13 人，市政公用专业 1 人，机电设备专业 1 人，服务范围包括房屋建筑工程监理、市政公用工程监理、电力工程。2013—2016 年共计签订监理合同 116 项（其中房屋建筑工程 105 项，市政公用工程 8 项、电力工程 3 项）。2014 年 8 月，成立新疆天阳建筑工程监理有限责任公司阿勒泰分公司；负责人邵长德；注册地址新疆阿勒泰地区阿勒泰市文化路 2 区 51 栋 4-301；技术人员 5 人，其中房屋建筑专业 4 人，市政公用专业 1 人；服务范围包括房屋建筑工程监理、市政公用工程监理。2016—2017 年签订监理合同 6 项（其中房屋建筑工程 2 项、市政公用工程 4 项）。2016 年 5 月，成立新疆天阳建筑工程监理有限责任公司伊犁分公司；负责人代龙；注册地址新疆伊犁州伊宁市经济合作区青海路 590 号佳源·新天地住宅小区 17 号楼 3 层 313-318 号商铺；技术人员 9 人，其中房屋建筑专业 6 人，市政公用专业 2 人、机电设备 1 人；服务范围包括房屋建筑工程监理。2017 年签订监理合同 2 项（房屋建筑工程 2 项）。2017 年 4 月，成立新疆天阳建筑工程监理有限责任公司福海县分公司；负责人徐宜田；注册地址新疆阿勒泰地区福海县西城区福锦南路东 5-202 室；技术人员 7 人，其中房屋建筑专业 6 人，市政公用专业 1 人；服务范围包括房屋建筑工程监理、市政公用工程监理。2016—2017 年签订监理合同 9 项（其中房屋建筑工程 3 项，市政公用工程 6 项）。2017 年 8 月，成立新疆天阳建筑工程监理有限责任公司阿克苏分公司；负责人赵博；注册地址新疆阿克苏地区阿克苏市英巴扎区团结西路新疆四方建筑设计院有限公司 1 栋；技术人员 7 人，其中房屋建筑专业 6 人，市政公用专业 1 人；服务范围包括房屋建筑工程监理、市政公用工程监理。目前正在开展前期工作。

监理公司自成立以来，相继承接了沙湾石河子南山火区、和布克赛尔和什托洛盖等重点火区，乌恰康苏火区、且末红柳沟火区、轮台卫东沟火区等一般工程。2009—2017 年累计实施各类工程施工监理合同 295 项，合同总额累计为 13856.51 万元，其中矿山工程监理项目 185 项、房屋建筑工程监理项目 71 项，地质钻探工程监理项目 24 项，市政公用工程监理项目 8 项，电力工程监理项目 5 项，安装工程监理项目 1 项，人防工程监理项目 1 项。所监理的项目 80% 以上工程评为优良。监理公司业务以煤炭工业建设为主，同时逐步延伸到房屋建筑工程、市政公用工程、电力安装工程、工业厂房工程、人防工程、地质勘查、煤田灭火工程监理。

企业地址：新疆乌鲁木齐市沙区友好南路 417 号天章大厦 2407 室

企业网址：www.xjwpky.com

企业 E-mail：2925857948@qq.com

2. 新疆金禾中能煤田灭火工程有限公司

企业介绍：

新疆金禾中能煤田灭火工程有限公司属于自然人投资控股，位于新疆乌鲁木齐市沙依巴克区，成立于 2015 年 10 月 27 日，注册资金 1000 万元。公司主要承接煤田灭火监理，煤炭监理资质为乙级，能力评价等级为乙级。承接工程业务范围：水环境地质调查；地质灾害治理工程勘察、瓦斯抽排工程、灭火工程施工以上工程的监理及技术咨询服务，荒山绿化，矿工工程施工；销售：矿产品，机械设备（不含二手汽车），消防设备。新疆金禾中能煤田灭火工程有限公司的前身是新疆伟平矿业有限公司，其成立于2003年，主营煤田灭火工程建设监理及工程技术咨询服务。

公司现有职工50余名，专业配套齐全，公司拥有矿山施工技术、建筑经济、给排水、设备安装、建筑电气等专业技术人员，形成了较为完整配套的工程监理体系。并常年进行煤田灭火工程监理员、监理工程师的培训。

公司自成立以来，相继承接了沙湾石河子南山火区、和布克赛尔和什托洛盖等重点火区，乌恰康苏火区、且末红柳沟火区、轮台卫东沟火区等一般工程。

企业地址：新疆乌鲁木齐市沙区友好南路417号天章大厦2407室

企业网址：www.xjwpky.com

企业 E-mail：2925857948@qq.com

第四章 煤炭工程监理人物

煤炭行业工程监理事业发展到今天，与关心、支持和从事建设监理工作的每一位同志是密不可分的，是大家聪明才智和辛勤劳动的结果，为此，简要介绍煤炭工程监理典型人物及业绩，激励新一代的监理人在未来的工作岗位上发挥更大的作用。

一、煤炭行业监理与项目管理企业荣获国家级奖的个人

1. 全国监理大师、香港注册测量师人物介绍

（1）秦佳之——煤炭工业济南设计研究院有限公司

秦佳之，男，工程技术应用研究员，中国工程监理大师，注册监理工程师，香港建筑测量师，中国煤炭建设协会特邀副理事长，中国建设监理协会理事，现任煤炭工业济南设计研究院有限公司总经理、党委副书记。1986年毕业于河北煤炭建筑工程学院，毕业至今一直在煤炭工业济南设计研究院从事设计、工程监理、项目管理、工程总承包工作，先后担任监理公司总经理、承包公司副总经理、济南院院长助理、总经理助理、副总工程师、副总经理、总经理。

作为全国煤炭行业监理与项目管理专业带头人，三十年来，先后担任煤矿、电厂、煤码头、造纸厂大型工业建设的总监理工程师、项目经理，积累了丰富的监理与项目管理理论和实践经验；先后荣获全国煤炭行业优秀总监理工程师、全国优秀总监理工程师、山东省建设监理创新发展二十周年优秀总监理工程师。2003年，主持撰写《煤炭行业工程建设监理自律管理试行办法》《煤炭地质工程勘查监理工作导则》。他还主编《煤炭工程监理与项目管理规程》，曾任《全国注册监理工程师——矿山工程继续教育教材》副主编，参编《矿山监理相关知识与实务》《煤炭行业监理工作范例》等，公开发表论文多篇。秦佳之是全国煤炭行业监理与项目管理委员会评审专家、2007年主持国家发改委、住建部编制的（矿山部分）工程监理与相关服务取费标准的制定；2008年荣获煤炭行业工程建设监理特殊贡献奖；2010年被中国煤炭建设协会评为煤炭行业十名项目管理专家第一名；全国煤炭建设监理与项目管理教育培训专家。

在大型和特大型现代化矿井工程监理中，先后担任淄博矿业集团亭南煤矿、肥城矿业集团梁宝寺煤矿、神华包头矿业集团李家壕煤矿（300万吨/年）、新疆准东二号煤矿（1500万吨/年）一期工程总监理工程师，荣获煤炭行业"太阳杯"。主持制定的特大型现代化龙国矿井（600万吨/年）总监理规划获行业监理成果奖，工程荣获"鲁班奖"。作为肥城矿业集团第一个矸石热电厂——国家庄煤矿矸石热电厂的总监理工程师；作为山东内河最大的煤码头工程——山东济宁泗河口煤码头工程（500万吨/年）总监理工程师；作为年产135万吨、投资500亿，占地2万亩，世界最大造纸厂江苏金东纸业建厂土建工程副总监理工程师；亚洲最大的造纸工程的广西金桂纸浆厂一期土建工程总监理工程师。

（2）张百祥——中煤西安设计工程公司

张百祥，男，教授级高级工程师。1978年7月毕业于阜新煤矿学院地下采煤专业，历任中煤西安设计工程公司（原煤炭工业西安设计研究院）副处长、处长、中安监理公司总经理、公司副总工程师。由于其丰富的工程监理知识和经验，被聘为国家发改委重大项目稽查办公室"工程质量专家"。2008年被授予"中国工程监理大师"称号。

主持完成了多项中煤能源集团公司科研项目，其中"大柳矿井立井井筒通过松软富含水层施工综合措施研究"经陕西省煤炭学会鉴定，达到"国内先进水平"；"含水软弱地层长斜井井筒综掘施工技术成果"荣获2011年度中国施工企业管理协会科学技术奖技术创新成果一等奖；"陕西省青岗坪矿井井筒通过强含水层施工方案咨询"经中国煤炭建设协会及中资协会煤炭专业委员会评为优秀工程咨询成果二等奖；"内蒙古察哈素土斜井井筒施工方案咨询报告"经中国煤炭建设协会及中资协会煤炭专业委员会评为优秀工程咨询成果三等奖。该同志在完成大量煤炭行业工程监理业务的同时，注重开拓非煤业务领域，成效显著，主持监理的"西安电子科技大学新校区图书馆项目"获得"中国建筑工程鲁班奖"。

作为编写人和主要编写人，编写出版了《煤炭工业建设工程监理与项目管理规范》《煤炭工业洗煤厂施工组织设计规范》《煤炭行业注册监理工程师继续教育培训教材》等十余本规范和手册，并发表多篇论文。

（3）汪平——中煤科工集团重庆设计研究院有限公司

汪平，男，高级工程师，香港注册建筑测量师，全国优秀监理工程师，工程监理咨询院院长；兼任重庆工贸职业技术学院客座教授，重庆市建设委员会、重庆市交通委员会、重庆市发展改革委员会评标专家库成员。参与设计的山西辛置选煤厂获煤炭部优秀设计二等奖、四川嘉阳煤矸石发电厂获四川省优秀设计二等奖、贵州二塘选煤厂获国家优秀设计铜奖；担任专业监理工程师的重庆黄花园大桥石黄隧道工程获重庆市市政工程金杯奖；担任总监理工程师的涪陵饭店工程获重庆市巴渝杯；担任总监理工程师的重庆市柿子构市场改造工程获重庆市优质结构工程奖。

（4）韩还高——山西诚正建设监理咨询公司

韩还高，男，煤炭建设工程评标专家，国家级监理工程师，香港建筑测量师，省国资委党委联系的高级专家。2003—2011年任山西辰诚建设工程勘察设计有限公司任副总工程师、山西诚正建设监理咨询公司总工程师、总监理工程师。曾监督管理建成兆丰公司二、三期年产10万吨的电解铝厂，3×135兆瓦的煤矸石综合利用电厂，阳泉煤业集团年产40万吨的氧化铝厂，年产12000米的奥伦胶带厂，年产100万吨水泥厂，年产600万吨煤炭的新元矿井，年产150万吨煤炭的温家庄矿井，年产90万吨的石港技改矿井，年产600万吨煤炭的寺家庄矿井，年产10万吨火碱15万吨聚氯乙烯项目，年产铷铁硼3000万吨铁氧体20000吨的京宇磁材项目等。

先后获科技进步和合理化建议奖共计22次，多次被评为先进工作者。1990年荣立阳泉市三等功，1991年被评为阳泉市先进工作者，1995年被授予优秀青年知识分子荣誉称号，1998年被评为阳泉煤业集团优秀共产党员，2005年被山西省监理协会评为"优秀总监理工程师"，2006年被评为国家监理协会"优秀监理工程师"。2001年入编由中科院院长卢嘉锡签写书名的《中国当代科技专家大典》一书。

（5）鲁长权——煤炭工业合肥设计研究院有限责任公司

鲁长权，男，教授级高级工程师，香港建筑测量师，房屋建筑一级建造师，市政公用一级建造师，注册监理工程师。煤炭工业合肥设计研究院有限责任公司副经理、安徽省建筑节能与科技协会副秘书长、安徽省建设监理协会副秘书长、合肥市绿色建筑与勘察设计协会副秘书长。中国建设监理协会专家委员会委员、安徽省建设监理协会专家委员会常务副主任、安徽省绿色建筑评

价标识专家委员会专家、安徽省建筑产业现代化专家委员会委员、合肥市建筑节能与绿色建筑专家、保温隔热专业委员会主任。一直从事建筑结构设计、工程监理，参与工程建设相关标准的编制及相关政策、法规的制定。多次获得过国家、安徽省及合肥市优秀总监理工程师、建筑节能先进个人等荣誉。主要业绩如下：

①国家核心刊物上发表文章多篇。主要有《谈建筑工程进场材料控制》《浅谈建筑工太阳能热水系统一体化工程监理》《谈如何做好建筑节能监理》《谈岩棉板外墙外保温工程关键技术》等。

②参与著书、编写教材多部。主要有《安徽省可再生能源与建筑一体化应用技术指南》《安徽省绿色建筑应用技术指南》《安徽省工程监理人员培训教程》等。

③参与编制工程建设标准、图集。主要有《无机保温砂浆墙体保温系统应用技术规程》（DB34/T 1503—2011）、《建筑反射隔热涂料应用技术规程》（DB34/T 1505—2011）、《建筑节能门窗应用技术规程》（DB34/T 1589—2012）、《发泡水泥板外墙外保温系统》（DB34/T 1773—2012）、《地源热泵系统工程技术规程》（DB34/T 1800—2012）、《太阳能热水系统与建筑一体化应用技术规程》（DB34/T 1801—2012）、《岩棉板薄抹灰外墙外保温系统》（DB34/T 1851—2013）、《岩棉板外墙外保温系统应用技术规程》（DB34/T 1859—2013）、《民用建筑能效标识技术标准》（DB34/T 1924—2013）、《挤塑聚苯板薄抹灰外墙外保温系统应用技术规程》（DB34/T 1949—2013）、《无机保温砂浆墙体保温系统》（DB34/T 1279—2014）、《太阳能光伏与建筑一体化技术规程》（DB34/T 5006—2014）、《泡沫混凝土保温屋面和楼、地面工程技术规程》（DB34/T 5007—2014）、《工程建设标准员职业标准（试行）》（DB34/T 5029—2015）、《建筑遮阳工程技术规程》（DB34/T 5029—2015）、《膨胀珍珠岩保温板建筑保温系统应用技术规程》（DB34/T 5078—2017）、《保温装饰板外墙外保温系统应用技术规程》（DB34/T 5080—2018）、《安徽省建设工程安全生产监理工作导则》、《安徽省民用建筑工程节能监理工作导则》、《安徽省绿色建筑监理导则》、《合肥市无机保温砂浆墙体保温系统应用技术导则》（DBHJ/T 001—2011）、《合肥市岩棉板外墙外保温系统应用技术导则》（DBHJ/T 002—2012）、《合肥市地源热泵系统工程技术规范实施细则》（DBHJ/T 003—2012）、《合肥市太阳能热水系统与建筑一体化应用技术导则》（DBHJ/T 005—2012）、《合肥市太阳能光伏与建筑一体化技术导则》（DBHJ/T 008—2013）、《合肥市难燃型膨胀聚苯板薄抹灰建筑外保温系统应用技术导则》（DBHJ/T 009—2014）、《合肥市匀质改性防火保温板建筑保温系统应用技术导则》（DBHJ/T 015—2014）、《合肥市膨胀珍珠岩保温板建筑保温系统应用技术导则》（DBHJ/T

016—2015）、《模塑聚苯板薄抹灰外墙外保温系统》（DB34/T 2839—2017）、《岩棉保温防火复合板外墙外保温系统安全与质量要求》（DB34/T 2840—2017）、《匀质改性防火保温板外墙外保温系统构造》（皖 2018JZ127）、《岩棉带保温防火复合板外墙外保温系统构造》（皖 2018JZ128）等。

二、关心和支持监理事业发展做出突出贡献的人物

（1）贾宽云——任职中煤地质工程有限公司

贾宽云，男，煤田地质专业，高级工程师。曾在河北省煤田第四勘探队地质科任地质员、项目组长、项目负责人、科长，后任第四勘探队副总工程师，2002 年 9 月至今在中煤地质集团有限公司北京监理咨询分公司任技术负责人。在监理公司期间曾在多个大、中型监理项目担任总监一职，并得到业主一致好评。2011 年参与《煤炭地质工程监理规程》的编写。2012 年被中国煤炭建设协会评选为煤炭行业优秀总监理工程师。

（2）杨振侠——曾任职中煤地质工程有限公司

杨振侠，男，钻探专业，高级工程师。1975 年 12 月至 1993 年 3 月在新疆煤田地质156 队任工人、班长、机长、工区副主任、支部书记、队长助理、工区主任及副队长，1993 年 3 月至 1995 年 5 月在新疆煤田地质 161 队任副队长，1995 年 5 月至 1997 年 7 月在新疆煤田地质局生产机电处处长，1997 年 7 月至 2000 年 11 月在中煤地质总局 173 队副队长，2000 年 11 月至 2004 年 5 月在中煤地质总局物测队队长兼书记，2004 年 5 月至 2007 年 1 月在中煤地质总局第一勘探局科教中心任主任兼书记，期间从 2006 年 4 月兼任邢台光华煤炭工程监理公司董事长、总经理，2007 年 1 月至 2008 年 12 月在中煤地质工程总公司北京勘查装备分公司任经理、书记，2009 年 1 月至 2016 年 4 月在中煤地质工程总公司北京监理咨询分公司任经理，2016 年 4 月至今在中煤地质集团有限公司任总监理工程师、高级工程师。曾在内蒙古自治区呼和诺尔煤田西区煤炭详查监理项目、伊泰伊犁能源有限公司煤田地质勘探监理项目、青海省鱼卡煤田整装勘查监理项目、内蒙古自治区东胜煤田乌审旗黄陶勒盖井田煤炭资源勘探工程监理项目、内蒙古自治区胡列也吐煤田嵯北矿区勘探工程监理项目担任总监理工程师，均得到业主一致好评。2011 年参与编写《煤炭地质工程监理规程》。2014 年被中国煤炭建设协会评选为煤炭行业优秀总监理工程师。

（3）李建业——曾任职山西煤炭建设监理公司

李建业，男，高级工程师，国家注册监理工程师。1991 年，担任山西煤炭建设监理咨询公司副经理，1998 年起担任公司总经理，后兼任党支部书记职务；任职期间，一度兼任山西省建设监理协会副会长、山西省煤矿建设协会副理事长、中国煤炭建设协会监理专业委员会副会长等。李建业同志是山西省最早专业从事监理业务的人员之一，服务山西煤炭建设监理咨询公司 22 年，为山西省工程建设监理、中国煤炭建设监理的发展做出了一定贡献。特别是 1998 年任职总经理的 15 年期间，引领山西煤炭建设监理咨询公司从人力资源建设、监理业务拓展、企业经济效益等多方面蓬勃发展，取得了显著的成就和经济效益。

1998—2013 年，李建业同志领导的山西煤炭建设监理咨询公司共签订监理合同 800 余份，工程投资达 784 亿元，合同监理费达 8.8 亿元，实现监理费收入达 4.6 亿元；期间参

与建设的大同塔山、大同同忻、西山斜沟、晋城寺河、晋城赵庄、潞安高河、潞安屯留等一批高产高效、大型或特大型建设项目相继建成投产，为山西以及国家的建设发展起到了积极的作用。山西煤炭建设监理咨询公司连续数年或多次被山西省建设委员会、山西省建设监理协会、中国煤炭建设协会授予"全省先进建设监理单位"和"煤炭行业先进工程建设监理单位"等荣誉称号；多次获得中国建设监理协会授予的"全国工程监理先进企业"荣誉称号；2007年12月，公司被中国建设监理协会授予"共创鲁班奖工程监理企业"称号；2008年12月，又被中国建设监理协会授予"中国建设监理创新发展20年工程监理先进企业"荣誉称号。

山西煤炭建设监理咨询公司监理的多项工程，也多次获得各类奖项和荣誉。其中山西晋城寺河矿井（产能600万吨/年）工程、山西煤炭进出口集团公司职工集资住宅楼工程、山西潞安矿业集团公司屯留煤矿（产能400万吨/年）主井系统机电安装工程、山西潞安矿业集团公司高河矿井（产能600万吨/年）建设工程先后获国家建设部、中国建筑业协会授予的中国建筑工程"鲁班奖"；2013年5月竣工的大同同忻矿井（产能1000万吨/年）项目，也于2016年9月获得中国建筑工程"鲁班奖"。2009年10月，山西晋城寺河煤矿矿井项目被中国建筑业协会等十二家行业协会组成的百项经典暨精品工程评选委员会授予《新中国成立六十周年百项经典暨精品工程》中的"经典工程"奖；同年11月，该项目又荣获中国煤炭工业协会、中国煤炭建设协会共同授予的《新中国成立60年煤炭行业精品工程》奖。

2008年11月，在纪念中国建设监理制度创新发展20周年活动中，李建业被山西省建设监理协会授予"三晋工程监理特别贡献奖"，2011年7月被山西省煤炭工业厅评为"优秀企业家"，2016年4月被山西省建设监理协会授予"三晋监理功臣奖"。

（4）秦建刚——河北德润监理公司

秦建刚，男，高级工程师，注册监理工程师，邯郸市华北建设监理有限责任公司副经理、技术负责人。从事煤炭建设工作36年，从事煤炭监理工作22年，担任过多项矿山工程、房屋建筑工程、机电安装工程总监理工程师，所监理的工程中三项被评为省优质工程。为提高企业监理人员素质，他定期组织培训，经常深入项目监理部，检查指导工作。此外，还组织编写了企业管理标准、技术标准、工作标准、企业质量手册；发表了"浅谈工程建设监理的投资控制"等多篇论文。秦建刚同志具有深厚的专业理论功底和丰富的实践经验，具有良好的职业道德和敬业精神，为煤炭监理的发展做出了一定的贡献。

（5）徐连利——曾任职河南地质勘查院监理公司

徐连利，工学博士，教授级高工，河南省煤田地质局资源环境调查中心总工程师，中国煤炭建设协会地质勘查监理特聘教师，河南省地质灾害应急专家，河南省国土资源学术带头人，河南省首届最美地质人，中国煤炭建设协会优秀总监理工程师，河南煤炭工业科技先进工作者。

长期致力于水文地质、环境地质、地热资源、地质勘查监理生产、科研和管理工作。主持、参加各类项目100余项，主编、参加编制各类报告70多件，获得省部级二等奖、中国煤炭工业协会、河南省国土资源厅、河南省煤田地质局等各类奖励特等、一、二等奖50多项。出版专著2部，公开发表学术论文二十多篇。作为专家，长期参加各类技术咨询、论证，项目审查、验收、鉴定等工作。

在多年煤田、矿山地质勘查、矿井水文地质工作基础上，积累了一套较为客观的经验、理论和方法，寻找出解决矿井水害和排供结合问题的出路，并发表"大口径群孔抽水试验成果在评价赵固一井水文地质条件中的应用""煤矿隔离帷幕注浆截流技术"等数篇论文，参加了"李粮店煤矿溃砂引起地表塌陷对郑武高铁影响""河南省永城东新城间采煤塌陷矿山地质环境治理示范工程"等论证工作。

在中国煤炭建设协会倡导、指导下，积极开展地质勘查监理工作，完成河北、河南、内蒙古、贵州等省、自治区大型煤炭地质勘查监理项目二十多项，公开发表"地质工程勘探质量监理特性分析""浅谈煤炭地质勘探项目工程监理工作的意义和作用"等论文。参加完成由协会组织的《煤炭地质工程监理导则》《煤炭地质工程监理规范》等的编写工作，参加完成《煤炭地质工程监理实务》教材编写和行业授课活动，培养了一大批工程监理人才，为我国煤炭地质勘查行业质量稳定做出了积极贡献。

主编《河南省主要城市地热资源研究》，研究了河南省地热资源形成机制，首次划分地热资源区，估算了资源量，提交的可获取地热资源量为 4.5515×10^{14} kcal，相当于5356.195亿度电或2.679亿吨煤，为河南省地热资源规划和开发利用提供了保障。近年来，主要承担完成《郑州　平顶山　焦作　鹤壁市城市地质研究》、《南水北调中线工程干线（河南省段）地质环境绿色保障系统研究》、《新郑市矿山地热资源利用与减排潜能研究》等，为城市地质、重大工程建设、矿山地质环境保护恢复与治理、地质灾害防治等服务。

（6）王毅——曾任职唐山开滦工程建设监理有限公司

王毅，男，高级工程师中国煤炭建设协会常务理事。任唐山开滦工程建议监理有限公司董事长、经理期间，用自己的不懈努力积极推进煤炭行业和设备监理事业的发展；积极开发公司监理市场，如竞标获得了淮南矿务局顾桥煤矿（600万吨/年）、顾南煤矿（400万吨/年）等大型煤矿监理项目，顾桥矿井工程被评为国家鲁班工程；为提高公司竞争力，2002年在全省及煤炭系统第一个进行了监理行业质量管理体系 ISO 9001 认证。

（7）唐晓林——曾任职徐州大屯工程咨询有限公司

唐晓林，男，建井专业，高级工程师，国家注册监理工程师（矿山、房建专业）。自1997年到2017年4月从事工程监理工作。历任监理部副经理、经理、咨询公司副总和监理技术负责人。主要监理的工程有孔庄矿井三期改扩建，中心选煤厂重介改造、煤泥系统改造，姚桥矿矿井水处理和深度处理，矿区四矿（包括张双楼矿）井筒注浆治理，腾飞新村小区，浙江温岭职业技术学院工程建设等。

（8）梁继新——兖矿集团邹城长城工程建设监理有限公司

梁继新，男，采矿专业，高级工程师，兖矿集团邹城华建设计研究院院长，兖矿集团邹城长城工程建设监理有限公司法人代表、总经理。该同志自参加工作以来，先后负责完成多对矿井设计工作和煤炭工程项目管理工作，兖矿集团矿井开采设计方面学科带头人，多次荣获山东省、济宁市和兖矿集团先进个人等荣誉称号。

（9）刘晓光——曾任职兖矿集团邹城长城工程建设监理有限公司

刘晓光，男，工业与民用建筑专业，高级工程师，首批通过国家考试的注册监理工程师，兖矿集团邹城长城工程建设监理有限公司原法人代表、总经理，是兖矿长城监理公司主要发起人和奠基人之一，从事监理行业近三十年，为煤炭监理行业发展和兖矿长城监理公司的发展壮大做出了突出贡献。

（10）王伟修——兖矿集团邹城长城工程建设监理有限公司

王伟修，男，工业与民用建筑专业，高级工程师，国家注册监理工程师，造价师，一级建造师，现为兖矿集团邹城长城工程建设监理有限公司常务副经理，主持监理公司工作。该同志自参加工作以来，先后完成多项住宅小区项目、矿山建设项目和煤炭洗选项目的现场监理工作，所监理项目多次荣获煤炭工业优质工程奖，多次被评为煤炭建设监理协会、山东省建设监理协会优秀总监理工程师称号。

（11）陈广胜——兖矿集团邹城长城工程建设监理有限公司

陈广胜，男，工业与民用建筑专业，高级工程师，国家注册监理工程师，兖矿集团邹城长城工程建设监理有限公司总工程师、副经理。该同志参加工作以来，先后完成多项工业和民用建筑项目的现场监理工作，由其担任项目总监的兖州煤业工伤抢救中心、机电装备制造基地等项目获得煤炭行业"太阳杯"奖，2000年被评为山东省劳动模范，多次荣获优秀项目总监、先进个人等荣誉称号。

（12）高明德——曾任职淮北市淮武工程建设监理有限公司

高明德，男，高级工程师，毕业后到安徽省濉溪矿务局（现淮北矿业集团），先后在局设计处、局生产工程处、局基本建设处从事矿井设计、机电设备安装、煤矿建设工程管理工作。1980—1985年多次评委淮北市、淮北矿区局劳动模范称号。1983年7月任工程处总工程师，1987年1月任局基本建设处长，1993年3月任矿务局副总工程师兼基本建设处处长、党支部书记，1995年曾任中国煤炭学会第四届矿井建设专业委员会委员，全国煤炭建设信息网第二届理事会理事，1996年6月至2016年7月任淮北市淮武工程建设监理有限责任公司总经理。在20年的监理工作中，共监理工程200余项，投资达200余亿元，多项工程荣获中国煤炭建设协会颁发的优质工程和"太阳杯"奖。2013年监理的工程建设公司办公楼获国家"鲁班奖"，本人于2008年荣获中国煤炭建设协会授予的"煤炭行业监理特殊贡献者"称号。

（13）于柏林——曾任职神东监理有限公司

于柏林，男，工业与民用建筑专业，高级工程师。1985年7月至1992年12月，辽宁省阜新矿务局新邱露天煤矿工程科工作（助理工程师）；1993年1月至1998年9月，在神华黄骅港务公司工作，任港口建设期地面工程部甲方代表（工程师）；1998年10月至2004年4月，神东多经建安工程公司副经理（高级工程师）；2004年4月至2005年10月，神东监理公司副经理；2005年11月至2016年9月，神东监理有限责任公司经理兼党支部书记。2010年获得国家职业资格高级项目管理师、高级经营师资格。从事建设工程管理工作30多年，发表《提高施工队伍综合素质是保证工程质量的前提》《决策者，决定过程与结果——决策者的理念是建设的灵魂》《浅谈企业人性化管理的认识、目标与途径》等多篇论文。

自2005年11月至今，任神东监理有限责任公司经理、书记，带领神东监理公司不断增强实力和提升企业形象。2013年8月，公司顺利晋升为国家矿山工程甲级、房屋建筑工程乙级监理资质的监理企业，为内蒙古自治区首个矿山工程甲级监理资质的监理企业。承监业务覆盖晋、陕、蒙三省区，并连续多年跻身于全国煤炭监理企业20强之列。从业人员不断壮大，从30多人发展壮大到200多人，20多人持有全国监理工程师执业资格、注册全国造价工程师、设备监理工程师、一级建造师，全员持有全国煤炭行业监理工程师执业资格、内蒙古自治区监理工程师执业资格。80%的员工具备中、高级技术职称，雄厚的技术实力保证了监理业务的服务质量。神东监理有限责任公司与地方及周边范围内同行业监理企业相比，承监业务范围首屈一指，所监单位工程合格率100%；合同履约率100%（监理覆盖率）；顾客满意度95%以上；重大质量事故投诉率为零；未发生重大环境事件及重伤以上事故。

（14）左永红——中煤陕西中安项目管理有限责任公司

左永红，男，高级工程师、国家注册监理工程师。现任中煤陕西中安项目管理有限责任公司书记兼副总经理，曾任公司副总经理、技术负责人、法人代表兼总经理、西安市建设监理协会副会长、陕西省监理协会自律委员会委员等职务，从事现场监理业务与企业管理工作二十余年。作为总监主持了西安交通大学教学主楼等五个大型项目的监理工作，三个项目获省级以上优质工程。2004年被中国建设监理协会授予优秀监理工程师称号，先后获得过煤炭行业、陕西省建设监理协会、西安市建设监理协会优秀总监理工程师和优秀监理企业负责人殊荣。从事监理业务以来，模范遵守国家法律法规，强化企业制度和监理工作标准化建设，率先垂范履行职责，不断创新工作方法，认真谋划企业发展，积极参加各协会和政府建设主管部门组织的各项社会活动，注重道德修养、强化制约监督、积极进取、努力工作，热心监理事业，用自己的行动为企业的稳定和行业的发展做出了贡献。

（15）王辉——中煤陕西中安项目管理有限责任公司

王辉，男，建筑工程专业，高级工程师，国家注册监理工程师。现任中煤陕西中安项目管理有限责任公司副总经理。自2001年7月大学毕业一直从业工程监理。从刚入职时的实习生到监理员、专业监理工程师、总监代表、总监理工程师、公司经营主管、副总工程师到现在分管经营、资源、专业业务的副总经理，在监理公司的各个岗位都得到了历练。

王辉同志个人素养高，专业能力强，具有良好的理论基础，同时具有丰富的实践经历和管理经验，工作能力突出，对工作一丝不苟，在每个岗位上都尽心尽职工作，得到了各界好评。在监理主业业务中先后获得煤炭行业优秀监理成果奖5项，煤炭行业优秀咨询成果奖1项。

王辉同志对监理行业进行了深入的研究和分析，发表了《建设监理企业地区优势度差异分析》《单项工程一体化项目管理过程控制与成效浅析》，同时参与制定国家能源局发布的行业标准《煤炭建设工程监理与项目管理规范》（NB/T 51014—2014），并发表了对《监理与项目管理规范》解读等文章，为监理行业健康和可持续发展作出了贡献。

（16）程怀哲——曾任职宁夏灵州工程监理咨询有限公司

程怀哲，男，汉族，高级工程师，华宁煤集团宁夏灵州工程监理咨询有限公司经理。从事与矿区建设有关的专业设计和技术管理工作 34 年，用坚忍和信念为我们诠释了一名优秀工程技术工作者和运筹帷幄管理者的本色。在他的领导下，公司综合实力、社会信誉逐年提升。

灵州工程监理咨询有限公司是神华集团和宁夏回族自治区唯一一家具有国家"四甲"资质的监理企业，业务范围涵盖新疆、青海、银川、宁东基地、固原等省（地）。程怀哲同志在担任灵州监理公司期间，无论任务有多重，压力有多大，他都义不容辞冲锋在前做表率。他提出全面推广创建标准化项目部，助推基层项目部不断提升监理工作水平，为集团公司基本建设提供了全方位、全过程优质服务；强力推行"学分制"培训，激发了监理人员钻业务、提素质的主动性，优化了监理公司的人才队伍结构。短短五年时间，监理公司实现了跨越式发展，员工队伍由 180 多人壮大到 400 人，企业营业收入连续 5 年以千万元的速度攀升。所承接项目精品工程不断涌现，多项殊荣填补了宁夏监理行业在国家建筑监理行业和全国煤炭监理行业的空白。

作为一名经验丰富的工程技术人员，程怀哲把培养年轻人、带动年轻人作为己任。针对公司监理项目急速扩大与人力资源需求的矛盾，建立健全员工个人培训档案等基础管理，制定了有针对性的培养后备岗位带头人的措施，组织开展了"师带徒"活动。亲自带领新分配的大学生到现场，手把手地教，不厌其烦地说，怕他们在监理工程上走弯路。经他传、帮的 15 名监理人员走上项目总监的岗位。

作为一名优秀的工程技术人员，打造精品工程，是他一生的追求。在他的带领下，监理公司从基础管理入手，确立了以"组织机构标准化、管理制度标准化、现场管理标准化、工作程序标准化、考核评价标准化"为框架体系的标准化项目部建设模式，并编制印发了《监理工作手册》，做到人手一册。如今，标准化项目部达标率达 90%，共有 100 余项单位工程被评为"精品工程"，20 余项单位工程被评为自治区"标准化工地"。公司先后被评为"共创 2008 年度鲁班奖工程监理企业"、中国建设协会"先进监理企业"、煤炭行业"先进监理企业"。所监理的神宁煤业集团羊场湾煤矿工程荣获中国建设监理协会 2008 度国家"鲁班奖"及建国六十周年经典工程殊荣。9 项工程获得自治区"西夏杯"金奖，13 项工程获得行业工程"太阳杯"奖，3 个项目部被评为全国煤炭行业"十佳监理部"。

为监理公司今后扩大监理范围、拓宽工作领域创造了条件。他说：公司要发展，就要实施"走出走"战略，每年至少承接 1~2 项地标性建筑，不断提升公司知名度和美誉度，立足神宁，放眼神华。2013 年以来，公司先后承接了银川当代美术馆、民生兴庆府大院、宁夏体育运动训练管理中心迁建、韦斯德大厦等银川标志性建筑。2014 年监理公司成功进驻神华市场，先后承揽了神新能源公司 1000 万吨/年红沙泉选煤厂、碱沟煤矿等项目，与神新能源公司建立了长期合作伙伴。

（17）崔岳——山西煤炭建设监理咨询有限公司

崔岳，男，矿井建设专业，工程师，矿山工程二级建造师，国家注册监理工程师。曾就职于山西煤炭建设监理咨询有限公司。

1991年9月起至退休就职于山西煤炭建设监理咨询有限公司，从事工程项目监理、项目管理工作，先后担任项目监理工程师、总监理工程师、工程部部长、副总工程师、副总经理等职务。

1992年4月参加了霍洲矿务局李雅庄生产能力90万吨/年矿井监理工作，任矿建专业监理工程师；1997年3月任晋城矿务局寺河600万吨/年地面工程监理工程师；1998年以后历任总监项目有：汾西矿务局贺西矿井设计生产能力150万吨/年项目、双柳设计生产能力150万吨/年矿井及150万吨/年洗煤厂项目、宁煤灵武矿区石沟驿矿井设计能力150万吨/年项目、山西煤炭进出口公司霍尔辛赫矿井设计生产能力600万吨/年项目、同煤集团塔山矿井设计生产能力1500万吨/年项目、同煤集团同忻设矿井计生产能力1000万吨/年项目、同煤集团铁峰设矿井计生产能力400万吨/年改扩建项目、中煤华晋王家岭矿井设计生产能力600万吨/年井巷及井下机电设备安装工程、中煤华宁矿井设计生产能力300万吨/年及配套300万吨/年洗煤厂项目等。

1995年获得山西省"先进监理工作者"荣誉称号；1998年、1999年获得山西省"先进监理工程师"荣誉称号；2004年获得煤炭工业邯郸工程造价管理站"先进工作者"荣誉称号；2006年获山西省"优秀总监理工程师"荣誉称号；2010年荣获全省煤炭基本建设"先进工作者"；2011年煤炭行业"优秀总监理工程师"荣誉称号；2013年获山西省建设监理协会年度优秀论文二等奖；2016年荣获山西省建设监理协会"三晋监理创优奖"。2010年曾在《建设监理》第十期发表论文《浅谈煤矿井巷工程质量与安全工作方法》。

（18）贾宏俊——山东科技大学

贾宏俊，岩土工程博士，山东科技大学资源与土木工程学院院长，山东科技大学工程造价研究所所长、工程建设与管理研究所所长。兼任中国建筑业协会理事、中国建筑业协会建筑技术专家委员会委员、中国建筑业协会工程项目管理委员会专家办公室副主任、中国建筑业协会工程项目管理委员会常务理事、住房和城乡建设部战略发展专家委员会专家、中国统筹法研究会常务理事、中国建设工程造价管理协会理事、山东省工程造价管理协会理事、泰安市建筑学会副理事长兼秘书长、泰安市建筑业协会副会长、泰安市建设工程造价管理协会副会长、泰安市防震减灾协会副会长兼秘书长等职务。

主持和参与住房与城乡建设部多项研究课题，包括"中国建筑业产业政策和建筑业发展'十二五'规划"研究、"建筑业企业保证金制度研究"等课题，参加修订国家标准《建设工程项目管理规范》（2002版、2006版、2017版），参加编审国家标准《建设工程项目总承包管理规范》（2017版），参加编写行业标准《建设工程项目经理职业标准》

（2018 版）以及多部建筑、煤炭行业规范和教材。参加造价师考试教材《建设工程技术与计量》（2003 版、2006 版、2009 版、2017 版）编写并任主编。参加《煤炭建设工程监理与项目管理规范》《煤炭地质工程建设规范》《煤炭工业矿井施工组织设计》等相关标准和全国注册监理工程师（矿山工程专业）继续教育培训教材一至三册的编写，参加煤炭监理工程师岗位培训和执业资格证继续教育工作，并积极为煤炭工程监理企业培训专业人才以及为煤炭建设行业的发展提出许多宝贵的建议。

（19）赵利——中国矿业大学

赵利，男，副教授，中国矿业大学硕士研究生导师。1964 年 2 月生，河北秦皇岛人。1985 年毕业于中国矿业学院工业与民用建筑专业并留校任教。2007 年曾在美国明尼苏达大学进修。为中国矿业大学工程管理研究所教师并兼任中国矿业大学建筑设计咨询研究院有限公司监理中心总经理、中国建设监理协会专家委员会委员、中国建筑学会工程管理研究会委员、江苏省建设监理协会副会长、江苏省土木建筑学会工程管理专业委员会委员、徐州市建设监理协会常务副会长、徐州市中级人民法院专家库成员、徐州泉山区人民法院人民陪审员等。目前为国家注册监理工程师，江苏省工程建设招标投标评标专家，江苏省注册咨询专家，国家一级注册建造师（矿山工程）培训教师，江苏省监理人员培训主讲教师等。

主要从事建设工程监理、建设工程项目管理（代建）咨询、建筑施工、招投标与合同管理咨询、建筑经济等领域科研、教学、咨询工作。

在担任中国矿业大学建筑设计咨询研究院有限公司监理中心总经理期间，企业获评江苏省 AAA 级信用咨询企业；被评为 2008 年江苏省建设监理发展二十周年工程监理先进企业；并多次获评江苏省示范监理企业、江苏省优秀监理企业；并被认定为江苏省建设工程项目管理代建试点企业。个人担任南京太阳宫广场工程、中国矿业大学综合教学实验楼、宿迁经济开发区商务中心工程、中国矿业大学南湖地下工程中心等项目总监理工程师十项；荣获多项全国优质工程奖及江苏省扬子杯、徐州市古彭杯奖励。

积极参与煤炭行业监理工程师培训。先后赴新疆、内蒙古、河南、山西、陕西等地进行煤炭行业监理工程师培训。参与《煤炭工业建设工程监理及项目管理规范》《煤炭行业工程建设监理自律管理试行办法》等相关规范、制度文件的研讨工作；参与编写《矿山工程监理工程师继续教育教程》《矿山监理相关知识与实务》《江苏省监理人员培训教程》《建筑工程监理热点问题研究》《江苏省监理企业和个人信用评价研究》《工程建设监理企业质量管理规范》等规范及教材教程。

在《International Conference on Management Science and Engineering Sydney AUSTRALIA》《建筑经济》《工程管理学报》《中国工程咨询》《项目管理技术》《建筑科技与管理》等国内外期刊发表论文 40 余篇。编著或主编或主要参编《建筑经济》《工程经济学》《合同与合同管理》等教材、专著 10 部。主要负责及主要参与淮海战役烈士纪念馆新馆项目管理研究与实践、徐州新城区项目管理研究与实践、京沪高铁项目代建管理等科研项目二十余项。指导硕士研究生 57 名，为研究生开设《工程经济与索赔管理》《建设工程管理》《工程法律与合同管理》《项目策划与评估》《高级合同管理》《工程项目管理案例》等课程及相关学科前沿讲座；获江苏省高等教育教学成果奖二等奖、中国矿业大学校级精品课程、中国矿业大学优秀教学成果一等奖等各种奖励 36 次。

三、煤炭行业中青年优秀总监理工程师

（一）北京

1. 北京康迪建设监理咨询有限公司

（1）陈昱辉——北京康迪建设监理咨询有限公司

陈昱辉，女，工业与民用建筑专业，高级工程师，持有国家注册监理工程师、注册造价师、一级建造师等执业资格证书，在北京康迪建设监理咨询公司注册，自 2007 年至今在北京康迪建设监理咨询公司担任总监理工程师。

2007—2010 年，担任北京正辰小区施工总监理工程师，正辰小区建筑面积 65000 平方米，共计四个单体，每个单体均为十八层，本小区获得北京市结构长城杯工程银奖；担任北京华璞钻石厂房施工总监理工程师，华璞钻石厂房建筑面积 3000 平方米，结构复杂层高超高，本项目按照合同圆满完成，获得建设单位高度评价。2010—2014 年担任北京清华长庚医院项目施工总监理工程师，北京清华长庚医院是清华大学与台湾合作项目，是北京市"十二五"规划的两个三甲医院之一，位于北京市昌平区天通苑地区，建设用地面积 125 亩，建筑面积十万多平方米，是北京亚北地区最大的三甲医院。该项目结构复杂，采用很多新材料新工艺，给施工提出很高的要求。功能方面，涉及医疗方面的所有功能系统，分包单位众多，管理复杂。尽管如此，在总监带领下，监理项目部全体人员，克服各种困难，奋勇努力，圆满完成合同要求。该项目是煤炭系统最早监理的三甲医院工程，获得建设单位高度好评，并且本项目获得结构长城杯银奖，陈昱辉同志被评为康迪公司优秀总监荣誉称号。

（2）杜文龙——北京康迪建设监理咨询有限公司

杜文龙，男，工民建专业，高级工程师，持有国家注册监理工程师（房屋建筑工程、电力工程 2 个专业）、注册一级建造师（建筑专业）、注册造价工程师、注册安全工程师共 4 项执业资格证书。自 2000 年开始从事工程监理工作至今，现任北京康迪建设监理咨询有限公司项目总监理工程师。

从事监理工作以来，监理过 30 万吨京泰焦化项目、河南伊川 20 万平方米盛世家园住宅楼项目、劣质煤综合利用项目、天津天钢联合特钢封闭料场单跨 76 米双跨 152 米大型钢结构项目。

2012—2017 年连续 6 年荣获康迪建设监理咨询有限公司优秀总监理工程师称号；2017 年获得康迪公司优秀党员，同年所监理的图克项目部获得中煤集团先进项目部。

（3）范松建——北京康迪建设监理咨询有限公司

范松建，男，工程造价专业，工程师，持有国家注册监理工程师（注册专业：房屋建筑工程、机电安装工程）执业资格证书。从 2012 年开始从事工程监理工作至今，现任北京康迪建设监理咨询有限公司中煤灵石九鑫焦化公司监理部总监理工程师。

自 2013 年至今，曾担任中煤图克公寓楼项目负责人、中煤鄂尔多斯原水管线一标段负责人、郑州国际文化创意产业园 8 号安置区项目总监理工程师、灵石九鑫焦化储煤场封闭及焦炉烟气脱硫脱硝项目总监理工程师。

在担任工程项目总监理工程师期间，工作兢兢业业，一丝不苟，坚持以身作则、敢于担当、讲究方法、坚守诚信的原则。以工程质量至上的核心价值观为导向，注重监理部的内部管理和培训，不断提高监理队伍的战斗力，积极加强外部协调和沟通，努力为员工创造和谐的工作环境。善于发挥团队作用，工作中集思广益，充分调动每个人的积极性，要求大家在工作中互相帮助，互相学习，有责任心。带领监理部员工以"安全第一，合同管理为主线，以质量、进度、投资为中心"对所承监的工程项目试行规范化管理、优质化提升。特别是现在监理的环保工程，工期紧，任务重，施工环境恶劣，施工和生产交叉作业，属于危险性较大的分部分项工程，危险系数大，工作期间带领大家认真组织分析工程的重点和难点，制定针对性的管理制度，采取科学有效的监理措施。同时，积极协调，精心组织，与全体成员团结协作，通力奋战，不畏艰难，攻坚克难，战胜酷暑，较好完成了"三控、二管、一协调"工作。经过项目团队不懈努力，使得各项工程在质量、安全、进度、投资、文明施工等各方面取得了显著成绩，并得到各级主管部门及建设单位的好评。

（4）高清——北京康迪建设监理咨询有限公司

高清，男，水文地质与工程地质专业，高级工程师，持有国家注册监理工程师、国家注册一级建造师（矿业专业）、国家注册安全工程师共3项执业资格证书。自2013年开始从事工程监理工作至今，现任康迪公司四川能投德鑫矿业资源有限公司李家沟锂辉矿选矿厂（500）技改项目总监理工程师。

2013年任杭锦能源化工有限公司油房壕煤矿（矿土安三类工程）项目总监，该项目由于前期手续问题停工一段时间，至2015年6月安全顺利地完成了土建1号、2号单身宿舍楼，110千伏变电站，29.7千米的供电一回路以及主井、副井钢结构井架安装，以及主副井冻结钻孔、冻结站安装，以及风井井筒的冻结掘砌施工监理任务，冻结深度570米，井筒掘砌深度604.5米，得到了甲方的认可。

2014年8月—2018年5月担任中煤陕西榆林能源化工有限公司大海则煤矿项目（1500万吨/年）矿建工程监理总监，主要监理工程有：主立井、副立井、一号回风立井、二号回风立井四个井筒的冻结段（冻结深度）套壁施工、壁间注浆、射孔注浆以及部分井底连接处掘砌施工。四个井筒单位工程通过了建设单位的竣工验收。

2015年参与天地科技股份有限公司《西部富水软岩冻结压力实测研究》课题，撰写的论文发表于《煤炭科技》上。现任四川能投德鑫矿业资源有限公司李家沟锂辉矿选矿厂（500）技改项目监理部总监，该矿体是目前亚洲特大型花岗伟晶岩锂辉石，开发利用锂资源具有划时代意义。

高清于2014年荣获煤炭建设协会"优秀监理工程师"称号；2015年度、2016年度获康迪公司"优秀总监理工程师"称号，2017年度获中煤集团"优秀共产党员"称号。

（5）李立新——北京康迪建设监理咨询有限公司

李立新，男，屋建筑工程专业，工程师，持有国家注册监理工程师执业资格（房屋建设、矿建2个专业）。自从2006年开始从事工程监理工作，现任总监理工程师。

先后担任北京密云君山别墅区项目总监、乌兰浩特中煤煤化工项目总监、南宁商业广场项目总监、北京平谷区夏各庄中学项目总监、任宁夏盛隆达物流中心项目总监、（该工程项目包括11个主体结构完全相同的工业厂房，主体为大跨度钢结构，属危险性较大的分部工程，屋面钢构跨度为 39 米，于 2014 年 8 月顺利通过验收，2014 年荣获西夏杯）、任固原经济开发区公安局办公区项目总监（该项目为固原市重点建设项目，施工过程中监理部严格按照监理规范开展监理工作，热情服务，严格监理，使本项目成为固原市标化工地，2017 年荣获西夏杯）、任宁夏西吉古钱币博物馆项目总监（该项目为固原市重点建设项目，主体为混凝土框架结构，屋面为钢结构，于 2017 年 6 月竣工，工程质量和进度均得到甲方和当地质监部门的认可，2017 年荣获太阳杯）。

（6）李泽春——北京康迪建设监理咨询有限公司

李泽春，男，建筑工程专业及矿业工程专业，高级工程师，持有国家注册监理工程师，一级建造师，注册安全工程师等执业资格证书。现任北京康迪建设监理咨询有限公司项目总监理工程师。

先后受公司委托担任了神华杭锦能源塔然高勒煤矿（鄂尔多斯盆地第一个 1000 吨/年深部立井）项目总监理工程师、塔然高勒选煤厂（1000 吨/年）项目总监理工程师、李家集运站（1000 吨/年）项目总监理工程师、色连集运站（1000 万吨/年）项目总监理工程师、中天合创葫芦素煤矿（1300 吨/年）项目总监理工程师、山西潞安集团古城煤矿（1200 百万吨/年）项目总监理工程师。

（7）刘恩保——北京康迪建设监理咨询有限公司

刘恩保，男，高级工程师，注册监理工程师，造价工程师，现任郑州和海南分公司经理。从到康迪就立志要出色地干好本职工作，干一行，爱一行，钻一行。工作中不论是对待领导还是同事，总是不计较个人得失，讲奉献，讲学习，讲团结。在工作中认真贯彻落实党的十八大五中全会精神，以科学发展观统领自己的各项工作，牢固树立爱岗敬业的作风，积极进取，开拓创新，团结协作，认真努力工作，完成各项工作任务：

海南分公司分别承揽五指山政务中心项目、五指山翡翠大道项目、三亚华宇度假酒店项目、鲁能海口公司西一区一期项目、鲁能海口公司西三区西四项目、澄迈福山国家储备粮库项目及文昌八门湾公园项目。郑州分公司近期中标太钢集团峨口铁矿露天转地下开采项目等多个大型项目。两个分公司连续多年业绩良好。

作为总监监理的郑州市玫瑰花园项目获得 2008 年河南省结构中州杯，河南省安全文明工地；河南省军区一期经济适用房项目获得 2009 年河南省结构中州杯，济南战区安全文明工地，河南省军区二期经济适用房项目获得 2011 年河南省结构中州杯，河南省军区干部公寓楼项目获得 2011 年河南省结构中州杯，同时获得济南战区安全文明工地及优质工程，河南省军区二期经济适用房增建项目获得 2012 年河南省结构中州杯，20 集团军作战指挥中心项目获得济南战区安全文明工地及优质工程。信阳大别山医院项目被信阳市评选为优良工程，被信阳市评选为 2012 年优秀总监理工程师。太原华宇绿洲项目单体 35 万平方米，属于超高层项目，是公司承揽的首个超高层监理项目，该项目被山西省建设厅评选为 2016 年山西省十佳工地。刘恩保同志 2014 年被评选为北京市优秀总监理工程师。

（8）马铁——北京康迪建设监理咨询有限公司

马铁，男，工业与民用建筑专业，工程师，持有注册监理工程师执业资格证书。注册专业：房屋建筑工程、机电安装工程。自 2008 年到北京康迪建设监理咨询有限公司从事监理工程工作至今，先后监理过的工程有朔州市一号井工矿太西区污水处理站工程、鄂尔多斯中煤装备基地项目、天津市东丽区民和巷工程、唐山市唐曹煤码头三期项目110千伏输电系统工程。

所监理的工程项目，都受到业主的肯定和好评，特别是在龙王沟矿井及选煤厂土建及安装工程中，工程合格率100%，取得省优工程或煤炭行业优质工程，达到鲁班奖申报标准，2013年被评为康迪公司优秀员工荣誉称号。

（9）宋恩普——北京康迪建设监理咨询有限公司

宋恩普，采矿专业，高级工程师，30多年来一直奋斗在煤炭战线，从事设计、监理等多种工作，现任北京康迪建设监理咨询有限公司沈阳分公司经理，总监理工程师。

1999年担任国家粮食储备库项目内蒙古大沁他拉国储库建设工程总监，之前换了几任总监业主都不满意，他上任后连续两年受到业主的物质奖励，并在2000年被评为优秀总监；2001年担任本溪污水处理厂建设项目总监，他利用自己的专业知识为业主解决了许多难题，受到市质监和建委的表扬，并组织全市监理单位到监理部学习；2008年担任鲁能集团云南滇东公司雨汪煤矿建设项目总监，2011年担任云南华能滇东公司白龙山煤矿（800万吨/年）建设项目总监。这两个项目都是云南省投资最大的在建矿井，而且都具有煤与瓦斯双突的危险性，他精通监理业务，熟悉专业知识，在工作中严格要求自己，同时对监理人员约法三章，正像挂在墙上的监理部训词一样"环境整洁心情舒畅，保证安全亲人期盼，精通业务赢得尊敬，认真负责不辱使命"在监理部形成了蔚然清风，在建设单位很好的树立了监理的形象。

（10）王荣榜——北京康迪建设监理咨询有限公司

王荣榜，男，测量工程专业，高级工程师，持有国家注册监理工程师、注册一级建造师（建筑、市政2个专业）、注册安全工程师、注册测绘师共4项执业资格证书，现在康迪公司广西东兴市余光一体化光伏电站项目担任总监理工程师。

主要工程监理业绩：2007年先后在山西朔州东坡煤矿、杨涧煤矿、山西中阳县高家庄煤矿担任测量监理工程师，在矿井掘进施工过程中测量定位的质量控制方面有丰富经验。2009年起在山西朔州平朔东露天煤矿（年产2000万吨）担任矿建项目的总监理工程师，该项目为国内首个新建的特大型露天煤矿。2012年建成后成为中煤平朔集团打造亿吨煤炭基地的重要组成部分。2011年后先后在山西朔州杨涧煤矿装车系统工程担任总监，自此开始从事土建和设备安装工程项目监理工作。2013年担任广西金融广场项目初期项目总监，该项目为广西南宁地标性超高层建筑，高325.5米，建筑面积约25万平方米，采用多项先进施工新技术。2014年起在丹麦Carlsberg啤酒投资的云南大理啤酒厂新建工程（年产100万吨）、徐州铜山万达广场项目、云南保山国际数据产业园等大型工业或商业项目工程担任总监，在房屋建筑及市政工程、工业设备以及信息通信设备安装工程等方面积累了丰富的管理经验。2018年起担任广西东兴市余光一体化项目担任总监，开始从事光伏电站项目施工监理工作。

王荣榜同志刻苦钻研业务知识，善于理论联系实践，发表论文数篇，多次被公司评为年度优秀总监，2012年被评为煤炭行业优秀总监理工程师。

（11）徐建民——北京康迪建设监理咨询有限公司

徐建民，男，采矿工程专业，高级工程师，持有注册监理工程师、注册造价工程师（安装专业）、注册一级建造师（矿山专业）、咨询工程师（投资）4项执业资格证书，现在康迪公司华电至实友化工、大连化工蒸汽管道工程任总监理工程师。

主要工程监理业绩：2009年起在山西朔州平朔东露天煤矿（年产2000万吨）担任矿建项目专业监理工程师，开始从事工程监理工作，该项目为国内首个新建的特大型露天煤矿；2010年在中天合创能源有限责任公司葫芦素矿井监理工程项目中任总监理工程师代表，积累了丰富的矿建项目建设工程监理工作经验；2012年在鄂尔多斯市昊华红庆梁矿业有限公司红庆梁煤矿工程施工监理项目中任总监理工程师。该矿设计生产能力600万吨/年，工程概算投资近12亿元；2014年在索菲亚家居（廊坊）有限公司二期工程监理项目任总监理工程师，该项目建筑面积约33650平方米，工程概算投资3800万元。

徐建民同志工作认真负责，刻苦钻研业务知识，多次被公司评为年度优秀监理工程师和年度优秀总监。

（12）张家彬——北京康迪建设监理咨询有限公司

张家彬，男，采矿专业，工程师，持有国家注册监理工程师（建筑、市政2个专业）、注册一级建造师共2项执业资格证书。

自2014年开始从事工程监理工作至今，现任北京康迪建设监理咨询有限公司总监理工程师。

主要工程监理业绩：2014年1月至2015年4月，在北京康迪建设监理咨询有限公司驻葫芦素煤矿现场监理部任矿建专业监理工程师；2015年4月至2017年10月，在北京康迪建设监理咨询有限公司驻河南省中牟县盛和安置房项目任总监代表、总监理工程师；2017年10月至今在北京康迪建设监理咨询有限公司驻河南省中牟县郭庄安置房项目任总监理工程师；参与监理的中牟县盛和安置房项目获得2017年度中牟汽车产业聚集区文明建设单位。

（13）张忠——北京康迪建设监理咨询有限公司

张忠，男，综合机械化采煤专业，高级工程师，具有注册监理工程师执业资格。自2011年3月从事监理工程工作至今，现任北京康迪建设监理咨询有限公司总监理工程师。

从事监理工作以来，监理过葫芦素煤矿项目、梅林庙煤矿项目、中天合创公司及新疆天池能源公司矿建项目工程。2002—2013年在梅林庙煤矿任安全监理时，工作得到甲方认可，被评为2012年度优秀监理工程师；2016年度被中天合创公司评为优秀监理工程师。

在矿井建设监理中，始终坚持"安全第一，质量为本"的理念。注重监理内部管理和培训，不断提高监理团队的战斗力；加强外部协调和沟通，努力创造和谐的工作环境。在工程质量、安全、进度、文明施工等各方面取得了显著成绩，并得到工程建设各方的认可和赞扬。

2. 中煤科工集团北京华宇工程有限公司

（1）郑春才——中煤科工集团北京华宇工程有限公司

郑春才，男，工程师，受公司委托担任石拉乌素1000万吨/年矿井及选煤厂工程的总监工作，负责内蒙古昊盛煤业有限公司石拉素矿井及选煤厂工程矿建、土建、设备安装工程设计阶段、施工阶段及保修阶段全过程监理工作，该项目是我公司承担的首个采用全井深冻结法施工的特大型监理项目。为了更好地完成公司领导交给的工作任务，项目监理部首先抓好内部队伍建设，强调团队精神，要求监理人员具有团结奉献精神、艰苦奋斗精神、相互协作精神、积极进取精神，充分发挥集体的力量，做到分工不分家。

项目监理部所承担的监理工程包含的内容很多，涉及的专业知识面广。这就要求监理人员必须熟悉掌握有关法规、规范和标准才能更好地做好监理工作。项目监理部组织监理人员认真学习法规和监理理论知识，通过学习进一步提高了监理工程师理论水平和项目监理部的整体实力。在实践中大家深深地体会到，只有不断地加强学习拓宽知识面才能更好地胜任监理工作。

在实施监理工作中，严格按照国家的法律法规和规范标准办事，认真履行监理职责，做到严格监理热情为业主服务，通过大家辛勤努力的工作，在建设单位的大力支持配合下，较好地完成了监理工作，得到了建设单位、质量监督站对我公司监理工作满意的评价和认可。郑春才同志在工作中服从组织分配，在各方面严格要求自己，对工作认真负责，处处起表率和带头作用，不怕条件艰苦，克服疾病困扰，勤勤恳恳工作，从不计较个人得失，工作中坚持原则不徇私情，时时处处以全局利益为重，以公司利益为重，严格按照法律法规和规范标准办事，正确处理和协调好方方面面的关系，认真履行总监职责。还能够充分利用公司的技术优势为建设单位做好技术咨询服务，提出合理化建议当好参谋，建设单位很满意我们的工作和服务态度。在人员少任务重的情况下，通过全体监理人员共同努力，相互支持密切配合，带领大家圆满完成了监理工作，所监理的工程没有发生安全事故和重大质量问题，受到了建设单位和质量监督站的好评。

郑春才同志多次被评为公司优秀员工，多次被煤炭建设协会评为优秀总监称号。

（2）薛争强——中煤科工集团北京华宇工程有限公司

薛争强从事工程建设监理工作十五年，先后担任多个矿山工程和市政工程项目的总监理工程师。2007 年 6 月至 2008 年 12 月担任山东新矿集团龙固洗煤厂工程项目总监，工程造价约 2.2 亿元；2009 年 2 月至 2011 年 5 月担任河南省国家物质储备综合仓库改造工程项目总监，工程造价约 0.8 亿元；2011 年 6 月至 2013 年 10 月担任太原煤气化龙泉能源发展有限公司选煤厂工程项目总监，工程造价约 3.6 亿元；2013 年 3 月至 2014 年 6 月担任鄂尔多斯市瑞德丰矿业有限公司选煤厂工程项目总监，工程造价约 2 亿元；2012 年 10 月至 2016 年 12 月担任鄂尔多斯国源矿业开发有限公司龙王沟煤矿矿建工程项目总监，工程造价约 5 亿元；2014 年 6 月至 2016 年 12 月担任鄂尔多斯市神东圣圆实业有限公司海勒斯壕集运站工程项目总监，工程造价约 3 亿元；2017 年 1 月至今担任郑州市轨道交通 4 号线土建施工监理 01 标段项目总监，工程造价约 12.5 亿元。

担任山东新矿集团龙固洗煤厂工程项目总监期间，带领监理团队严格质量控制，运用主动控制与被动控制相结合的方法，并采用巡视、旁站、见证取样和平行检验等工作方式，对工程的施工质量采取事前、事中与事后控制；严格资料报验，强化工序验收，确保工程质量达到承包合同、设计文件及相关技术规范、标准的规定要求；经过参建各方的共同努力，该工程 2010 年获得国家鲁班奖。

担任太原煤气化龙泉能源发展有限公司选煤厂工程项目总监期间，针对工程施工单位多，关系复杂，监理工作难度大等实际情况，大胆工作，勇于进取，敢于担当，采取下发监理通知、召开专题会，开具罚款单、利用支付手段等多种监理措施，坚决制止违章作业，对不符合设计及规范要求的工序责令整改或返工处理。全力推进工程监理工作的正常开展，保证了工程按时完工，试生产安全可靠运行，在该工程项目的多家监理单位中是少数能得到甲方肯定和表扬的单位之一。2012 年项目监理部被甲方评为优秀监理单位，本人被评为先进工作者。

担任鄂尔多斯市神东圣圆实业有限公司海勒斯壕集运站工程项目总监期间，针对工程项目的核心工程——储煤槽仓规模大、地质情况复杂，施工难度高，施工安全风险高的特点，认真审阅设计勘察文件，细致审查施工组织设计和基坑开挖专项方案，按要求组织专家论证，制定有针对性的监理实施细则，在基坑开挖、支护的施工过程强化质量监控，严格安全管控，对存在的险情及时排查，采取有效措施，消除隐患。期间，锚杆施工出现了因土质富含水造成成孔质量保证不了，给支护安全带来严重隐患的情况，对此积极向甲方反应，组织专家到现场查看，召开问题分析会，最后确定改变施工工艺，采用自钻式锚杆，有效地解决了施工难题，确保了施工质量和安全，也保证了工程项目的顺利建设，富有成效的监理工作得到了甲方的一致好评。

担任郑州市轨道交通 4 号线土建施工监理 01 标段项目总监期间，针对地铁项目工期要求紧、安全风险高、大气污染防治管控严的实际情况，制定监理工作各项制度，加强监理部内部管理，注重团队建设，严格落实工作制度，定期组织考评，奖优罚劣，有效地调动了大家的工作积极性，积极和甲方沟通，从而保证了监理工作的顺利开展。严格监理，热情服务，项目监理部多次在履约检查中排名靠前，2017 年项目监理部被郑州市轨道交通有限公司评为先进集体。

从 2011 年起多次被评为公司优秀员工，煤炭建设建设协会优秀总监等称号。目前仍担任中煤科工集团北京华宇工程有限公司郑州市轨道交通 4 号线土建施工监理 01 标段项目监理部总监。

（3）杨迎旗——中煤科工集团北京华宇工程有限公司

杨迎旗从事工程建设监理工作十五年，先后从事了房建工程、矿山工程和市政地铁项目的施工监理工作。2003—2005 年参与了平顶山市程朴路单跨 120 米湛河大桥建设，期间担任驻地监理工程师，2006—2008 年参与了晋城王台铺矿生活区体育馆和综合办公楼的建设项目，担任总监代表。在任监理工程师和总监代表期间，恪尽职守，在总监理工程师的带领下，严格控制质量，运用主动控制与被动控制相结合的方法，对工程的施工质量采取事前、事中与事后控制，严格资料报验，强化工序验收，确保工程质量达到承包合同、设计文件及相关技术规范、标准的规定要求。

2009—2010 年，先后担任河南省物资储备局巩义 339 处的安改工程和北京市朝阳区中小学校舍抗震加固工程建设项目担任总监。在担任项目总监期间，杨迎旗带领监理部的同志加强个人业务培训，熟悉设计和规范，与建设单位、施工单位、设计单位建立了很好的沟通渠道，现场监理发现问题后能够及时得到解决。正是由于监理人员对各种验收规范的熟悉，超前预防了施工风险，得到了建设单位对监理服务的肯定。

2011—2014 年，先后担青海省海西州 300 万吨鱼卡第二煤矿项目总监、1200 万吨新疆哈密国投一矿一期土建项目总监、400 万吨新疆哈密徐矿土矿安三类工程的煤矿建设项目总监。在项目前期，建设单位仅提供了井筒施工图，给监理工作带来了难度，但监理仍坚持规范标准，认真履行监理合同。另外，在立井掘进施工监理中，由于井筒钢筋混凝土是逆做法，由上而下分段施工，监理方提出钢筋机械直螺纹套筒连接技术，改变传统钢筋焊接连接方法，大大地加快了施工进度，减少了工人劳动强度。

2015—2018 年，先后任煤科院采育科研基地二期工程两个厂房的项目总监、郑州市城郊地铁 01 标段风水电及设备安装项目总监、太原市地铁 2 号线监理 207 标段项目总监。项目监理部的组织机构以"总监负责制"来组建，在监理部专业监理人员配置不齐全的情况下就要求总监抓好项目监理部人员业务培训、定期考核，提高全体监理人员业务水平。所以，杨迎旗同志始终把素质培养工作放在日常管理的首位并常抓不懈，产生良好的监理工作效果。

2017 年太原市轨道交通 2 号线 207 标段被评为先进项目监理部，杨迎旗同志也获得 2017 年先进个人荣誉证书。

（4）张世民——中煤科工集团北京华宇工程有限公司

张世民从事工程建设监理工作二十年，先后参与了神华孙家沟煤矿、晋煤集团王台铺矿 2 号井、山西临汾电厂、菏泽能花赵楼选煤厂、煤科总院采育基地、宁夏红墩子红二煤矿、郑州地铁等项目的建设。在任监理工程师和总监期间，恪尽职守，严格控制质量，运用主动控制与被动控制相结合的方法，对工程的施工质量采取事前、事中与事后控制，严格资料报验，强化工序验收，确保工程质量达到承包合同、设计文件及相关技术规范、标准的规定要求。

2000 年 6 月—2001 年 2 月，在宁夏青铜峡国家粮库项目担任主管工程师，该项目是国家粮食局直接委托项目，严格监理，认真履职。

2001 年 3 月—2001 年 6 月，在神华集团孙家沟煤矿选煤厂担任土建主管工程师，服从总监工作安排，任劳任怨兢兢业业，按时完成总监交付的各项工作，为公司赢得了荣誉。2001 年 7 月应公司要求调到晋煤集团王台铺矿 2 号井项目任项目总监（年产 200 万吨），该项目总投资将近 4 亿元人民币，主要是矿建工程、地面配套土建工程以及整个项目的机电设备安装工程，带领监理部各位监理人员严控工程质量，严抓安全生产，积极推进各工序顺利转换，确保了该项目按期完成，并顺利通过了国家的各项专业验收，按时投产试运行，圆满完成了监理任务。2004 年 8 月转任山西临汾乡宁电厂（两台 2.4 万千瓦发电机组）任项目总监，总投资 3.2 亿元人民币，带领监理部全体人员认真履行监理职责，积极协助业主处理工程建设中各项管理工作，赢得了业主的高度赞誉。2006 年到山东兖矿集团菏泽能化有限公司赵楼选煤厂项目任项目总监，该项目总投资 3.2 亿元人民币，带领监理部各位监理人员严控工程质量，严抓安全生产，积极推进各工序顺利转换，确保了该项目按期完成矿井选煤厂的建设任务，顺利通过了国家的各项专业验收，按时投产试运行，圆满完成了监理任务，该项目被评为煤炭行业优质工程"太阳杯"。

2009 年底到煤炭科学研究总院采育基地任项目总监，该项目总投资 1.6 亿元人民币（一期），带领监理部各位监理人员严控工程质量，严抓安全生产，积极推进各工序顺利转换，确保了该项目按期完成建设任务，并顺利通过了各项专业验收，按时投入使用，圆满完成了监理任务。2011 年初到中电投宁夏青铜峡铝业红墩子二矿任项目总监，该项目总投资 36 亿人民币，带领监理部各位监理人员严控工程质量，严抓安全生产，积极推进各工序顺利转换，确保了该项目按期完成矿井的节点建设任务。2012 年 8 月到郑州地铁 1 号线风水电安装及装修项目任总监，工程总投资 4.8 亿元人民币，带领监理部各位监理人员严控工程质量，严抓安全生产，积极推进各工序顺利转换，确保了该项目按期完成建设任务，并顺利通过了各项专业验收，按时投入试运营，圆满完成了监理任务，项目建设期间多次受到业主的通报表扬，该项目装修工程荣获河南省优质工程"中州杯"。2014 年 5 月担任郑州市南四环至郑州南站城郊铁路一期工程项目副总监，积极协助总监做好监理部管理和施工质量、安全、进度管控；2015 年 12 月担任贵州务川铝矿项目总监（井下机电安装工程、地面土建配套工程），该项目总投资 3.6 亿元人民币，并荣获有色金属行业优质工程。2017 年 8 月担任郑州地铁 5 号线风水电安装及装修工程总监，该项目总投资 4.8 亿元人民币，目前在建。

从 2002 年起多次被评为煤炭行业优秀监理工程师、优秀总监理工程师，2016 年度被评为公司优秀员工，多年以来始终把监理部人的素质培养工作放在日常管理的首位并常抓不懈，通过抓员工素质，以员工的高素质带来工作的高质量，产生良好的监理工作效果。目前任中煤科工集团北京华宇工程有限公司监理分公司副总工程师、总经理助理。

3. 中煤地质集团有限公司

（1）马彦良——中煤地质集团有限公司

马彦良，男，煤田地质专业，教授级高级工程师。曾任中国煤炭地质总局物测队任项目负责人、副总工程师、副队长、副院长；2004 年 5 月—2010 年 2 月在中国煤炭地质总局第一勘查局地勘院地勘院任副总工程师、所长；2010 年 3 月至今在中煤地质集团有限公司任分公司总工程师。在公司期间曾在多个物探监理工程项目担任总监理工程师，兢兢业业，得到业主一致好评。2016 年被中国煤炭建设协会评选为煤炭行业优秀总监理工程师。

（2）陈昕——中煤地质集团有限公司

陈昕，男，煤田地质与勘探专业，高级工程师，曾在安徽省煤田地质局物测队工作，任安徽省煤田地质局三队任工程师、高级工程师、副队长，2011 年 7 月至今在中煤地质集团有限公司任总监理工程师。在公司期间曾在多个大、中、小型监理项目中担任总监理工程师，工作作风一丝不苟，得到业主一致好评。

（二）天津

中煤中原（天津）工程监理有限公司

（1）段浩——中煤中原（天津）工程监理有限公司

段浩，男，机械设计及制造专业，教授级高级工程师，具有国家注册监理工程师、注册设备监理工程师、注册安全工程师、注册一级建造师、人防工程监理工程师等执业资格，现为中煤中原（天津）建设监理咨询有限公司项目总监理工程师。

从事监理工作以来，监理过天津地铁 1 号线人防设备安装工程、广州地铁三号线土建工程监理标 9 标段项目施工、广州市轨道交通三号线机电设备安装及装修项目施工、广州轨道交通五号线土建工程项目、成都地铁 1 号线一期土建工程盾构 1 标段、成都地铁 1 号线车站设备安装及装修工程 A 标段、天津地铁 3 号线监理第二合同段、天津地铁 6 号线工程土建监理第 5 合同段、西安地铁 3 号线土建监理 3 标段、西安地铁四号线设备安装及装修监理 1 标段。

工作中注重理论与实践相结合，曾在《现代城市轨道交通》《铁路技术创新》《现代隧道技术》《山西建筑》《上海建设咨询》等刊物发表专业论文20余篇。

参与监理的天津地铁1号线工程荣获国家建设工程2008年度国家优质工程银质奖；天津地铁3号线监理第二合同段各施工标段获得2012年度结构海河杯；2013年均获得天津市2013年优质工程奖"金奖海河杯"和2014年11月获得2013—2014年度国家优质工程奖。

2008年度被评为中国煤炭监理协会优秀监理工程师，2010年度、2016年度被评为煤炭行业优秀总监理工程师，2010年度荣获河北省优秀监理工程师等荣誉称号。

（2）李海波——中煤中原（天津）工程监理有限公司

李海波，男，土木工程专业，高级工程师，国家注册监理工程师、注册一级建造师、国家注册安全工程师。现为中煤中原（天津）建设监理咨询有限公司总监理工程师。

从事监理工作以来，监理过广州市轨道交通五号线（鱼珠站—大沙东站盾构区间）土建工程合同段，该工程被评为2008年度国家市政金杯示范工程，监理部获得了广东省十项工程劳动竞赛广州轨道交通工程赛区优秀监理单位；广州市地铁三号线北延段永泰站，该工程获得了2011年度广州市市政优良样板工程奖；珠江三角洲城际快速轨道交通广州至佛山段项目施工15标段，该工程获得2013年度广州市安全文明样板工地和广州市安全文明施工样板标准示范工地称号。

李海波同志先后获得2010年度煤炭行业优秀监理工程师、2011年度邯郸市优秀监理工程师、2012年度邯郸市优秀总监理工程师、2013年煤炭行业优秀总监理工程师，2015年、2016年中煤邯郸设计工程有限责任公司优秀员工、2017年度中煤建设集团优秀员工等荣誉称号。

（3）孙继锋——中煤中原（天津）工程监理有限公司

孙继锋，男，采矿工程专业，国家注册监理工程师，教授级高级工程师，现为中煤中原（天津）建设监理咨询有限公司总监理工程师。

从事监理工作20多年来，先后监理了北京首都国际机场东跑道改扩建工程、河南登封铁路工程、朔黄铁路、河北沙蔚铁路、邯郸市城市桥梁一期工程、广州地铁APM线、天津西站交通枢纽配套市政公用工程、天津地铁6号线、天津黑牛城道新八大里地区配套地下工程等，均取得了良好效果。其中，朔黄铁路工程荣获中国建筑工程"鲁班奖"和第三届"詹天佑土木工程大奖"。广州地铁APM线先后被评为广州市和广东省市政优良样板工程。天津西站交通枢纽配套市政公用工程北广场工程和枢纽管理控制中心荣获天津市建设工程"金奖海河杯"。

在监理业务上，有扎实的工程理论基础，有比较全面的工程知识，特别是对地铁车站和隧道工程有丰富的工程实践经验；具备较强的现场管理技能以及组织、指挥、控制和沟通、协调能力，坚持原则，诚信监理。在工作中，遵章守纪、团结同事、乐观上进，始终保持严谨认真的工作态度和一丝不苟的工作作风，有强烈的事业心、高度的责任感、正直的为人品质。同时热爱监理行业，具有良好的职业道德。

曾先后获得2006年、2012年度中国煤炭监理协会优秀总监理工程师、2010年度河北省优秀总监理工程师、2010年度广州市市政优秀总监理工程师等荣誉称号。

（4）苑玉杰——中煤中原（天津）工程监理有限公司

苑玉杰，男，采矿工程专业，高级工程师，国家注册监理工程师，现为中煤中原（天津）建设监理咨询有限公司项目总监。

2004年开始担任项目总监理工程师，先后顺利完成山西兰花科创集团望云煤矿西区改造60万吨/年项目、山西朔州柴沟煤井300万吨/年项目、中国华电内蒙古蒙泰不连沟矿井及选煤厂1000万吨/年项目、青岛地铁三号线监理06标段项目的监理任务，目前担任深圳地铁9号线二期9512标段总监理工程师。

在担任总监理工程师期间监理的中国华电内蒙古蒙泰不连沟矿井及选煤厂项目荣获2012—2013年度中国建设工程鲁班奖、改革开放35年百项经典暨精品工程；青岛地铁三号线荣获第十五届中国土木工程詹天佑奖。深圳地铁9号线9512标监理部荣获2017中煤建设集团安全生产先进项目部。

苑玉杰主持编写的《内蒙古蒙泰不连沟煤矿主、副斜井工程监理实施细则》获得2010年度煤炭行业优秀监理成果奖。

曾获得2010年度煤炭行业优秀总监理工程师和煤炭行业优秀监理工程师称号，荣获2015年邯郸市建设系统优秀党员，2016年中煤建设集团安全生产先进个人，多次获得中煤邯郸设计工程有限责任公司先进员工等荣誉称号。

（三）重庆

（1）郑新文——中煤科工集团重庆设计研究院有限公司

郑新文，男，教授级高级工程师，国家注册监理工程师，多次荣获煤炭行业优秀监理工程师、重庆市优秀监理工程师。担任总监主要业绩有：山西汾西矿务局新峪选煤厂300万吨/年改扩建工程（2010—2011），造价3.1亿元；贵州金佳选煤厂300万吨/年技术改造工程（2011—2012），造价7500万元；贵州新田选煤厂120万吨/年工程（2012—2013），造价8000万元，2017年获太阳杯奖；涪陵长江一桥南桥头改造工程（2012—2014），投资1.5亿元，获得2015年度全国市政金杯示范工程奖；山西汾西矿务局和善煤矿180万吨/年改扩建工程（2012年至今），总造价6.69亿元；山西汾西矿业（集团）有限责任公司双柳煤矿300万吨/年选煤厂（2016年至今），总造价4.15亿元。

（2）宁琴贵——中煤科工集团重庆设计研究院有限公司

宁琴贵，男，高级工程师，国家注册监理工程师，注册安全工程师，1998年从事监理工作，担任总监时间近20年。已监理近100个工程项目，总造价约45亿元。2009—2017年负责监理了四川华蓥山龙门峡煤矿（60万吨/年，总投资约4亿元）、四川广旺集团船景煤业有限公司船景煤矿（150万吨/年，总投资约12亿元）、筠连川煤芙蓉新维煤业有限公司新维煤矿（180万吨/年，总投资约15亿元），任总监理工程师。其中新维煤矿新场井主平硐掘砌工程获2015年"太阳杯"奖。2010年及2012年被评为煤炭行业优秀监理工程师；2014年及2016年被评为煤炭行业优秀总监理工程师。负责监理的光控朝天门中心项目一期2号塔楼及裙楼工程获2017年"三峡杯"优质结构工程奖。

（3）王坚——中煤科工集团重庆设计研究院有限公司

王坚，男，高级工程师，国家注册监理工程师。2000年从事监理工作，担任总监的工程主要有重庆国际双语学校二期工程、渝北区龙塔实验学校工程、渝北区图书馆文化馆新建项目、保税港区和机场三期安置房工程、鲁能领秀城 1 号地一期工程、金易·E 世界工程、洺悦府项目、南山工业园标准厂房二期工程、李家花园隧道拓宽改造工程（总投资 1.6 亿元）。其中金易·E 世界工程 5 号楼、渝兴·环湖企业公园（一期）2 号楼工程、重庆国际双语学校二期 6-A 栋工程、重庆金泰·彩时代 1 号楼工程，获得重庆市三峡杯优质结构工程奖；金易·E 世界 4 号、5 号、6 号楼及车库工程、重庆国际双语学校二期工程、重庆金泰·彩时代工程获得重庆市市级文明工地；重庆金泰·彩时代工程获得 2016 年"AAA 级安全文明标准化工地"。2010 年、2012 年、2013 年被评为重庆市优秀监理工程师，2016 年被评为煤炭行业优秀监理工程师。

（四）河北

（1）周荣军——唐山开滦工程建设监理有限公司

周荣军，男，现任开滦张家口蔚州矿区项目总监，注册监理工程师，煤炭行业一级总监理工程师，煤炭行业优秀总监理工程师，监理工程业绩：开滦集团蔚州北阳庄 180 万吨新建矿井、开滦协鑫发电厂工业管道工程、首钢迁安焦化项目等。

（2）王叶青——唐山开滦工程建设监理有限公司

王叶青，女，现任开滦唐山矿项目总监，注册监理工程师，煤炭行业一级总监理工程师，煤炭行业优秀总监理工程师，监理工程业绩：世界园艺博览会南湖景观绿化工程、开滦集团危旧房改造项目、开滦国家矿山公园蒸汽机观光园项目等。

（3）邱鹏——唐山开滦工程建设监理有限公司

邱鹏，男，现任承德市丰宁铁矿项目总监，注册监理工程师，监理工程业绩：承德顺达矿业集团铁矿筛选工程、宏达集团新建铁矿项目等。

（4）张学舟——唐山开滦工程建设监理有限公司

张学舟，男，现任唐山工人医院项目总监，注册监理工程师，监理工程业绩：开滦集团棚户区改造工程、唐山市工人医院项目。

（5）李群——唐山开滦工程建设监理有限公司

李群，男，现任开滦总医院项目总监，注册监理工程师，监理工程业绩：开滦集团钱家营选煤厂、吕家坨选煤厂、唐山矿选煤厂项目等。

（6）吴庆春——唐山开滦工程建设监理有限公司

吴庆春，男，现任开滦吕家坨矿区项目总监，注册监理工程师，监理工程业绩：开滦集团实事工程、开滦集团范各庄锅炉改造项目、林西矿煤场棚化工程等。

（7）孔令香——唐山开滦工程建设监理有限公司

孔令香，女，现任开滦钱家营矿项目总监，注册监理工程师、造价工程师、一级建造师，监理工程业绩：开滦集团十九个庄搬迁工程、范各庄锅炉房改造工程等。

（8）段志明——唐山开滦工程建设监理有限公司

段志明，男，现任唐山曹妃甸、海港开发区地区项目总监，注册监理工程师、设备监理工程师，监理工程业绩：曹妃甸标准工业厂房工程、通用汽车厂房工程、保税区景观绿化工程、医院剩余工程、污水厂工程等。

（五）山西

1. 山西省煤炭建设监理公司

（1）苏新瑞——山西省煤炭建设监理公司

苏新瑞，男，矿山工程、市政工程专业，教授级高级工程师，国家注册监理工程师。从事监理工作22年，自2003年始担任晋煤集团赵庄煤矿（800万吨/年）矿井工程、西山煤电晋兴公司斜沟（1500万吨/年）矿井项目及选煤厂项目总监理工程师。2008年9月晋城煤业集团赵庄矿6000万吨/年矿建项目荣获中国煤炭建设协会"主井井筒工程"优质工程奖。2009年12月晋城煤业集团赵庄矿6000万吨/年矿建项目荣获中国煤炭建设协会、煤炭工业建设工程质量监督总站"副斜井井筒工程"太阳杯奖。2010年10月晋城煤业集团赵庄矿6000万吨/年矿建项目荣获中国煤炭建设协会"监理实施细则"监理成果奖。

苏新瑞同志参与了《井下瓦斯抽采实用技术》的起草工作，著有《加强人力资源管理　促进企业可持续发展》《煤柱内巷道布置与支护技术研究》《赵庄矿井筒过强含水层壁后注浆技术及工程质量控制》等。

个人荣誉：2000年5月荣获中国煤炭建设协会优秀总监理工程师称号。2010年10月荣获中国煤炭建设协会优秀总监理工程师称号。2016年8月荣获中国煤炭建设协会优秀总监理工程师称号。2008年11月荣获山西省建设监理协会三晋工程监理特别贡献奖。2013年3月荣获山西省建设监理协会优秀总监理工程师称号。

（2）杨海平——山西省煤炭建设监理公司

杨海平，男，教授级高级工程师，国家注册监理工程师，山西省人力资源和社会保障厅高级职称评审专家，山西省煤炭工业厅中级职称评审委员会副主任。从事监理工作18年，监理项目有：王庄煤矿+540水平延深矿建、土建及机电安装工程；王庄煤矿+540水平延深进、回风井二期井巷掘砌工程；山煤集团经纺煤业山西长治经纺庄子河120万吨/年矿井改扩建工程；新疆京能汉水泉三号（800吨/年）煤矿工程等。所主持的山西潞安余吾煤业屯南煤矿南进和回风立井井筒工程监理、国投昔阳能源有限责任公司白羊岭煤矿90万吨/年选煤厂工程监理、国投昔阳能源有限责任公司90万吨/年白羊岭煤矿兼并重组整合工程监理均荣获中国煤炭建设协会、煤炭工业建设工程质量监督总站煤炭工程质量"太阳杯"奖。

著有论文：《大跨度复合顶板的支护研究与应用》《厚锚固板理论在巷道锚固支护中的应用研究》《谈如何做好建设工程项目监理的信息管理工作》《工程监理人员要自觉践行社会主义核心价值观》《监理服务价格放开对工程建设监理企业的影响及建议》。2017年荣获"监理通杯"第二届监理论文大赛一等奖。

个人荣誉：获2013—2014年度"全省煤炭建设先进工作者"称号；2014年以来，连续获中国煤炭建设协会"优秀总监理工程师"称号；山西省建设监理协会"优秀总监理工程师""杰出青年总监理工程师""优秀总工程师"称号。

（3）崔忠义——山西省煤炭建设监理公司

崔科斌，男，高级工程师，国家注册监理工程师，设备监理工程师。自2005年任总监以来，主持的监理项目有：山西煤销集团保安煤业有限公司新建 150 万吨/年矿井及配套选煤厂工程监理工作，2008 年 12 月荣获煤炭行业工程质量"太阳杯"奖；国投昔阳能源有限责任公司白羊岭煤矿 90 万吨/年兼并重组整合项目及配套选煤厂的监理工作，2013年 12 月荣获煤炭行业工程质量"太阳杯"奖；山西国投昔阳公司黄岩汇矿产品仓及辅助生产系统工程，获 2008 年度煤炭行业优质工程奖；山西阳泉市上社煤炭公司办公楼工程，2013 年 12 月荣获煤炭行业工程质量"太阳杯"奖；山西煤炭运销集团左权盘城岭煤业有限公司 90 万吨/年矿井兼并重组整合项目及配套选煤厂的监理工作。

个人荣誉：2013 年以来，连续五年被中国煤炭建设监理协会、山西省煤矿建设协会、山西省建设监理协会评选为"优秀总监理工程师"。2016 年 8 月荣获中国煤炭建设协会优秀总监理工程师称号，2016 年 1 月荣获山西省建设监理协会优秀总监理工程师。

（4）代红——山西省煤炭建设监理公司

代红，女，教授级高级工程师，国家注册监理工程师，国家二级注册建筑师，山西省评标专家。从事煤炭工程设计工作 14 年，从事工程监理工作 20 年，曾任山西省煤炭建设监理有限公司技术负责人 16 年，担任过中国煤炭建设协会监理委员会理事、副秘书长。

监理业绩与获奖情况：从事监理工作 20 年，主持和参与监理项目有：山西煤炭大厦、府西街高层公寓楼、山西广播电视大学综合楼及图书信息中心办公楼、晋西机器工业集团西兴苑高层住宅、小店二里半闸高层住宅楼、同煤集团轩岗煤电棚户区改造阳光小区项目、山西翼城首旺煤业有限责任公司坑口选煤厂及配套工程、晋中伊利乳业有限责任公司新建日产 891 吨超高温灭菌奶项目、山西蓝青环保建材项目、山西美佳矿业工程装备有限公司掘进机项目、中天信安防科技产业园Ⅰ期工程、国投晋城能源有限公司里必矿井地面工程项目、山西潞安集团文水王家庄煤业有限责任公司地质勘探监理项目、海南儋州城投·林海风情（二期）工程、太原市 2017—2018 年重点工程北沙河北涧河道路快速化改造及综合治理工程（景观绿化工程）等。

山西煤炭大厦荣获 2000 年度"鲁班奖"，府西街高层公寓楼荣获 2003 年度山西省"汾水杯"奖，小店二里半闸高层住宅楼荣获 2007 年度太原市优质工程奖。

2001 年获中国煤炭建设协会"优秀总监"称号，2006 年荣获山西省总工会颁发的山西省"五一巾帼奖"（个人），多次获山西省建设监理协会"优秀总监"称号，2007 年荣获中国建设监理协会"优秀监理工程师"称号，2007 年荣获"山西省优秀科技工作者"称号，2008 年荣获山西省建设监理协会"三晋工程监理大师"称号，2016 年获山西省建设监理协会"三晋监理贡献奖"。

发表论文及获奖情况：分别在《太原科技》《科技情报开发与经济》《中国建设信息》《煤炭工程》《山西建筑》《山西监理》《中国建设监理与咨询》《建设监理》等期刊上发表论文多篇，其中《建筑节能与可持续发展》获中国建设监理事业创新发展 20 周年征文三等奖，《实行项目管理是做好项目投资控制的有效途径》在"浩智杯"第一届全国建设监理论文大赛中获三等奖。在《建设监理》2010 年第 10 期上发表了《应重视和加强煤炭建设中的地质勘查监理》。参赛的摄影作品《黄河魂》荣获中国建设监理协会第二届中国建设监理摄影比赛三等奖。

作为主要起草人之一参加了国家能源局组织的《煤炭工业建设工程监理与项目管理规

范》（NB/T 51014—2014）的编写工作。

作为主要起草人之一参加了山西省建设监理协会《监理使用手册》编写工作。

（5）孙利祥——山西省煤炭建设监理公司

孙利祥，男，国家注册监理工程师。自从事监理工作以来，主持监理的项目有：山西省左云县鹊儿山煤矿、左云县鹊儿山选煤厂（210 万吨/年）、山西马军峪煤焦有限公司900 万吨/年等工程。其中泰山隆安煤业有限公司 120 万吨/年矿井兼并重组整合项目荣获国家优质工程奖和煤炭行业工程质量"太阳杯"奖。

个人荣誉：曾多次荣获中国煤炭建设协会和山西省监理协会"优秀总监理工程师"称号。

（6）刘建平——山西省煤炭建设监理公司

刘建平，高级工程师，国家注册监理工程师，设备监理师。自 2006 年至 2013 年，主持山西潞安集团高河煤矿 800 万吨/年矿建工程及选煤厂工程的监理工作；2013 年，该项目获中国建设"鲁班奖"。2009 年至今，主持同煤浙能集团麻家梁煤矿 1200 万吨/年矿建工程的监理工作；2015 年，该项目获国家优质工程奖。2013 年至今，主持同煤集团同发东周窑煤矿 1000 万吨/年矿土安工程。

个人荣誉：2013 年至今，多次荣获中国煤炭建设监理协会、山西省煤炭建设监理协会授予的优秀总监理工程师称号。

（7）丰红彦——山西省煤炭建设监理公司

丰红彦，男，高级工程师，国家注册监理工程师。

工作业绩：梅园百盛商住楼、梅园地下停车库、煤炭机械施工公司住宅小区、煤炭学院学生公寓楼、煤炭中心医院改造项目等。

（8）张云奎——山西省煤炭建设监理公司

张云奎，高级工程师，国家注册监理工程师，设备监理师。

2009—2014 年主持的监理项目有：山西王家岭煤业有限公司总投资 30 亿元的 500 万吨/年矿井兼并重组及选煤厂工程、山西乡宁焦煤集团申南凹焦煤有限公司总投资 7 亿元的 90 万吨/年兼并重组矿井工程、山西曙光船窝煤业有限公司总投资约 3 亿的 120 万吨/年兼并重组矿井工程、山西煤焦集团低碳技术开发有限公司研究中心项目工程（总建筑面积 122153.02 平方米、总投资 44000 万元）、山西乡宁焦煤集团申南凹矿井副立井井筒工程（2012 年，该工程荣获"太阳杯"奖）、潞安新疆煤化工程集团砂墩子矿井副斜井井筒掘砌工程（2014 年，该工程荣获"优质工程"称号）、山西霍州煤电集团吕临能化庞庞塔煤矿选煤厂主厂房钢结构工程（2016 年，该工程荣获"太阳杯"奖）。

个人荣誉：2012 年 4 月，荣获山西省劳动竞赛委员会颁发的"山西省五一劳动奖章"。2013 年度至今，多次荣获中国煤炭建设监理协会、山西省煤炭建设监理协会授予的"优秀总监理工程师"称号。

2013 年参与了《煤炭地质工程监理规范》的起草编写工作。

（9）孟旭东——山西省煤炭建设监理公司

孟旭东，国家注册监理工程师。从事监理工作 18 年，自 2005 年任总监以来，监理项目有：山西襄矿上良煤业有限公司矿井兼并重组整合项目、山西襄垣七一善福煤业有限公司矿井兼并重组整合项目、山西襄垣七一大雁沟煤业有限公司矿井兼并重组整合项目。

2016 年 4 月荣获山西省建设监理协会"五四杰出青年总监",2016 年 8 月获得中国煤炭建设协会优秀总监理工程师。

(10)席光明——山西省煤炭建设监理公司

席光明,国家注册监理工程师。2006 年开始从事工程监理工作,监理的第一个项目是国家南水北调中线京石段奥运应急供水项目工程 25 标段,两年工期保证了奥运会的应急供水。2008 年进入山西省煤炭建设监理有限公司以来,所监理的工程项目主要有:山西煤销集团集团泰山隆安煤业有限公司 120 万吨兼并重组项目、山西宁武大运华盛南沟煤业有限公司兼并重组项目、山西宁武大运华盛庄旺煤业有限公司兼并重组项目、山西宁武大运华盛老窑沟煤业有限公司兼并重组项目。

荣誉称号:山西煤炭运销集团泰山隆安煤业有限公司兼并重组整合项目获得煤炭行业"优质工程奖"、"太阳杯"奖、"国家优质工程"奖。

(11)苏卫红——山西省煤炭建设监理公司

苏卫红,国家注册监理工程师,获有 BIM 项目管理师证书。2010 年至今先后担任太原市兰亭御湖城项目、碧桂园—桃源里项目总监理工程师。

《监理工程师对深基坑专项施工方案审查案例的启示》刊登在《建设监理》上,获得山西省建设监理协会 2016 年度优秀论文一等奖。

个人荣誉:2016 年和 2017 年获得山西省建设监理协会优秀总监理工程师称号。所主持的太原市兰亭御湖城项目监理部连续三年被公司评为"优秀项目监理部",并荣获"煤炭行业十佳监理部"称号,获得太原市建筑施工安全质量标准化工地和山西省建筑业绿色施工示范工地称号。

(12)石彦龙——山西省煤炭建设监理公司

石彦龙,男,国家注册监理工程师。参加了山西潞安集团高河能源有限公司高河矿井工程监理,主持了山西美锦集团东于煤业有限公司 150 万吨/年矿井兼并重组整合、太原市晋源区"煤改电"工程(二标段)、忻州·碧桂园等工程项目的监理。其中高河矿井工程项目获"鲁班奖"。

著有论文:《煤矿采矿工程中安全管理的应用分析》《工程监理中质量管理的研究与应用》《我国建设监理制度影响因素分析与对策研究》《矿建工程项目安全风险监测与预警》。其中,《工程监理中质量管理的研究与应用》获山西省建设监理协会"2017 年度优秀论文作品二等奖"。

个人荣誉:2017 年 3 月获山西省建设监理协会"优秀监理工程师"称号,2017 年 11 月,获山西省建设监理协会"2017 年度监理理论研究先进个人"。2018 年 3 月,获山西省建设监理协会"2017 度优秀总监理工程师"。2018 年 7 月,被山西省人力资源和社会保障厅、山西省煤炭工业厅联合评为"山西省煤炭系统劳动模范"。

(13)赵春阳——山西省煤炭建设监理公司

赵春阳,男,国家注册监理工程师。自担任总监以来监理项目有:金之中煤业有限公司兼并重组整合项目、平定窑煤业有限公司兼并重组整合项目。

著有论文:《井下采矿技术应用及未来发展趋势分析》《分析煤矿通风安全控制中的影响因素》《分析煤矿绿色开采技术运用》《基于煤矿工程监理的安全管理分析》《建筑工程监理施工阶段质量控制研究》。

个人荣誉：2016年8月荣获中国煤炭建设协会优秀监理工程师称号，2018年3月荣获山西省建设监理协会优秀总监理工程师称号。

（14）林钊——山西省煤炭建设监理公司

林钊，男，国家注册监理工程师。自从事监理工作以来，监理项目有：山西潞安集团高河能源有限公司高河矿井工程、太原市南堰住宅小区一期工程、太原市南堰住宅小区三期工程、山投·恒大青运城项目。其中高河矿井工程项目获"鲁班奖"。2017年3月荣获山西省建设监理协会优秀总监理工程师称号，2018年3月荣获山西省建设监理协会优秀总监理工程师称号。

（15）郝剑——山西省煤炭建设监理公司

郝剑，国家注册监理工程师。从事监理工作以来，监理的项目有：乡宁台头煤焦集团胡村矿基建工程、山西乡宁焦煤集团申南凹焦煤有限公司矿井兼并重组整合项目、华晋吉宁煤业300万吨改扩建工程、华晋吉宁煤业3.5千米运煤通道工程及其附属工程。其中申南凹矿井副立井井筒工程荣获太阳杯。2017年3月荣获山西省建设监理协会优秀监理工程师称号。

（16）帅永祯——山西省煤炭建设监理公司

帅永祯，国家注册监理工程师。2009年黄岩汇煤矿辅助生产系统工程获国家煤炭系统优质工程奖；2012年获山煤集团左权宏远煤业有限公司二项技术创新二等奖；2013年白羊岭煤矿建设和洗煤厂建设二个单项工程获煤炭系统"太阳杯"，所属项目监理部多次获优秀监理部。

个人荣誉：2006年以来，多次被评为单位优秀总监理工程师；2008年荣获国家优秀监理工程师。

（17）史红瑞——山西省煤炭建设监理公司

史红瑞，国家注册监理工程师，造价工程师。在山西省煤炭建设监理有限公司环境监理部工作，本人主要主持的环境监理项目有：2014年9月，编写了《大同煤矿集团临汾宏大豁口煤业有限公司60万吨/年兼并重组整合项目环境监理报告》；2017年9月，编写了《大同煤矿集团临汾宏大锦程煤业有限公司90万吨/年矿井兼并重组整合项目环境监理报告》；2018年4月，编写了《山西华润鸿福煤业有限公司60万吨/年矿井兼并重组整合项目环境监理报告》。

（18）吕文——山西省煤炭建设监理公司

吕文，工程师，国家注册监理工程师。从事监理工作8年，先后在长治小学加固工程项目部、山西美锦东于煤业项目监理部、山西太原兰亭御湖城项目监理部担任监理员和专业监理工程师。

个人荣誉：2015年被公司评为先进工作者，2016年被山西省建设监理协会评为优秀专业监理工程师，2017年被山西省煤炭工业厅评委优秀共产党员，被山西省建设监理协会评为优秀专业监理工程师。

著有论文：《轮项目检查在实际监理工作中的意义》（获得2014年度优秀论文二等奖）、《如何做好建立企业的项目管理工作》、《工程项目管理标准化作用及应对措施》、《工程项目监理激励机制探讨》（获得2017年度优秀论文三等奖）、《煤炭建设项目安全监督管理制度研究》、《工程监理行业转型升级创新发展策略分析》。

2. 山西煤炭建设监理咨询有限公司

（1）陈怀耀——山西煤炭建设监理咨询有限公司

陈怀耀，男，建筑工程专业高级工程师，国家注册监理工程师。1988年参加工作，2006年加入中国共产党，现就职于山西煤炭建设监理咨询有限公司。

1992年7月至1997年8月就职于霍州矿务局建筑安装工程处，先后担任技术员、助理工程师、工程师、科长等职务。1997年9月起至今就职于山西煤炭建设监理咨询有限公司，从事工程监理及造价咨询工作，先后担任监理工程师、总监代表、总监总经理助理、副经理、经理、执行董事等职务。

自1997年开始从事监理工作以来，主要参加了晋城无烟煤集团寺河矿井地面工程、山西大学商务学院图书馆工程、西山煤电集团金城公司建材厂、建工苑住宅小区工程、山西潞安集团长治北铁路交接场工程、山西潞安矿业集团屯留矿井及选煤厂工程等的监理工作。

2007年12月担任总监理工程师的潞安矿业屯留煤矿主井系统机电安装工程荣获中国建筑工程鲁班奖（国家优质工程）；2014年3月被山西省建设监理系会评为2003年度省"优秀监理工程师"；2007年度被山西省煤炭工业局评为全省煤炭建设系统"先进工作者"称号；2006年被中国建设监理协会评为"优秀监理工程师"荣誉称号；2007年被中国建设监理协会评为"创新发展20年优秀总监理工程师"称号；2007年度被中国煤炭建设协会评为"煤炭行业优秀项目总监理工程师"称号；2010年被中国建设监理协会评为"优秀总监理工程师"称号；2011年度被山西省建设监理协会评为"山西省杰出青年总监理工程师"称号；2016年度荣获纪念山西监理协会20周年三晋监理"创优奖"及三晋监理"贡献奖"；2016年荣获山西省煤炭工业协会"先进工作者"；2016年12月荣获2015年度山西省煤矿建设协会"优秀企业经理"；2017年荣获山西省煤炭工业协会"先进工作者"；2017年11月荣获2016年度山西省煤矿建设协会"优秀企业经理"。

（2）孟维民——山西煤炭建设监理咨询有限公司

孟维民，男，建筑工程专业，高级工程师，国家注册监理工程师，注册造价工程师。1980—1998年就职于山西汾西矿业集团，先后在汾西矿务局科技处、水峪煤矿基本建设处工作，先后担任技术员、助理工程师、经济师、科长等职务。1998年起至今就职于山西煤炭建设监理咨询有限公司，从事工程监理及造价咨询工作，先后担任监理工程师、总监理工程师、公司技术负责人、总工程师等职务。

自1998年开始从事监理工作以来，主要参加了山西邮电管理局双东小区2号楼（16层）、阳泉市体育局运动中心体育场（17000座）工程、山西煤炭进出口公司职工集资住宅楼（40583平方米/地上29层，地下2层）、山西昱盛房地产公司旱西关38号商住楼（48000平方米）、汾西矿业集团棚户区改造工程（32万平方米）、山西通洲集团留神峪煤业有限公司资源整合项目（120万吨/年）、山西通洲集团晋杨煤业有限公司资源整合项目（120万吨/年）、山西通洲集团安达煤业有限公司资源整合项目（120万吨/年）、山西汾西瑞泰正中煤业有限公司兼并重组项目（120万吨/年）、山西晋煤集团赵庄矿高层公寓（49192平方米/地上20层，地下2层）、介休市人民法院新建审判法庭（18000平方米）等20余项房屋建筑、矿山工程的监理工作，工程总造价近25亿元。

（3）周长红——山西煤炭建设监理咨询有限公司

周长红，男，国家注册监理工程师。1994—2002年就职于中煤第一建设总公司第十工程处，从事煤矿基本建设处工作，先后担任技术员、助理工程师、项目技术经理等职务。2002年起至今就职于山西煤炭建设监理咨询有限公司，从事工程监理工作，先后担任监理工程师、总监理工程师代表、总监理工程师等职务。

自1998年开始从事监理工作以来，主要参加了晋煤集团寺河煤矿、潞安集团高河煤矿、宁煤集团梅花井煤矿、晋能集团黄山煤矿、晋能集团晋永泰煤矿、潞安集团五阳煤矿、山煤集团霍尔辛赫中部风井、晋能集团王庄煤矿3号煤延伸等项目的监理工作，工程总造价近80亿元。

其中：山西潞安高河煤矿项目荣获2011—2012年度煤炭行业优质工程奖、太阳杯工程奖两个奖项，此后该建设项目又获得2012—2013年度鲁班奖。

2009年荣获山西省先进总监理工程师称号。2010年所任总监的监理部荣获首届煤炭行业"十佳监理部"称号。2014年12月，被中国建设监理协会授予2013—2014年度中国建设监理行业"优秀总监理工程师"。2015年荣获山西省建设监理协会"五四杰出青年总监"。2016年荣获纪念山西建设监理协会20周年"三晋监创优奖"。

2014年于《山西建筑》发表《关于监理工作的感想和体会》。

（4）展永春——山西煤炭建设监理咨询有限公司

展永春，男，工程师，国家注册监理工程师，注册造价工程师。曾就职于霍州矿务局建安工程处，先后担任施工队组技术员、技术负责人、生产经理等职务。2002年起至今就职于山西煤炭建设监理咨询有限公司，从事工程监理及造价咨询工作，先后担任监理工程师、总监理工程师代表、总监理工程师。

自2002年开始从事监理工作以来，主要参加建设了山西焦煤集团西山屯兰选煤厂改扩建工程（180万吨/年）、山西煤炭进出口集团职工集资住宅楼（40583平方米）、潞安集团屯留矿井地面及选煤厂工程（300万吨/年）、潞安集团五阳煤矿南风井项目、潞安集团五阳煤矿地面储存装运系统工程、潞安集团五阳煤矿选煤厂工程（90万吨/年）、潞安集团王庄煤矿+540风井项目、山西煤炭进出口公司长治分公司办公大楼（18000平方米）、潞安集团常村煤矿地面瓦斯发电工程、潞安集团五阳煤矿新世纪选煤厂改扩建工程（180万吨/年）、潞安集团李村煤矿矿井工程（300万吨/年）、潞安集团古城煤矿矿井工程（500万吨/年）等房屋建筑、矿山工程的监理工作，工程总造价近40亿元。

其中，山西煤炭进出口集团职工集资住宅楼荣获国家建设工程优质奖"鲁班奖"；潞安集团屯留矿井副井提升系统工程荣获国家建设工程优质奖"鲁班奖"；潞安集团五阳煤矿储装运系统工程荣获煤炭行业优质工程奖"太阳杯"；潞安集团古城矿井工程荣获煤炭行业优质工程奖"太阳杯"；潞安集团李村煤矿建设项目监理部被中国煤炭建设协会评为中国煤炭行业"十佳监理部"。

2008年荣获中国建设监理创新发展全国优秀监理工程师；2009年荣获中国建设监理协会的"全国优秀监理工程师"；2015年荣获山西省建设监理协会年度优秀总监理工程师；2017年荣获山西省建设监理协会年度优秀总监理工程师。

（5）杨立新——山西煤炭建设监理咨询有限公司

杨立新，工程师，国家注册监理工程师。自2004年至今工作于山西煤炭建设监理咨询有限公司，先后担任总监代表、总监等职务。从事监理工作期间，主要完成了司马矿选煤厂（150万吨/年）、山西省高河能源有限公司矿井井下矿建及安装工程（600万吨/年）、山西西山晋兴能源有限公司斜沟煤矿及选煤厂工程（1500万吨/年）等房屋建筑和矿山工程的监理项目，工程总造价50亿元以上。所监项目中，山西潞安高河矿井工程于2014年11月荣获2013—2014年度"鲁班奖"；2014年12月，高河煤矿建设工程监理工作总结、斜沟煤矿11采区辅助运输上山掘锚机（奥钢联）施工监理细则荣获煤炭行业优秀监理工作成果；2012年11月，斜沟煤矿及选煤厂工程监理部荣获煤炭行业双十佳监理部；2010年10月，第四监理部高河矿井荣获煤炭行业十佳监理部。多次荣获中国煤炭建设协会、山西省建设监理协会颁发的"优秀监理工程师"、"优秀总监工程师"荣誉称号。

(6) 侯毅——山西煤炭建设监理咨询有限公司

侯毅，男，国家注册监理工程师。曾就职于山西霍州煤电集团云厦建筑工程公司，从事施工技术、质量、安全等管理工作。2001年至今就职于山西煤炭建设监理咨询有限公司，从事工程监理、行政管理工作，先后担任监理工程师、总监代表、公司办公室主任、片区项目负责人、专业分公司经理、公司副总经理等职务。

自2001年从事监理工作以来，主要参加建设了古交兴园路项目（6.5千米）、晋城煤业集团赵庄煤矿（600万吨/年）、霍州煤电集团干河煤矿（280万吨/年）、辛置煤矿风井、辛置洗煤厂改造（300万吨/年）、团柏煤矿风井、霍州煤电什林煤矿（90万吨/年）、霍州煤电兴盛园煤矿（90万吨/年）、霍州煤电亿隆煤业（60万吨/年）、灵石华苑煤矿（90万吨/年）、霍州市星河蓝湾小区（48000平方米）、山西右玉县城供热管网改造（300万平方米）等20余项矿山工程、房屋建筑、市政工程的监理工作，工程总造价约30亿元。

2009年获得山西省建设监理协会颁发的"优秀总监工程师"荣誉称号；2010年获得中国煤炭建设协会颁发的"优秀总监工程师"荣誉称号；2010年获得中国建设监理协会颁发的"优秀监理工程师"荣誉称号；2012年获得山西省建设监理协会颁发的"优秀总监工程师"荣誉称号；2013年获得山西省建设监理协会颁发的"优秀总监工程师"荣誉称号；2013年获得山西省煤矿建设协会颁发的"优秀总监工程师"荣誉称号；2014年撰写的论文《狠抓管理夯基础，优质服务树形象，充分发挥监理企业在煤炭建设中作用》获得山西省建设监理协会2014年度优秀监理论文作品二等奖；2015年获得山西省建设监理协会颁发的"优秀总监工程师"荣誉称号；2016年获得山西省建设监理协会颁发的"优秀总监工程师"荣誉称号。

(7) 张书林——山西煤炭建设监理咨询有限公司

张书林，男，矿井建设专业，高级工程师，国家注册监理工程师，国家一级注册建造师（房建、市政）。

自2001年从事监理的项目有：温岭市秋水苑小区（78000平方米）、温岭市兴元公寓（65000平方米）、台州天台望景家园（69000平方米）、温岭市宏大铝业仓储用房（34000平方米）、温岭市宜桥村综合楼（48000平方米）、山西宁武德盛煤业有限公司矿井兼并重组整合项目工程（90万吨/年）、宁武张家沟煤业矿井兼并重组整合项目工程（90万吨/年）、山西榆次官窑安源煤业有限公司矿井兼并重组整合项目工程（45万吨/年）、忻州神达能源集团原平选煤化工有限公司500万吨选煤厂、沁水县鑫海能源有限公司郑庄矿副立井与主副井井架等工程项目（400万吨/年）、山西煤销集团东大煤矿年产500万吨矿井回风立井井筒工程、山西桃园华川选煤有限公司配煤项目工程（250万吨/年）、山西国有工矿石豹沟煤矿棚户区改造项目工程（90000平方米）、阳煤集团天安煤矿有限公司矿井兼并重组整合项目工程（90万吨/年）山西忻州神池宏远煤业有限公司矿井兼并重组整合项目工程（90万吨/年）、大同煤矿集团有限责任公司同忻矿井建设工程（1000万吨/年）、马脊梁矿选煤厂工程（500万吨/年）、山西晋神沙坪煤业矿井水平延深工程（400万吨/年）等三十余项房屋建筑和矿山工程的监理项目，工程总造价近50亿元。

所监项目中，同煤集团同忻矿井项目工程于2015年获2014—2015年度煤炭行业工程质量"太阳杯"奖；同煤集团同忻矿井建设工程于2015年获2014—2015年度"鲁班奖"。

2012—2014年获得山西省建设监理协会颁发的"优秀总监理工程师"荣誉称号；2016—2017年获得山西省建设监理协会颁发的"优秀总监理工程师"荣誉称号；2017年获得山西省煤矿建设监理协会颁发的"优秀总监理工程师"荣誉称号。

（8）陆艳鹏——山西煤炭建设监理咨询有限公司

陆艳鹏，男，建筑工程专业，工程师，国家注册监理工程师、注册二级建造师，现就职于山西煤炭建设监理咨询有限公司。

主要参建工程包括山西东辉集团邓家庄煤业有限公司技改工程（120万吨/年）、山西煤炭运销集团昊兴塬煤业有限公司资源整合项目（120万吨/年）、山西煤炭运销集团金塬达煤业有限公司资源整合项目（120万吨/年）、山西煤炭运销集团巨开元煤业有限公司资源整合项目（90万吨/年）、同煤集团临汾宏大豁口煤业有限公司井巷工程（90万吨/年）、山西介休正益煤业有限公司资源整合项目工程（90万吨/年）、山西榆次华都2号商务楼建设工程（65230平方米/地上22层，地下2层）、山西榆次冰雪世界建设工程（99000平方米）、汾西矿业集团棚户区改造工程二期（10万平方米）等20余项项房屋建筑、矿山工程的监理工作，工程总造价达20多亿元。

主要获得荣誉有：2007年荣获山西煤炭建设监理咨询公司优秀总监理工程师奖；2008年荣获山西省建设监理协会优秀总监理工程师奖；2011年荣获山西省建设监理协会优秀总监理工程师奖；2012年荣获中国建设监理协会优秀监理工程师奖；2012年荣获中国煤炭建设协会优秀监理工程师奖；2013年荣获山西省煤矿建设协会优秀总监理工程师奖；2016年荣获煤炭行业优秀总监理工程师奖；2017年荣获山西省建设监理协会优秀总监理工程师奖。

2012年在《山西建筑》发表了《北方某学校宿舍楼现有结构鉴定》。在工作中态度严谨，品德端正，日常工作中能以高标准严格要求自己，在工作中务实高效，能够很好地完成委托监理合同约定的各项监理工作任务，是一名优秀的总监理工程师。

（9）王飞——山西煤炭建设监理咨询有限公司

王飞，采矿工程专业，国家注册监理工程师。曾任江西矿山隧道建设总公司霍州煤电集团干河矿井项目部技术员；2005年7月至今就职于山西煤炭建设监理咨询有限公司，先后担任监理工程师、总监理工程师等职务。在从事监理工作期间，主要完成了山西霍尔辛赫煤业矿井工程（300万吨/年）、山西潞安集团慈林山煤矿延伸开采下组煤工程（60万吨/年）、山西晋煤集团沁水胡底煤业矿井兼并重组整合项目工程施工监理（60万吨/年）、胡底煤业矿井水及生活污水提标改造工程、山西晋煤集团赵庄煤业南苏风井上总回风巷和上总进风巷等工程施工阶段的工程监理任务，矿山工程监理的工程总造价约27亿元。其中，胡底煤业主斜井井筒掘砌工程及蒲池回风立井井筒掘砌工程于2015年荣获煤炭行业工程质量"太阳杯"奖。多次荣获山西省建设监理协会、山西省煤矿建设协会颁发的"优秀监理工程师""优秀总监理工程师"荣誉称号。

（10）郭志军——山西煤炭建设监理咨询有限公司

郭志军，男，工业与民用建筑专业，工程师。曾在河南省红旗渠建设集团有限公司第三建筑公司工作，在公司期间曾担任过资料员、技术员、工队长、技术负责人等职务。2005年至今就职于山西煤炭建设监理咨询有限公司工作，任职监理工程师，独自监理的工程有霍州煤电集团总医院（36000平方米），李雅庄煤矿及家属区污水处理工程、洗煤厂旧厂房土建加固工程（27000平方米）、家属楼工程（42000平方米）。2008年至2009年期间任总监代表，2010年任总监理工程师，负责霍煤集团汾东花园小区（30万平方米）建设，2013年至今负责潞安集团古城煤矿副井工业场地建设项目（800万吨/年）。

郭志军同志诚实守信，自信心强，能吃苦，有责任心，工作积极主动，团队意识强烈，有较强的事业心和责任感，在项目总监履职期间定期进行分析和总结，不断学习知识充实和完善自己，本着"安全第一"的原则，始终把工程建设安全监督监理工作作为"重中之重"，加大监理部安全管理工作力度，不断完善安全检查方法，受到了业主的一致好评和认可。监理部于2013年、2014年连续两年度被建设单位评为"安全生产模范单位"和"安全模范监理单位"。山西潞安集团古城煤矿副井区域安装工程、副立井井筒掘砌及中央回风立井井筒掘砌等三项工程荣获2015—2016年度煤炭行业优质工程奖、煤炭行业工程质量"太阳杯"奖。2017年，郭志军同志被山西省建设监理协会评为"优秀总监理工程师"荣誉称号。

3. 山西太行建设工程监理有限公司

（1）郝卫东——山西太行建设工程监理有限公司

郝卫东，男，国家注册监理工程师。现担任山西太行建设工程监理有限公司安全副经理兼项目总监理工程师，从事监理工作14年，能够认真履行安全监管职责，始终坚持"安全第一，预防为主，综合治理"原则，较好地完成了各项监理任务，充分展现了共产党员的先锋模范作用。期间主要完成了：①晋城集中供热分公司储煤场封闭EPC总承包工程；②晋煤集团北石店区新建污水处理厂工程；③晋煤集团总医院改扩建项目门急诊楼工程等多项工程监理任务。

该同志从事工程监理工作以来，牢固树立爱岗敬业、勤奋工作、积极创新、无私奉献的工作理念，有较强的事业心和责任感。在项目总监履职方面定期进行总结和分析，不断提出改进措施

和方法，真正形成一套适合自己的项目监理管控体系；在分管的安全管理工作方面，不断加大监理部自主安全管理力度，变被动安全管理为主动安全管理，同时，不断修订和完善安全检查制度和方法，在检查形式、内容、广度、深度等方面充分借鉴、持续改进，有效地强化了员工的安全意识和责任意识，受到了业主的一致认可与好评。同时，在《晋煤科技》等杂志上发表了《背栓式石材幕墙监理工作体会》《矿用视频系统无盲区监测实践与探讨》等多篇论文，多次被山西省建设监理协会评为"优秀总监理工程师"的荣誉称号，为公司健康发展贡献着自己的光和热。

（2）李晋鹏——山西太行建设工程监理有限公司

李晋鹏，男，高级工程师，国家注册监理工程师。现担任山西太行建设工程监理有限公司的项目总监理工程师，从事监理工作15年，担任总监职务8年。期间完成有代表性的工程：①晋煤集团寺河矿多功能报告厅工程；②晋煤集团寺河矿选煤厂末煤系统改扩建工程；③山西长平煤业有限责任公司选煤厂改扩建工程。

李晋鹏同志政治坚定，客观公正，视野开阔，善于谋划，严以律己，务实担当，注重团队工作，推动工作力度大。自从事工程监理工作以来，专注于洗煤厂新建及改扩建项目，精通此类项目的业务技术，具有类似项目的丰富管理经验。工作中严格执行国家相关的法律、法规、规范和标准，不断加强业务学习，掌握并应用新技术、新材料。始终坚持"公平、独立、诚信、科学"的执业准则，遵守监理工程师从业道德，热爱监理工作，具有高度的事业心和责任感。工作中坚持"严格要求、实事求是、公平合理、密切配合"的原则，利用"超前监理、预防为主、动态管理、跟踪监控"实现总目标。严格按照公司的要求，牢记"安全重于泰山、质量高于一切、进度就是效益"的现场监理宗旨，贯彻公司"安全为天、质量为基、诚信为本、服务为优"经营理念，监理工作得到了建设单位的支持和认可。

先后在《中华建设》《中华民居》《中国建材科技》等国家级、省部级刊物上发表五篇论文。作为主要人员参与的晋煤集团寺河矿多功能报告厅工程荣获煤炭行业工程质量"太阳杯"奖；多次荣获山西省建设监理协会颁发的"优秀总监理工程师"荣誉称号。

（3）延晋阳——山西太行建设工程监理有限公司

延晋阳，男，高级工程师，国家注册监理工程师、注册一级建造师。从事工程监理工作15年，担任总监理工程师14年，现担任山西太行建设工程监理有限公司的总工程师兼项目总监理工程师。担任总监理工程师以来完成的有代表性工程：①T26运盛生产调度楼工程（装配式建筑）；②晋煤集团赵庄二号井新建矿井工程；

③高平市原村乡秦城村村民住宅1号、2号楼等工程。

延晋阳同志多年来以技术创新为根本，对标优秀监理企业技术管理，虚心向监理大师和经验丰富的专业监理工程师及同行请教，努力掌握建设项目管理相关的新规范、新标准、新技术、新材料和新工艺，不断完善公司质量体系运行中的质量验收标准；利用网络信息平台在公司群里发送学习内容、新规范标准，对公司总监和现场专业工程师进行技术培训；将自己所监理项目资料整理规范化、标准化，并发在公司群里供大家参考学习，积极推广试用"总监宝"监理管理工具，从而提高公司现场监理人员的整体素质水平。

在多年的监理实践工作中积累了丰富的监理经验和较为出色的组织、协调能力，能够认真履行总监责任制，妥善处理建设各方的相互关系。在现场监理中，严格执行国家建设有关法律法规，认真负责，一丝不苟，在总监岗位上，办事公平、廉洁自律，充分团结和调动监理人员的积极性，使监理工作取得成效，受到业主和监督部门的一致好评。

他发表的《长螺旋钻孔灌注桩桩基施工质量监理》论文受到省监理协会奖励，连年荣获中国煤炭建设协会和山西省建设监理协会颁发的"优秀总监理工程师"荣誉称号。

（4）张新炉——山西太行建设工程监理有限公司

张新炉，男，国家注册监理工程师。现担任山西太行建设工程监理有限公司项目总监理工程师，从事监理工作13年，期间主要完成了以下工程：①晋煤集团长平公司单身公寓、芦家峪风井进场道路及强夯工程；②晋煤集团长平公司芦家峪风井项目土建及机电安装工程。

张新炉同志从事工程监理工作以来，带领项目监理机构的所有人员克服工期紧、任务重等种种困难，与所有监理人员同吃、同住，积极与建设方、施工方协调、讨论施工方案，在监理过程中严格按照监理规范进行三控两管一协调并履行监理法定安全职责。在日常工作中认真学习相关法律法规、新规范、新标准专业技术知识，能将理论同实践紧密联系起来，用理论指导实践，并在实践中总结宝贵工作经验，摸索一定的管理方法，对施工中存在的一些隐患进行

了有效的预防及处理，掌握过硬的专业技术能力，从一开工就狠抓资料的收集整理工作，做到了施工与资料进度同步，确保项目建设不出现任何安全质量问题。对施工中存在的违法违规行为坚决制止，不徇私舞弊，给参建各方树立了良好的工作作风。该同志多次荣获山西省建设监理协会颁发的"优秀总监理工程师"荣誉称号。

（5）赵喜云——山西太行建设工程监理有限公司

赵喜云，男，国家注册监理工程师。现担任山西太行建设工程监理有限公司的项目总监理工程师，从事监理工作 15 年，担任项目总监理工程师 13 年，担任总监期间完成有代表性工程：①晋煤集团临汾晋牛煤矿 90 万吨资源兼并重组整合项目；②赵庄煤业南苏风井进、回风立井等工程；③山西晋煤集团沁秀煤业有限公司岳城矿选煤厂工程。

从事监理工作以来，本人所完成的项目概括起来具有以下特点：工程建设规模大，单位工程数量多，项目系统复杂等，矿井建设涵盖了矿建、土建、安装等三个专业，包含了矿井运输系统、通风系统、供电系统、监测监控系统、井下排水系统、人员定位系统等多个配套系统的建设。在每个项目的监理过程中，能够积极协调参建各方关系，确保项目关键线路的工程建设正常有序向前推进，为各项目按时完工达产打好基础，同时也代表监理公司认真履行了《委托监理合同》，完成了合同规定的各项工作；能够公平、独立依法依规开展监理工作，实现了建设项目安全无事故、保质保量完成。在学习方面做到了带领项目部监理人员共同学习各种新标准、新规范，紧跟监理行业的新形势，向学习型组织迈进；在工作中围绕项目自身的特点，利用监理自身的优势，积极给业主出谋划策，赢得了参建各方的认可，为公司树立了良好的企业形象，赢得较好声誉。

2016 年获得了中国煤炭建设协会授予的"煤炭行业优秀总监理工程师"荣誉称号；赵庄煤业南苏风井项目监理部获得了中国煤炭建设协会授予的"煤炭行业十佳监理部"的荣誉称号。

4. 山西诚正建设监理咨询有限公司

（1）赵瑞平——山西诚正建设监理咨询有限公司

赵瑞平，男，矿建专业，高级工程师，国家注册监理工程师、注册安全工程师。2002年 4 月至今任监理工程师、总监、监理一分公司书记，现任山西诚正建设监理咨询有限公司监理一分公司经理。先后监理过新元煤矿年产 500 万吨矿井项目工程、寺家庄煤矿年产 500 万吨矿井工程、长沟煤矿年产 90 万吨机械化升级改造工程、石泉煤矿年产 120 万吨矿井建设工程、创日泊里煤矿工程等。其中担任总监监理过的长沟煤矿年产 90 万吨机械化升级改造工程获得"太阳杯"，创日泊里监理部获得煤炭行业"十佳监理部"称号。2008年、2014 年获得中国煤炭建设监理协会"煤炭行业优秀总监理工程师"，2015 年获得山西煤炭建设监理协会"优秀总监理工程师"，2008 年、2016 年获得山西省建设监理协会"优秀总监"。《长沟煤矿监理工作总结》《泊里煤矿揭煤监理细则》荣获优秀监理成果。

（2）许增纯——山西诚正建设监理咨询有限公司

许增纯，男，矿建工程师，国家注册监理工程师。2003 年 11 月至今，历任监理工程师、总监、监理一分公司副经理。2004 年 7 月至 2007 年 6 月担任石港公司公司矿井改扩建工程总监，工程总造价 3.4 亿元；2008 年 10 月至 2011 年 12 月担任永佛寺煤矿改扩建工程，工程总造价 3.4 亿元；2011 年 6 月至 2016 年 6 月任平定兴裕矿井技改工程，工程总造价 7.2 亿元；2013 年 4 月至今任山西国阳二矿井巷工程总监，工程总造价 1.03 亿元；2016 年获得中国煤炭建设监理协会"煤炭行业优秀总监理工程师"，2016 年获得山西省建设监理协会"优秀专业监理"。

（3）姚旭跃——山西诚正建设监理咨询有限公司

姚旭跃，男，建筑工程专业，高级工程师，国家一级注册建造师、国家注册监理工程师、国家注册咨询工程师、投资建设项目管理师、公路工程监理工程师。2003 年以来主要担任过以下工程项目的总监：阳煤 40 万吨氧化铝项目，国阳第三热电厂 1×60 MW 技改项目，新景矿、二矿选煤厂技改项目，国阳二矿新建恒轩厂项目，寺河矿 110 千伏变电站至岳城矿 35 千伏线路工程，新景矿东副立井提升系统安装工程，一、三矿运煤公路，新景矿办公楼，晋煤总医院高层住院楼，晋煤集团（大车队）高层住宅小区，阳煤采煤沉陷治理工程四矿高层住宅小区，二矿住宅小区，小河青岩底住宅小区等，其中担任总监的项目获如下奖项：阳煤三电厂技改优秀监理项目一等奖、新景矿优秀监理项目三等奖、晋煤医院高层住院楼优秀监理项目一等奖、晋煤大车队高层住宅小区优秀监理项目一等奖。近年来在国家一级刊物发表论文 6 篇，其中 2 篇获山西省监理协会二、三等奖，3 篇获得集团公司 2011—2012 年度理论成果奖；2005 年、2012 年、2017 年荣获山西省建设监理协会"优秀总监理工程师"。

（4）罗波——山西诚正建设监理咨询有限公司

罗波，男，土建工程师，国家注册监理工程师，国家注册造价工程师。监理项目：2012 年担任阳煤集团泰安煤矿选煤厂总监，2013 年担任机关后院棚户区改造住宅小区总监，2015 年至今担任采沉古城二标段住宅小区总监。2016 年获得山西省建设监理协会"优秀总监"，2013 年、2015 年、2016 年荣获山西省建设监理协会"优秀总监理工程师"。

（5）王健——山西诚正建设监理咨询有限公司

王健，男，土建工程师，国家注册监理工程师。2003 年以来担任多个项目总监。监理项目：2003 年担任晋东化工厂 578 号、579 号住宅楼总监，2004 年担任阳泉市体育场工程、郊区如意小区工程总监，2005 年担任阳泉煤专 E12 号 13 号学生住宅楼总监，2006 年担任潞安集团屯留矿住宅小区总监，2007 年担任阳泉市鑫裕名都商住楼总监，2008 年担任阳煤集团馨怡家园总监，2009 年担任晋城矿务局总医院病房大楼、大车队高层住宅楼总监，2010 年担任阳煤集团二矿口 1 号高层住宅楼、一矿西坡一区住宅楼总监，2012 年担任佛洼神堂嘴阳坡堰煤气工程总监，2015 年担任阳泉职业技术学院 A 区总监。其中，晋东化工厂 578 号、579 号住宅楼获得山西省优质工程奖，阳泉市体育场工程获得阳泉市优质工程奖，阳泉职业技术学院 A 区工程获得山西省优质结构工程奖。2014 年获得中国煤炭建设监理协会"煤炭行业优秀总监理工程师"，2014 年获得山西煤炭建设监理协会"优秀总监理工程师"，2008 年、2011 年、2012 年、2016 年获得山西省建设监理协会"优秀总监"，并于 2016 年、2017 年两次获得"山西省五四青年杰出总监"。

（6）张乃军——山西诚正建设监理咨询有限公司

张乃军，男，矿建工程师，国家注册监理工程师。2003 年以来担任多个项目总监。监理项目：榆树坡矿井项目总监、选煤厂项目工程总监、寺家庄煤业公司司家沟风井巷道工程总监。2014 年、2016 年获得中国煤炭建设监理协会"煤炭行业优秀总监理工程师"，2014 年获得山西煤炭建设监理协会"优秀总监理工程师"，2016 年获得山西省建设监理协会"优秀总监"。

（7）韩秀杰——山西诚正建设监理咨询有限公司

韩秀杰，男，土建工程师，国家注册监理工程师。2003 年以来担任多个矿井项目总监。监理项目：2003—2007 年担任新元公司土建总监，2008—2009 年担任轩岗棚户区改造项目总监，2010—2016 年担任阳煤集团七元煤矿矿建总监，2017 年至今担任阳煤集团开元矿矿井总监。2008 年、2012 年、2016 年获得中国煤炭建设监理协会"煤炭行业优秀总监理工程师"，2013 年获得山西省建设监理协会"优秀总监"。

（8）姚惠宏——山西诚正建设监理咨询有限公司

姚惠宏，男，经济师，国家注册监理工程师。2012 年以来担任多个项目总监。监理项目：2012 年 6—12 月担任山西世德孙家沟煤矿技改工程总监，2013 年 1—12 月担任荣昌小区 1 号、2 号住宅楼总监，2013 年 8 月至 2015 年 5 月担任二矿居住小区 1—18 号楼总监，2014 年 11 月至 2016 年 12 月担任四矿口小区 6—8 号楼总监，2017 年 1 月至今担任鑫盛苑（一期）1—12 号住宅楼总监。2012 年被阳煤集团评为"优秀专业技术人才"、2013 被山西省煤炭建设协会评为"优秀监理工程师"。

（9）刘青槐——山西诚正建设监理咨询有限公司

刘青槐，男，土建工程师，国家注册监理工程师。曾担任多个项目总监。2005—2010 年任阳煤集团开元矿项目总监，2010—2011 年任阳煤景福煤业公司项目总监，2011—2012 年任阳煤集团碾沟煤业项目总监，2012—2018 年任阳煤太化新材料项目总监。2016 年获得中国煤炭建设监理协会"煤炭行业优秀总监理工程师"，2005 年、2011 年、2014 年、2015 年荣获山西省建设监理协会"优秀总监"。

（10）冯国宾——山西诚正建设监理咨询有限公司

冯国宾，男，测量工程师，国家注册监理工程师。曾担任多个项目总监。监理项目：2012 年担任山西阳煤集团和顺化工"18·30"项目总监，2013 年担任阳煤集团晋东煤炭公司生产调度指挥中心总监，2014 年担任阳煤集团创日泊里矿井项目总监，2015 年至今担任新疆国泰新华项目一期总监。2010—2013 年连续四年被阳煤集团直属机关评为"先进个人""五好党员"。2014 年被评为"阳煤集团劳动模范"。2015 年参加中国监理协会建设工程项目管理经验交流会，代表山西监理协会论述了"在 EPC 管理模式下，如何做好监理工作"的经验交流，获得大会的一致好评。

5. 山西潞安工程项目管理有限责任

（1）李辉——山西潞安工程项目管理有限责任公司

李辉，男，工程师，目前担任山西潞安工程项目管理有限责任公司 180 项目总监。自 2008 年参加工作的第一天起就立志要出色地干好本职工作，干一行，爱一行，钻一行。2009—2011 年任长治颐龙湾 A 组团土建监理工程师，2011—2013 年任长治颐龙湾 C 组团总监代表，2013 年考取全国监理工程师资格证，2014 年至今在山西潞安煤基清洁能源公司建设工作中任总监，工作中不论是对待领导同事还是工作，总是不计较个人得失，讲奉献，讲学习，讲团结。从每一件小事做起，从点点滴滴做起，在平凡的岗位上留下了踏实的脚印。

（2）刘宇——山西潞安工程项目管理有限责任公司

刘宇，男，工程师，2012 年初受聘于山西潞安监理公司。一直以来，他忠诚事业、爱岗敬业、任劳任怨、刻苦钻研、尽职尽责、开拓进取，在工程监理岗位上做出了突出的成绩。在工程项目管理上，他倾注了无比的热爱。在他所负责的工程项目，施工单位基本情况、结构设计、建筑设计、施工方案及相关规范标准等，刘宇同志都熟记在心。

工程质量是在"建设者的心中、施工者的手中、监理者的眼中"。为了防止可能造成质量缺陷，监理人员必须练就"火眼金睛"，养成"鸡蛋里面挑骨头"的习惯，质量问题哪怕是细微之处也绝不放过。刘宇同志在项目现场坚持巡视工地，发现问题及时纠正，把不利于工程质量的隐患消灭在萌芽状态中。不符合要求的工序令其返工处理，绝不姑息，总是兢兢业业、认真细致地完成好每一项工作。质量责任重于泰山，是他经常说的一句话。正是由于这种对工作高度负责的态度，每一处重点部位的施工，关键工序的开始，他都会出现在第一线，确保工程质量达标。他任劳任怨，经常放弃休息日，全天钉在工地上，这种"爱岗敬业、奉献拼搏"的工作态度赢得了建设单位各部门与施工人员的一致好评与钦佩。在五阳煤矿巷道项目中，一次夜间施工，都已经凌晨1点了，他在值班中发现施工人员拌制混凝土未严格按配合比施工、原材料未过磅。他当时叫来施工负责人，对其严厉批评，要求倒掉该盘混凝土，并处以1000元的经济处罚。该负责人在接受处罚时表示，像刘工这种工作态度，罚我们，我们心服口服。

（六）辽宁

1. 阜新德龙工程建设监理有限公司

郭忠义——阜新德龙工程建设监理有限公司

郭忠义，高级工程师。曾在阜矿集团八道壕煤矿安全改造工程、清河门煤矿安全改造工程、阜矿集团五龙煤矿安全改造、兴隆沟煤业有限责任公司技改扩建工程、阜新市开发区金地佳园住宅成片小区工程任监理工程师、总监理工程师，并获得阜新市优质工程奖。

该同志具有较强的组织协调能力和适应能力，有丰富的工作经验，2010年10月同志被中国煤炭建设协会评为优秀监理工程师。

2. 铁法煤业集团建设工程监理有限责任公司

（1）温洪志——铁法煤业集团建设工程监理有限责任公司

温洪志，男，工程及自动化专业，正高级工程师，持有全国注册监理工程师、一级建造师、注册安全工程师、爆破高级工程师等任职资格。从事工程建设工作35年，现任铁法煤业集团建设工程监理有限责任公司副经理、总监理工程师。任总监理工程师以来承担多项工程，主要项目有：1998年3月—2002年10月铁煤集团安全改造项目工程、大隆矿选煤厂扩建项目、游泳馆、文体中心等工程项目；2002年11月—2005年4月晓南煤矿通风系统改造、中央风井井筒工程项目；2005年7月—2007年5月铁煤热电厂排水隧洞工程；2007年7月—2013年6月任大型煤矿建设项目长城窝堡矿井工程项目；2013年7月至今陆续担任蓝悦同祥小区、吉林梓楗新型建材股份有限公司尾矿库工程、铁岭牧原公司饲料厂新建工程项目、铁煤集团安全改造等工程。担任总监的项目监理部两次被煤炭行业评选为"十佳监理部""双十佳监理部"，多次被评选为全国"优秀项目总监理工程师"；主持编写的"长城窝堡矿井监理应急救援预案"获得2012年煤炭行业

优秀监理成果奖，被铁法能源公司多次授予"劳动模范"和"技术专家"称号；2014年被推选为辽宁省工程爆破专家委员会专家委员。

（2）罗国丰——铁法煤业集团建设工程监理有限责任公司

罗国丰，男，土木工程专业，高级工程师。现任铁法煤业集团建设工程监理有限责任公司副经理、总监理工程师。2008年参加汶川地震援建工程，并获得"辽宁省建设厅抗震救灾先进个人"称号，荣获"2008年度铁法煤业集团有限责任公司劳动模范"称号，2007—2013年度多次获得"先进工作者"称号，2007—2013年度多次获得"优秀共产党员"称号。参与编写了《铁煤集团检测中心工作流程手册》。具有全国注册监理工程师、一级建造师、注册安全工程师等任职资格。

罗国丰政治坚定，思路敏捷，求真务实，爱岗敬业，为企业发展尽心尽力，受到全体员工的称赞和好评。在担任铁法煤业集团建设工程监理有限责任公司副经理、总监理工程师时共承揽了多项工程，主要项目有：2003—2004年铁煤集团平安住宅小区一、二期住宅工程（投资5421万元），2005年大兴罐区2000立方米干式气柜（投资1056万元），2005年辽北技师学院安全培训楼工程（投资2986万元），2006年建材公司大兴空心砖厂（投资7000万元），2006年铁煤集团大兴储配站工程（投资3745万元），2007年大兴矿矸石改造工程（投资3387万元），2008年铁煤集团小青中央瓦斯罐区工程（投资6850万元），2009年铁煤集团机械制造公司西厂区技术改造工程（投资2750万元），2009年铁康油页岩建设工程（2.5亿元），2010年建材公司康平砖厂（投资2952.8万元），2011年辽北技师学院安全培训中心主楼及附属楼（投资4853.8万元），2012年铁煤集团中心小区三期工程A区项目工程（投资2.1亿元），2013—2014年辽宁通用煤机装备制造股份有限公司设备基础及室外附属工程（投资1175万元），2015年至2016年辽宁神州铝业有限公司办公楼及厂房附属工程（投资2350万元），2017年铁煤集团游泳馆维修改造工程（投资990万元）。

（七）黑龙江

（1）吴志郑——鹤岗三维建设监理有限公司

吴志郑，男，工程师，注册监理工程师，曾多次担任项目总监理工程师。2005年监理益新选煤厂改扩建工程，总投资7190万元，引进新型管理模式，首创鹤岗市交钥匙工程的监理管理模式；2006年监理兴山矿房产科综合楼工程，获得鹤岗市建设工程监理内业评比第二名；2008年监理鸟山矿工程，总投资7.9亿元，建成后会成为煤炭资源重要生产基地之一；2009年负责建安嘉苑及信访办公楼工程，总投资5000万元，在全市综合检查评比中获得第一名，并被评为省结构优质工程；2010年监理鸟山矿办公楼工程，被集团公司建设主管部门评为优质工程；2014年担任项目总监理的益新矿矿井水处理厂工程，被评为太阳杯工程。

（2）王玉山——鹤岗三维建设监理有限公司

　　王玉山，男，高级工程师，国家注册监理工程师，一级建造师。2010 年负责监理鸟山矿厂区道路建设工程；2013 年担任总监理工程师监理的沿河南小区工程被评为结构优质工程；2014 年负责益新煤矿矿井延深改造工程；2015 年负责监理 10 万平方米的地标性建筑天水新城高层住宅小区工程，在市建委推广开展互联网+工程管理模式中工作业绩突出，受到登报表彰，并多次被集团公司评为先进科技工作者。

　　（3）王文江——鹤岗三维建设监理有限公司

　　王文江，男，高级工程师，国家注册监理工程师，主要负责鹤矿集团六矿（新一煤矿、振兴煤矿、南山煤矿、富力煤矿、峻德煤矿及兴安煤矿）五厂一处（立达矸石电厂、热电厂、新一选煤厂、峻发选煤厂、兴安选煤厂、供应处）等工程，示范矿井灾害治理是集团公司一项重点工程。矿井冲击地压灾害治理主要有南山煤矿、峻德煤矿及兴安煤矿，矿井水灾害治理主要有益新煤矿、富力煤矿。

（八）江苏

　　（1）陈宏远——徐州大屯工程咨询有限公司

　　陈宏远，男，土木工程专业，高级工程师，国家注册监理工程师、一级建造师（房屋建筑和市政工程）人防监理工程师。自 2002 年 5 月从事监理工作，历任监理员、监理工程师、总监代表、总监理工程师。监理了沛县大屯矿区商住楼、东一村住宅楼扩建工程、孔庄锅炉房、腾飞新村 31—32 号住宅楼、新城嘉苑 B 区和 A 区 A 标段住宅楼、新城嘉苑综合商业楼、幼儿园工程、B 区和 A 区地下车库、实业公司工业园区一期、二期厂房、沛县阳光小区 1 号楼及超市工程等大中型工程。

　　（2）陈磐——徐州大屯工程咨询有限公司

　　陈磐，男，高级工程师，国家注册监理工程师（房建、市政专业）。现担任徐州大屯工程咨询有限公司监理分公司副经理、项目总监。主要代表项目和业绩：孔庄煤矿矿井改扩建工程项目，负责地面土建专业监理，主要包括输煤栈桥及地道、转载点、煤仓、计量装车站、黄泥灌浆站、变电所、4 座桥梁、窄轨铁路、消防材料库、联合建筑、通讯调度楼、井下排水处理站、生活污水处理站、工业场地给水处理站等。

　　（3）罗时旺——徐州大屯工程咨询有限公司

　　罗时旺，矿山建筑专业，高级工程师，2006 年取得国家注册监理工程师执业资格。先后担任中煤集团大屯公司孔庄煤矿三期改扩建工程监理工程师，华润天能集团沛城煤矿改扩建工程总监

代表。2015年开始走出大屯，开拓蒙陕市场，先后担任中煤蒙大新能源公司倒班楼总监，中天合创煤炭分公司图克倒班楼工程（小高层）总监，安全、质量、进度符合业主要求，获得了业主的充分肯定，树立了大屯监理的良好形象。2017年7月开始担任中天合创矿井水深度处理项目总监，这是中国最大最先进的矿井水处理项目，该项目投资规模大（9亿元），因环保压力工期异常紧，施工环境差，无相关监理经验可以借鉴。他克服重重困难，监理工作获得了业主、总包和质监部门等单位的高度认可。

（4）王明亮——徐州大屯工程咨询有限公司

王明亮，男，工业与民用建筑工程专业，高级工程师，国家注册监理工程师、国家注册设备监理工程师、国家注册建造师（土建、机电），现任徐州大屯工程咨询有限公司副经理，分管安全、监理。毕业后先后担任姚桥煤矿采煤一队技术员，大屯煤电公司钻井队土建工区技术员，中煤大屯特殊基础工程公司南京分公司主任工程师，徐州大屯工程咨询有限公司监理部副经理、

经理。1999年调入大屯煤电公司监理部，2000年10月获国家注册监理工程师资格，先后担任项目总监理工程师，监理了大屯煤电公司徐庄煤矿锅炉房、徐庄煤矿办公楼、徐庄煤会议中心、大屯煤电公司十二村、大屯煤电公司新城嘉园B区工程、大屯煤电公司研发中心等大型工程。

（5）杨杰——徐州大屯工程咨询有限公司

杨杰，男，土木工程专业，大学本科学历，高级工程师，国家注册监理工程师、环保监理工程师，自2001年1月从事监理工作，历任监理员、监理工程师、总监代表、总监理工程师，现任徐州大屯工程咨询有限公司监理分公司经理。监理了安冉小区商住楼工程、姚桥煤矿新建选煤厂工程、安泰小区一、二期住宅工程、热电厂化水车间及输煤系统干煤棚工程，周庄搬迁工程、江苏建筑职业技术学院青年教师周转房工程、徐州市新城区泰岳西路市政工程、沛县歌风小区、王杰部队等大型工程。

（6）张广义——徐州大屯工程咨询有限公司

张广义，男，高级工程师，国家注册监理工程师。自1997年从事监理工作，先后担任监理员、监理工程师、总监之职，现任徐州大屯工程咨询有限公司监理分公司副经理。主要参与监理项目有孔庄煤矿改扩建工程项目、沛城矿改扩建工程、姚桥矿选煤厂新建工程、孔庄矿选煤厂系统升级改造工程、大屯公司中心选煤厂系统、大屯热电新建项目220千伏送出线路工程、大屯电厂110千伏输电线路工程、大屯电厂110千伏变电站等大中型

项目。

（7）张夕林——徐州大屯工程咨询有限公司

张夕林，男，矿井建设专业，高级工程师，国家注册监理工程师（矿山、房建专业）。2007年开始从事监理工作，历任监理工程师、项目总监。主要代表项目和业绩：孔庄煤矿三期改扩建工程，负责矿建专业监理，包括井筒、井底车场连接处、井底车场、泵房变电所、水仓、东西轨道大巷、运输大巷及相关的输煤系统等工程。井筒设计直径8.1米，深1050米，

掘砌工程获得"太阳杯"奖；徐庄煤矿西翼风井工程，任项目总监，包括矿建、土建、安装三类工程。矿建工程包括井筒和马头门两个单位工程。西风井井筒直径设计为5.5米，井筒深度610米。井筒表土及风化基岩段采用冻结法施工。

（8）朱友恩——徐州大屯工程咨询有限公司

朱友恩，男，矿井建设专业，高级工程师，国家注册监理工程师、国家注册设备监理师、国家注册建造师、环保工程师。自2002年5月从事监理工作，历任监理工程师、总监代表、总监理工程师。监理了浙江黄岩职教中心、沛县安冉花园小区、上海商贸城、团结新村改扩建、中心选煤厂重介改造、孔庄煤矿三期改扩建工程、沛城煤矿改扩建工程、沛县新城公寓、沛县歌风小学改扩建工程、沛县歌风小区等大型工程。

（九）安徽

（1）赵红志——煤炭工业合肥设计研究院有限责任公司

赵红志，男，机电专业，高级工程师，现任煤炭工业合肥设计研究院有限责任公司监理公司总经理，国家注册监理工程师，国家注册设备监理师，国际工程项目经理，煤炭工业合肥设计研究院有限责任公司专业带头人，煤炭行业一级总监。担任多项国家和地方重点工程的设计、项目管理和监理工作。担任赤道几内亚国家电网输变电二期工程设备总监造师，担任赤道几内亚埃比贝因、阿尼索克和涅方城市电网工程项目管理项

目经理。担任总监的项目有：合肥元一希尔顿酒店工程，该工程荣获安徽省"黄山杯"；合肥元一时代广场、合肥元一希尔顿酒店工程，该工程获"全国建筑工程装饰奖"；中节能（宿迁）生物质发电工程，该工程获国家新能源示范工程。

2006年获"第一届中国IPMP国际项目经理大奖"优秀国际项目经理。曾获"煤炭行业优秀总监理工程师"和"安徽省优秀总监理工程师"荣誉称号。主编的《10（6）kV高压开关柜直流操作二次接线》标准设计，荣获安徽省优秀设计一等奖，参编了《煤炭设备工程监理规范》和《煤炭地质工程监理规范》等行业标准。

（2）陈安松——煤炭工业合肥设计研究院有限责任公司

陈安松，男，注册监理工程师。2000年从事工程监理工作，专业监理的工程主要有江西丰城矿务局曲江煤矿（90万吨/年）、江西乐平矿务局沿涌煤矿技改工程（90万吨/年），淮南矿务局顾北煤矿（400万吨/年）。任总监理工程师监理的项目：江西丰龙矿业有限责任公司，年生产能力90万吨/年，投资总额9.9亿元，三个单位工程荣膺"太阳杯"称号；江西丰城矿务局云庄煤矿，年生产能力15万吨，投资总额12870万元；新疆优派能源小黄山煤矿，年生产能力90万吨，投资总额8.9亿元；内蒙古乌审旗蒙大矿业纳林河二号矿井，年生产能力1000万吨，投资总额71.0亿元；内蒙古乌审旗中天合创门克庆煤矿，年生产能力1200万吨，投资总额84.92亿元。四个单位工程荣膺"太阳杯"称号。2011年荣获煤炭工业协会优秀专业监理工程师称号；2014—2015年度荣获安徽省优秀总监理工程师称号；2016年荣获煤炭工业协会优秀总监理工程师称号。

（3）韩信群——煤炭工业合肥设计研究院有限责任公司

韩信群，男，技术经济专业，高级工程师，注册监理工程师，注册造价师。1999年开始从事工程监理工作，已监理项目12个，其中担任总监理工程师项目有8个，投资总额56.0亿元。2008年荣获煤炭协会优秀总监理工程师称号。监理的主要项目有：安徽涡阳市香港商业步行街工程，总投资约1.5亿元；中国环境保护公司北京垃圾设备厂工程，总投资2亿元；安徽省工商局商住楼工程，框剪19层，建筑面积约2万平

方米，施工阶段监理，该工程获"黄山杯"省优质工程；淮南望峰岗厂改扩建工程，建筑规模400万吨/年，总投资2.4亿元；合肥日立建机（中国）改扩建工程，建筑规模16万平方米，总投资3.8亿元，施工阶段监理；马钢张庄铁矿采选工程（500万吨/年），总投资8亿元。

（4）汤泳——煤炭工业合肥设计研究院有限责任公司

汤泳，大学本科学历，2000 年进入煤炭工业合肥设计研究院下属的安徽华夏建设监理有限公司从事监理工作。2008 年取得注册监理工程师，2009 年起担任项目总监理工程师工作至今，由于安徽华夏建设有限责任公司监理资质平移回煤炭工业合肥设计研究院，2014 年以后，注册单位变更为煤炭工业合肥设计研究院。

2011 年 10 月至 2013 年 3 月担任安徽大学科技创新楼 E、F、G、H、D 楼总监理工程师。本项目面积 5 万平方米，造价为 1.2 亿元，该建筑获得合肥市优质结构奖"琥珀奖"。2013 年 6 月至 2015 年 12 月担任马鞍山长江金源水岸小区项目总监。该项目面积为 10 万平方米，总价 1.8 亿元。该项目获得马鞍山市级市范工地。2015 年 6 月至 2016 年 12 月担任中天合创能源有限责任公司门克庆煤矿综合办公楼、食堂、会议中心联合建筑工程土建部分监理负责人。本项目建筑面积 2 万平方米，造价 0.6 亿元。本项目获得煤炭行业工程质量"太阳杯"奖。2016 年 7 月至今，担任肥东东城家园拆迁恢复楼工程和肥东长临河北区拆迁恢复楼工程总监理工程师，两个项目建筑面积为 36 万平方米，造价 5 亿元。此项目得到业主的一致好评。

本人近年来认真学习国家最新修订的法律法规，部门规章，图集规范等，发表了《附着式升降机及脚手架的监理研究》《谈泥浆护壁钻孔灌注桩的施工难度及质量监理》《浅析梁柱施工节点的施工监理》三篇专业论文。2017 年 12 月通过安徽省建设厅组织的高级工程师审定，获得高级工程师职称。

（十）江西

（1）王剑平——江西同济建设项目管理股份有限公司

王剑平，男，高级工程师，国家注册监理工程师，现任江西同济建设项目管理股份有限公司总监理工程师。

（王剑平）

（林华国）

（2）林华国——江西同济建设项目管理股份有限公司

林华国，男，本科学历，从事施工和监理工作 13 余年，国家注册监理工程师，现任江西同济建设项目管理股份有限公司赣州分公司副经理、总监理工程师。

（3）张云霞——江西同济建设项目管理股份有限公司

张云霞，女，高级工程师，国家注册监理工程师。现任江西同济建设项目管理股份有限公司总监理工程师。

（4）叶群辉——江西同济建设项目管理股份有限公司

叶群辉，男，高级工程师，国家注册监理工程师，现任江西同济建设项目管理股份有限公司赣州分公司副经理、总监理工程师。

（张云霞）

（叶群辉）

（高述敏）

（5）高述敏——江西同济建设项目管理股份有限公司

高述敏，男，高级工程师，国家注册监理工程师，一级建造师，现任江西同济建设项目管理股份有限公司总监理工程师。

（十一）山东

（1）李峰——兖矿集团邹城长城工程建设监理有限公司

李峰，工民建专业，高级工程师，国家注册监理工程师。1999 年从事监理工作，先后负责完成了多项住宅项目、煤矿项目、煤化工项目的现场监理工作，由其担任项目总监监理的兖矿大型铝合金挤压材项目获得煤炭行业太阳杯。

（2）梁道纪——兖矿集团邹城长城工程建设监理有限公司

梁道纪，工业电气自动化专业，高级工程师，国家注册监理工程师，国家注册设备监理工程师。2000 年 10 月开始从事监理工作，先后负责完成了多项民用项目、工业项目的监理工作，多个项目获得了山东省优良工程，个人也于 2006 年、2012 年获得了煤炭监理协会优秀监理工程师，2016 年煤炭监理协会优秀总监理工程师。

（3）邱传波——兖矿集团邹城长城工程建设监理有限公司

邱传波，高级工程师，国家注册监理工程师，从事监理工作以来，先后负责完成了多项住宅项目、煤化工项目的现场监理工作，由其担任项目总监理的兖州煤业榆林年产 230 万吨甲醇工程一期 60 万吨/年甲醇装置项目获得国家优质工程银质奖，个人获得山东省劳动模范，多次被评为优秀总监理工程师等荣誉称号。

（4）胡金亮——兖矿集团邹城长城工程建设监理有限公司

胡金亮，电气工程及其自动化专业，高级工程师，国家注册监理工程师，注册电气工程师，注册造价工程师。2006 年开始从事监理工作，先后负责完成了多项工业园、煤化工、环保、洗煤厂及储装运项目的现场监理工作，由其担任项目总监理的山东济三电力有限公司 2×135 兆瓦机组超低排放改造项目获得山东省煤炭工业优质工程奖，个人多次被评为优秀总监理工程师、优秀共产党员、先进工作者等荣誉称号。

（5）宋福星——兖矿集团邹城长城工程建设监理有限公司

宋福星，焊接工艺与设备专业，高级工程师，国家注册监理工程师，国家注册设备监理工程师，国家注册一级建造师。2002 年开始从事监理工作，先后参与完成了多项工业和民用项目的监理工作，其中担任总监理工程师的大型项目有兖矿国际焦化 200 万吨焦炭和 20 万吨甲醇项目、兖矿贵州开阳 50 万吨甲醇项目等。个人多次被评为公司先进、优秀总监理工程师等荣誉称号。

（十二）河南

1. 河南工程咨询监理有限公司

（1）高超——河南工程咨询监理有限公司

高超，男，工程师，注册监理工程师（注册号 41003860）、注册设备监理工程师、注册安全工程师、注册咨询（投资）工程师、注册一级建造师。从事煤矿生产 16 年，从事现场监理工作 19 年，获得"2012 年度煤炭行业优秀监理工程师"荣誉称号，获得 2013 年度河南省煤炭行业先进个人荣誉称号，获得 2014、2015、2016、2017 年度煤炭行业优秀总监理工程师荣誉称号，任总监的红庆河煤矿项目监理部被评为"2014 年度煤炭行业十佳监理部"，先后担任 8 个矿井建设项目总监理工程师，工程总投资约 33.04 亿元。

主要代表性业绩有：郑煤集团白坪煤业有限责任公司煤炭外运工程，任总监理工程师，总造价 1.6 亿元，2009 年 6 月竣工；峰峰集团梧桐庄煤矿二号主井提升系统土建及安装和筛分系统改造工程，任总监理工程师，总造价 8800 万元，2011 年 5 月竣工；鲁中矿业有限公司莱新铁矿有限责任公司二期竖井工程，任总监理工程师，总造价 2.1 亿元，2013 年 10 月竣工；鲁中矿业有限公司港里铁矿 1 号矿体进回风井工程，任总监理工程师，总造价 5600 万元，2012 年 1 月竣工；鲁中矿业有限公司莱州鲁中矿业有限公司洼子铁矿工程，任总监理工程师，总造价 1.3 亿元，2014 年 6 月竣工；鲁中矿业有限公司莱新铁矿有限责任公司 2 号副井井塔楼及提升系统安装工程，任总监理工程师，总造价 3.8 亿元，2014 年 6 月竣工；伊泰集团广联煤化有限责任公司红庆河煤矿工程，任总监理工程师，总造价 21.4 亿元，该工程预计 2018 年 10 月竣工；伊泰集团广联煤化有限责任公司红庆河煤矿块煤分级地销系统工程，任总监理工程师，总造价 1.4 亿元，该工程预计 2018 年 12 月竣工。

担任总监理工程师的内蒙古伊泰广联煤化有限责任公司红庆河煤矿主井井筒冻结及掘砌工程、副井井筒冻结及掘砌工程、办公楼工程、1 号 2 号宿舍楼工程获得 2016 年度煤炭行业"太阳杯"工程，内蒙古伊泰广联煤化有限责任公司红庆河煤矿副井井塔工程、主井提升系统安装工程、副井提升系统安装工程获得 2017 年度煤炭行业"太阳杯"工程。

（2）李献忠——河南工程咨询监理有限公司

李献忠，男，矿井建设专业，高级工程师，国家注册监理工程师（注册号41003144）、国家注册一级建造师、安全评价师、人防监理工程师。从事现场施工监理工作以来，主要代表性工程有：永煤集团城郊煤矿（240 万吨/年），任专业监理工程师；郑州大学新校区基础设施工程（道路、电气给排水管网，工程造价 1 亿元），任总监代表；河南信息大厦（28 层，4.2 万平方米，框架核心筒、现浇空心板暗梁结构）工程，任总监理工程师；郑州十一中（3.7 万平方米）、鹤壁市政府办公楼节能改造（EPS 外墙抹灰系统、水源热泵中央空调系统等），为河南省示范性工程，任总监理工程师；郑煤集团白坪煤矿新建（180 万吨/年）项目，任总监理工程师，2007 年白坪煤矿监理部被评为"省重点工程先进班组"；焦煤综合楼（3 万平方米）先后被评为"河南省文明工地""全国建筑施工安全质量标准化示范工地""焦作市优质工程"2011 年河南省优质工程"中州杯"；郑煤集团赵家寨煤矿技术改造项目西风井，任总监理工程师；陕西正通煤业有限责任公司高家堡矿井（500 万吨/年），任总监理工程师；淮南泉西公租房项目（12 万平方米，6 栋33 层），任总监理工程师；郑东新区和美家园项目（5 万平方米），任总监理工程师。

2004 年、2008 年、2010 年被评为煤炭行业优秀总监理工程师，2010 年、2016 年被评为河南省优秀总监理工程师；2011—2012 年度被评为中国建设监理行业优秀总监理工程师。

（3）刘志刚——河南工程咨询监理有限公司

刘志刚，男，1990 年 7 月毕业于中国矿业大学自动化工程系电气技术专业，1997 年 7月毕业于华中理工大学计算机应用专业，2009 年 7 月结业于西安建筑科技大学总图设计与运输工程专业，高级工程师，注册监理工程师，人防监理工程师，注册造价工程师，注册咨询工程师，注册一级安全评价师，河南省评标综合专家库专家，河南省煤炭行业协会信息专业委员会委员。从事施工监理工作 29 年，担任过 15 个矿山、房建及电力项目的专监、总监，总投资约 35 亿元。2010 年度被评为河南省优秀监理工程师，2011 年度被评为河南省煤炭行业模范班组长，2010 年 10 月、2012 年 11 月参与监理的赵固二矿和巴彦高勒矿井监理部被评为"煤炭行业十佳监理部"。

主要代表性工程有：河南永夏矿区陈四楼矿井及洗煤厂（240 万吨/年）、总机厂及辅助企业区（11 万平方米）、城郊矿（180 万吨/年）、陕西省国家粮食储备库（共 13 个库25.3 亿斤）、郑州防空兵学院经济适用房（5.1 万平方米）、德亿时代城（27 万平方米）、赵固二矿（180 万吨/年）、巴彦高勒矿井（1000 万吨/年）、舞钢中加矿业公司经山寺铁矿（180 万吨/年）、桐柏兴源矿业公司上上河矿区（700 吨/天）。

参与监理的赵固二矿矿井工程获得 2011 年度煤炭行业工程质量"太阳杯"奖，巴彦高勒矿副井立井井筒冻结掘砌工程获得 2015 年度煤炭行业工程质量"太阳杯"奖。

（4）吴新群——河南工程咨询监理有限公司

吴新群，男，矿井建设专业、工民建专业（双学位），高级工程师，从事施工现场监理工作 18 年，国家注册监理工程师（注册号 41001291），国家注册一级建造师，人防监理工程师。2010 年、2014 年、2017 年被评为河南省优秀总监理工程师，2013—2014 年度中国建设监理行业优秀监理工程师，担任过多个大中型房建项目总监理工程师，完成监理工程总建筑面积约 200 万平方米，总投资约 90 亿元。

主要代表性工程有：河南商丘移动通信公司住宅楼，2001 年竣工，建筑面积 4 万平方米，投资 1.2 亿元；安徽临泉国家粮食储备库（0.3 亿斤），2002 年 11 月竣工，投资 1200 万元；鹤煤集团福田小区，2005 年 6 月竣工，建筑面积 22.4 万平方米，投资 7 亿元；河南龙宇煤化工有限公司甲醇项目（厂区道路及附属工程项目），2007 年 7 月竣工，年产 50 万吨，投资 21.58 亿元；郑州交通技师学院综合实训楼工程，2011 年 6 月竣工，投资 1200 万元，获得 2011 年河南省"结构中州杯"，2012 年河南省优质工程"中州杯"奖；御鑫城项目 7 号楼及地下车库工程，建筑面积 37259.99 平方米，投资 1.3 亿元，获得 2011 年河南省"结构中州杯"；豫康新城，2013 年 8 月竣工，建筑面积 32 万平方米，投资 12 亿元；豫商集团上街二十四街坊旧城区改造项目（豫翠园），建筑面积 32.18 万平方米，投资 13 亿元，其中 8 号楼主楼工程被河南省工程建设协会评为"2016—2017 年度河南省工程建设优质工程"，豫翠园一期工程二标段工地被河南省住房和城乡建设厅授予 2015 年下半年度"河南省安全文明工地"称号；临泉县棚户区改造四期建设项目，2017 年 5 月开工，建筑面积 27 万平方米，投资 5 亿元。

（5）席立群——河南工程咨询监理有限公司

席立群，男，矿井建设专业，高级工程师，注册监理工程师（注册号 41002304），2005 年被评为"河南省煤炭工业基本建设先进个人"，2007 年被评为"河南省煤炭行业模范组长"，2014 年被评为煤炭行业优秀监理工程师，2010—2011 年度被评为中国建设监理协会优秀监理工程师。从事现场施工监理工作 26 年，担任过 7 个大型矿山项目的总监、总代，投资约 25 亿元。

主要代表性工程有：伊川县郭庄煤矿（45 万吨/年、3.5 亿元）、永煤集团城郊矿东风井工程（240 万吨/年、1.5 亿元）、城郊矿西风井工程（240 万吨/年、3.0 亿元）、陈四楼矿南风井工程（120 万吨/年、1.0 亿元）、陈四楼矿北风井工程（180 万吨/年、1.5 亿元）、永煤集团新桥煤矿（120 万吨/年、9.5 亿元）、四川省兴文县大旗煤矿（45 万吨/年、6.5 亿元）等。

参与监理并担任总监理工程师的永煤新桥煤矿被评为 2010 年煤炭行业工程质量"太阳杯"奖，永城煤电集团城郊矿 12 采区轨道运输石门及胶带运输石门工程被评为 2011 年煤炭行业工程质量"太阳杯"奖。

（6）夏学红——河南工程咨询监理有限公司

夏学红，男，矿井建设专业，工程师，国家注册监理工程师。1990 年 7 月分配至河南工程咨询监理有限公司至今从事监理工作，先后监理过十几个工程项目，总造价约 70 亿元。

2000 年开始任项目总监理工程师，先后负责登封地方铁路工程、丁集煤矿（一期）、永贵五凤煤、永贵五凤二矿、永贵新田煤矿、高山煤矿、永贵机修厂、永贵办公楼、新华煤矿、白布煤矿、湖南华润利民矿矿井水处理、淮南顾桥煤矿等工程，总造价约50亿元。

所监理的工程中淮沪煤电有限公司丁集煤矿位于安徽省凤台县境内，工程规模：500万吨/年，概算总投资20亿元。主、副、风井直径分别为7.5米、8.0米、7.5米，井筒全深分别为885米、855米、833米，采用冻结法施工，冻结深度分别为570米、575米、555米，基岩段采用地面黄泥+水泥预注浆封水。丁集煤矿主、副井井筒冻结工程被评为2008年度煤炭行业"太阳杯"工程。

淮南矿业集顾桥矿矿井为立井开拓，设计能力500万吨/年，2009年核定生产能力为900万吨/年，主要系统预留发展到1000万吨/年的条件。新增深部进风井，井筒采用立井开拓方式，投资约为1.3亿元。工程实行地面预注浆、冻结、井筒掘砌"三同时"施工法，设计8个直孔、8个Y孔，分两轮施工。顾桥煤矿深部进风井井筒及相关硐室掘砌工程被评为2016—2017年度煤炭行业"太阳杯"工程。

2006年被评为煤炭行业优秀项目总监理工程师；2007年河南省煤炭行业模范组长；2008年丁集煤矿副井冻结工程获太阳杯；2010年煤炭行业优秀项目总监理工程师；2012年河南省煤炭行业模范班组长；2013年河南煤炭行业先进工作者，2014年煤炭行业优秀总监。

（7）杨百亮——河南工程咨询监理有限公司

杨百亮，男，工民建专业，高级工程师，注册监理工程师（注册号41006781），从事施工10年，从事现场监理工作19年，2016年被评为煤炭行业优秀总监理工程师，2017年度河南省优秀总监理工程师，先后担任十余项矿建及房建项目总监理工程师，工程总投资约57亿元。

主要代表性工程有：郑州德意时代城项目，2003年竣工，建筑面积9万平方米，投资2.7亿元；三门峡新世纪大厦，2004年竣工，建筑面积2万平方米，投资0.865亿元，2005年获得河南省"结构中州杯"；焦作沁澳铝业项目（14万吨/年），2009年竣工，投资8.96亿元；河南理工大学中华翰苑小区，2010年竣工，建筑面积4万平方米，投资1.2亿元；内蒙古鄂尔多斯永煤矿业投资有限公司马泰壕煤矿（400万吨/年），2015年竣工，投资36亿元；鄂尔多斯林江大厦，2016年竣工，建筑面积18.2万平方米，投资6.368亿元；内蒙古伊泰广联煤化有限责任公司红庆河矿井洗煤厂（1500万吨/年），2017年竣工，投资3.45亿元。

参与监理的内蒙古伊泰广联煤化红庆河煤矿食堂工程、中央二号风井井筒冻结及掘砌工程获得2016年度煤炭行业"太阳杯"，内蒙古伊泰广联煤化红庆河煤矿原煤仓工程获得2017年度煤炭行业"太阳杯"。

（8）张邦勇——河南工程咨询监理有限公司

张邦勇，男，工民建专业，工程师，注册监理工程师（注册号41001823），人防监理工程师，从事施工现场监理工作34年，担任过13个房建项目总监理工程师，监理工程建筑面积约61万平方米，总投资约10亿元，2009年、2013年、2016年度被评为河南省优秀总监理工程师。

主要代表性工程有：中孚紫东苑，任总监理工程师代表，2002年竣工，投资1620万元，建筑面积60000平方米，被评定为优良工程；英协花园四期A、B区高层住宅工程，任总监理工程师，2004年竣工，投资4100万元，建筑面积35000平方米，获得2004年河南省"中州平安杯"；鹤壁煤电综合科技楼，任总监理工程师，2007 年竣工，投资 5000 万元，建筑面积 31000 平方米，获得 2007 年河南省"结构中州杯"，2009 年河南省优质工程"中州杯"；龙宇国际，任总监理工程师，2018 年竣工，投资 25000 万元，建筑面积 158200 平方米，获得 2015 年度河南省"结构中州杯"。

（9）张延军——河南工程咨询监理有限公司

张延军，男，矿井建设专业，高级工程师，注册监理工程师（注册号 41003137），注册安全工程师，河南省评标专家，获得 2002 年、2004 年、2006 年、2008 年、2009 年度煤炭行业优秀总监理工程师。监理过矿山工程 6 项，总投资约 88 亿元，房建工程 3 个，总投资约 18 亿元。

1997 年 5 月，在永城煤电（集团）责任有限公司生产技术处下属的陈四楼矿井"南翼轨道大巷支护革新"科技攻关活动中成绩突出，并为南翼轨道大巷荣获煤炭部"优质工程奖"做出了突出贡献，被授予科技成果一等奖；1998 年 10 月，在永城煤电（集团）责任有限公司生产技术处下属的车集矿井"井底车场（软岩）支护修复"科技攻关中成绩突出，被授予科技成果一等奖；1999 年 8 月，在国投煤炭郑州能源开发有限公司下属的教学三矿"采用普通装备快速施工立井井筒"科研攻关中成绩突出，荣获一等奖；1999 年 10 月，在国投煤炭郑州能源开发有限公司下属的教学三矿"井底车场软岩巷道支护创新"工作中成绩突出，被授予一等奖；1999 年 12 月，在国投煤炭郑州能源开发有限公司下属的教学三矿能源开发有限公司"箕斗装载硐室与井筒非同步施工、反井法掘砌井底煤仓"技术攻关中成绩突出，缩短了建井工期，被授予一等奖；2001 年 10 月任安徽砀山国家储备粮库总监后，先后提出二十余项设计修改方案（包括场地标高抬高 800 毫米，拱板设计方案修改等），共减少场地土石方开挖 5000 立方米，节约投资将近贰拾万元，对该库建设做出了突出贡献，被授予"荣誉职工"称号。

主要代表性业绩有：

山东腾州监狱济西生建煤矿的主井井筒和副井井筒的表土段深度均属当时的全国之最，无任何同类工程的理论和实践可参考。在监理过程中，张延军同志认真研究设计图纸的工程地质特点，大胆建议设计单位将 80 高度弧板更改为 C65 现浇混凝土，建议及早关闭内排冻结管，建议井筒冻结段一次套内壁，均取得非常理想的效果，节约工期近三个月，节约了数千万元的直接工程建设资金，该工程获得了 2004 年度山东省科技进步二等奖，被评为 2004 年度煤炭系统太阳杯工程。

在安徽粮库的监理过程中，为解决大跨度、超长拱板平房仓的屋面防潮问题，张延军同志一直坚持重点部位旁站监理，严格把关，并和建设单位的同志四处调研攻关，在设计单位的帮助下，将大跨度拱板挑檐改为异型圈梁外挑，解决了大跨度拱板同步热胀冷缩而出现裂缝漏水的问题，得到了当时国家粮食部局验收委员会的高度评价，并成为今后国家粮食储备库的标准设计方案。

在山东运河监狱许楼煤矿主井提升系统的监理过程中，张延军同志坚持原则，不受威逼利诱，严正要求施工单位严格按照国家的有关规范要求作业施工，确保了施工质量，创造了井筒砾岩段连续二个月进尺破百米的全国同类条件最高纪录，已成功申报煤炭系统太阳杯工程。

在山东鲁南监狱泰安石膏矿的监理过程中，由于大汶口地区异常复杂的地质状况，井下多处地段出水，特别是伴随高浓度的硫化氢气体逸出，对作业人员的安全造成了严重威胁，张延军同志建议建设单位采用地面预注浆的方法，工人不下井作业，在地面将井下的出水部位进行了封堵，取得了理想的效果，节约了二个月建设工期。

在鲁能集团内蒙古鲁新煤矿的监理过程中，2008—2013年张延军同志一直担任总监理工程师。由于鲁新煤矿处于内蒙古锡林郭勒盟乌拉盖管理区，设计生产能力为500万吨/年，属于高寒地区，最低温度达到零下四十多摄氏度，施工难度大。特别是主、副、风井筒施工阶段，井口暖风房未形成，施工条件十分艰苦，张延军同志带领监理部人员常驻井口，认真执行总监带班下井制度，进行质量、进度、安全控制管理，使主副井比原计划工期提前一个月完成，目前仍保持我公司在高寒地区井筒施工平均日进度第一的纪录。

在国投哈密一矿监理过程中，张延军同志自2013年4月至2015年4月担任总监理工程师，该矿井由国投能源开发有限公司开发，设计生产能力1200万吨/年。该矿井地处新疆哈密地区南湖镇辖区，在戈壁滩深处80公里，自然环境恶劣，夏季高温，冬季寒冷，并且地质条件极差。其中在3煤辅运大巷、井下中央变电所、井下中央泵房，全部为砂岩，且涌水量较大，巷道成型十分困难，张延军同志带领监理人员24小时轮流现场值班，直到3煤辅运大巷、井下中央变电所、井下中央泵房顺利施工完成，国投哈密一矿特意给我公司发来表扬信。

2. 中赟国际工程股份有限公司

（1）习明修——中赟国际工程股份有限公司

习明修，男，中共党员，监理一公司经理，高级工程师，国家注册监理工程师。主要业绩及成果：义安矿业有限公司正村煤矿任总监、义马煤业集团孟津煤矿任总监、河南省新郑煤电集团赵家寨煤矿任总监、新安电力渠里煤矿任总监、新郑华辕煤业有限公司李粮店煤矿任总监、中铝中州三门峡铝土矿任总监、义煤集团新安县云顶煤业任总监。监理过的粮店矿深厚冲积层和深厚含水岩层800米冻结安全快速施工技术获河南省工业和信息化成果奖一等奖；洛阳义安建设公司正村煤矿理获全国煤炭行业优质工程奖；新郑煤电集团赵家寨煤矿工程被评为煤炭行业"太阳杯"；河南大有能源股份有限公司石壕煤矿南翼轨道运输大巷及南风井回风巷掘砌工程评为煤炭行业"太阳杯"。个人多次被评为河南省优秀总监，2008年获"河南省监理20年突出贡献奖"。

（2）徐明生——中赟国际工程股份有限公司

徐明生，男，中共党员，监理二公司经理，高级工程师，国家注册监理工程师，一级注册建造师。主要业绩及成果：登封铁路马白段任总监、永城裕东电厂铁路专用线任总监、新桥煤矿铁路专用线任总监、赵家寨煤矿任总监、白坪煤业西翼开采工程任总监。所监理的白坪煤业西翼采区副井井筒掘砌工程、白坪煤业西翼采区风井井筒掘砌工程获得2015—2016年度煤炭行业优质工程奖和太阳杯工程；参与设计的焦煤集团赵固一矿2012年获得煤炭行业（部级）第十五届优秀工程设计一等奖。徐明生同志多次获得单位和省厅优秀共产党员，并多次被评为河南省优秀项目总监。

（3）吴国强——中赟国际工程股份有限公司

吴国强，男，1991年毕业于河南理工大学采矿工程专业，2005年至2008年中国科学院研究生院在职学习，并获得项目管理工程专业硕士学位。中共党员，矿山建设专业高级工程师，注册监理工程师，认证的国际项目经理（IPMA C 级），中国勘察设计协会认证的工程项目经理。

现任中赟国际工程股份有限公司（原煤炭工业郑州设计研究院）监理公司副经理。

监理取得的主要成果：参与的永城煤电集团车集矿井总承包项目获全国首届优秀工程总承包银钥匙奖；担任总监并负责实施的河南省辉县吴村煤矿《程村矿井主、副井筒深厚冲积层冻结凿井技术研究》项目，获 2005 年中国煤炭科学技术一等奖；多项担任总监的工程被评为煤炭行业优质工程及"太阳杯"。

与人合著《程村主副井深厚冲积层冻结凿井技术》，2007 年焦作国际采矿安全学术会议发表论文（英文）一篇，国内刊物发表论文多篇。个人多次被评为河南省优秀总监。

（4）文金有——中赟国际工程股份有限公司

文金有，男，中共党员，监理二公司副经理，高级工程师，国家注册监理工程师、一级注册建造师。

主要业绩及成果：陈四楼矿井铁路设计及总承包设计负责人、车集矿井铁路设计负责人、城郊矿井铁路设计负责人、裕东电厂铁路设计负责人、新桥矿井铁路设计负责人、赵固一矿铁路设计负责人及几内亚铝土矿公路设计负责人等；栾川钼业选矿厂任总监、许昌铁矿任总监、郑州高新技术开发区供水项目任总监、郑州港区南片区市政给水管网及小区代建给水工程任总监、成昆铁路峨眉至米易段扩能改造工程任总监。参与的永夏矿区陈四楼矿井项目获国家第九届优秀工程设计银奖；永煤集团车集矿井（含选煤厂、铁路工程）获国家第十届优秀设计银奖；焦作煤业（集团）有限责任公司赵固一矿获河南省勘察设计行业创新奖一等奖、全国煤炭行业（部级）优秀工程设计一等奖等。文金有同志多次获得单位和省厅优秀共产党员称号，多次被评为河南省优秀总监。

（5）苏永民——中赟国际工程股份有限公司

苏永民，男，中共党员，监理一公司副经理，河南省煤炭建设协会副秘书长，河南省煤炭学会建井专业委员会委员，注册监理工程师、一级建造师，长期从事工程监理和项目管理工作。先后担任神火集团和成煤矿、大磨岭煤矿、登电集团马鸣寺煤矿等多个大中型矿井的总监理工程师，所带领的监理团队凝聚力强、团结高效、工作积极，赢得了业主信任，取得了施工方信服，树立了品牌和信誉。所监理的河南登电马鸣寺煤矿风井井筒及部分井底车场掘砌工程获得煤炭行业"太阳杯"工程。参与的和成煤矿立井井筒穿采空区施工和支护技术研究、资源整合矿井技改工程质量监控体系研究、滑动构造影响下高应力极破碎围岩巷道支护技术研究等课题先后获得了河南省煤炭工业局、河南安全监督管理局、郑煤集团公司科技进步奖和河南省科技厅、河南省教育厅组织的专家鉴定验收。先后荣获河南省煤炭系统安全生产工作先进个人、河南省煤炭工业基本建设先进个人、全国工程质量监督系统先进个人等荣誉称号。

（6）陈树祥——中赟国际工程股份有限公司

陈树祥，男，高级工程师，国家注册监理工程师。主要业绩及成果：永煤集团新桥矿选煤厂项目任总监代表、新疆拜城众泰煤焦化公司 60 万吨/年项目任总监、老挝中农钾盐矿项目设备安装工程任总监、永煤集团股份有限公司顺和煤矿及选煤厂项目任总监、焦煤集团冯营电力公司脱硫脱硝除尘器改造项目任总监、焦煤集团冯营电力及电冶分公司超低排放 EPC 项目任总监、老挝华潘年度一体化路通及电通 EPC 项目任总监。所监理的"永煤团集顺和煤矿副井提升系统安装工程""永煤集团顺和煤矿-702 米水平东翼胶带运输大巷掘进工程""永煤集团顺和煤矿-702 米水平东翼轨道运输大巷掘进工程""河南龙宇能源股份有限公司车集煤矿南二风井掘进工程"以及"郑煤集团白坪煤业西翼采区副井掘进工程"等项目荣获煤炭行业"太阳杯"。个人多次被评为河南省优秀项目总监。

（7）戎建伟——中赞国际工程股份有限公司

戎建伟，男，中共党员，高级工程师，国家注册监理工程师，一级注册建造师。主要业绩及成果：河南省辉县市吴村煤矿程村矿井项目任总监代表、河南省辉县市吴村煤矿张屯矿井项目任总监代表、焦煤集团白云煤业有限公司新河矿井项目任总监代表、义煤集团巩义铁生沟煤业有限公司 15 区风井工程项目任总监代表、安阳大众煤业有限责任公司改扩建项目任总监代表、河南大有能源股份有限公司跃进煤矿选煤厂升级改造项目任总监、河南大有能源股份有限公司耿村煤矿选煤厂升级改造项目任总监、三门峡义翔铝业有限公司流化床锅炉超低排放工程项目任总监、河南焦煤能源有限公司古汉山矿浅部老空水害治理项目任总监。参与的河南省辉县市吴村煤矿程村矿井项目，主、副井筒被评为优质工程，冻结工程被评为"太阳杯"工程；参加的科研项目"程村矿井主、副井筒深厚冲积层冻结凿井技术研究"被评为 2005 年度中国煤炭工业协会科学技术一等奖。焦煤集团白云煤业有限公司新河矿井项目，主井井筒工程被中国煤炭建设协会评为 2009 年度煤炭行业"太阳杯"工程；副井、风井冻结及井筒掘砌工程被评为 2010—2011 年度煤炭行业"太阳杯"工程。焦煤集团白云煤业有限公司新河矿井项目申请报告，获 2010 年度煤炭行业（部级）优秀工程咨询成果三等奖。

（8）段培亮——中赞国际工程股份有限公司

段培亮，男，高级工程师，国家注册监理工程师。主要业绩及成果：郑州华裕小区任总监、河南省绿色能源（煤矿瓦斯）科技产业园任总监、商丘市先锋药业有限公司医药物流中心工程任总监、中国神马集团橡胶轮胎有限责任公司棚户区及保障性住房工程任总监、阳光花苑二期、三期工程任总监、郑州市管城回族区席村安置区施工监理项目任总监、新蔡县如意花园小区一期工程任总监。所监理的中国神马集团橡胶轮胎有限责任公司棚户区及保障性住房工程获"省保障性安居工程奖"，阳光花苑小区获市优质结构工程"商鼎杯"。个人多次被评为河南省优秀项目总监。

（9）孙震海——中赞国际工程股份有限公司

孙震海，男，高级工程师，国家注册监理工程师。主要业绩及成果：栾川龙宇大厦及安康小区任总监、永城市民生花苑任总监、信阳市绿城百合新城 I 期小区任总监、绿色能源科技产业园 1 号、2 号职工宿舍楼及地下车库工程任总监、山西省沁水县沁和大酒店项目任总监、管城回族区苏庄、八郎寨村民安置区建设项目任总监。所监理的栾川龙宇大厦获优质工程奖，山西省沁水县沁和大酒店项目获得省部级"北京结构长城杯金奖"。个人多次被评为河南省优秀项目总监。

（10）张瑞芳——中赞国际工程股份有限公司

张瑞芳，男，中共党员，工程师，国家注册监理工程师。主要业绩及成果：主持完成了巩义铁生沟煤矿、河南红旗煤业股份有限一矿、二矿、渑池县九六八煤矿、登封市金星煤业有限公司等煤矿的技术改造初步设计和安全专篇的设计工作；主持完成了平煤天安煤业公司二矿、郑煤集团宝丰盛源煤矿、巩义铁生沟煤矿、河南大有能源股份有限公司新安煤矿、耿村煤矿、杨村煤矿、焦煤集团九里山煤矿、中马村煤矿、演马庄煤矿、方庄二矿等煤矿的资源开发利用方案编制工作；主持完成了郑煤集团白坪煤矿、义煤集团新安县云顶煤业有限公司、平煤集团庇山矿的生产能力核定报告编制工作。先后在赵家寨煤矿西翼开拓项目和郑煤集团白坪煤矿西风井项目任总监代表。赵家寨煤矿岩石巷道快速掘进技术研究获得郑煤集团公司科技进步一等奖。河南神火集团有限公司泉店矿井设计通过省工信厅评审，荣获中国煤炭行业（部级）优秀工程设计二等奖。所监理的白坪煤矿西风井工程获得煤炭行业"太阳杯"工程。

3. 河南兴平工程管理有限公司

（1）陈军晔——河南兴平工程管理有限公司

陈军晔从事工程建设监理工作二十年，一直从事矿山工程项目的监理工作，先后参与了180万吨/年平煤十三矿、240万吨/年首山一矿的建设，项目监理部曾荣获"煤炭行业十佳项目部"。1999—2001年参与了平驻公路305米甘江河大桥建设，期间担任驻地监理工程师；2003—2005年参与了开封碳素2.2万吨/年超高功率石墨电极一期建设项目，担任总监代表，监理的串接石墨化厂房获煤炭行业"太阳杯"工程。在任监理工程师和总监代表期间，恪尽职守，在总监理工程师的带领下，严格控制质量，运用主动控制与被动控制相结合的方法，对工程的施工质量采取事前、事中与事后控制，严格资料报验，强化工序验收，确保工程质量达到承包合同、设计文件及相关技术规范、标准的规定要求。连续多年荣获公司"优秀监理工程师"荣誉。

2006—2009年期间先后担任开封东大化工15万吨/年离子膜改扩建项目担任总监、平煤爆破器材公司整体搬迁项目总监。在担任项目总监期间，建设单位的信任和支持为开展监理工作创作了良好的环境，监理人员的业务技术精湛，个人综合素质强，懂设计、懂施工，熟悉验收规范是必要的条件。在某化工厂区的一栋建筑物验线时，监理提出了质疑：该厂建在半山腰，围墙依山势而建，围墙施工时遇上深沟，围墙轴线向内收缩，造成该建筑物与围墙安全距离小于设计规范最小安全距离，监理发现问题后及时向建设单位反映，并联系设计单位，及时解决了问题。正是由于监理对设计规范的熟悉，超前预防了施工风险，得到了建设单位对监理服务的肯定。

2009—2014年期间，先后担任开封兴化精细化工厂9900吨/年糖精钠项目总监、开封东大化工公司2万吨/年氯乙酸项目总监、开封华瑞新材料2万吨/年光气化项目总监、3000吨/年敌草隆项目总监。精细化工的特点是品种多、更新快，需要不断地进行产品的技术开发和应用，导致技术垄断性强，技术保密性高。为了严防技术泄密，建设单位给施工现场仅有工艺示意图，这给监理工作带来了难度，但监理仍坚持规范标准，认真履行监理合同。另外，在某化工项目监理中，技术转让方的专家提出，改变搪玻璃罐支座位置，监理方提出了反对意见，理由：其一，新到设备的改装，需要得到设备方的认可，不能擅自改动。其二，根据规范要求，不能直接在搪玻璃设备表面施焊。因为搪玻璃设备内表面彩釉层极薄，高温环境下彩釉层很容易被破坏，影响设备性能。如果要施焊必须得到设备方的同意而且要采取保护措施。在化工行业监理中，防爆方面的监理是我们工作的重点。在有光气、甲苯、二氯苯胺等爆炸危险物存在，为爆炸气体环境2区的某项目监理中，技术转让方的专家从使用角度提出，在防爆墙上开门要求，监理人坚持反对意见，提出在防爆墙上开门，必须使用防爆门。

2014 年至 2017 年先后任平煤神马集团尼龙 66 盐高品质己二酸项目总监、平煤神马集团帘子布东厂区搬迁项目总监、河南易成 6000 米电镀金刚线项目总监、河南易成 10000 吨/年锂电子电池用炭石墨材料项目总监、开封东大整体搬迁项目总监。2017 年平煤神马集团帘子布东厂区搬迁项目监理部获化工行业优秀项目监理部，本人也获得 2017 年化工行业示范优秀总监理工程师称号。

从 2006 年起，陈军晔同志多次被评为公司优秀总监、劳模。2011 年获平煤神马集团优秀共产党党员荣誉。

（2）付克彦——河南兴平工程管理有限公司

付克彦，全国注册监理工程师，矿建工程师，在河南兴平工程管理有限公司已工作 13 年。先后在平煤集团铁运处、平煤总医院、阳光花苑小区、七星选煤厂、八矿二号井等工程担任监理员、专业监理工程师等职务，然后又被派往贵州、内蒙古、新疆等地工程项目担任总监代表及总监。多次被公司评为"优秀驻外工作者"及"优秀总监"称号。

（3）李大鹏——河南兴平工程管理有限公司

李大鹏，矿山测量专业，高级工程师，国家注册监理工程师，一级建造师，安全工程师。现任兴平工程管理有限公司安全副总工程师，兼任工程二部、工程五部部长，主管公司安全质量及矿井工程监理工作。

从事监理工作中，先后担任平禹煤电公司一矿技改工程、平禹煤电公司六矿技改工程、平禹煤电公司方山新井建设工程、平煤股份四矿三水平工程、平煤股份六矿三水平工程等总监。

在担任总监期间，根据工程特点科学安排和协调矿山工程项目的安全生产、工程进度、质量控制，整理监理资料，进行事故分析，及时存在问题。组织公司每年举办的春秋季监理专业人员的业务培训，在培训中为大家讲解《煤矿井巷工程质量验收规范》《煤矿安全规程》等基本知识，同时编写《监理日记如何写》《规范编写监理月报》等培训教材。

煤矿建设项目具有投资大、工期长、条件复杂等特点，涉及矿、土、安施工单位，同时有建设单位、设计单位、勘察单位、供应商，以及质量监督单位和当地关系处理等，协调工作贯穿整个建设项目。为此，首先应完善各项管理制度，配备齐全专业监理人员。加强业务学习，提高监理人员素质，要求每周组织一次学习例会，不仅学习规范、标准，也要不断学习初步设计、施工图纸、施工组织设计、措施等。针对特殊工程，事先认真学习设计文件及相关标准、规范等，编制有针对性的监理细则，增加监理人员对工程的认识程度，可使其找到监理控制重点，制定相应预防措施，做到熟记于心，使监理工作得心应手。例如八矿、六矿三水平井筒冻结法施工，根据冻结法施工的过程，编制相应的细则。对监理单位，有助于掌握冻结法施工的程序、基本方法、质量控制要点和施工所要达到的目标值，细则是指导监理工作开展的文件与备忘录。对施工单位，可起到提醒与警示作用，指导哪些工序监理人员必须到场，哪些质量控制点到来之前必须通知监理，避免施工单位遗忘而引起纠纷；也可起到对施工单位交底的作用，使监理要求可顺利实现。对建设单位，使其从中了解监理单位的整体性，消除对监理人员疑虑、误解、不信任，取得建设单位支持，有助于监理工作能顺利开展，实现预期监理效果。

工程衔接如矿建交安装、土建交安装也是监理重点，一定要双方现场实际交接，监理组织，建设单位参加，并形成书面文字，四方签字，确保工程一旦出现问题，能够明确责任。例如井筒施工转井筒装备，尤其明确近井点、明确谁施工谁保护，明确井筒中心线和提升中心线，避免井筒装备出现问题。

施工阶段的进度控制上，要求施工单位编制的施工进度计划并进行审查，对不合理的进度计划提出整改意见和合理化建议，在总进度计划上分解到周计划。每周检查落实，尤其关键线路上工程，出现工期滞后现象，立即要求施工单位采取措施，确保工程进度计划满足工程建设的实际需要。在工程接替前，提前通知相应施工单位做好准备，如安装单位、设备供应商等，避免影响工程施工。施工过程中加强现场检查的力度，监理处处严格把关，按照监理规范、细则等认真执行。

参与完成的《工程建设监理绩效评价与管理研究》科研成果，荣获 2011 年中国平煤神马集团科技进步奖二等奖；《煤矿井巷工程质量验收规范应用与研究》科研成果，荣获 2011 年中国平煤神马集团科技进步奖三等奖；《井筒冻结法施工监理技术研究与应用》科研成果，荣获 2011 年中国平煤神马集团科技进步奖三等奖；《YTC-120/2000 型突出参数测定仪的研究与应用》科研成果，荣获 2012 年河南省安全生产科技奖二等奖；《以塑造监理企业 AAA 信用品牌为目标的核心竞争力》科研成果，荣获 2012 年中国平煤神马集团管理创新奖二等奖；《监理企业实施全过程质量控制的技术与方法》科研成果，荣获 2012 年中国平煤神马集团科技进步奖二等奖等。根据自己实际工作经验及理论水平与公司相关人员编写并出版了《矿井建设工程监理实用操作手册》。

（4）李文彭——河南兴平工程管理有限公司

李文彭，工程管理专业，参加工作以后，参与了平煤股份十一矿改扩建项目，从一名大学生转换成为一名现场监理员，在各位领导和前辈的指导下，先后从事了土建、矿建、机电专业监理工作，期间深入工地现场，认真学习专业知识，通过理论联系实际，所学的专业理论知识迅速转化为了业务能力，很好完成了本职工作，并得到了公司领导和建设单位的认可。2011 年开始担任平煤股份十一矿改扩建项目、十一矿西翼运输系统改造项目总监理工程师代表工作，在总监理工程师的指导下，开始主持项目监理机构工作。在此期间多次获得公司"优秀总监代表""优秀大学生"等荣誉，本人所在的工程二部也被集团公司授予了"优秀班组"的荣誉称号。

2014 年，受煤炭行业持续低迷影响，响应公司"走出去"的号召，来到内蒙古鄂尔多斯，担任神华集团蒙西煤化股份有限公司棋盘井煤矿产业升级项目总监代表工作，克服重重困难，出色完成了本职监理工作，得到了蒙西公司领导的认可。在此期间，本人多次获得公司"优秀驻外工作者"等称号。之后在平煤股份十一矿改扩建项目（净增产能 180万吨/年）、十一矿西翼运输系统改造项目、平煤香山矿井口房行人连廊工程、神华蒙西煤化股份有限公司棋盘井煤矿产业升级项目（投资概算 13.8 亿元）、平煤股份十三矿东翼通风系统改造项目（投资概算 2.87 亿元）、十三矿己一采区下部瓦斯治理集中回风巷工程等项目担任专业监理工程师、总监代表、总监理工程师等工作。通过多年的现场工作积累，以及不但学习专业知识，先后取得了注册监理工程师、一级注册建造师执业资格，逐渐成长成为一名优秀的总监理工程师。

2017 年，开始担任平煤股份十三矿东翼通风系统改造项目、十三矿己一采区下部瓦斯治理集中回风巷工程总监理工程师工作，作为基层监理部的负责人，坚持"以诚实守信的道德理念，以过硬的专业技术能力，以能吃苦耐劳的拼搏精神，以及时、主动、热情、负责的工作态度，以守法、公正、严格、规范的内部管理，以业主满意为服务尺度"的指导思想，对技术管理一丝不苟，对工程质量从严控制，保证建设项目保质保量顺利开展。

在完成本职工作的同时，并多次在期刊发表《论工程建设监理面临的生存风险与危机》《论排水性沥青混凝土路面在施工过程中的质量监理》《论建设工程监理的作用与控制措施》等文章，并多次获得平煤神马集团优秀论文奖。本人参与的"新型轻质泡沫混凝土在高层建筑中的研究与应用""复杂地质环境条件下桩锚联合支护技术的研究与实施""新型玻璃幕墙在高层建筑中的研究与应用"等科研成果，荣获中国平煤神马能源化工集团有限责任公司科技进步三等奖。

（5）孟明福——河南兴平工程管理有限公司

孟明福，注册监理工程师，注册一级建造师，注册安全工程师。2003年进入兴平监理公司后，就在刚开始建设的240万吨/年的首山一矿做监理员工作，从学习写监理例会纪要和监理月报做起，通过不断的业务学习，专业技术不断提升，并取得了一系列的资格证书。随着工作时间的延续及工作经验的累积，从监理员的岗位逐步成长为一名合格的总监理工程师，并由一名科员成为一名矿建工程部部长。所监理的首山一矿是一个高瓦斯矿井，井巷工程总量两万八千米，概算投资9亿元，矿、土、安三类工程单位工程个数多达110个。为此监理部做好"三控两管一协调"及安全生产管理的每一个环节。首山一矿的副井装备工程和新回风井井筒工程获得煤炭行业"太阳杯"，平宝煤业有限公司首山一矿建设项目监理部受到河南省质量监督总站的书面表扬，并荣获煤炭行业"十佳项目监理部"。所监理的六矿北风井地面通风系统工程获得煤炭行业"太阳杯"。个人多次获得河南省及中国煤炭行业协会"优秀总监理工程师"称号。

孟明福同志还为兴平公司创建了网络办公自动化系统，不仅含有公告通知、新闻、电子邮件等栏目，而且根据监理工作特点，增加监理月报、工地会议纪要、监理工作汇报、网络图书馆等栏目，提高了办公的效率。此外，还参与了与郑州国创信息技术公司合作共同开发了具有兴平管理公司独立知识产权的《矿山版监理大师》监理软件，开创了国内矿山工程监理软件的空白。

（6）王少飞——河南兴平工程管理有限公司

王少飞，2008年参加工作，工程师，注册监理工程师，注册一级建造师。曾担任平煤股份多个矿井技改项目的专业监理工程师、总监理工程师。现场工作期间，以身作则，勤勉敬业，用自己的实际行动带动周围的同事，得到业主的支持。发扬年轻人敢打敢拼的精神，对项目中存在的问题刻苦攻关，绝不放过。担任某矿技改项目总监期间，通过提议优化设计，该项目提前半年完工，节约概算投资两千余万元。先后多次荣获公司优秀总监称号。参与完成的"煤矿井巷工程质量验收规范研究与应用"项目获中国平煤神马集团科技进步三等奖、"矿山工程信息管理系统研发及应用"项目获中国平煤神马集团科技进步二等奖；撰写的论文《从两起质量事故谈矿井提升机基础的施工监理》获中国平煤神马集团优秀论文三等奖；参与编写的《平宝煤业有限公司首山一矿监理工作体会》入选煤炭行业监理工作范例。2015年底，根据公司安排转至管理岗位，并在新的岗位上迅速适应，圆满完成各项任务，成为懂技术、会管理的复合型人才。

（7）吴杰——河南兴平工程管理有限公司

吴杰，国家注册监理工程师，曾荣获全国化工行业优秀总监理工程师、兴平公司优秀总监理工程师、中国平煤神马集团先进工作者等荣誉称号。

从事现场监理工作多年，先后在尼龙化工公司、平顶山气囊丝公司、尼龙科技有限公司、帘子布发展公司、三梭尼龙发展公司、工程塑料科技有限公司以及中国华电不连沟煤业有限公司等不同行业建设项目担任总监理工程师。所担任总监理工程师项目合同履约率100%，质量合格率100%，监理过程中未发生安全质量事故，受到建设单位的广泛肯定。特别是在平煤神马尼龙科技有限公司己二酸己内酰胺项目、帘子布发展有限公司"东厂区搬迁"项目中，结合各主装置结构复杂程度及监理工程师的专业技术特点，科学统筹建立各专业监理组，形成了具有较大机动性与较强适应的矩阵式监理组织机构，实现了项目监理机构的内部潜力挖掘，做到项目监理机构各项安全、质量管理职能不重不漏，各专业监理组做到了事事有人管，人人有专责，既满足了业主需要，又提高了公司现场监理团队的专业技术水平和综合管理能力。矩阵制项目监理组织机构在大型化工企业建设项目中的应用与实施效果初显，项目管理成效在省、市、集团领导的现场调研中多次得到肯定。2017年两个项目均获得"全国化工行业工程监理示范项目"奖，本人荣获全国"化工行业优秀总监理工程师"荣誉称号，同时，帘子布发展"东厂区搬迁"项目荣获煤炭行业工程建设"太阳杯"奖。

（8）岳文杰——河南兴平工程管理有限公司

岳文杰，注册监理工程师，一级建造师，安全工程师，2009年进入河南兴平工程管理有限公司工作。

2009—2012年在姚孟输煤通道项目部做监理员；2012年11月被外派到内蒙古利民煤矿技改工程，历任监理员、总监代表；2014年2月被调至神华蒙西煤化股份有限公司产业升级项目部做总监；2014年7月起兼任内蒙古利民煤矿产业升级项目部总监；2015年4月兼任宁夏安能生物质电厂项目部总监。

在工作中，科学管理工程，严格工程质量把关，认真考核工程进度并积极协调各方关系，使参与监理的各个工程项目顺利进行，工程质量和工程进度均达到预期要求，受到业主的广泛好评，为"兴平监理"品牌的树立做出了应有的贡献。同时也获得了多项荣誉称号：2014年所带领的棋盘井项目部荣获集团公司"先进班组"称号，2014年荣获集团公司"先进生产者"称号，2015年荣获公司"优秀驻外工作者"等称号，2016年荣获公司"优秀总监"，所带领的神华蒙西棋盘井煤矿监理部荣获集团公司"先进班组"荣誉称号。

在业余时间撰写并发表论文多篇，其中2013年发表了《客土喷播技术在矸石路基边坡防护中的应用》，2014年发表了《浅谈柔模支护工艺中的问题》。2012年参与合作的科技成果《矿山工程信息管理系统研发与应用》被公司评为科技进步成果一等奖，被集团公司评为科技进步成果二等奖。

（9）张雪——河南兴平工程管理有限公司

张雪，女，国家注册监理工程师，国家注册造价工程师，国家注册一级建造师，高级工程师。

作为公司唯一一位工程部女部长，以身作则，身先士卒，带领工程八部全体员工，奋斗在工地一线，坚持在现场，不怕苦、不怕累，爬高上梯，不顾酷暑严寒，不分节假日，坚持在现场严抓工程质量、安全和进度。在她的带领下，工程八部这个女员工最多的部门却屡创佳绩，由她们监理的平煤集团经调大厦、总医院综合楼、平煤集团会议中心、二矿地面储装运系统、平煤股份矿山医疗救护中心、平安景苑等工程，多次获得煤炭行业"太阳杯"奖，河南省安全文明工地、河南省"中州杯"奖，她也多次被评为"河南省优秀监理工程师""优秀总监"，煤炭行业"优秀监理工程师""优秀总监"。

她主要负责监理的平煤股份矿山医疗救护中心综合楼工程、平安景苑等工程都是平顶山市、平煤集团公司的重点工程，也是民生工程，建成后对提高全市人民的医疗服务环境、居住环境有重要意义。在工程监理过程中，她优化设计、优化施工组织设计，对工期、质量、投资进行全方位控制，加强合同管理、信息管理，同时，在监理过程中，深入开展监理服务质量标准化活动。加强现场的质量检查工作，严格按国家规范、技术规程要求，一丝不苟，严格控制工程质量、进度、造价，确保了工程按期保质保量地完成，并荣获河南省结构"中州杯"奖。

在日常的工作中，她还加强学习，在实践中不断提升个人工作能力水平，适应市场经济体制和改革发展的新形势、新特点，不断学习新知识、新技术、新工艺，加强现场的实践学习，不断提高自己的技术水平和业务能力，注重运用所掌握的专业理论知识，联系工程实际，深入研究专业技术和科技前沿动态，业务能力和技术水平不断提高。2014年4月被河南省建设监理协会评为"河南省优秀监理工程师"，2014年被中国平煤神马集团机关评为"优秀党员"，2015年被中国平煤神马集团机关评为"先进女职工"，连年被评为公司"优秀总监""科技工作先进个人"。她还在全国省、市报刊物和学术会议上发表论文6篇，并先后完成了"以提升客户满意度为目标的监理责任管理"创新成果，2014年被评为煤炭企业管理现代化创新成果三等奖；"高性能聚丙烯纤维抗裂防水混凝土的研究与应用"科技成果，2015年被评为中国平煤神马集团公司科技进步三等奖；"全过程质量控制技术在工程监理企业中的研究与应用"科技成果，2015年被评为河南省工业和信息化科技成果二等奖。

（10）周冠军——河南兴平工程管理有限公司

周冠军，男，注册一级建造师，注册监理工程师，注册安全工程师。

2011—2014年初，担任平煤股份五矿产业升级项目（总投资3.58亿元）总监代表，配合总监理工程师科学统筹矿、土、安各专业监理工程师人员，精心参与组织编制矿、土、安各专业监理实施细则。结合施工现场实际，撰写的《五矿煤仓滑模施工质量控制》一文，在《中国房地产业》杂志上发表。五矿产业升级项目明斜井井筒掘砌工程荣获2013年度煤炭行业工程质量"太阳杯"奖，该项目监理部荣获2014年度煤炭行业"十佳监理部"。

2011—2014年，参与组织实施的《深井长距离沿空回采巷道破坏机理及技术研究》项目，荣获2015年中国平煤神马集团科技进度贰等奖；《钻井法和冻结法在八矿二井立井施工中的应用及优缺点对比的研究与实施》项目，荣获2015年集团科技进度参等奖。

2014年初至2016年末，担任中国平煤神马集团25万吨己二酸20万吨己内酰胺项目（一期）（投资38.9亿元）总监代表，面对数十家等国内知名大型建筑企业集团在厂区内掀起的集群式冲锋，配合总监理工程师结合各装置结构、工艺、流程复杂程度及各专业监理工程师的专业技术特点，调整项目监理组织机构模式，形成了具有较大机动性与较强适应的矩阵式监理组织机构，通过近三年的平稳运行，项目监理机构各项安全、质量管理职能不重不漏，各专业监理组做到了事事有人管，人人有专责，既满足了业主需要，又锻炼了公司人才队伍，矩阵制项目监理组织机构在大型化工企业建设项目中的应用与实施效果初显。

作为工程部副部长，坚持以身作则，自觉遵守吃住现场，指纹签到，夜班巡视制度。坚持每日准点组织召开班前会，做好遗漏问题落实及当日工作安排，同时对早会议事议程向公司安质部每期如实上传，夯实了矩阵制监理组织机构在大型项目建设中的管理基础，确保了监理工作平稳有序、同事相处和谐稳定。也因为基层业务管理能力突出，2017年该同志被任命为公司工程四部部长。

中国平煤神马集团25万吨己二酸20万吨己内酰胺项目（一期）2015年10月陆续开始试车，截止到2016年2月底，各装置均实现了一次试车成功，进入2016年3月己二酸装置实现双系列满负荷生产，己内酰胺装置生产负荷最高达到100%，项目创出建设周期最短、开车出成品时间最短、极端天气下一次开车最成功、负荷超百时间最短、优等品率最高的多项业内纪录。该项目监理部于2016年8月荣获中国煤炭建设监理协会颁发的"十佳监理部"荣誉称号，2017年7月该项目荣获由中国建设监理协会化工监理分会颁发的"2017年度化工行业示范项目奖"。

2017年1月，担任中国平煤神马集团己内酰胺二期暨升级改造项目、15万吨/环己酮项目总监理工程师，项目概算投资约22亿元。项目展开以后，周冠军同志在具体监理管理工作中，以善学善思、善始善终、善做善成作为大型项目建设监理工作的指导思想，根据各装置实体进展，专业类别，科学合理统筹了项目监理部人员进出场计划，全面推进矩阵制监理组织机构在大型化工项目建设中的应用与实施，深度释放了河南兴平工程管理有限公司作为享誉中原、行业知名、国内具有竞争力的全过程工程咨询管理企业的软硬实力！

（十三）湖北

（1）杨俊普——中煤科工集团武汉设计研究院有限公司

杨俊普，男，公路与城市道路专业，高级工程师，国家注册监理工程师，一级建造师，国家安全工程师。自1994年至今，从事监理工作已经20多年了，连续多次荣获湖北省、武汉市、煤炭行业优秀监理工程师、优秀总监称号。监理的项目类型有铁路、桥梁、隧道、矿井、公路、轨道交通等。2001—2004年任河北沙蔚铁路工程总监，该项目永定河特大桥工程被煤炭部评为优良工程；2005年任安徽刘店煤矿总监，该项目荣获太阳杯奖；2006—2008年任武汉高新大道总监；2009年至今，随着武汉轨道交通工程的蓬勃发展，担任武汉轻轨1号线声屏障项目总监；武汉市轨道交通4号线二期四标总监；武汉市轨道交通三号线香惠区间右线抢险工程总监；武汉市轨道交通27号线第四标段总监。所监理的项目多次获得湖北省、武汉市优质工程奖。

（2）封金权——中煤科工集团武汉设计研究院有限公司

封金权，男，采矿工程专业，高级工程师，国家注册监理工程师，国家注册安全工程师，一级建造师，全国注册咨询工程师。2017年担任姑嫂树高架连通三环线匝道工程总监，该项目获得"武汉市建设工程安全文明示范工地"；2015年担任武汉轨道交通2号线南延线光谷广场综合体土建工程安全总监，该项目获得"湖北省建设工程安全文明示范工地""武汉十大魅力工地""江城十大智慧工地"。先后在国内知名期刊发表过《缓倾角多煤层群开采采区巷道布置设计优化》《单倾斜缓倾角多煤层群开采开拓巷道设计优化》《大直径井底煤仓设计研究》等多篇论文。

（3）张庆丰——中煤科工集团武汉设计研究院有限公司

张庆丰，男，中共党员，高级工程师，国家注册监理工程师，一级建造师（房屋建筑和机电工程）。从事监理工作15年来，先后担任华中农业大学第二综合实验楼项目总监、华中农业大学园林科研教学楼项目总监和武汉市轨道交通7号线一期工程三阳路风塔综合配套开发项目一期项目总监。其中，华中农业大学第二综合实验楼项目获得"武汉市建筑工程文明施工样板工地""武汉市建筑工程结构优质奖"和"楚天杯"；华中农业大学园林科研教学楼项目获得"武汉市建筑工程结构优质奖"。正

在监理的武汉市轨道交通7号线一期工程三阳路风塔综合配套开发项目一期更是创造了许多佳绩：72小时完成13000方（1区基坑筏板）大体积混凝土的浇筑；核心筒爬模施工3天一层楼；建议甲方将2区、3区基坑顺做法改为逆做法，节约造价150万和缩短工期2个月，获得甲方的通报表扬；获得武汉地铁集团建设公司2016年度监理履约考评第一名；项目监理部2017年获得公司"先进室组"；2018年获得"武汉市建筑工程文明施工样板工地"。

张庆丰同志多次被评为"武汉市优秀总监理工程师"和"煤炭行业优秀总监理工程师"。

（4）常学生——中煤科工集团武汉设计研究院有限公司

常学生，男，注册监理工程师，高级项目经理，中煤科工集团武汉设计研究院有限公司项目管理中心工程部副主任。从事工程项目管理工作14年，先后荣获"武汉市五一劳动奖章""煤炭行业工程项目管理和工程总承包优秀项目经理（2014年首届）""武汉市青年岗位能手"等多项个人荣誉；带领团队获得"2011—2012年度全国青年安全生产示范岗""2015年武汉市青年安全生产示范岗"；所做项目荣获全国煤炭行业优秀工程总承包金奖（神华北电胜利矿、神华包头煤化工）、全国勘察设计行业第七届银钥匙奖（神华包头煤化工）、煤炭行业优质工程奖（太阳杯）。

先后在国内知名刊物发表《建筑工程EPC总承包管理成本分析与成本控制》《浅析工程项目EPC总承包风险管理》《设计院做工程项目EPC总承包的优势与管理分析》等多篇论文，编写企业体系文件十余篇，并取得"公路铁路两用装车站""汽车装车闸门"等三项发明专利和实用新型专利。

（5）程磊——中煤科工集团武汉设计研究院有限公司

程磊，男，中共党员，高级工程师，国家注册监理工程师。主要业绩及成果：武汉轨道交通一号线二期工程第七标段任总监代表、武汉市堤角至汉口北地方铁路工程第二标段总监代表、武汉市轨道交通6号线一期工程第十九标段任总监代表、武汉市东湖国家自主创新示范区有轨电车T1、T2试验线工程施工监理5标段任总监、武汉市轨道交通2号线和8号线街道口站中航还建楼项目任总监。监理过的武汉轨道交通一号线二期工程第七标段获得2005年度中国市政金杯示范工程奖，武汉市堤角至汉口北地方铁路工程第二标段被评为2012年度建设工程文明施工优良工地、2010—2012年度被评为武汉地区银奖项目部、2014年度被评为湖北省市政示范工程金奖，武汉市轨道交通6号线一期工程第十九标段获得2016年武汉市黄鹤杯、2017年武汉市政金奖，武汉市东湖国家自主创新示范区有轨电车T1、T2试验线工程施工监理5标段获得2017年武汉市黄鹤杯。个人多次被评为湖北省、武汉市、煤炭行业优秀总监。

（6）王国铭——中煤科工集团武汉设计研究院有限公司

王国铭，男，建筑工程专业，工程师，国家注册监理工程师，一级结构师，造价工程师，咨询工程师（投资），一级建造师，注册安全工程师。

自2002年7月至2009年4月从事工程施工工作，历任山东兖矿集团新陆公司土建项目部技术员、技术主管、公司工程技术部土建工程师，参与兖矿集团峄山化肥厂热电厂项

目土建工程、兖矿集团鲍店煤矿热电厂扩建工程、兖矿集团新陆公司（赵楼煤矿、王楼煤矿、济阳煤矿、郭屯煤矿）冻结机房土建工程、兖矿集团国宏化工厂循环水工程、兖矿集团新陆公司职工公寓装修工程、兖矿煤业鲍店矿环保建材厂建安工程、兖矿集团南屯煤矿集中供热改造工程等。

自 2009 年 5 月至今在中煤科工集团武汉设计研究院有限公司从事工程监理工作，历任武汉市轨道交通 2 号线一期工程盾构管片采购二、三标段项目总监代表，武汉二七长江大桥配套工程五、六标段总监代表，武汉市东湖开发区高新四路桥梁工程项目总监，武汉市轨道交通 3 号线香港路站土建工程总监代表，武汉市轨道交通 2 号线南延线第三标段土建工程项目总监。所监理的多个项目荣获湖北省、武汉市奖项，个人多次荣获湖北省、武汉市、煤炭行业优秀监理工程师、优秀总监。

（7）陶春艳——中煤科工集团武汉设计研究院有限公司

陶春艳，男，建筑工程专业，高级工程师。现任中煤科工集团武汉设计研究院有限公司中汉监理分公司主任工程师，武汉建设监理与咨询行业协会质量专业委员会副主任，国家注册监理工程师，国家注册一级建造师。

2005 年任武汉新时代商务中心项目总监，该项目荣获武汉市建筑工程优质金奖。2008 年 6 月—2012 年 12 月武汉市轨道交通 2 号线循礼门站、中山公园站及中山公园—循礼门—江汉路盾构区间项目总监，该项目荣获中国市政金杯奖。2014 年 1 月至今任武汉市轨道交通 7 号线 14 标项目总监，该项目先后获得武汉市黄鹤杯和湖北省楚天杯。个人被武汉建设监理与咨询行业协会评为"先进工作者"和"优秀总监理工程师"。

（十四）贵州

（1）青泉——贵州省煤矿设计研究院有限公司

青泉，男，选矿工程专业，高级工程师，国家注册监理工程师，注册咨询工程师，注册安全评价师，注册安全工程师。1991 年 7 月分配到贵州省煤矿设计研究院工作至今。

青泉同志自参加工作以来，完成了金佳矿井（180 万吨/年）及选煤厂、响水矿井（400 万吨/年）及选煤厂、老屋基选煤厂技改（300 万吨/年）、贵州文家坝煤矿（240 万吨/年）及选煤厂、盘县马依西一井（240 万吨/年）、小屯矿井（60 万吨/年）等大中型矿井选煤厂监理工作，其中获得单位工程"太阳杯"三个、单项工程"太阳杯"一个。担任二分院院长期间，主持完成了贵州金沙县龙凤选煤厂（90 万吨/年）BT 项目、贵州六盘水玉舍中井选煤车间（200 万吨/年）BT 项目、贵州金沙县聚力选煤厂（120 万吨/年）EPC 项目、贵州中岭选煤厂（150 万吨/年）EPC 项目等工程项目建设。在《煤炭工程》发表过《浅谈选煤厂监理质量控制》，在《洁净煤技术》发表过《日本 M-COL 工艺在金佳选煤厂的应用》等论文。

青泉同志自工作至今，干过设计、监理、工程总承包等工作，在工作中善于洞察，敢于创新，刻苦努力，爱岗敬业，能吃苦耐劳，求学上进。对工作认真负责，积极进取，诚实守信，个性乐观执着，适应能力、沟通能力和人际协调能力强，勤奋好学，具有良好的团队精神、敬业精神，管理能力较强，遇事沉着冷静，善于发现问题、解决问题。矿建、土建、安装能多专业发展，好学好专。团结同事，善于调动大家积极性，切实起到了部门负责人应起的作用。在职业操守上，恪守职业道德，实事求是，始终把安全质量放在首位，深受承包商、矿区质量监督站和业主的好评和欢迎，并在响水矿井、小屯煤矿、文家坝一矿、二矿建设过程中获得了煤炭行业最高奖项"太阳杯"工程，多次被评为省级、煤炭行业（部级）优秀总监理工程师，为我公司争得了诸多荣誉。

（2）杨化——贵州省煤矿设计研究院有限公司

杨化，男，土木工程专业，高级工程师，国家注册安全工程师，注册监理工程师，一级建造师等执业资格。2003 年至今一直在贵州省煤矿设计研究院从事监理工作，监理的工程 10 余个，工程总造价逾 30 亿元。杨化同志于 2016 年被中国煤炭建设协会评为优秀总监理工程师。

主要监理业绩：兖矿集团贵州大方县小屯煤矿（60 万吨/年）土建监理工程师，土建工程投资 1.15 亿元（小屯煤矿单项工程 2012 年获煤炭行业"太阳杯"优质单项工程）；盘江集团贵州盘县响水煤矿（400 万吨/年）土建监理工程师、总监代表，土建造价 3 亿元（盘县响水煤矿管状胶带运输机安装工程，2008 年获得煤炭行业"太阳杯"优质单位工程）；水矿集团贵州织金县文家坝一、二矿（一期 240 万吨/年）总监代表，建筑安装工程投资约 20 亿元［文家坝一矿（一期）主平硐、1310 主石门及主平硐胶带机安装工程，2016 年获得煤炭行业"太阳杯"优质单位工程］；贵州煤田地质科技中心 2 号楼总监代表，工程结算造价约 5000 万元，建筑面积 12204 平方米；水矿集团汪家寨洗煤厂（450 万吨/年）技改工程总监，建筑安装工程投资 1.57 亿元；水矿集团二塘选煤厂（450 万吨/年）技改工程总监，建筑安装工程投资 1.18 亿元；二塘选煤厂技改工程，浓缩池基础原设计为砂桩挤密地基。根据贵州当地的实际地质情况，监理部提出了将砂桩挤密地基修改为砂、碎石换填处理地基的合理化建议，大幅节省了工程投资、缩短工期，取得明显经济效益）；盘江集团土城矿瓦斯治理示范工程项目总监，投资约 8000 万元；林东矿业集团棚户区改造工程总监，建筑总面积 83768 平方米。

（3）文金忠——贵州省煤矿设计研究院有限公司

文金忠，男，高级工程师，注册监理工程师，注册安全工程师，注册咨询工程师，2010—2011 年获得贵州省建设监理协会优秀专业监理工程师，2000 年 4 月至今一直从事煤矿监理工作。

2003 年 5 月—2009 年 8 月担任水城监理项目部部长，先后担任大湾矿、老鹰山矿、中岭矿、格目底矿、汪家寨矿、金河矿、顺源矿、后寨矿等项目总监理工程师。

在煤矿井下监理与管理工作中，认真贯彻执行国家、行业及地方的相关法律法规、规程规章，狠抓施工现场的安全与质量，从"人、机、料、法、环"入手，有效地协调建设单位与施工单位的矛盾，努力做到让双方都比较满意。在工作中学习，充分结合技术与经济分析，控制工程变更，尽量减少索赔，提前预告后续事件可能产生的费用，努力当好建设方的参谋。

（4）李诚——贵州省煤矿设计研究院有限公司

李诚，男，电厂热能动力专业，高级工程师，国家注册监理工程师。

主要监理工作：

1998年8月至1999年12月参加林东矸石电厂（2×6兆瓦）建设工程设备安装监理工作。

2000年1月至2003年11月参加贵阳市北郊自来水厂（20万吨）建设工程设备安装监理工作。

2003年12月至2005年4月参加贵阳市碧海花园19万平方米房建工程设备安装监理工作。

2005年5月至2005年12月参加林东天龙选煤厂建工程设备安装监理工作。

2006年2月至2010年7月，贵州省松河（240万吨/年）煤矿建设工程安装监理工作，2009年被单位评为先进工作者。

2011年3月至2011年7月，担任贵州盘江马依煤业有限公司马依（240万吨/年）煤矿建设工程总监代表。

2012年2月至2012年7月，担任水城矿务局格目底选煤厂（120万吨/年）建工程设备安装监理工作。

2013年9月至2013年11月，担任水城矿务局汪家寨选煤厂扩能技改（450万吨）建工程设备安装监理工作。

2016年3月至2018年3月，担任贵州松河煤业发展有限责任公司松河西井（60万吨/年）建设工程总监。

（5）吴辉强——贵州省煤矿设计研究院有限公司

吴辉强，男，采矿工程专业，高级工程师。2004年5月调入贵州省煤矿设计研究院，一直从事大型矿井监理工作。2006年获得注册安全工程师执业资格证书，2011年获得质量监督工程师执业资格，2013年取得全国注册监理工程师执业资格，美国格理集团专家咨询公司专家团成员，2016年荣获中国煤炭建设协会煤炭行业优秀总监理工程师荣誉称号。2018年获贵州省优秀总监理工程师荣誉称号。主要监理工程项目及任职情况如下：

2004年5月—2007年7月，贵州响水煤矿400万吨矿井及洗煤厂项目监理，任总监代表及矿建负责人，所监理工程获得业主方及贵州煤矿质量监督站的好评，矿建工程被评为优良工程。其中洗煤厂运煤管状皮带安装工程获得"太阳杯"优质工程荣誉称号。

2007年8月—2008年10月，贵州大方小屯煤矿120万吨矿井建设监理，任总监代表。

2008年11月—2011年2月，贵州响水煤矿雨谷90万吨采区监理，任总监。

2011年3月—2012年5月，云南威信云投粤电观音山煤矿240万吨矿井建设任总监，其中二井通过国家验收并获得"太阳杯"优质工程荣誉称号。

2012年6月至今，任贵州桐梓县松南煤矿45万吨矿井建设总监。

（6）张跃国——贵州省煤矿设计研究院有限公司

张跃国，男，采矿专业，工程师，国家注册监理工程师，2014年获得中国煤炭建设协会优秀专业监理工程师，2012—2013年获得贵州省建设监理协会优秀总监理工程师。2004

年 4 月至今一直从事煤矿监理工作。

2007 年 1 月，任松河煤矿（240 万吨/年）建设项目总监理工程师代表。

2008 年 8 月，调云南威信观音山煤矿（240 万吨/年）建设项目监理部。2013 年因工作需要任总监理工程师。

（十五）陕西

1. 中煤陕西中安项目管理有限责任公司

（1）成蛟——中煤陕西中安项目管理有限责任公司

成蛟，男，高级工程师，注册监理工程师。目前在中煤陕西中安项目管理有限责任公司从事监理与项目管理工作。

先后参与勉（县）宁（强）高速公路房建工程、杨伙盘煤矿工程、汉中城褒一级公路工程、府谷亿隆煤矿工程、榆林朱盖塔煤炭集运站工程、榆林市残疾人康复托养服务中心工程等项目的监理与项目管理工作。其中杨伙盘煤矿"监理+项目管理"得到了陕西省榆林市政府的肯定，并作为示范项目在榆林地区进行了重点推广。

还主持编制柠条塔煤矿（1200 万吨/年）、察哈素矿井及选煤厂（1000 万吨/年）、纳林河二号矿井及选煤厂（600 万吨/年）、母杜柴登矿井及选煤厂（600 万吨/年）、葫芦素矿井及选煤厂、大海则煤矿（1500 万吨/年）、袁大滩煤矿（500 万吨/年）、巴拉素煤矿（1000 万吨/年）等数十部矿井及选煤厂施工组织设计文件，其中葫芦素矿井及选煤厂荣获煤炭行业（部级）优秀工程咨询成果二等奖。

多次荣获煤炭行业优秀总监理工程师、优秀监理工程师及设计院先进个人称号。

（2）刘向科——中煤陕西中安项目管理有限责任公司

刘向科，男，高级工程师，注册监理工程师，现任中煤陕西中安项目管理有限责任公司副总工程师。

主要从事工程监理与项目管理工作，在城市地铁工程、市政道路工程和房建工程中有着丰富的监理经验，先后参与完成了西安交通大学教学主楼工程、勉宁高速公路房建工程、西汉高速公路房建工程、西安地铁二号线工程、西安市长乐西路地下通道工程、西咸新区沣东新城市政道路工程和全区域市政养护工程等项目的监理工作。其中，西安交通大学教学主楼和勉宁高速公路工程获得国家优质工程银奖；西安地铁二号线工程荣获 2014 年度"全球杰出工程"大奖；特别是在西安地铁二号线试验段工程建设中，作为西北地区第一条地铁工程，又遇湿陷性黄土特殊地质条件，在这种地质条件下盾构作业也是首次，没有成熟经验可用，刘向科同志会同监理部与施工单位积极配合，一次次讨论调整施工方案和盾构机参数、指标，攻坚了一系列技术难题，创造了地铁隧道盾构施工单班 14 环（成洞 21 米）、单日 27 环（成洞 40.5 米）、单月 485 环（成洞 727.5 米）三项全国施工新纪录。

在西咸新区沣东新城市政工程建设过程中，刘向科同志针对不同工程特点分别制定了相应的监理措施，充分发挥了监理人员的服务意识和责任意识；利用自身协调能力成功克服了市政配套工程点多、面广、环保压力大等矛盾，使工地现场始终处于受控状态。对于工程技术难度大、安全风险大的工程，发挥其技术经验优势，抓住工程管理重点，确保了工程安全、优质、高效、低耗的顺利完成，得到了建设单位的一致好评！为公司在区域经营方面取得了重大突破做出了贡献。

多次荣获煤炭行业、陕西省优秀总监理工程师，多次荣获中煤建设集团、设计院先进个人称号。

（3）董帅昌——中煤陕西中安项目管理有限责任公司

董帅昌，男，经济管理和工程造价管理专业，高级工程师，注册监理工程师，注册一级建造师，陕西省综合评标评审专家库成员。目前在中煤陕西中安项目管理有限责任公司从事监理与项目管理工作。

在工作中积极进取，吃苦耐劳，踏实肯干，常年驻扎在施工现场，主持完成了房屋建设工程7项。其中1项为陕西省重点工程，本人负责项目2015年、2016年、2017年连续三年在公司"质量、安全、环境与职业健康标准化"达标考核中评为"一级标准"，获得公司及建设单位多次好评及奖励，为公司房屋建筑市场品牌做出突出贡献。此外，他还发表学术论文7篇，获得煤炭行业监理优秀成果奖2项，获得煤炭行业QC成果二等奖1项，获得公司"我最满意成果"活动二等奖1项。

多次荣获煤炭行业、陕西省优秀总监理工程师，多次荣获中煤建设集团、设计院先进个人称号。

（4）乔佳——中煤陕西中安项目管理有限责任公司

乔佳，男，工程师，注册监理工程师，现任中煤陕西中安项目管理有限责任公司榆林片区主任。

先后参与浙江省杭州市绕城高速公路北线工程、西汉高速公路工程、宝鸡关中公路环线工程、准格尔旗至东胜运煤铁路工程、酒钢电厂输煤工程、杨伙盘煤矿工程、亿隆煤矿工程、郭家滩井田煤炭地质勘探及井筒检查孔工程、陕西榆林煤炭出口集团安塘转运站工程、神木县红杉铁路集运有限公司中鸡专用线工程、榆林市红杉牛家梁铁路集运有限公司铁路专用线工程等的监理与项目管理工作，并担任多个工程总监理工程师。

多次荣获煤炭行业优秀总监理工程师及优秀监理工程师，多次荣获设计院先进个人称号。

（5）黄展——中煤陕西中安项目管理有限责任公司

黄展，男，工程师，注册监理工程师，现在在中煤陕西中安项目管理有限责任公司从事监理与项目管理工作。

先后参与关中环线工程、太（白）洋（县）公路工程、韩家湾煤矿工程、陕西南梁煤矿工程、张三沟煤矿资源整合工程、府谷黄家梁至神木红柳林供水工程、榆林朱盖塔煤炭集运站工程、神木燕家塔煤炭物资集运公司集运站及铁路专用线环保扩能改造工程等的监理与项目管理工作，并担任多个工程总监理工程师。其中多个工程荣获煤炭行业"太阳杯"。

多次荣获煤炭行业优秀总监理工程师及优秀监理工程师，多次荣获设计院先进个人称号。

（6）王红卫——中煤陕西中安项目管理有限责任公司

王红卫，男，工程师，注册监理工程师，现在在中煤陕西中安项目管理有限责任公司从事监理与项目管理工作。

先后参与西安理工大学曲江校区 B 教学实验楼工程、西安理工大学 H 教学楼工程、西安电子科技大学新校区公共教学楼群行政楼与图书馆工程、陕煤集团神木红柳林煤矿地面工程、杨伙盘煤矿办公楼工程、察哈素矿井及选煤厂、神木麟州华府住宅小区、榆神工业区 2014 年道路及管网 BT 项目、内蒙古昊华精煤高家梁煤矿等工程的监理与项目管理工作，并担任多个工程总监理工程师。其中西安电子科技大学新校区公共教学楼群行政楼与图书馆获得"鲁班奖"；察哈素矿井及选煤厂工程获煤炭行业"太阳杯"奖；杨伙盘煤矿办公楼工程荣获陕西省"长安杯"；西安理工大学曲江校区 B 教学实验楼工程荣获西安市"雁塔杯"。

多次荣获煤炭行业优秀总监理工程师及优秀监理工程师，多次荣获设计院先进个人称号。

（7）贾耀非——中煤陕西中安项目管理有限责任公司

贾耀非，男，工程师，注册监理工程师，现在在中煤陕西中安项目管理有限责任公司从事监理与项目管理工作。

先后参与酒钢职工活动中心工程、酒钢 1 号翻车机异地改造及动力煤倒场工程、西沟矿技术改造工程、酒钢镜铁山 30 万吨铜选厂尾矿干排干堆技术应用工程、酒钢镜铁山矿永久固定帮危害治理工程、甘肃新洲矿业有限公司小柳沟 3 号尾矿库工程、酒钢镜铁山桦树沟铜矿 2760~2640 米接续工程等的监理与项目管理工作，并担任多个工程总监理工程师。

多次荣获设计院先进个人称号，是中安公司年轻总监的优秀代表之一。

（8）刘朋——中煤陕西中安项目管理有限责任公司

刘朋，男，工程师，注册监理工程师，中煤陕西中安项目管理有限责任公司从事监理与项目管理工作。

先后参与贵州德科煤矿工程、太白至洋县公路工程、西安浐灞大道市政工程、西安国际陆港现代物流企业聚集区金融家俱乐部工程、西安国际港务区北区雨污水管网工程、西安国际港务区陆港大桥周边环境形象提升工程、西安国际港务区灞河排水出水口工程、西安国际港务区秦汉大道及周边配套市政工程、西安国际港务区主干道市政工程等的监理与项目管理工作，并担任多个工程总监理工程师。

多次荣获设计院先进个人称号，是中安公司年轻总监的优秀代表之一。

（9）李嘉喜——中煤陕西中安项目管理有限责任公司

李嘉喜，男，工程师，注册监理工程师。

先后参与贵州德科煤矿工程、太（白）洋（县）公路工程、华能西川煤矿工程、华能青岗坪煤矿、西安国际港务区北区雨污水管网工程、杨伙盘煤矿办公楼工程、神华郭家湾煤矿工程的监理与项目管理工作，并担任多个工程总监理工程师。

多次荣获设计院先进个人称号，是中安公司年轻总监的优秀代表之一。

2. 陕西建安工程监理有限公司

（1）袁田发——陕西建安工程监理有限公司

袁田发，男，工业与民用建筑专业，高级工程师，注册监理工程师。1999 年开始从事监理工作，现任公司技术负责人。曾担任过张家峁矿井及选煤厂工程、柠条塔矿井工程、红柳林煤矿、安山煤矿、神南服务区、长安大学工程等多个项目总监，所监理的项目多项获煤炭行业"太阳杯"奖。在担任项目监理过程中，人员分工明确，监理人员岗位职责明晰，坚持"严格监理、优质服务、科学公正、廉洁自律"的质量原则，在工作中严格按制度要求，为业主服务，认真履行监理合同规定的监理的权利和义务。在质量控制中，针对项目特点，确定了重点监控对象。对工程重点部位，关键环节进行了旁站，利用必要的检测设备进行了检测。充分利用巡视、旁站、平行检测等监理手段进行质量控制。严格进行付款控制，对每月的工程量进行现场审核。对照投标工程量清单进行分析，按合同条款进行分次分批支付，做到不多付、不少付、不重复付；结合施工单位建设合同对工期的要求，依据现场实际情况，对施工单位编制的施工进度计划进行审查，对施工单位不合理的工序安排提出意见，要求其合理调整，使进度计划满足实际工程需要。监理服务、控制成效均达到预期要求。

袁田发同志 2012 年被评为煤炭行业优秀总监。

（2）张学礼——陕西建安工程监理有限公司

张学礼，男，工业与民用建筑专业，高级工程师，注册监理工程师。1999 年开始从事监理工作，先后在冶院 5 号学生公寓楼、冶院实验大楼、文艺路北段 3 号楼、科技七路消防支队特勤一中队办公大楼、劳动路旭景名园宏腾大厦、晨光御苑二期、延长小区、陕煤化建设集团公司秦汉新城办公大楼、长安大学渭水校区教职工住宅楼等项目担任监理工程师、总监理工程师。在任监理工程师工作期间，撰写了《房屋建筑施工监理的要点探析》《房屋建筑节能施工技术探析》《浅谈房屋建筑施工中软土地基的处理》《冬季大体积混凝土浇筑的几点意见》《直螺纹套筒机械连接技术浅谈》《建安监理项目部文件资料收集目录》《内业资料检查工程总结》等。

2014 年获全国优秀总监理工程师称号，2015—2016 年度被陕西建设监理协会评为优秀总监理工程师。

（3）曹啸荣——陕西建安工程监理有限公司

曹啸荣，男，建筑工程专业，工程师，注册监理工程师。2005 年开始从事监理工作，先后在西北工业大学长安校区 4 号、5 号、6 号学生公寓、龙鼎·盛世明珠住宅小区、陕西省镇安县医院住院大楼、陕西煤业黄陵矿区中心集中居住区、渭北煤化工园区 180 万吨甲醇 70 万吨聚烯烃行政区工程及公用工程、西安科技大学南院 4 号住宅楼、信息产业部电子综合勘察研究院职工住宅楼项目担任总监理工程师。

2014 年获全国优秀总监理工程师称号。

第五章　典型工程监理项目

自 1997 年开始，煤炭行业陆续在新建、改扩建、技术改造项目、地方煤矿、地质勘探工程、矿产资源补偿煤田地质勘查、煤矿安全改造、设备工程、地质工程等方面全面实行建设监理制。20 年来，监理项目也多达上万项。

一、临汾市古县煤矿安全工程监理项目

煤矿安全生产第三方监理制度是参考建筑工程监理制度来推行的。在不改变现有煤矿安全监管监察体制机制的基础上，临汾市煤炭工业局在 2012 年底引入了煤矿安全生产第三方监理制度，古县是试点。古县选取了泓翔煤矿、东瑞煤矿、蔺润煤矿 3 个安全隐患较多的高瓦斯矿井作为试点。之后，古县煤炭工业局与煤矿安全监理公司、煤矿企业签订了三方协议，初步建立了煤矿安全管理三方模式。煤矿安全生产第三方监理制度，是在政府监管主体和煤矿企业责任主体之外，引入具有独立性、市场化特征的第三方企业参与煤矿安全生产管理的制度。2012 年底，古县煤炭工业局初步选定了 3 个安全管理基础较为薄弱的高瓦斯矿井作为试点。承担试点煤矿安全监理工作的是山西精英煤矿安全技术服务有限公司。第三方监理的介入，使随时查、随时发现和解决问题，隐患彻底整改到位成为可能。根据井下的巷道布局、重点作业区域等，预先设计 2 条至 3 条监理巡查路线。监理员下井前，会根据当班井下生产情况，分配巡查路线。由于实现了现场动态监管，最大限度规范了现场工人的作业行为，隐患、"三违"和事故数量明显减少。

二、安家岭露天煤矿监理项目

安家岭露天煤矿是平朔矿区开发建设的第二座大型露天煤矿，于 1998 年 4 月正式开工。在建设中，建立了项目法人制，实行了招投标制、工程建设监理制、工程质量监督制、工程质量终身责任制。安家岭项目自立项起，始终坚持严格按国家基本建设管理规定和程序办事，组织专业人员编写了《安家岭露天矿施工组织设计大纲》，及时向上级领导机构报建了《建设工程项目报建登记表》《建设工程施工招标申请表》《开工报告》等，并全部得到了批准。同时明确工程质量和工程管理人员岗位责任制。各项制度和措施的制定和实施明确了建设单位、勘察设计单位、施工单位和设备材料供应单位等有关各方的责任和义务，有效地对工程质量、进度、投资实行了全方位的管理。在工程质量控制方面，要求监理公司和甲方代表严格遵守《安家岭矿建设工程质量管理办法》《安家岭矿建安工程施工管理制度》，坚决执行施工阶段质量的事前控制、事中控制和事后控制。在标段开工前，中标单位根据所承担工程内容、范围、质量要求和工期要求编制出详细的施工方案或施工组织，经过批准后的施工组织设计在施工中必须严格执行，确需修改和变化，须经主管领导批准；在施工过程中，随时分析施工人员、设备、材料构配件、施工和检验方法以及生产劳动环境因素的影响；对主要工程、关键工序采用旁站监督，一般工程和一般工

序采用不断巡视监督管理；要求各承包单位内部必须具有质量保证体系技术负责人、专职检验员，工程质量必须自检合格后，再交监理人员复检；对施工中投入的原材料、构配件以及设备，实行谁采购谁负责质量，进场时必须要有"三证"，要与设计采用的型号、规格一致，材料代用必须有"变更单"；严格执行进场检验制度，未经检验或检验不合格的材料、构配件、设备不准用于工程上；加强对施工工序的质量检验和控制，所有标段工程的放线、基槽验收、基础处理、隐蔽工程、钢筋绑扎验收、土建主体、钢筋主体验收、设备系统调试、给排水、采暖系统打压实验，要求监理工程师组织甲方代表、设计代表、质检站人员一道进行共同验收。凡工序未经检验不能进入下道工序，工序检验不合格或承包方私自进入下道工序一律返工处理，凡达不到质量要求的工程量一律不予计量，不批拨进度款。到 2000 年底，选煤厂、露天矿和铁路专用线三个单项工程基本建成，安家岭露天煤矿的建设取得了阶段性的显著成绩。

三、淮南张北煤矿副井井筒施工监理项目

淮南矿业集团张北煤矿副井井筒设计净直径 6.8 米，深度 552.5 米。井筒表土段及风化基岩段采用冻结法施工，冻结深度 354 米。在井筒施工中，监理单位严格监督管理，取得预期效果。在施工中，监理公司做到：一是抓紧抓好工程施工准备阶段的监督、检查工作，严格工程材料进场报验和质量检查制度。根据分项、分部工程施工特点制定工程施工监理细则，熟悉有关规程、监测方法和质量检验评定标准。配备监理工作所需的检测仪器和设备，并使之处于良好的可用状态。建立健全监理质量管理体系。施工现场各项准备工作经监理工程师检查确认合格后，由总监理工程师签署工程开工报告，然后工程才能正式开始施工。二是根据井筒工程质量控制的特点，对影响工程施工质量的掘进、钢筋绑扎、模板和混凝土等分项工程，要求施工单位必须自始至终将它们纳入质量自检自评控制范围内；同时要求施工单位完善自身质量控制检查体系，使之能有效地发挥作用。此外，还要求施工单位将上述那些分项工程及与井筒相连的硐室、巷道工程和主要工程材料等作为质量控制的重点对象，加大质量控制工作力度，保证掘砌施工质量。工序的检查验收，由施工单位按规定进行自检；自检合格后，向监理工程师提交"质量验收通知单"。监理工程师收到通知单后，在规定的时间内对其工序施工质量进行检查验收；确认其质量合格后，签发质量验收单。上道工序质量不合格，不得进入下道工序施工。重要工序、部位和特殊专业工序施工时，监理工程师进行旁站监督、检查。如在施工中出现情况时，监理工程师行使质量控制权，下达停工令，及时控制质量。三是严格分项工程质量标准和管理，把质量问题消灭在施工过程中，是监理质量控制工作的重点。按照《煤矿井巷工程质量检验评定标准》的要求，掘进、钢筋绑扎、模板及混凝土等分项工程的质量，由监理工程师在施工单位自检自评的基础上，根据施工图纸、施工及验收规范、质量检验评定标准等，采用平行检查的方法，依据实测数据和内在质量等方面的检查及审核意见进行中间验收，确保每一掘砌循环的施工质量。四是加强分项工程工序和隐蔽工程施工质量的检查验收，将质量问题消灭在下一工序施工之前，是施工监理质量控制工作的重要环节。五是严格基本建设程序和合同管理，监理与建设、施工单位密切配合，是搞好施工监理工作的保证。张北煤矿副井井筒掘砌工程于 2003 年 10 月 18 日正式开工，至 2004 年 8 月 10 日竣工。经淮南矿区质量监督站和建设、监理、施工单位综合评定，确认张北煤矿副井井筒为质量优良工程。

四、羊场湾煤矿项目工程

羊场湾煤矿自 2003 年立项建设至 2008 年通过项目验收，该项目工程包含矿、土、安单位工程合计 150 个，形成工程内业资料 827 卷，所有单体工程全部按照设计、国家规范、施工合同进行了验收，项目工程通过了安全、环保、水土保持、职业卫生、消防、档案管理等专项验收。

羊场湾煤矿设计工作由西安煤矿设计研究院、北京华宇设计院、宁夏煤矿设计院、宁夏轻工业设计院、南京林业大学设计院等多家单位，分别对矿井、选配煤中心、地面附属建筑、绿化等部分进行了设计工作。各设计单位对工程总体情况了解不够深入。宁夏灵州工程监理咨询公司的赵利东总监理工程师组织项目部人员利用专业技术、环境了解、矿井建设理念等优势针对设计蓝图、总体规划进行了二次、三次优化，为羊场湾煤矿变成花园式、自动化矿井提供了有力的技术保障。

在施工阶段依据监理合同，监理人员采取"帮、教、管、促"的态度，加强对建设工程的监理工作。受井下施工条件的影响，羊场湾煤矿井下部分矿建工程及大部分井下安装工程均由羊场湾煤矿自行组织队伍施工，形成羊场湾煤矿既是建设方又同时成为施工方。由于建设工程的特殊性，导致工程管理难度大，无有效手段制约施工队伍，加之建设施工队施工组织能力差，对规范的理解、执行能力差，无专业的施工技术力量支持施工，给监理工作带来了很大的难度。监理人员结合实际情况，总结了以"帮"为主，"教、管"结合，"促"进工程施工的监理工作办法："帮"主动帮助建设施工队伍，建立健全技术管理，施工管理体系；"教"，从工程施工准备开始，到每一道工序施工的重点，重要的质量控制数据直到内业资料的形成整理，项目部从头教起；"管"，不能因为建设工程的特殊地位，放松对工程质量、进度的管理；"促"督促建设工程严格按基本建设程序组织施工。通过上述做法，对建设工程的施工起到了积极的推动作用。

经过项目建设单位、监理单位、施工单位的建设者们 5 年的共同奋斗，2008 年通过了国家"鲁班奖"评审人员的验收且得到了各位评审人员的一致好评，这是新中国建国以来第一个煤矿项目建设工程获得的殊荣。同年，羊场湾煤矿项目工程被评为"建国 60 周年精品工程"。

五、察哈素矿井工程项目

察哈素矿井及选煤厂为国电集团布连电厂工程，位于内蒙古鄂尔多斯市乌兰木伦镇。矿井及选煤厂一期规模 1000 万吨/年，二期规模 1500 万吨/年，采用立井、斜井混合开拓，布置有主斜井、副立井、回风立井 3 条井筒。主斜井布置在主井工业场地，副、风立井布置在副立井场地，两个场地相距 1.8 千米。主斜井斜长 1705.1 米，倾角 16°，净宽 5.4 米；副立井深 481.5 米，净直径 9.2 米；回风立井深 464.5 米，净直径 7.2 米。该工程 2008 年 11 月 20 日开工，2012 年 12 月 24 日首采区联合试运转。中煤陕西中安项目管理有限公司赵雄总监理工程师首先是完善该项目监理部制度建设、标准化管理，加强对项目部全体工作人员的质量安全意识的教育，并提出监理、设计、组织实施方面的数八条合理化建议，即：建议井塔与井筒装备并行施工，缩短了工期 22 天，节约投资 73.5 万元；建议对导向轮加固吊装，保证了吊车安全和安装质量；建议增加轴承座找正基准线，保证主轴水平度，实现轴承座双向控制；建议减小绞车绳槽车削量，延长滚筒衬板使用寿命；建议配重采用配重车，减轻劳动强度，提高运行效率；建议改进尾绳保护，实现配重、稳罐双重效果；建议采用绳套过渡，节约工期，保证安全；建议寒冷地区采用全负压强制加热通风，节能、降低投资，增加效果。

在建设单位的大力支持下，在各方参建单位的积极配合下，该项目提升系统安装工程在质量、进度、投资、安全文明施工等方面都取得显著成效。2013 年正常投运提供了优质煤源，也是国电集团煤炭项目中效益良好的佼佼者。该矿井及选煤厂工程正在申报国优奖、鲁班奖。

六、常家梁矿井项目

常家梁矿井位于榆林市城北 14 千米，建设规模 60 万吨/年，斜井开拓，三条斜井均采用冻结法施工，倾角均为-21°。三条斜井穿越强含水松散沙层长度为：主井 215 米、副井 214.43 米、回风井 215.56 米。三条冻结斜井于 2011 年 12 月 20 日开工，2013 年 5 月 27 日竣工。

中煤陕西中安项目管理有限公司王辉总监理工程师和项目部人员在贯彻实施《常家梁矿井三条冻结斜井监理实施细则》基础上，针对斜井冻结缺乏技术标准，缺乏斜井冻结、安全合理施工步距等经验参数的情况下，通过监理实践向施工单位提出了施工工艺改进建议，主要有 3 项措施：一是经地面工艺试验确定采用真空管法保温措施，拟对穿过永久井筒端面的冻结管保温，以期达到斜井开挖冻结断面部分形成"淌芯"，方便冻结井筒开挖，提高成井速度；二是改变通常的双层冻结井壁设计，初次支护采用 29U 型钢加锚喷，二次支护采用钢筋混凝土，以期充分利用 29U 型钢支护层达到减少一层冻结井壁加快施工速度的目的；三是改变井筒冻结与掘砌两项主要工作分别由两家不同施工单位完成的惯例，将三条井筒的冻结与掘砌由一家施工单位施工，以期解决或部分解决冻结与掘砌不同施工单位在施工中因各自利益出现的协调性、冻结分段不合理、安全性差、成井速度低及相互推诿等难题。

本项目通过监理的"三控"效果良好，保证了三条斜井冻结作业安全。三条冻结斜井质量、安全处于受控状态，平均日进尺 1.1 米（去除非施工原因影响），每延米平均成巷综合结算造价 21.54 万元，进度快、造价低；建设单位对监理服务表示满意。

七、薛庙滩矿井监理项目

薛庙滩煤矿位于陕西省榆林市榆阳区，于 2012 年 3 月开工，2017 年 6 月竣工。该矿矿井一期工程主斜井、一号副斜井、回风斜井已施工完成并投入使用。为了保证保证现代化生产矿井大型矿用机械运输及其人员乘车上下井，目前二期新增二号缓坡副斜井井筒工程。该工程投资约 5000 万元，由陕西银河煤业开发有限公司投资，中煤西安工程设计有限责任公司设计，华煤集团有限公司承建，中煤陕西中安项目管理有限责任公司监理。井筒检查钻孔资料显示：该井筒通过强含水松散地层厚度达 50 米左右，且井筒坡度小、长度大、涌水量大，施工中极易形成流沙或发生溃砂，采用普通法施工难度极大。建设单位组织有关专家进行论证、风险分析和经济比较，决定：类比以往项目井筒穿越相似地层经验，采取群孔井点降水加综合技术措施普通法通过强含水松散地层。为确保井筒水利通过强含水流砂层，中煤陕西中安项目管理有限公司孟陈彤总监理工程师在组织编写的实施细则中，针对工程施工的重点难点编制了降水过程、掘砌过程的监理工作要点和明确的工序（工艺）质量检查的内容、步骤和措施，确保了工程的顺利实施。

八、新街一矿双模式 TBM 盾构机大坡度煤矿斜井

神华集团新街能源有限公司新街台格庙矿区一号矿井的主副井，于 2013 年 3 月开工，该工程穿越表土层、白垩系、侏罗系安定组、侏罗系直罗组、侏罗系延安组。由于是斜井首次采用双模式 TBM（具有土压平衡模式和单护盾 TBM 模式两种掘进模式，以下简称 TBM）掘进施工，国家科技部及神华集团对此十分重视，此项试验工程已被列入国家十二五科技示范工程，并进行了科技立项。

斜井坡度为 -10.5%（6°下坡），长度为 6572.486 米，埋深 691 米，斜井内径 6.6 米，管片厚 350 毫米，宽 1500 米。斜井包含明槽段及 TBM 掘进段两部分，明槽段长 149.486 米，TBM 掘进段长 6423 米。斜井段在 TBM 掘进时结构为管片衬砌，进行了细石混凝土壁后充填以保证结构稳定，并进行防水。管片共分为七片，进行错缝拼装。

神华新街台格庙矿区一号矿井的主井工程采用具有土压平衡功能的单护盾 TBM（以下简称双模式 TBM），双模式 TBM 型号为 ZTT7565。可通过拆除主机带式输送机、刀盘溜渣板、刀盘椎板，缩回并密封接渣斗，安装螺旋输送机等步骤实现 TBM 模式与 EPB 模式的转换。本工程 TBM 采用分块设计，便于不同的地点不同的运输、现场组装、步进、洞内维修和拆卸。设计的通风、除尘、冷却系统能保证工作区域有适宜的工作环境，具有水、电、通风供应管线自动延伸功能。配备超前钻机，可通过刀盘和盾体预留孔进行超前地质预报和超前地质处理。设计有完善的材料供应系统及起吊设备和良好的安全作业空间。具有有毒有害气体检测、通信、闭路电视监视系统。

本工程双模式 TBM 主要功能为 TBM 模式，由带式输送机出渣。当遇到破碎带等不良地质时可根据需要快速转化为 EPB 模式，保证开挖面的稳定和设备的安全。考虑到大量涌水反坡排水的情况，配备最大能力为 334 立方米/小时的排污系统，保证设备人员安全；若涌水超过排污系统能力时启用保压模式，将主机带式输送机、接渣斗缩回，并密封接渣斗，通过防涌门两侧的球阀控制进入主机的水量，并及时将涌水排出。

此项工程由于是国内第一个采用 TBM 设备进行煤矿斜井施工，无任何先例可循，因此监理工作显得十分重要。项目监理对工程实施的先期准备及施工过程监理必须做到既要充分估计项目实施中的困难，同时在实施过程中把握工程关键点才能保证项目顺利完成。

项目监理前期准备工作。监理项目部对施工单位所编制的施工组织设计及专项方案与建设单位多次组织专家论证工作，对工程防治水、长距离运输、通风管理、不良地质段 TBM 设备下沉、栽头等重难点进行反复讨论及方案审查并进行了方案备选。本工程 TBM 所使用管片是由新街管片厂进行预制，项目监理部对管片制作质量进行了延长监理，监理部派驻了管片制作监理人员。在管片厂建厂伊始，项目监理人员从开始对管片加工钢筋胎膜、管片模具、管片原材、搅拌站等进行了考察及验收，严格管片试验检验程序，严格控制三环拼装、抗折、拉拔、抗渗等项试验检验要求，从源头控制管片质量。在进行管片壁后注浆防水试验时，项目监理人员与施工单位对斜井含砾石粗砂岩地段出水量进行了多次模拟试验，对采用双液浆及马丽散两种材料注浆止水积累了大量数据，使监理人员对不同

地段地质条件使用不同材料做到心中有数，同时也对用于 TBM 施工地下水治理有了直观认识并直接用于施工监理工作中。在 TBM 实施前，项目监理对施工现场进行了细致考察，对施工现场环境、自然条件进行了解，对排水、进场运输、厂区布置等做了不利因素分析，最大限度保证工程顺利实施条件的因素分析。对 TBM 实施可能产生的沉降进行了观测点布设，同时要求施工单位建立观测台账，项目专监人员对其进行定期检查及现场核实。

项目实施阶段。项目明槽完成后，进入设备始发阶段。项目监理对设备始发反力架施工、洞门封堵注浆施工依照规范要求进行了现场监理，保证了始发阶段顺利进行。始发前 200 米的试验段是 TBM 关键阶段，此阶段进行的 TBM 设备及掘进参数积累数据用于指导后期施工有着指导作用，项目部对此阶段施工非常重视，要求主要项目监理管理人员必须带班作业，建立对每米进尺及每环管片安装检查记录及注浆检查记录，用于对比分析。在 TBM 掘进至不良地质段时，机头出现栽头现象，其最大下沉达 15 厘米。为保证 TBM 线型及管片质量项目，监理要求施工单位采取微调同时加强现场监理力度，每环管片只调 2~3 毫米（加装软木橡胶板），经过努力保证了线型实施。由于刀盘扭矩及软硬岩石刀具切削问题，掘进中一度出现仰拱单端下沉问题。现场监理人员一方面及时联系设计单位改变填充工艺，变细石混凝土填充为豆粒石填充后注水泥浆，以期仰拱先期稳定；一方面要求施工单位在进行掘进时适时刀盘反转，解决了单端下沉问题。在管片安装及注浆工艺上项目监理人员严格执行规范要求，从管片入井开始到管片防水橡胶圈、软木橡胶板粘贴、管片安装错台、环向、纵向缝隙及管片螺栓进行检查，保证了严格按照规范实施。管片壁后注浆时，由于设备问题吹喷豆粒石及注浆未达到要求，经监理进行逐环打开观察及注浆孔检查，进行了二次及三次注浆，保证了管片结构稳定及防水要求。项目监理对每环管片安装及注浆都留有检查记录。TBM 贯通后进行了洞内拆机作业。由于作业面狭小、单件拆除体积大、主机重量达 50 吨，项目监理部将此阶段施工安全作为重点，从机具选择到起重机具安装、检查及方案论证方面进行了严格控制，同时项目监理现场进行监理，划分安全场地范围，检查施工作业准备条件并在作业中进行管控。联络巷道管片拆除是工程中一大难点，如何对拆除半边管片进行稳定，同时保证与联络巷道结构进行可靠连接，保证安全质量是项目监理的主要管理对象。在施工前依照方案要求对管片进行了加固，项目监理人员对加固进行了检查验收，并对加固锚索进行拉拔试验，认为符合要求后方可同意进入下到拆除工序。进行拆除作业时，采用机器人进行遥控作业，项目监理部与施工单位共同派驻安全人员进行现场管控，保证了安全拆除。在进行与联络巷结构施工时，项目监理人员要求严格按照设计要求进行，对有可能出现问题的钢筋焊接进行逐个检验，同时建议设计单位对与管片连接钢筋进行了加强。联络巷施工后经设计及有关单位认定质量满足要求。

九、斜沟煤矿监理项目

斜沟煤矿位于山西省兴县魏家滩镇，设计生产能力 1500 万吨/年。斜沟煤矿 11 采区辅助运输上山设计全长 3052 米，巷道设计为矩形，倾角+5.5°，掘进宽度 5.5 米，掘进高度 3.8 米，掘进断面 20.9 平方米，锚网（索）喷联合支护方式。巷道布置在 8 号煤层中，沿煤层底板掘进。8 号煤层位于山西组下部，煤层厚度 2.23~8.34 米，平均 4.87 米，煤层老顶岩性为粗粒砂岩，厚度为 3.00~10.98 米，平均 6.34 米，属半坚硬-坚硬岩层。该巷道施工中采用了由奥地利特帮维公司生产的 MB670 掘进一体机进行掘进，配备 4 台顶锚杆机和 2 台帮锚杆机，掘进与锚杆支护同时进行，后配有连运一号车和 800 毫米可伸缩带式输送机、SW-40T 型刮板输送机运煤，采用激光指向仪指向。总体看来岩层稳定。工作面水文地质条件相对简单，涌水源主要为 8 号煤层上部顶板砂岩裂隙水，在掘进中有顶板砂岩裂隙水流向工作面。瓦斯绝对涌出量为 0.375 立方米/分钟，煤尘具有爆炸性，为不自燃煤。该项目负责管理的山西煤炭建设监理咨询公司杨立新总监理工程师组织编制了详细的监理实施细则，2014 年 12 月评为煤炭行业优秀监理工作成果。

十、高河煤矿监理项目

高河矿井（含选煤厂）项目隶属于潞安矿业（集团）有限责任公司，由国家发展和改革委员会于 2005 年 8 月核准，属山西省重点项目。该项目内容包括设计能力 600 万吨/年的矿井，工程总投资 26.59 亿元，矿井采用立井开拓方式，配套选煤厂以及铁路专用线。高河矿井及配套选煤厂于 2006 年 2 月 13 日开工建设，2012 年 6 月 28 日通过了由国家能源局组织的竣工验收，铁路专用线项目于 2013 年开工建设。针对工程项目特点，山西煤炭建设监理咨询公司优选一支由专业人员组成监理机构进入现场，针对该矿井矿、土、安三类工程，总监理工程师周长红召集分管各专业监理工程师进行认真分析、研讨，就工程质量、进度、投资控制和合同管理、资料管理等制定了翔实具体的实施细则和实施方案，合理地设置见证点、停止点，并及时提出了合理化建议：一是在施工+450 米西翼辅助运输大巷时，建议设计单位变更 1—14 号交岔点支护方式，由现浇混凝土支护变更为锚网索+梯子梁+喷射混凝土联合支护。后者支护更加科学合理、更稳固、施工便捷，更节约投资，仅此一项节约投资 3000 万元；二是建议设计院取消井底中央变电所通道口与井底车场大巷处 200 毫米台阶，变更为 25 米通道（8% 上坡），通道铺轨便于大型设备运输，仅此一项就缩短工期 30 天。三是该矿井地质条件复杂，井筒共穿过 7 个含水层，监理部牵头组织专题会议，讨论治水方案和措施，通过一系列措施的实施，5 个立井（设计深度均在 500 米左右）的漏水量实测均不超过 0.3 立方米/小时，达到了国内先进水平。四是主井井架为特大型钢结构箱型井架，高 68 米，重 1200 吨，设备结构复杂，无法一次吊装到位，且在冬季施工。监理部提前预审吊装方案，通过模拟预设现场情景，确定重点控制环节，明确危险源等，使主井井架高质量地完成合拢组装。

高河矿井（含选煤厂）工程被评为 2011—2012 年度煤炭行业优质工程及"太阳杯"工程。在 2013 年度中国建设工程鲁班奖（国家优质工程）评选中，获得 2012—2013 年度中国建设工程鲁班奖工程。

十一、神华神东集团补连塔矿 2#辅运平硐工程

补连塔矿位于内蒙古鄂尔多斯市伊金霍洛旗乌兰木伦镇境内，是神东煤炭分公司按照"一井二面 500 人 2000 万吨"模式改扩建的矿井，矿井生产能力达到年产 2000 万吨水平，是目前世界上单井生产能力最大的井工煤矿。为保证补连塔矿接续生产及优化采煤工作面综采装备进行集约化生产，神东煤炭集团在补连塔煤矿矿区新建 2#辅运平硐。新建 2#辅运平硐主要用作辅助运输使用巷道，作为日常运行车辆的一个通道并为 8 米采高支架创造条件。

2#辅运平硐主要以 TBM 工法进行施工，这是世界上首条采用 TBM 盾构机进行的长距离、大坡度并在富水地层条件下进行施工的煤矿斜井。施工中需应对 5°下坡，要考虑到掘进过程盾构机栽头风险，对盾构机线性控制必须做好必要的保证；盾构施工处于富水地层，应对掘进过程中地下水采取必要措施，以防止动水会流到掘进面使管片浮起变形；TBM 掘进对施工技术要求高，物流组织困难。采用 TBM 施工，拼装预制钢筋混凝土管片，物料运输采用无轨胶轮车运输系统对洞内的管片供应速度提出了极高的要求；施工条件中的地质复杂。地质分层较多，各岩层交互对盾构掘进造成一定的困难；2#辅运平硐在施工时需要穿越多个煤层，在掘进中可能存在瓦斯等有害气体；盾构掘进中需要上穿、下穿或正穿既有巷道，既有巷道对 TBM 施工及主体结构运营期的安全将造成一定的影响。因此斜井施工时 TBM 如何安全通过既有巷道，斜井建成后如何保证主体结构的安全也是本工程的一个重难点。因此穿越既有巷道其保证措施必须到位。

项目立项后被列为国家科技信息部"十二五"科技示范工程，其中科技立项有 32 大项科研课题。

斜井总长度均为 2745.15 米，其中明挖段长度为 48 米、TBM 段长度 2697.15 米，坡度 5°，井筒净直径为 6.6 米。井筒每 1000 米设置一处宽 50 米的无轨胶轮车停车平台，平台与斜井采用 R=600 的圆曲线顺接，井筒预留 2 个紧急避险硐室，预留 2 个与 1-2 煤贯通的联络巷道（其中 2#紧急避险硐室与 1#联络巷道共用）。

2014 年 11 月补连塔矿 2#辅运平硐开始进入施工阶段，在完成始发段斜井明槽及盾构设备拼装后，2015 年 6 月开始正式进入 TBM 掘进阶段，由于准备工作到位，现场除前 100 米试验段进度按照试掘进要求较为缓慢外，在正常掘进段掘进进度平均为 540 米/月，最高进尺达到 630 米/月，领先于世界最高水平。2016 年 11 月 TBM 盾构斜井正式贯通，经各方进行质量评价，质量标准达到合同及规范要求，符合地铁隧道验收标准。该项工程的顺利实施完成填补了煤矿行业采用盾构工法进行煤矿斜井施工的一项空白。

项目完成后，其科研成果已全部完成，并经相关专家进行评审，达到科研成果要求。项目经国家建设部绿色工程评审验收后，获得煤炭行业最高奖项"太阳杯"奖，目前正在申报国家科技奖"詹天佑"奖。

十二、固矿井本工程

固矿井本工程为一座新建年处理原煤能力 600 万吨的选煤厂，建筑安装工程包括原煤仓、动筛车间、主厂房、浓缩车间、压滤车间、装车系统（包括产品仓、矸石仓、装车站、煤泥晾干场）、带式输送机栈桥及转载点（包括 1#转载点、主井~动筛车间栈桥、动筛车间~矸石仓栈桥、矸石仓~原煤仓栈桥、原煤仓~1#点栈桥、1#转载点~主厂房栈桥、主厂房~产品仓栈桥、产品仓~装车站栈桥、压滤车间~煤泥晾干场栈桥）、供配电系统（包括变配电楼、浓缩车间、原煤储存仓配电室）、煤泥干燥系统（包括煤泥干燥车间及栈桥、煤泥成品仓）、室外给水排水和供热消防管路、辅助厂房及仓库（包括空压机房、介质库、浮选药剂库、机修车间）、行政福利建筑（包括化验集控楼、门卫室及汽车地磅房、室外厕所）、场区设施（包括场区道路及排水沟、污水提升泵房、门前广场、围墙、12 米桥涵南公路桥、工业广场照明）、场外公路等。该工程由平顶山中平工程监理有限公司（现已并入中煤科工集团北京华宇工程有限公司）承担该工程施工阶段监理工作。

　　土建施工过程中主要施工难度是储存仓和浓缩池基础施工、储存仓仓壁滑模施工。基础施工正逢雨季，滑模施工又多处于冬季，施工单位克服了降雨、冬季保温等诸多施工困难，保证了施工质量。

　　土建结构主要有钢筋混凝土框架结构和钢结构。机修车间及材料库等为排架结构，化验集控楼、门卫室、配电室、厂区厕所等建筑物为砖混结构。框架结构施工方法为模板浇筑混凝土和加气混凝土砌块充填。钢结构均为工厂加工现场组装。砖混结构为蒸压粉煤灰砖砌筑、现浇钢筋混凝土圈梁和柱。施工用支架及围护均用钢管脚手架加密目网、防坠网等。

　　监理部进驻现场后，依据监理合同、规范和监理大纲要求，结合本工程实际情况编制了监理规划，明确了重点工程和关键点。建立健全了监理部的各项规章制度、工作分工、工作流程和岗位责任制，悬挂上墙，以规范约束各岗位监理人员的监理行为。针对各单位工程项目特点，依据监理规划及时编写监理细则，明确工程控制要点、监理工作方法和措施、监理工作流程，并制定了监理例会制度、材料和工序报验制度、见证取样制度、旁站制度等各种岗位责任制，针对监理人员的业务要求，还制定了每周学习培训制度。监理人员在工作中充分体现事前控制和主动控制，注重工作效率，使监理工作实现了规范化、程序化、制度化。

　　经过参建各方的共同努力，该工程最终获 2010—2011 年度中国建设工程鲁班奖（国家优质工程奖）。

十三、科技大厦 1#楼工程（鲁班奖项目）

　　淮北矿业集团工程建设有限责任公司科技大厦 1#楼工程建筑面积 44062.2 平方米。地下 1 层，地上 22 层，框架剪力墙结构，砼灌注桩基础。由淮北矿业（集团）工程建设有限责任公司投资建设，中国建筑上海设计研究院有限公司设计，工程建设有限责任公司施工，淮北市淮武工程建设监理有限责任公司监理，工程于 2010 年 11 月 28 日开工，2012 年 9 月 28 日竣工验收。

　　工程在建设中于 2011 年 10 月、2012 年 10 月分别荣获了"省级建筑施工安全质量标准化示范工地"和国家"AAA 级安全文明标准化工地"。施工中采用了土木合成材料应用技术、挂篮悬臂施工技术、高强钢筋应用技术、金属矩形风管薄钢板法兰连接技术、铝合金断桥技术、聚氨酯防水涂料施工技术等新技术、新材料，同时应用了太阳能光伏、太阳能光热、地源热泵、石膏喷涂等绿色施工技术，2011 年 9 月 20 日荣获了"可再生能源示范工地"，2013 年 1 月"内饰面喷涂石膏施工工法"被评为省级工法。2013 年 6 月被评为 2013 年度省级建筑业新技术应用示范工地，2011 年 8 月 30 日、2012 年 2 月 2 日基础及主体分别通过了省"鲁班奖"专家组的验收与好评，2013 年 6 月被评为 2013 年度省优质工程"黄山杯"，2013 年 12 月被评为 2012—2013 年度"鲁班奖"。

　　监理的主要做法：

　　一是监理公司领导高度重视。监理合同签订后，公司领导及时召开会议，强调科技大厦的重要性，依据类似工程监理经验，结合工程特点配备强有力的监理班子，要求坚持"诚信、守法、公正、科学"的宗旨，以"认真、严谨、一丝不苟"的工作作风实施监理，制定科学合理的规划及落实措施。为配合施工单位确保"黄山杯"、争创"鲁班奖"，确保省级"科技示范工程"、争创"国家建设科技示范工程"，确保省级"建筑施工安全质量标准化示范工地"，争创全国 AAA 级安全文明标准化诚信工地的目标，公司与监理部编制了《科技大厦 1#楼监理创优策划书》，提出对创优工程的质量、技术创新、节能环保、安全文明、工程管理的要求，监理部按监理创优策划书的要求对工程创优进行了认真严格的管理。施工期间公司领导多次检查监理工作，有效地规范了监理工作秩序。

二是严格监理控制目标。根据建设单位所确定的进度、投资和质量目标，以及施工单位的创优目标，我们注重运用科学的手段将目标进行分解，合理确定目标控制的关键环节，对施工方提交的施工组织设计，按计划要求分析所需的人力、材料、设备等资源和信息，提出修改意见，具体指导帮助施工。同时，我们坚持做到每一监理过程都经过分析、反馈、对比、纠偏等基本流程，充分做好事先、事中和事后控制，确保了控制目标的实现。

三是严格履行监理职责。工作中，我们注重职能作用的发挥，做到了总监、总监代表、监理工程师各负其责，在明确监理部职能和监理人员的岗位职责情况下，共同组织编制好工程项目的监理规划和监理实施细则，较好完成了对工程的质量、进度、安全和投资等的全面监理。

四是严格落实监理工作制度。根据监理工作需要，我们制定设计文件、图纸会审制度、技术交底制度、监理例会与专题会议制度，工程材料、构配件、设备检验及复验制度，工程报验制度，重点部位和关键工序的旁站制度，隐蔽工程、分项和分部工程验收制度、安全监理制度、现场协调制度、监理报告，监理资料整理与归档制度，监理内部工作质量奖惩制度等近二十项监理工作制度并认真落实执行，使监理有序规范进行。

五是坚持样板开路，强化质量标准。对模板、钢筋、混凝土、墙体、预留预埋、安装、装饰等主要分部、分项工程，均先做好样板，待施工、监理、甲方共同确认后方全面施工，保证工程质量，为创优打好基础。

六是抓好事前控制，严把开工关。在整个监理过程中，我们坚持以事前控制和主动控制为主，依据合同和设计文件、施工组织设计、施工方案、监理规划、监理细则，制订了具体的监理工作程序，明确了工作内容、行为主体、验收标准及工作要求。本工程开工前，监理审查了施工单位的资质，现场质量、安全、技术管理组织机构、人员、制度及特殊工种操作人员的资格、上岗证，施工组织设计（方案），开工条件等。对工程的测量、定位放线，包括轴线尺寸、水平标高进行了现场复核，在满足开工条件并征得业主同意的情况下，总监签署开工令。

七是严把原材料、构配件、设备进场关。对进场的钢筋、水泥、商品砼、砂、碎石等认真审核相关资料，查看其是否齐全、与投标书是否相符，并对钢筋、水泥、钢筋焊接接头、砂浆试块、商品混凝土试块等及时按规范要求见证取样、送检复试；装饰装修原材料的品牌、规格、型号按标书或业主要求验收；对通风与空调、建筑给排水、电气工程、消防、弱电等原材料按规范及业主指定品牌验收；玻璃幕墙、石材幕墙门窗等按业主指定规格、品牌验收；不合格材料禁止进场使用，把好使用材料的质量关。

八是严格工序检查，强化过程控制。在施工监督过程中，强化了施工工序报验手段，做到先报验后施工，上道工序未经验收不得进入下道工序的施工。对隐蔽工程的验收监理部尤其重视，监理人员对重点、关键及易出现质量问题的部位进行了旁站监督，如梁柱节点钢筋绑扎、混凝土浇筑、防水施工、后浇带处理、建筑节能细部处理、塔吊施工电梯安装拆除、脚手架拆除等均进行旁站监理。在监理过程中，共发出监理工作联系单16份，监理工程师通知单58份，安全隐患整改通知单14份。在工程实施过程中，针对工程质量、造价、进度、安全、合同管理等事宜每周召开工地例会予以协调解决。

九是加强事后控制，确保施工质量符合合同要求。每一检验批、分项工程完成后，监理按现行的验收标准、规范和合同质量要求进行核验，对达不到要求的，必须返工整改至符合要求。本工程10个分部工程（地基与基础工程、主体工程、屋面工程、装饰装修工程、建筑给排水工程、建筑电气工程、通风与空调、电梯、智能建筑、节能等）均合格。单位工程一次验收通过，并被评为"黄山杯"和"鲁班奖"。

十四、准格尔中心区项目

中煤陕西中安项目管理有限责任公司监理的准格尔项目一期工程位于内蒙古伊克昭盟准格尔旗的薛家湾，是国家"八五"期间重点建设项目，总投资近百亿元人民币，是煤炭系统将1200万吨/年黑岱沟露天煤矿，20万千瓦的薛家湾电厂，265千米的大准铁路进行统一建设、统一经营管理的改革试点。中心区是将该项目的行政管理机关、全部生活设施（相当居住区级）及附属企业集中建设而形成的矿区中心。项目于1990年3月正式开工，1997年7月1日分期分批全部建成交付使用。

本项目为国家推行监理制度时在全国范围内确定了十个试点单位，当时中国统配煤矿总公司（即煤炭部）下文煤炭工业部西安设计研究院组建成立陕西中安设计工程公司，作为煤炭行业试点单位，确定居住人口五万人的准格尔中心区为监理试点项目，首次将监理费列入概算，并在1991年直接确定公司5位高级工程师为注册监理工程师。

准格尔中心区项目

十五、砚北矿井及选煤厂项目

中煤陕西中安项目管理有限责任公司监理的华亭矿区砚北矿井位于甘肃省华亭县境

内，设计生产能力为300万吨/年，为国家"九五"重点建设项目。主、副井和南排矸进风井分别位于两个工业广场内。工程于1995年7月27日开工，1999年9月1日进行联合试运转。

华亭矿区砚北选煤厂于2005年11月1日开工，2006年9月1日竣工，设计生产规模为600万吨，是华煤"十一五"期间重点投资项目，也是当时西北最大、甘肃省第一座现代化大型选煤厂。

监理部在项目实施过程中，工作规范，严格遵照监理合同和有关的法律、法规、规范、标准办事，在三控制、二管理、一协调工作成绩显著，圆满完成监理工作任务，实现了建设工程目标。

砚北矿井及选煤厂

十六、黄陵二号煤矿项目

中煤陕西中安项目管理有限责任公司监理的陕西黄陵二号煤矿有限公司是由陕西陕煤黄陵矿业公司与江苏悦达集团合资组建的股份制企业，井田位于陕西省黄陵县双龙镇境内，井田南北走向长约31.5千米，东西宽8～17千米，面积375.6平方千米，地质储量9.75亿吨，可采储量6.2亿吨。黄陵二号矿井及选煤厂建设规模为1000万吨/年，2004年5月16日正式开工建设，2007年6月30日竣工。在工程项目实施过程中，监理工程师

黄陵二号矿井及选煤厂

严格执行"三控、二管、一协调",取得了较好的经济效益和社会效益,该项目荣获 2010 年国家优质工程银奖。

十七、大唐胜利二号露天煤矿项目

中煤陕西中安项目管理有限责任公司监理的内蒙古大唐国际锡林浩特矿业有限公司胜利东二号露天煤矿位于胜利煤田的中部,井田东西长 7.3~8.0 千米,南北宽 6.1~6.3 千米,面积 49.63 平方千米。开采煤层为 4~11 号煤层,其中露天开采煤层为 4、5、6 号煤。具有埋藏深、煤层厚、岩性软的特点,露天开采最大深度 623 米。工程于 2007 年 5 月开工,2009 年 10 月竣工。在项目实施过程中,监理部按照设计文件、设计要求、施工验收规范、监理规范等进行严格监理,积极协调各单位间关系,使单位之间相互配合、相互支持从而保证施工质量和进度,并利用设计经验协助解决施工及设计中遇到的许多问题。该项目荣获 2011 年度国家优质工程金奖。

十八、冯家塔煤矿项目

中煤陕西中安项目管理有限责任公司监理的冯家塔煤矿地面工程位于陕西省最北部的府谷县境内,行政区划隶属府谷县海则庙、清水川管辖,是陕西省府谷县清水川电厂(4×3 亿瓦)的配套供煤矿井,由陕西冯家塔矿业有限公司建设,北京华宇公司设计,生产能力 600 万吨/年。地面工程按功能分为南区和北区,南区和北区由清水川大桥连接。南区主要由行政办公和生活福利等建筑群组成,北区主要由原煤生产系统和储煤场等建筑物组成。工程于 2006 年 5 月开工,2007 年 12 月完工。

十九、察哈素矿井及选煤厂项目

中煤陕西中安项目管理有限责任公司监理的察哈素矿井位于内蒙古自治区鄂尔多斯市境内,属伊金霍洛旗乌兰木伦镇管辖。井田位于鄂尔多斯市东胜区西南,井田中心距伊金霍洛旗府(阿镇)约 35 千米,北距东胜区 70 千米,西距成吉思汗陵 12 千米,矿井由南京设计院设计,中煤陕西中安项目管理有限责任公司监理。

矿井设计生产能力为 1000 万吨/年。矿井采用立井、斜井混合开拓方式,共布置 3 个井筒,分别为主斜井、副立井、回风立井。

三井个筒分别布置在二个场地内,两个场地相距 1.8 千米;主斜井井筒布置在主井工业场地内;副、风立井井筒布置在副井广场,副、风井井筒中心线间距 124 米。主斜井井筒斜长 1705.1 米,倾角 16°,井筒净宽 5.4 米。副立井井筒垂深 481.5 米,井筒直径 9.2 米,采用单排孔长短腿差异冻结(长腿 463 米,短腿 400 米)。回风立井筒垂深 464.5.0 米,井筒直径 7.2 米,采用单排孔冻结,冻结深度 395 米。

选煤厂年处理能力 1500 万吨/年,采用重介浅槽分选工艺。原煤仓为 5 个直径 30 米预应力圆筒仓(预留 5 个原煤仓位置),产品仓为 4 个直径 30 米预应力圆筒仓。

项目于 2008 年 12 月 20 日开工,2012 年 12 月 24 日进行联合试运转。中煤陕西中安项目管理有限责任公司察哈素矿井及选煤厂项目监理部在工程实施过程中,人员配置齐全,培训到位,监理部管理规范,现场资料齐全完整,控制手段先进。认真履行双方签订的《委托监理合同》,按照《监理规范》实施"三控"(进度、质量、投资)、二管"(安全、合同、信息）、"一协调"，履行安全生产建立责任。同时，在实施监理过程中，还积极为业主出谋划策，取得了较好的经济效益和社会效益。项目共计取得 35 项荣誉，其中：科技创新成果一等奖 1 项，部级优秀咨询成果三等奖 1 项，煤炭行业十佳监理部 1 项，部级优秀监理成果 1 项，煤炭行业十佳档案创新案例 1 项，煤炭行业优质工程 7 项，煤炭行业"太阳杯" 4 项，第三批全国建筑业绿色施工示范工程 5 项，"安装之星" 2 项，省级文明工地 2 项，部级工法 2 项，发明专利 2 项，部级优秀 QC 成果 6 项。

察哈素副井工业场地

察哈素主井工业场地

二十、西安交通大学教学主楼项目

中煤陕西中安项目管理有限责任公司监理的西安交通大学教学主楼群工程位于西安交通大学兴庆校区内。教学主楼是西安交通大学校园南北轴线上最后建设的项目，是以各类大、中、小教室、实验室、研究室以及行政办公用房等现代化教学设施为主的教学综合体，总建筑面积52900平方米，其中：实验用房5500平方米，计算机研究室3500平方米，研究室7500平方米，校机关办公用房4500平方米，特殊用房1300平方米，展览景观用房800平方米。250座阶梯板室共有32个，150座阶梯教室8个，96座阶梯教室16个，500座报告厅1个最多可容纳14500人在其中学习和工作，是交大目前建设规模最大、最重要的一组建筑。工程于2002年7月16日，于2006年3月23日竣工。中煤陕西中安项目管理有限责任公司在项目监理过程中，认真履行监理职责，该项目于2007年获国家优质工程银质奖。

西安交通大学教学主楼

二十一、西安电子科技大学图书馆项目

中煤陕西中安项目管理有限责任公司监理的西安电子科技大学新校区公共教学楼群行政楼与图书馆工程位于西安市长安区兴隆乡，该项目荣获建筑工程"鲁班奖"。工程建筑面积44128平方米，地上三层，地下一层，采用框架结构。工程于2005年7月1日开工，2006年8月8日竣工。

二十二、解放军第四五一医院医疗综合楼项目

中煤陕西中安项目管理有限责任公司监理的解放军第四五一医院项目位于西安市友谊东路269号，该项目荣获建筑工程"鲁班奖"，由解放军第四五一医院投资建设，北京中外建建筑设计有限公司西北分公司设计，中煤陕西中安项目管理有限责任公司监理，陕西航天建筑工程有限公司承建。工程建筑面积为25449平方米，地下1层，地上16层，总高74.5米。框剪结构，钢筋混凝土灌注桩地基，抗震等级框架一级、剪力墙特一级，设防烈度8度，耐火等级一级。工程于2008年3月17日开工，2011年5月18日竣工交付使用。

西安电子科技大学图书馆

解放军第四五一医院医疗综合楼

二十三、榆林国税局综合楼项目

中煤陕西中安项目管理有限责任公司监理的榆林国税局综合楼位于榆林市榆溪大道北侧，结构类型为框架结构，基础采用梁板式筏形基础，工程建筑面积为 14492 平方米，建筑高度为 58.65 米，其中地上十四层、地下一层，建筑工程等级为二级，使用年限 50 年，建筑类别为一类高层建筑，耐火等级为一级，非抗震设防。工程于 2009 年 4 月 1 日开工，2010 年 6 月 11 日竣工。该工程荣获陕西省"长安杯"。

榆林国税局综合楼

二十四、西安市第五污水处理厂项目

中煤陕西中安项目管理有限责任公司监理的西安市第五污水处理厂（一期）工程项目厂位于北郊北绕城高速蹄以北，辛王公路以东、灞河西岸，东临灞河，南为北辰社区，西侧为北辰五金机电批发基地，北侧为爱菊豆业。项目属于西安城市环境综合治理二期工程，该工程 2008 年 12 月开工建设，2010 年 6 月正式通水。

在工程建设过程中，监理部针对不同工程特点分别制定了相应的监理措施，充分发挥了监理的服务意识和责任意识；利用自身协调能力成功克服了市政配套工程点多、面广、环保压力大等矛盾，使工地现场始终处于受控状态；对于工程技术难度大、安全风险大的工程，发挥其技术经验优势，抓住工程管理重点，确保了工程安全、优质、高效、低耗建设，得到了建设单位的一致好评！

西安市第五污水处理厂

二十五、西咸新区沣东新城三桥新街管廊项目

中煤陕西中安项目管理有限责任公司监理的西咸新区沣东新城三桥新街综合管廊项目系住建部试点项目之一，工程分三期、三段建设。目前在建为首期开工的 B 段，该段主线长 2057.56 米，过路支线长 160 米。

项目沿西咸新区沣东新城三桥新街主干道路南侧绿化带与其北侧的地铁平行敷设，埋深约 8 米，管廊穿越二座公路立交桥、河流，个别部位与重力流管线、地铁过街通道交叉，绿化带覆土厚度约 2.0 米，当交叉时管廊纵断面竖向标高上抬或下卧穿越交叉点。

管廊采用矩形双舱钢筋混凝土结构，主线断面（净尺寸）（4.3+2.3)×3.5 米，支线断面（净尺寸）(2.44+2.71)×3.0 米；布置有电力、通信、给水、热力及再生水等管线。

在项目实施过程中，监理部针对项目工程特点、施工单位的技术力量等情况，确定监理质量监控目标，明确监理的质量控制制度、工作程序，要求施工单位在人员配备、组织管理、检测程序、方法、手段等各个环节上加强管理，明确施工质量要求和技术标准，并采取质量监控事前预防、施工操作事先指导；过程动态控制、事中认真检查；事后强化验收、及时处理质量问题等监理手段，确保工程可控在控。

监理部运用信息化管理手段，用监理工程师建立的手机终端信息化平台，将现场的各方工作都是以数据化的信息进行上传和互动交流，不仅能减少索赔事件的发生，也能公正、客观地维护各方的权益。监理工程师在管理过程中加强运用影像等数字化资料及时上传到已建立好的信息化平台上，方便各方进行比对和查找，减少误解，也能为后续工程审计人员查看，起到事半功倍的效果。

项目于 2016 年 10 月 15 日开工，于 2018 年 8 月 13 日竣工。该项目的许多优秀做法和创新亮点，获得了参建各方的高度评价。

西咸新区沣东新城三桥新街综合管廊项目

西咸新区沣东新城三桥新街综合管廊中安装的部分桥架

二十六、勉（县）宁（强）高速公路项目

中煤陕西中安项目管理有限责任公司监理的勉（县）宁（强）高速公路是中国国家高速公路网京昆高速公路（G5）在陕西境内的重要组成路段，全线位于汉中市境内，起于勉县元墩，与西汉高速公路相连，止于宁强县党家梁，与宁棋高速公路连接，全长54.8千米，双向四车道，2001年3月8日开工建设，2003年11月18日建成通车，是陕西省第一条山区高速公路。

监理部进驻现场后，依据监理合同、规范和监理大纲要求，结合本工程实际情况编制了监理规划，明确了重点工程和关键点。建立健全了监理部的各项规章制度、工作分工、工作流程和岗位责任制，悬挂上墙，以规范约束各岗位监理人员的监理行为。针对各单位工程项目特点，依据监理规划及时编写监理细则，明确工程控制要点、监理工作方法和措施、监理工作流程，并制定了监理例会制度、材料和工序报验制度、见证取样制度、旁站制度等各种岗位责任制，针对监理人员的业务要求，还制定了每周学习培训制度。监理人员在工作中充分体现事前控制和主动控制，注重工作效率，使监理工作实现了规范化、程序化、制度化，使过程处于可控在控状态。该项目荣获2012年度国家优质工程银奖。

勉（县）宁（强）高速公路

第六章　煤炭建设监理创新与发展

煤炭监理企业转型升级的探索与实践

山西省煤炭建设监理有限公司总经理　苏锁成

在当前日趋激烈的市场竞争中，煤炭监理企业要紧跟新时代建筑业创新发展的步伐，确保企业持续不断的发展壮大，就必须根据企业的自身特点和优势重新进行战略定位，走自己的转型升级之路。

一、煤炭监理企业转型升级的历史必然性

山西省煤炭建设监理有限公司成立于 1996 年 4 月，具有原建设部颁发的矿山、房屋建筑、市政公用工程甲级和机电安装工程、电力工程乙级监理资质；具有煤炭行业矿山建设、房屋建筑、市政及公路、地质勘探、焦化冶金、铁路工程、设备制造及安装工程甲级监理资质。同时，还具有水利水保工程、环境工程、人防工程监理资质，并协助山西省煤炭工业厅组织山西省煤矿安全质量标准化验收工作。公司成立至今，先后监理项目 1000 余个，遍布山西、内蒙古、新疆、青海、贵州、海南、浙江等省份，并于 2013 年走出国门，进驻刚果（金）市场。2007 年以来，公司综合实力排名一直位于全国煤炭建设监理企业前列，从 2011 年起，连续四年在山西省建设监理企业中排名第一，2011 年至 2016 年进入全国监理企业 100 强。

虽然我公司在煤炭监理领域取得了一些成绩，但这并不意味着企业今后能够长久不衰地发展。随着国家供给侧结构性改革不断深入，去产能政策的深化落实，煤矿基本建设项目骤减，企业效益下滑，企业经营状况不容乐观。例如，我公司在 2015 年经营总收入为 2.58 亿元，签订合同 1.16 亿元，但是到了 2016 年，公司经营总收入仅 1.16 亿元，同比下降 55%，签订合同额仅 3145 万元，同比缩水 88%。数字的变化给我们敲响了企业"生存发展"的警钟，再加之国家全面放开监理取费标准，住建部出台关于促进工程监理企业转型升级创新发展的意见，培育全过程工程咨询企业，充分发挥市场在资源配置中的决定作用。面对新形势、新环境和新变化，煤炭监理企业必须要主动接受市场的洗礼和考验。工程咨询、研发设计、系统集成、技术创新、运营管理等，将是未来煤炭监理企业竞争的制高点。事实证明，煤炭监理企业转型升级，不仅是自身寻求新的发展突破口的内在需求，更是在外部环境剧烈变化之下不得不做出的历史抉择，不进则退、不变则衰，不创新改革就会被淘汰，转型升级将是保证煤炭监理企业生存与发展的必由之路。

二、煤炭监理企业转型升级的实践

山西省煤炭建设监理有限公司从 2012 年开始，利用自身综合实力与人力资源的优势，

尝试探索转型升级、走多元发展之路，循序渐进地走过了6年时间，6年期间，有成功的喜悦，也有失败的教训，但有一点可以肯定，企业是在改革创新中求生存，在转型升级中求发展。

1. 转变思维，实现思想观念的转型升级

2009—2012年，我公司抓住山西省煤炭资源整合煤矿兼并重组这一历史机遇，扩大市场范围，实现企业经济效益和职工收入逐年增加。但辉煌的业绩使员工的思想意识从忧患转为安逸，惯性思维与惰性意识逐渐产生。

面对大家安于现状、墨守成规、不思进取的消极状态，公司领导未雨绸缪，在全体员工中掀起了"二次创业"的高潮。从公司领导层开始，自上而下调查研究企业如何持续发展的问题，开展了"企业要发展，我们怎么办""企业为我建平台，我为企业做贡献"的学习讨论活动。组织公司成立之初，白手起家建功立业，在开拓市场中有丰富经验的创业者代表，以亲身经历，讲述创业之艰辛，传授创业之经验，在员工中传播不忘初心、奋力拼搏、吃苦耐劳的创业精神，让全体员工深刻认识到，我们企业虽然在行业内有一定的实力，经营收入还可以，但是公司内部存在机构大、员工多、投入成本高，如果不思进取、坐享其成，企业以后的经营将会出现危机。全体员工必须按照党的十八大、十九大提出的国有企业创新发展的要求，发扬团队精神，要有激情、有信心、有闯劲，推进企业转型升级，不断为企业创辉煌业绩。

2. 内扩外转，实现向非煤领域发展的转型升级

2013年初，在党的十八大精神的指引下，我们提出了"以煤炭监理为主业，以企业资源优势为基础，面向市场开展多行业、多门类监理业务，扩大业务范围，实行多元化、多渠道创收"发展战略，具体实施"内扩""外转"。

"内扩"是指在监理主营业务方面不断地扩大资质范围，增强各类专业的监理服务，由矿山工程监理向房建、市政、水利水保、铁路、人防、环境、信息等工程领域拓展。为了加强对非煤工程监理业务的管理，公司成立了土建项目管理咨询中心，抽调各专业高级技术人才组成专家组，对非煤类监理业务从招投标、项目机构、人员培训、项目管理、检查评比等方面明确职责、落实责任、重点管理，收到较好的效果。例如，我公司2012年监理的金地集团"兰亭御湖城"和2016年监理的"山投恒大青运城"项目，由于管理服务受到业主和上级主管部门的肯定，成为我公司在房建领域的品牌项目。2017年以来，我们先后通过了业主多次考察，经过公开竞标入围承揽到碧桂园山西区域的10个房建项目，建筑面积达280多万平方米。2018年我们又先后入围了红星地产、阳光城集团、旭辉集团、荔园集团等知名地产企业，在房建市场上拓宽了企业的知名度，扩大了非煤领域的监理市场。2017年公司煤矿监理业务占到55%，非煤监理业务占到45%，在房建领域取得了重大突破。

"外转"，即向外转型，开发监理业务以外的转型业务，公司已投资合作的4个项目，分别是：与山西兴煤投资有限公司合作开发的忻州国贸中心综合大楼项目，注册资本3000万元，公司控股60%，目前，该项目正在招商阶段；参股经营山西锁源电子科技有限公司，主要为建设现代化矿井以及煤炭行业信息化、机械化"两化融合"、煤矿安全隐患排查系统安装提供服务；成立山西美信工程监理公司，从事各行各业的信息监理业务；成立山西蓝源成环境监测有限公司，面向社会从事第三方环境检测业务。目前，上述 4 个转型项目均取得了一定的社会效益和经济效益。

3. 实施人才战略，实现员工素质和能力的转型升级

作为智力密集型服务企业，员工素质和能力的转型升级是实现企业转型升级的基本前提。目前，煤炭建设监理队伍远不能满足行业转型升级的要求。由于外聘人员及转行改行人员多、专业门类繁杂，流动性大，管理难度大；监理队伍中年龄偏大和新参加工作的人员多，年富力强、业务熟练、经验丰富的人员偏少。企业要转型升级，聚集人才、培育人才，提升人员素质和能力势在必行。

我公司从长远考虑，从横向和纵向对企业人力资源加强管理，按照老、中、青人才梯队模式，实施人才发展战略，广泛招聘咨询、造价、设计、建筑等高素质人才，注重人才的培养、使用、管理和储备。在经营业务管理项目上，实行了打破地域界限、打破身份要求，为人才提供发挥能力的平台。此外，建立科学的用人机制和有效的绩效考核制度，对在岗职工职称评审晋级、考取资质，除给其优惠条件外，还要制订严格考核制度，通过竞争机制、激励机制和约束机制充分发挥职工的积极性、能动性、创造性；进一步做好对监理人员的培训工作，从个人专业技术资质到职业道德、廉洁自律等方面，培养出一批综合素质高、工作能力强、道德品质好的一支骨干队伍，营造企业团结协作、宽容信赖、和谐奋进的环境，增加企业的凝聚力和持续发展的活力。

4. 努力打造全过程工程咨询企业，实现管理模式的转型升级

国家推行"全过程工程咨询"管理模式，使工程建设"碎片化"管理转向"全过程"管理，直接触及监理企业未来发展核心，这是行业发展的必然，更是监理企业脱胎换骨、转型升级的重要发展机遇。我们认为，认真实施全过程工程咨询，对促进我国建筑业管理水平的提高和监理行业发展意义重大，我公司下决心向全过程工程咨询企业转型。在这方面，我公司有一定的优势，也有短板。企业原下属春城煤矿勘察设计院、山西承启招标有限公司都可以重新整合，对项目的前期策划、可行性研究、造价分析、工程招标、项目管理及试运行的全过程实施管理，但是在资质、业绩、能力与市场要求方面还有一定的差距。目前，我们正在与太原市建筑设计院、山西正大方工程项目管理有限公司商谈组成联合体，强强联合，优势互补，为实现全过程工程咨询企业奠定良好的基础。

5. 应用信息化技术，实现企业管理水平的转型升级

在"互联网+"的科技浪潮下，重视信息技术研发和应用将成为煤炭监理企业转型升级、占领市场的利器。在 2010 年，公司对内部办公系统进行了改版升级，涉及公司的业务、项目、经营、行政、综合、文件管理等多方面内容，逐步实行企业内部管理和项目管理全覆盖。一方面能方便公司决策层及时、准确了解公司的监理业务和经营数据，帮助公司科学决策，准确把握市场动态；另一方面有利于建立公司与各项目之间的衔接，加快推进资源共享、信息查询和远程管控的信息系统建设。公司信息化办公室不断丰富功能板

块，陆续推出在线技术咨询、技术论坛等微信平台。借助信息和网络技术，进一步深化企业技术资源的整合，丰富企业知识管理手段，极大地提升了企业后台技术支持的能力。同时，借助 BIM 技术对监理工作内容的影响，改变监理工作模式，使监理工作合理、有效地实现事前审查、事中控制、事后调整，大大提高现场监理的效率和质量，使企业的业务高端化。目前，在推广 BIM 技术上，我公司邀请专家，对全体职工进行培训，并在一些重点房建项目上开始应用。

企业转型升级是一个综合性大课题，面对不确定的未来，煤炭监理企业走转型升级之路不仅需要雄厚的综合实力作保障，还需要有持之以恒的坚定信念，更要求我们要有胆略、有激情、有自信。

党的十九大后，我们进入新时代，新时代、新征程、新挑战。大浪淘沙方显英雄本色。让我们积极面对新时代煤炭建设监理行业的机遇和挑战，团结一心、群策群力、顺势而为、奋力拼搏，一定能促使企业实现转型升级，实现企业持续健康发展。

从建设监理定义的演变谈监理行业的发展

河南工程咨询监理有限公司　张家勋　张艳林

摘　要：从我国建设监理定义的演变入手，按照时间脉络，通过对比、分析国家及建设主管部门在不同时期对建设监理定义的基本要点内容及其变化，谈了自己的体会，提出了建设监理行业目前所存在的疑问或困惑。

关键词：建设监理定义；要点分析；体会与建议

一、引言

我国建设监理制度的诞生，以原城乡建设环境保护部于 1988 年 7 月 25 日发布的《关于开展建设监理工作的通知》为标志，至今已走过了 28 个春秋。总结监理走过的风雨岁月，一种曾被广泛认可的观点是，我国的建设监理行业的发生、发展、壮大经过了三个阶段，即 1998—1993 年探索阶段、1993—1995 年稳步发展阶段、1996 年以后的全面推广阶段。但总结我国有关法律、法规、规定、标准等，其中对建设监理的不同定义，也透视出了其发展的曲折历程，其"三阶段"发展论也需要再思考。本文试图针对建设监理定义的历史演变过程，回忆过去、正视现在、思考未来。

二、涉及建设监理定义的法规性文件

以《关于开展建设监理工作的通知》为标志，涉及建设监理的有关法规性文件很多，其中明确涉及建设监理定义的法规性文件、规范主要有：

《关于开展建设监理工作的通知》（城乡建设环境保护部（1988）城建字第 142 号），以下简称"通知"。

《建设监理试行规定》（建建字［1989］第 367 号），以下简称"试行规定"。

《关于开展建设监理试点工作的若干意见》（1988 年 11 月 28 日），以下简称"若干意见"。

《工程建设监理单位资质管理试行办法》（建设部令　第 16 号），以下简称"试行办法"。

《中华人民共和国建筑法》（1997 年），以下简称"建筑法"。

《工程建设监理规定》（建监［1995］737 号），以下简称"监理规定"。

《建设工程监理规范》（2001 年 5 月 1 日实施，GB 50319—2000），以下简称"原监理规范"。

《建设工程监理规范》（2013 年 3 月 1 日实施，GB/T 50319—2013），以下简称"新监理规范"。

三、对建设监理不同定义的要点对比

理解建设监理的定义，主要从监理的实施主体、业务获得方式、工作依据、监理业务范围和对象、工作内容等方面进行，见表 6-1。

四、对监理定义要点的梳理与分析

表 6-1 对比列出了监理定义的基本要点内容，下面进行归纳与分析。

1. 监理实施主体

（1）两大监理主体。1989 年 7 月 28 日前出台的"试行规定"等三个文件中，均提出了监理主体有两个，即政府监理和社会监理，并明确界定了两者在工作内容上的根本区别。

（2）监理企业资质。以"试行办法"为标志，我国的工程监理企业有了明确的资质规定，并划分为甲、乙、丙三级。自 2007 年 8 月 1 日起施行的《工程监理企业资质管理规定》，对资质序列进行了调整，划分为综合资质、专业资质和事务所资质。

2. 监理业务获得方式

（1）多种方式。1989 年 7 月 28 日前出台的三个文件中，提出了监理业务可由建设单位指名委托、竞标择优委托、商议委托三种方式之一。

（2）单一方式。以"试行办法"为标志，监理业务的获得方式为单一竞标择优委托方式。

3. 监理工作依据

（1）基本依据。有四类，即：法律、法规，工程建设标准，政府批准的建设计划、规划、设计文件，合同。

（2）淡化依据的政府审批。以"试行规定"为标志，其中的"政府批准的建设计划、规划、设计文件"工作依据逐渐被淡化，设计文件也不再强调必须由政府批准了。

4. 监理工程范围和对象

分别从不同的角度规定了监理的范围和对象，提出了强制性监理范围和规模的规定，主要有：

表 6-1 建设监理不同定义的要点比较

序号	文件名称	实施主体	业务表得方式	工作依据	工程范围和对象	工作阶段	工作内容
1	《关于开展建设监理工作的通知》（城乡建设环境保护部（1988）城建字第142号），1988年7月25日	"政府建设监理"和"社会建设监理"	竞争	主要是工程合同和国家的方针、政策及技术、经济法规	新建、改建和扩建的各种工程项目。政府和公有制企事业单位投资的工程以及外资、中外合资建设项目，一般都要实行招标承包制和建设监理制，其他所有制单位投资的工程，也要引导实行这两种制度	全过程、或勘察、设计、施工、设备制造等某个阶段	大致包括对投资结构和项目决策的监理，对建设市场监理，对工程建设实施的监理
2	《关于开展建设监理试点工作的若干意见》（1988年11月28日）	工程设计、科研、咨询等单位，经政府建设监理管理机构批准，可兼营监理业务；取得法人资格后的质监站	指名委托；竞标择优委托；商议委托	—	—	前期投资决策咨询设计阶段监理招标阶段监理施工阶段监理	首次较详细地明确了各阶段的工作内容（略）
3	《建设监理试行规定》（建监字[1989]第367号），1989年7月28日	政府监理和社会监理。社会监理必须具备资格	直接委托；竞争择优委托	工程建设的政策、法律、法规，政府批准的建设计划、规划、设计文件以及依法成立的承包合同	所有建筑工程必须接受政府监理。公有制单位投资项目和重要的大中型工业交通工程、外资、中外合资和国外贷款建设的工程，尚应委托监理。其他由投资者自定	前期阶段；设计阶段；施工招标阶段；施工阶段；保修阶段	较详细地明确了各阶段的工作内容（略），是对"若干意见"的完善和补充
4	《工程建设监理单位资质管理试行办法》（建设部令第16号，1992年1月18日）	取得监理资质证书，具有法人资格的单位；分甲、乙、丙三级	受建设单位的委托	—	工程划分为3等级17类	实施阶段	监督和管理

表 6-1（续）

序号	文件名称	实施主体	业务获得方式	工作依据	工程范围和对象	工作阶段	工作内容
5	《工程建设监理规定》（建监［1995］737号），自1996年1月1日起实施	受项目法人委托	一般通过招标投标方式择优选	法规性文件、设计文件、各类合同	大、中型工程项目；市政、公用工程项目；政府投资兴建和开发建设的办公楼、社会发展事业项目和住宅工程项目；外资、中外合资、国外贷款、赠款、捐款建设的工程项目	—	三控二管一协调
6	《中华人民共和国建筑法》，自1998年3月1日起施行	具有相应资质	—	法规性文件、设计文件、承包合同	—	—	代表建设单位实施监督。控制质量、工期和资金
7	《建设工程监理规范》（GB 50319—2000），自2001年5月1日实施	具有相应资质	受建设单位的委托	法规性文件、设计文件、各类合同	适用于新建、扩建、改建建设工程施工、设备采购和制造的监理工作	施工及保修阶段	三控二管一协调
8	《建设工程监理规范》（GB/T 50319—2013），自2013年3月1日实施	工程监理单位	受建设单位委托	法规性文件、设计文件、各类合同	适用于新建、扩建、改建建设工程监理与相关服务活动	施工阶段	施工阶段的三控二管一协调履责；勘察设计保修阶段的相关服务

（1）从工程的建设性质方面，包括新建、改建和扩建工程。

（2）从工程类别和等级方面，"试行规定"：所有建筑工程必须接受政府监理。同时又从投资主体方面做出规定，详见表6-1。

"试行办法"：以附件《工程类别和等级》的方式，首次明确地将监理工程划分为3个等级17大类。

（3）从工程规模和范围方面，"监理规定"分别从工程规模、工程类别、投资主体三个方面规定了四类需要监理的工程，详见表6-1。

（4）设备采购和制造监理。"原监理规范"中首次提出了设备采购和制造作为监理的对象。

5. 工作阶段

（1）全过程或某一阶段，强调工程建设全过程监理或咨询。

"试行规定"：工程监理的内容，可以是全过程的，也可以是勘察、设计、施工、设备制造等的某个阶段，也可以是建设前期的投资决策咨询。

（2）实施阶段的监督和管理。

"试行办法"：实施阶段包括勘察、设计、施工、保修四个阶段。

（3）施工阶段监理及相关服务。

"新监理规范"：施工阶段的监督管理，将勘察、设计、保修阶段的监理工作作为相关服务。

6. 工作内容

（1）"通知"。"通知"规定，工程监理的内容，可以是全过程的，也可以是勘察、设计、施工、设备制造等的某个阶段，这实际上是监理的工作阶段。而"通知"关于建设监理的范围和对象叙述是：建设监理大致包括对投资结构和项目决策的监理，对建设市场的监理，对工程建设实施的监理……这是否可以粗略地理解为监理的工作内容？本"通知"似乎混淆了监理工作阶段与监理工作范围、对象及监理工作内容这些概念之间的区别。

（2）"若干意见"。首次分别从工程建设前期的投资决策咨询、设计阶段监理、招标阶段监理、施工队段监理五个阶段系统地规定了各建设阶段监理工作的内容，同时规定了建设监理单位可根据实际情况，承担五个阶段的全部或部分监理业务。

（3）"试行规定"。分别从工程建设前期阶段、设计阶段、施工招标阶段、施工阶段、保修阶段五个阶段较详细地明确了各建设阶段监理工作的内容，是对"若干意见"的完善和补充。

（4）"监理规定"。首次系统地规定了工程建设监理的主要内容是控制工程建设的投资、建设工期和工程质量；进行工程建设合同管理，协调有关单位间的工作关系，即三控二管一协调。"原监理规范"的规定与此基本一致。

（5）《建筑法》。纲领性地规定了监理工作的内容是代表建设单位实施监督，控制质量、工期和资金，即"三大"控制，这是具有最高法律效力的规定。

（6）"新监理规范"。在"原监理规范"的"三控二管一协调"内容的基础上增加了"履行建设工程安全生产管理法定职责"的内容，即"三控二管一协调一履责。"

五、几点体会

通过以上对监理定义要点的梳理与分析，有以下几点体会：

1. 监理实施主体——政府监理"昙花一现"

由于政府监理和建设主管部门业务重叠以及政企分开的改革大势，以"试行办法"为标志，不再提政府监理的概念，监理的社会性被固定下来。

原来在计划管理委员会、建设厅、建设局、质量监督站等基础上从事监理的人员被要求与政府部门脱离，通过取得资质证书和法人资格后，逐步转变为工程监理公司，走向社会。

2. 监理业务获得方式——通过投标竞争成为获得监理业务的单一途径

随着我国经济体制由计划经济到有计划的市场经济再到市场经济的重大变革，工程建设领域的项目法人制、招标投标制、建设监理制、合同管理制的"四项"基本管理制度的确立，监理业务获得的基本方式为投标竞标择优方式。

但是，通过多年的监理招投标实践，效果远不如施工招投标，表现为监理招投标由监理水平与服务质量竞争转变为"价格战"，失去了监理招投标的本义。由于投资主体的多元化，通过招标方式选择监理单位的合理性、科学性、必要性都受到质疑。

3. 监理工作依据——定格为"法律法规、工程建设标准、勘察设计文件及合同"

在计划经济体制下，投资主体基本为政府，使用政府投资项目为审批制，但随着投资主体的多元化，企业投资的《政府核准的投资项目目录》中的采用核准制，以外的企业投资项目均实行备案制。目前，项目建设计划、设计文件一般也不需要政府批准，政府批准的总体规划（主要是工业项目）也不再作为监理工作的依据，监理的工作依据定格为"法律法规、工程建设标准、勘察设计文件及合同"，这与目前监理的阶段由建设全过程而变为施工阶段监理相一致。

4. 监理工程范围和对象——四次重大变化

分别从不同的工程投资主体、工程性质、投资规模、工程类别及等级等多个方面规定了工程监理范围，工程监理范围的重大变化以三个文件为标志。

以"试行办法"为标志一：给出了工程类别与等级，并与相应监理资质相对应，实现了科学、系统地划分，具有里程碑意义。而在此之前，有关部门出台的文件试图将所有的工程不加区分地实行监理，把监理当成了当时医治"百病"的良药。

以《建设工程监理范围和规模标准规定》为标志二：该文件明确规定了强制监理的范围和规模，包括四类工程（略）。这与《建筑法》之"第三十条 国家推行建筑工程监理制度。国务院可以规定实行强制监理的建筑工程的范围。"相呼应。对监理的工程范围和规模的规定进一步理性化。

以《关于推进建筑业发展和改革的若干意见》（2014年7月1日）为标志三：其中之（七）进一步完善工程监理制度：……调整强制监理工程范围……。首次提出了调整强制性监理的工程范围。

以"原监理规范"为标志四：该规范提出了设备制造监理的概念，即把"设备制造"作为监理对象。为此，国家质量监督检验检疫总局和标委会也专门发布了《设备工程监理规范》（GB/T 26429—2010）。

5. 工作阶段——由建设全过程缩小到仅施工阶段

监理的工作阶段在逐渐缩小，从项目全过程监理到目前的仅施工阶段的监理，勘察、设计和保修阶段不再称为监理而是相关服务，即：全过程（或某一阶段）→实施阶段→施工阶段，严重背离了监理制度设计的初衷，这也是我国工程监理发展到今天让人难以理解和尴尬之处。

6. 工作内容——定格为"三控、二管、一协调一履责"

1996 年以前发布的有关法规性文件中，没有很好地严格区分监理的"工作阶段"和"工作内容"，似乎也混淆了监理的范围、对象与监理工作内容的概念，事实上这些是不同的概念。以"试行规定"为标志，较详细地明确了各阶段的工作内容。"监理规定"首次归纳提炼出了"三控、二管、一协调"理论。"原监理规范"沿用了这一提法，"新监理规范"又增加了"履行安全生产管理的法定职责"的内容，即"一履责"。

六、结语

纵观建设监理的定义历史演变，其实施主体、业务获得方式、工作依据、工程范围和对象、工作阶段、工作内容等逐渐清晰化，但遗憾的是，这与建设监理制度设计要实施全过程、全方位监理的"初衷"偏离得越来越远。因此，新监理规范中给出了明确定义："建设工程监理——工程监理单位受建设单位委托，根据法律法规、工程建设标准、勘察设计文件及合同，在施工阶段对建设工程质量、进度、造价进行控制，对合同、信息进行管理，对工程建设相关方的关系进行协调，并履行建设工程安全生产管理法定职责的服务活动。"

目前，现场从事监理的人员总体素质差、收入差、社会地位低已成了不争的事实，我国监理今后如何走早已摆在了我们面前，许多观点和认识方面存在重大差别，甚至困惑，在理论上仍没有找到答案，如监理是否是独立的第三方？监理该不该承担安全责任？监理该不该旁站？该不该实行强制性监理？强制性监理范围该不该调整？监理与相关服务收费标准该不该取消？如何理解中国特色的工程监理制度？我国的监理究竟走向哪里？

政府对监理主体的资质管理一直被认为是是政府管理监理行为合法的"利器"，多年来政府都在做着要加强资质管理的事，现在突然发现企业有了资质后，就有了资质造假、挂靠、涂改、出卖行为，就有了无资质、超越资质承揽业务行为；企业高资质投标、低层次人员干活成了新常态，这极大地限制了个人能力的发挥和社会公正、公平竞争，市场活力被扭曲地释放，企业花大的精力和费用用于资质的维护，因此现在政府在通过简政放权来淡化企业资质管理，强调个人的执业资格与能力，是否可理解为"不得已而为之"？

我国煤炭发展历程与展望

中国煤炭地质总局勘查研究总院勘查技术研究所　张玉峰

摘　要：通过分析我国能源消耗、能源构成、新型清洁能源的发展情况，我们发现未来煤炭还将是我国主体能源，这种能源消费结构在未来较长时期内不会改变，中国还没有可以替代煤炭能源地位的新能源，煤炭在中国能源体系的基石地位不可撼动。但是我们必须改变传统观念、理念，建立绿色矿山理念，全面实现真正的绿色矿山、绿色煤电，走上能源可持续发展之路。

2017 年 12 月 6 日，倪维斗院士在百家号发表推文：《除煤炭外，其他能源潜力不大，论火电的必要性》。

2017 年 12 月 20 日，武强院士在中国煤炭地质总局勘查研究总院院士工作站授牌仪式时，首开演讲《中国能源形势探讨和矿山环境问题与特征分析》。

两位院士从不同的角度，从战略高度分析了国际、国内能源结构、形势、趋势，一致认为：煤炭作为中国能源基石地位不可撼动，同时指出煤炭从开采到利用过程中存在的严重问题，要改变开采方式、改变利用方法、降低环境污染、恢复矿山环境、重振煤炭行业。煤炭在推动我国经济发展方面起着重要作用，但是由于我国尚未摆脱高投入、高消耗、高排放的发展模式，煤炭利用也存在着不少问题。

一、中国能源的栋梁为何让人爱舍两难

在我国三大化石能源矿产资源已探明储量中，煤炭占 94% 以上，石油和天然气仅占 6% 左右，这种资源禀赋条件使得我国的基础能源严重依赖煤炭，煤炭成为我国能源供给支柱。改革开放以来虽然经过不懈的努力和持续的能源结构调整，煤炭在我国能源生产总量占比已从 80% 以上降至目前的 70% 左右，消费总量占比从 80% 以上下降到去年的 62%，但煤炭能源生产与消费绝对量依然非常高，在生产及利用过程中仍存在很多问题。

（1）利用效率不高。原地质矿产部 2003 年朱训部长按汇率 GDP 比较的结果是：中国 1 亿美元 GDP 所消耗的能源是 12.03 万吨标准煤，大约是日本 1 亿美元 GDP 所消耗能源的 7.2 倍、德国的 5.62 倍、美国的 3.52 倍、印度的 1.18 倍、世界平均水平的 3.28 倍。2016 年仍是美国能耗的两倍多。过高的能耗水平，也从一个侧面反映出我国能源支柱——煤炭的利用效率太低。我国煤炭利用多集中于技术水平相对较低的产业链上游环节，煤炭要么被直接燃烧，要么生成煤化工初级产品。

（2）资源浪费严重。我国在煤炭开采和利用环节，都存在着严重的资源浪费问题。在开采阶段，与煤炭伴生的煤矸石、煤泥资源、煤矿瓦斯资源、矿井水等资源，被视为废物往往被直接丢掉；煤炭采出率过低，对煤炭资源造成大量浪费。《2007 中国能源发展报告》称：我国煤炭平均采出率为 30%，2017 年还没有达到 50%。在利用阶段，80% 的煤炭往往采用最原始的利用方法燃烧，直接燃烧煤炭热值利用率仅 29%。

（3）煤炭对环境污染较大。煤炭是典型的两头污染行业，开采时破坏环境，使用时污染环境。煤炭开采时对地下水系的破坏、地下岩层的破坏、地面植被的破坏、生态体系的

破坏都是毁灭性的、不可修复的。在煤炭使用过程中，与之相伴的煤烟型污染相当严重。工信部文件显示，全国烟粉尘排放的70%，二氧化硫排放的85%，氮氧化物排放的67%都源于以煤炭为主的化石能源利用。

另外我国煤炭利用集中度过低，仅一半左右用于发电领域。我国每年散煤消耗量在6亿吨至7亿吨，占全国煤炭消耗量的20%，仅次于电力行业。这些分散用煤量大面广、利用方式粗放，而且多数并未采用环境治理措施，污染物排放量较大。国外多通过提高煤炭利用的集中度去解决环境污染问题。

二、我国能源结构、能源需求及消耗

1. 我国能源消耗情况

国家统计局发布《2016年国民经济和社会发展统计公报》，我国2016年全年能源消费总量43.6亿吨标准煤，其中煤炭30.6亿吨标准煤；石油8.28亿吨标准煤；天然气2.38亿吨标准煤；发电（火电以外）2.34亿吨标准煤。

2. 我国能源结构情况

国家统计局发布《2016年国民经济和社会发展统计公报》（以下简称《公报》）。《公报》显示在能源生产方面，2016年我国一次能源生产总量34.6亿吨标准煤。

2016年全国发电总量59897亿千瓦时，其中：火电42886亿千瓦时，占总发电量的71%；水电11807亿千瓦时；核电2132亿千瓦时；风电2410亿千瓦时；光电662亿千瓦时。

三、我国可开发利用的清洁能源

1. 可燃冰

可燃冰是一种天然气水合物，主要成分是甲烷，属于非常规天然气资源，是一种清洁能源。中国地质调查局副局长、天然气水合物试采协调领导小组副组长李金发在国土部发布会上指出，天然气水合物资源潜力巨大，我国海域天然气水合物（可燃冰）资源量约800亿吨油当量。一吨油当量等于1.4286吨标准煤，等于1142亿吨标准煤。每年消耗43.6亿吨标准煤，能用26年。

我国正积极开展不同类型天然气水合物试采。第一，研发适应不同类型特点的试采工艺和技术装备。第二，开展重点目标区的试采。第三，建立适合我国资源特点的开发技术体系。

2. 干热岩

干热岩属于深层地热资源，是一种可重复利用的清洁能源，而且分布广泛，按照热值计算方法，我国目前的陆域干热岩资源量能量值，已经达到了惊人的856万亿吨标准煤。但是干热岩开发的技术难点很多，目前全球都在探索干热岩的开发利用，由于是深层地热能，开发难点主要集中在钻探设备及钻探工艺方面：

高温泥浆研发；储层改造工艺；热交换设备。

3. 太阳能

太阳能是一种可再生清洁能源，储量大、分布广，只要太阳能照射到的地方都有太阳能。但是太阳能大面积开发的难点也很多，主要是能流密度太低，所以太阳能利用的主要问题是效率低、成本高、不稳定性和分散性。

4. 风能

风能是可再生的清洁能源，储量大、分布广，但它的能量密度低（只有水能的1/800），并且不稳定。在一定的技术条件下，风能可作为一种重要的能源得到开发利用。风能利用是综合性的工程技术，通过风力机将风的动能转化成机械能、电能和热能等。

开发风能也有很多限制及弊端，如风速不稳定，产生的能量大小不稳定；风能利用受地理位置限制严重；风能的转换效率低；风能是新型能源，相应的使用设备也不是很成熟。仅在地势比较开阔、障碍物较少的地方或地势较高的地方适合用风力发电。目前还没有大面积开发的好方法。

5. 水电

水能是一种清洁能源，我国水力发电和水能开发水平世界领先。2016年底全国发电总装机量为164575万千瓦，其中：火电105388万千瓦，占总装机量的64%；水电33211万千瓦，水电装机容量已达3.32亿千瓦，开发度已达到了75%，达到水能开发利用的上限，没有再开发空间。

6. 核电

核电是利用核能进行发电，是一种清洁能源。我国核电总装机量3364万千瓦。建造一座100万千瓦的核电站，初期投料约是360吨至370吨的浓缩铀，而年补充量约是175吨的浓缩铀。我国核原料对外依存度达90%。

综上所述：水电已经开发到了理论极限，没有扩大潜力；石油、核电、天然气对外依存度太高；可燃冰、干热岩、海洋能还无法量产；光电、风能的不稳定性还没有解决办法。因此，煤炭在今后相当长的时间里都将是我国的能源基石。

四、我国能源系统亟待解决三大系列问题

1. 传统发展方式与时代脱离

我们的很多行为习惯、思想意识、体制机制、基础设施与时代的高效率、低能耗相脱离。我国现有产能已经形成了以高耗能，尤其以耗煤为主换取发展，造成严重的生态环境影响，这种方式仍有较大的惯性。能源系统将较长时间处于新旧发展方式并行的发展状态，推进能源系统的革命对整个社会的创新（体制、意识、技术、基础设施等）提出了巨大挑战。这些传统的意识、机制、老旧设施都是更新发展的直接阻力。

2. 新的发展方式尚未形成

我国电网接纳（目前我国每10度清洁能源上网，需要90度火电大捆发送）、经济性等原因形成核能、风、水、光能的相对过剩及弃风、核、光电现象，直接阻碍了清洁能源的发展；节能面临缺乏投资、环保意识不强、基础设施和产能锁定等一系列挑战。新的节能、环保、高效的发展理念、方式没有形成。

3. 彻底改变传统的能源利用观念

（1）改变传统能源利用方法，用低热值能源可以解决的问题，坚决不用高热值煤炭。如中国建筑供暖能耗占能源消耗总量的12%，供暖加制冷占能源消耗总量的26%，这些完全可以利用浅层地热低热值能源解决的问题，现在都在靠燃烧高热值的煤炭来供暖供热。全国浅层地热可以实现320亿平方米的供暖、制冷，可节约11亿吨标准煤。

（2）改变直接燃烧的用煤方法，控制集散户燃烧用煤，努力达到90%以上煤炭在大型设备上转化燃烧。

（3）降低能耗。每万美元消耗标准煤，世界平均2.6吨，中国3.7吨，美国1.8吨，日本1.6吨，德国1.4吨，英国1吨。与英国、美国相比提值空间很大，如果能赶上美国的能耗标准就可以节能一半。

五、目前世界最先进的煤炭清洁、高效、低碳利用方法

1. 超超临界燃煤发电技术

超临界机组是指主蒸汽压力大于水的临界压力的机组。临界机组参数为：压力等于22.15 MPa、温度374.15 ℃；超临界机组参数为：压力大于255 MPa、温度大于593 ℃。我国超临界技术参数为压力25~28 MPa、温度600 ℃，热效率44.6%~44.99%；发达国家正积极发展更高参数的超超临界火力发电技术（压力大于26 MPa，温度达到600/700 ℃）。国际上超超临界机组的参数已经达到27~32 MPa，蒸汽温度为566~600 ℃，热效率可以达到45%~47%。

（1）上海外高桥第三发电厂全年平均供电煤耗（包括脱硫和脱硝）276 gce/kW·h，折算到额定负荷下的供电煤耗为264 gce/kW·h；全年平均实际供电效率（包括脱硫和脱硝）为44.5%，折算至额定负荷工况，则供电效率应为46.5%。但减排的根本问题是 CO_2 的捕捉与处理，这是上海外高桥第三发电厂模式所不能处理的问题。

（2）世界运行效率最高的丹麦 Nordjylland 电厂3号411 MW 两次再热、低温海水冷却机组，2009年供电煤耗（不含供热）286.08 gce/kW·h（净效率42.93%），平均发电负荷率89%。折合75%负荷率下的供电煤耗288.48 gce/kW·h。

2. 整体煤气化联合循环 IGCC

IGCC 即整体煤气化联合循环，是将煤气化技术和联合循环相结合的动力系统。IGCC技术把洁净的煤气化技术与高效的燃气——蒸汽联合循环发电系统结合起来，既有高发电效率，又有极好的环保性能，是一种有发展前景的洁净煤发电技术。

3. 煤基多联产能源系统技术

煤基多联产能源系统技术，就是在煤炭气化过程中，实现能量流、物质流等总体优化，做到了氢碳比合理优化利用，尽量减少"无谓"的化学放热过程，并实现热量的梯级利用、压力潜力和物质的充分利用。气化过程中可以得到多种具有高附加值的化工产品、液体燃料（甲醇、F-T合成燃料、二甲醇、城市煤气、氢气），以及用于工艺过程的热和进行发电等。

六、建立绿色矿山、绿色能源、绿色煤电新理念

我国煤炭行业，由于多年来大规模、高强度、持久性的无序开采，导致了一系列环境问题凸显，如地面沉降、植被破坏、水体污染、资源浪费等。近十年来的煤炭结构调整和转型升级，尤其是2016年国家去产能政策的实施，使大量低效无效煤矿相继关闭。据煤炭工业协会统计：全国煤矿数量由2005年的2.48万处，减少到2017年的8000多处，退出的资源枯竭、长期亏损、安全基础差的煤矿达1.6万处以上。煤矿开采期造成的诸多问题并没有随着煤矿的关闭而消失，煤矿采空区的安全、环境、生态问题诸如环境污染、生态破坏、土地资源化、地下空间利用等问题依然存在，在强调生态环境建设的今天问题尤为突出。同时，煤炭又是我国主体能源，这种能源消费结构在未来较长时期内不会改变。我们只能改变传统观念、改变开采理念、提高能源利用率，这是今后从业者的重要任务。

1. 矿山开采前的绿色矿山理念

建立完整的绿色矿山体系，对所有共伴生的矿产资源，制定详细开采顺序，综合并充分利用一切共伴生资源，提高采出率以最大限度回采煤炭资源。2009年，何满潮带领团队创新研发了"无煤柱自成巷开采技术"。该技术是我国具有自主知识产权的原始创新技术，可将矿井采出率从40%提高到70%左右。2016年，该技术再次取得突破，矿井采出率基本可以到达90%左右。国家能源局和住建部分别制定无煤柱自成巷开采技术国家能源局行业标准（NB）、住建部国家强制标准（GB），强制要求矿井采出率必须达到70%以上。对煤炭生成过程中，每吨煤炭伴生450立方可燃气体资源。对煤系气体资源、煤层气资源、水溶性气体资源的开发，要有序开发。综合开发利用煤炭共、伴生矿产，如伴生的锗、镓、铝。有序开采可以全面提升矿山价值，减少环境破坏。

2. 矿山开采过程的绿色矿山理念

煤矿开采过程中会产生污染及破坏问题，第一气体污染：甲烷、二氧化碳、粉尘。第二固体污染：矸石山及矸石山二次污染。第三液体污染：矿井水污染、洗煤厂污染。用现有技术完全可以解决开矿造成的三种污染。煤矸石综合利用将煤矸石发电、煤矸石建材及制品、复垦回填以及煤矸石山无害化处理等大宗量利用煤矸石技术已经很成熟。矿井水是珍贵的水资源，在开采过程及矿井关闭后都应进行净化处理，有效利用。气体资源应在开矿前先行抽采，充分利用这一清洁能源。

开采过程会产生两大破坏：地下水系破坏，地面沉降环境破坏。采用覆岩分区隔离注浆采煤技术，完全可以防止地面连续塌陷、降低对地下水系破坏，减少地面环境破坏，同

时可以利用煤矸石粉为填充料，既消灭煤矸石的污染，又利用了煤矸石的价值。

3. 矿山关闭后的绿色矿山理念

绿水青山就是金山银山。国家对关闭矿山的综合利用非常重视，关闭矿山仍然会产生连续污染：回采丢弃煤炭的降解、燃烧产生的气体污染物；关闭后矿井水污染；矿山开采过程废弃物污染。现在对于关闭矿山的开综合发利用，已经有不少成功的案例，很快将在全国推广实施，包括关闭矿山地下空间的开发利用，矿区自然资源的再开发利用，矿区污染治理，矿区环境恢复治理。

总之，目前我国煤炭消费主要分布在以下几个方面：第一是燃煤发电，每年燃煤18~20亿吨，占煤炭消费总量的50%左右；第二是冶金炼焦，每年消耗洗精煤6.5亿吨左右（包括兰炭），占17.5%；第三是煤化工，目前每年用煤2.5亿吨左右（不含炼焦），占6.8%；第四是锅炉用煤（含建材窑炉和供热供暖），每年大约7.5亿吨，占20%左右；第五是民用散煤，每年大数2亿吨，不足6%。如果前三部分占消费75%的煤炭完全实现清洁、高效、低碳利用，排放指标可以达到天然气燃烧标准，我们完全不需要替换煤炭，完全可以实现绿色煤电。

我国能源基石在今后相当长时间里仍然是煤炭，但是我们必须改变观念、理念，依托最先进的节能和环保技术。煤炭完全可以更清洁，与环境更友好，更符合科学可持续发展的理念，我们应重新审视对煤电的认识，放心地在城市建设真正的绿色煤电。

明确形势　调整结构　转型发展　远谋而兴

中煤陕西中安项目管理有限公司

中煤陕西中安项目管理公司系国家1988年推行监理制试点的首批十家试点单位之一，自成立之初，一直将矿山工程监理业务作为重点发展的主营业务之一，矿山工程监理业务长期以来一业独大，其合同占比到高峰时达到合同总额的70%~80%。但进入2014年，国民经济进入新常态，煤炭供求关系逆转，市场产能过剩，一批大型煤矿项目停工缓建，中安项目管理公司赖以为主业的矿山工程监理业务面临"无标可投""无项目可跟踪"的局面，直接影响了公司生产经营的稳定。

面对严峻的市场形势，结合自身的业务特点和拥有的资源状况，以"攻坚期"企业发展的指导思想、基本原则、发展目标、主要任务和保障措施为指导，加快适应煤炭供给侧结构性改革，应对挑战、主动作为，推进体制机制创新，加快结构调整，紧抓国家加大城市基础设施建设带来的机遇，坚持以市场与资源为先导、牢固转型发展的基础，实施以技术为先的安全生产标准化管理，推进监理信息化建设，走出了一条多元化发展的转型之道。

一、认清形势明确转型方向，顺应需求调整业务结构

近年来国家加强城市基础设施、环境保护设施建设的力度逐步加大，尤其是推进城市轨道交通、市政地下管廊、海绵城市等项目建设工作，为公司转型发展提供良好的机遇。

通过对市场形势的研判，公司明确了"发挥优势、延伸领域；优化资源、拓展业务；调整结构、持续改进；促进公司转型和可持续发展"的转型工作思路，发挥煤矿监理业务积累的大量"地下工程"监理经验和技术优势，调整主营业务结构，重心转移，着力从城市轨道交通、综合管廊及其市政配套项目上寻求突破和发展，取得良好成效。近两年来在与国内多家大型监理企业的竞争中，先后中标西安地铁 5 号线、6 号线、14 号线和地铁指挥中心及多个城市地下综合管廊、海绵城市等建设项目。截至目前，中安项目管理公司主营业务已涉及轨道交通、地下综合管廊、海绵城市、旅游开发、景观提升、城市综合体及园林绿化等工程建设项目，并进入了高铁配套建设监理市场。问路转型，多元化发展的尝试使中安项目管理公司在非煤市场竞争中崭露头角，让中煤中安监理品牌在市场站住了脚，树立起了良好的中煤企业形象。

二、突出技术先导强化管理提升，坚持服务创新促进素质增强

转型发展过程中，中安项目管理公司班子一直在认真思考一个问题，那就是监理服务趋于同质化的情况下，怎样提高自身的核心竞争力才能保障企业稳步发展。通过认真分析总结中安项目管理公司多年来在经营与市场开拓方面的工作，深刻认识到监理市场开拓，最具竞争力的核心要素是人力资源与技术水平的综合，特别是项目总监的技术功底与敬业精神是确保客户满意的关键，更能体现以服务促经营的理念。我们分析对比了设计企业管理模式下子公司的运行特点，抓住项目总监具备熟悉设计过程和主要技术这一优势，结合多年来在监理过程中为客户提供的实用科研技术应用成效，持续推行"技术为先、科技引领、广泛运用监理实践中的技术难题与解决成效开展质量讲评，不断培养和提高监理人才的技术水平，借助信息技术，提升监理服务价值"的管理措施，提升了中安公司的核心竞争力。

中安项目管理公司在监项目中经常有很多实用型技术难题，这就为监理发现问题，提出建设性意见，解决技术难题，针对典型案例组织技术攻关形成科研成果，实践"以技术拓市场"创造了条件。监理过程中的科研成果运用也带动了中安公司的创优工作。

三、借助信息技术提升服务价值，创立品牌效应提供转型支撑

随着以信息技术为核心的新一轮科技革命的孕育兴起，互联网日益成为创新驱动发展的先导力量。当今社会已进入互联网时代，计算机技术、网络技术和通信技术的迅猛发展和应用，企业信息化建设已成为企业品牌建设和市场竞争力的重要保障，是企业转型发展的一个利器。公司根据各项管理工作所涉及的主体需求、服务功能、业务流程及重点加强监理过程管控的特点，开发了桌面办公和手机终端监理信息化系统，加强了监理过程管控，实现了由分散管理转变为集中规范管理的动态跟踪监控目标，提高了监理工作效率，提升了监理服务价值，树立了中安品牌形象，为公司生产经营及技术管理打下了坚实的基础，也为公司转型发展提供了有力支持。

公司成立 30 年来，连续多次获得了中国建设监理协会先进工程监理企业荣誉；历次获行业、省、市优秀监理企业表彰；近年监理项目获国家鲁班奖、行业太阳杯、省、市优质工程奖 60 余项，科研和创优工作大幅度提升了中安项目管理公司的市场

认同度。

在激烈的市场竞争中，中安项目管理公司逐步站稳了脚跟并拥有了较可观的市场份额，非煤合同占比达到合同总额的 80% 以上，彻底摆脱了长期以来对矿山工程监理业务的过度依赖，呈现了结构调整、良性发展的势头，初步实现转型发展的工作目标。

四、优化调整实施改进提高，做优做强促进提质增效

新经济条件下，受市场及政策调整的影响，监理企业生存空间逐渐压缩成为新常态，这些都促使企业要加快转型升级的步伐。中安项目管理公司通过理思路、调结构、抓落实已扎实迈出了转型发展的第一步，下一步要丰富转型发展的内涵，加快转型升级的步伐，才能保持企业长期健康稳定发展。结合市场情况及企业实际，中安项目管理公司明确了做优做强的工作目标，确立了"优化资源结构、强化管理基础、实施改进提高、促进提质增效"的转型升级工作思路，并重点做好"效益、安全、人才"的科学管理，持续改进企业市场开发、分配机制、信息化管理及企业文化建设等方面的管理措施，努力构建以市场化为基础，信息化为支撑，管理集约、服务多元的转型升级发展新格局。

新经济条件下，国家供给侧结构改革的措施促使中安项目管理公司转型升级势在必行。只有认清形势、理出思路，及时调整结构、打好转型发展的基础、丰富转型发展的内涵、加快转型发展的步伐，企业才能远谋而兴！

工程监理单位开展 BIM 业务之 SWOT 分析

河南工程咨询监理有限公司　张家勋

摘　要：首先介绍了企业 SWOT 分析和 BIM "建筑信息模型（Building Information Modeling）及建设工程监理制的基本概念；接着分别概述了 SWOT 分析方法和 BIM 技术的基本知识；第三，重点讨论了工程监理单位开展 BIM 业务之 SWOT 分析；最后给出了笔者的初步建议。

关键词：监理单位；BIM 技术；SWOT 分析；建议

一、引言

SWOT 分析，即优势（Strengths）、劣势（Weakness）、机会（Opportunities）和威胁（Threats）分析，它是基于企业自身的实力，对比竞争对手，并分析企业外部环境可能对企业带来的机会与企业面临的挑战，进而制定企业最佳战略的方法。

BIM 技术源于美国佐治亚技术学院杏克伊斯曼（Chuck Eastman）博士 1975 年提出的一个概念。2005 年，华南理工大学建筑学院通过与欧特克联合的方式，创办了专业性的 BIM 实验室，并将 BIM 作为当年度最主要的课题以及研究方向。BIM 现已成为我国建筑业又一次新的技术革命。

建设工程监理制作为我国引进国外的一项建设领域的重大改革，1988 年开始在我国试行，经过 30 年的发展，监理单位已成为建设工程重要的参建方之一，为我国的工程建设和建筑业的发展做出了重要贡献。

监理单位是工程参建主体之一，SWOT 分析是企业发展的战略分析方法之一，BIM 是建筑业中一项革命性的新技术。本文主要探讨的问题是，监理单位在传统监理业务的基础上，如何通过 SWOT 分析，确定 BIM 在监理单位发展战略中的定位并实施 BIM 战略。

二、何谓 BIM

就 BIM 的定义，目前一般认为：BIM 是一种多维模型信息集成技术，可以使建设项目的所有参与方在项目从概念产生到完全拆除的整个生命周期内都能够在模型中操作信息和在信息中操作模型，从而从根本上改变从业人员依靠符号文字形式图纸进行项目建设和运营管理的工作方式，实现在建设项目全生命周期内提高工作效率和质量以及减少错误和风险的目标。

包括三个方面含义：第一，BIM 是以三维数字技术为基础，集成了建筑工程项目各种相关信息的工程数据类型，是对工程项目设施实体与功能特性的数字化表达。第二，BIM 是一个完善的信息模型，能够连接建筑项目生命周期不同阶段的数据、过程和资源，是对工程对象的完整描述，提供可自动计算、查询、组合拆分的实时工程数据，可被建设项目各参与方普遍使用。第三，BIM 具有单一工程数据源，可解决分布式、异构工程数据之间的一致性和全局共享自题，支持建设项目生命周期中动态的工程信息创建、管理和共享，是项目实时的共享数据平台：

BIM 具有信息完备性、信息关联性、信息一致性、可视化、协调性、模拟性、优化性和可出图性等特点。

BIM 可用于项目各参建方，包括政府主管部门、业主、设计、施工、监理、造价、运营管理、项目用户等；

BIM 可用于项目全寿命周期管理，其中设计、施工、运维为三个基本的应用阶段。

三、何谓 SWOT 分析

SWOT 分析实际上是将企业内外部各方面内容进行综合和概括，进而分析组织的优、劣势，面临的机会和威胁的一种方法。其中优劣势分析主要是着眼于企业自身的实力及其与竞争对手的比较，而机会与威胁分析将注意力集中在外部环境的变化及对企业的可能影响上。

1. 优势与劣势分析

竞争优势是指一个企业超越其竞争对手，实现企业目标的能力，可以是一个企业或它的产品有别于其竞争对手的任何优越的东西。如果一个企业在某一方面或几个方面的优势正是该行业企业具备的关键成功要素，该企业的综合竞争优势就强。

影响企业竞争优势的持续时间，主要有三个方面的关键因素：企业这种优势要多长时间？能够获得的优势有多大？竞争对手做出有力反应需要多长时间？只有分析清楚了这三个因素，企业才能明确建立和维持竞争优势。

企业的优势和劣势通过企业内部因素来评价，可以表现在研发能力、资金实力、服务质量、管理能力等方面。可利用企业内部因素评价举证，通过加权计算，定量分析企业的优、劣势。

2. 机会与威胁分析

机会与威胁分析主要着眼于企业外部环境带来的机会与威胁。外部环境发展趋势分为两大类：一类表示环境威胁，另一类表示环境机会。企业外部的不利因素包括新产品替代、竞争对手加盟、市场成长缓慢、供应商讨价还价能力增强等，这些都将影响企业目前的竞争地位。外部机会，如政策支持、技术进步、供应商良好关系等。

机会与威胁分析可利用企业外部因素评价矩阵来进行定量分析。

3. 企业战略选择

SWOT 分析图划分为四个象限，如图 6-1 所示。根据企业所在的不同位置，应采取不同的战略。SWOT 提供了四种战略选择。

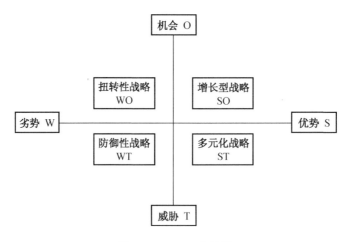

图 6-1　SWOT 分析图

SO——增长型战略（右上角）：企业拥有强大的内部优势和众多的机会，企业应采取增加投资、扩大生产、提高市场占有率的增长性战略。

ST——多元化战略（右下角）：企业尽管具有较大的内部优势，但仍面临严峻的外部挑战，应利用企业自身优势，开展多元化经营，避免或降低外部威胁的打击，分散风险，寻找新的发展机会。

WO——扭转性战略（左上角）：企业自身内部缺乏条件，应采取扭转性战略，改变企业内部的不利条件。

WT——防御性战略（左下角）：企业面临外部威胁，自身条件也存在问题，应采取防御性战略，避开威胁，消除劣势。因此，企业应根据 SWOT 分析的计算结果，在 SWOT 分析图上找到相应的位置，从而进行相应的战略选择。

四、BIM 业务之 SWOT 分析

根据 SWOT 分析理论，就监理单位开展 BIM 业务作如下 SWOT 分析，见表 6-2。

表6-2　监理单位开展 BIM 业务之 SWOT 分析框架表

	S-优势	W-劣势
内部环境	1. 有一定有工程专业技术人员 2. 有一定的现场工程施工管理经验，为施工阶段 BIM 技术的开展提供基础 3. 工作作风比较踏实，能吃苦耐劳 4. 以设计为主、监理为辅的单位，要充分发挥设计的优势 5. 以监理为主、设计为辅的单位，要充分发挥监理现场施工管理能力的优势	1. 缺少高层次专业技术人才，如有一定设计能力的人员 2. 监理公司技术人员总体综合专业技术素质不高 3. 监理单位总体经济实力不强，抗风险能力差，前期资金和人才投入能力低
	O-机会	T-威胁
外部环境	1. BIM 是工程建设领域的又一次革命，有着巨大的生命力和发展前景 2. BIM 技术可以咨询服务的方式提供，这和监理业务的工作模式相近 3. BIM 在我国是新兴的高新技术产业，市场潜力巨大 4. 在我国，基于实践的 P-BIM 理论，BIM 技术标准的编制刚起步，属于研发期；BIM 的实施主要集中在建模工作，属于导入期 5. 建模是项技术含量相对低的工作，对专业化 BIM 公司和实力强的设计单位一般不愿意自己做，往往外委，这给监理单位提供了一定的市场份额	1. 综合实力强的设计公司进入 BIM 业务 2. 专业化的 BIM 顾问公司纷纷兴起 3. 传统信息技术应用的影响 4. BIM 技术社会认可、认知度低，需要做大量的免费宣传工作。如业主甚至要求先提供认为其满意的成果后才同意商签合同，但"满意"难以准确度量，造成投入无回报 5. BIM 需要与多学科、多行业融合，如互联网、物联网、GIS 技术、云计算、虚拟现实、3D 打印、3D 扫描、数字建造、绿色建筑等 6. 真正实现全寿命、全方位的 BIM 是困难的，也大大超过了监理单位的经济承受能力
战略选择	WO-扭转型战略	SO-增长型战略
	1. BIM 助推监理单位转型升级，改变传统监理业务和商业营利模式，实现数字监理、BIM 监理 2. BIM 助推监理单位转型升级，拓宽传统的施工阶段的监理业务，实现基于 BIM 技术的全过程咨询服务	从实际出发，在稳定传统业务、监理业务的基础上，根据自身情况，可适度、有条件、选择性地开展 BIM 业务，形成以 BIM 技术为核心的新的经济增长点
	WT-防御型战略	ST-多元化战略
	1. 从企业实际出发，条件不成熟时，继续做好传统工程监理业务，积累资金和人才，吸收 BIM 技术发展的新成果，吸取和借鉴失败的教训，为企业 BIM 业务的导入奠定经济和技术基础，待达到一定条件后再引入 BIM 2. 通过引入 BIM 业务，提高工程监理的技术层次和社会形象，反过来助推监理的稳定和发展	1. 监理单位可从自身的实际出发，成立专业化 BIM 咨询部门，承担不同阶段的一项或多项不同深度的 BIM 技术服务业务，如在规划阶段为政府提供粗略的 BIM 模型帮助政府决策；在设计阶段为设计单位或业主提供建模和设计优化服务；在施工阶段，协助施工单位投标、设计深化；在运维阶段，帮助开发商或物业公司进行运维管理，为工业项目的生产运行管理提供管理平台 2. 以设计业务为主、监理为辅的设计单位，可充分发挥设计的技术优势实施 BIM 战略 3. 以监理业务为主、设计业务为辅的监理单位，可充分发挥监理现场施工管理的优势实施 BIM 战略 4. 参与或主编 BIM 技术标准，提高企业层次和社会影响力，积累企业软实力 5. 开展 BIM 人才的教育培训

从表6-2分析可知：通过对监理单位开展BIM业务的优势和劣势的内部环境分析和机会与威胁的外部环境分析，笔者认为，监理单位开展BIM业务的战略宜选择"多元化战略"。

五、结语

监理单位通过运用SWOT战略分析方法，分析和确定BIM技术在监理单位发展中的战略定位及战略选择，能够客观、冷静地看待BIM技术在监理单位发展战略中的位置和作用，要避免出现无限扩大BIM的作用和BIM无用论两种极端倾向。笔者初步建议：

首先，监理单位真正实施BIM前，必须认真进行软、硬件系统配置策划。软件配置方面，在合理确定了基础建模软件基础上，有针对性地选择工具软件（必要时该业务可外委），BIM平台软件一般分包给专业化的平台公司；硬件配置方面，有些可以采用外委或联合方式，如无人机、3D扫描仪和3D打印机等，防止大而全的配备，因为这往往因业务量少和操作人才的高工资成本而无法继续。

其次，BIM人才的培养战略。要培训对企业忠诚度高的人才，因为BIM技术人才的基本特点是高学历和年轻化，他们思想异常活跃，有着现代就业观，极不稳定。

再次，监理单位开展BIM业务，既不要盲目追求在项目全寿命周期都运用BIM，也不能要求监理单位内部的各个部门都必须学会和应用BIM，这超出了绝大多数监理单位的经济和人才聘用的承受能力。事实上，目前BIM本身从技术成熟度上和标准规范完善上也做不到完全真正意义上的项目全寿命周期BIM服务。

最后，BIM可以助推监理单位上层次、形成新的核心竞争力和经济增长点，但BIM毕竟是一种信息技术，即使其上升到一种先进的信息技术管理手段，但监理单位也不可以将BIM作为主业。

回归初心　监理在路上

中煤陕西中安项目管理有限责任公司　张百祥　陈　彤　古江林

一、引言

推行全过程工程咨询制度，回归了30年前国家确立监理制度的初心。本文从杨伙盘煤矿项目管理+实践引出全过程工程咨询的几点管见，抛砖引玉与大家分享。

二、杨伙盘煤矿项目管理+实践

几年前在广州市召开的煤炭行业建设管理经验交流会上，榆林市进出口集团杨伙盘煤矿郝总作了《杨伙盘煤矿建设管理模式探讨》的经验介绍，引起了煤炭行业建设同行们的高度关注和一致好评。该项目监理与项目管理一体化（项目管理+）服务就是国家倡导推行全过程工程咨询的一种模式。

1. 工程概况

杨伙盘煤矿位于陕西省榆林市神木县杨伙盘村附近。杨伙盘产业升级改造项目（以下简称技改项目），建设规模一期工程 240 万吨/年，二期工程 400 万吨/年。

技改项目由中煤西安设计工程有限责任公司（以下简称西安院）设计，一期工程共计 205 项单位工程，主要生产环节按 400 万吨/年建设，项目总投资 10 亿元，其中煤矿区投资 7.4 亿元，行政办公生活区投资 2.6 亿元。

技改项目 2009 年 9 月开工，2011 年 6 月回采工作面试生产产生效益，2012 年 3 月竣工验收，正式投入生产。

本技改项目为榆林市最大市属煤炭产业升级改造项目。

2. 项目管理+主要成效

1）编制并控制落实了技改项目总进度计划主要节点

（1）按项目建设特点编制《杨伙盘矿井施工组织设计》，因地制宜确定项目总进度计划并分解关键线路节点。

（2）对关键线路制约业主使用的单位工程早招标，早开工，保证工程进度。

（3）科学合理地划分标段，有效保证各单位工程顺利实施。如矿井进、出场公路工程（包括两座大桥、涵洞、路基、路面、交通工程）原划分为三个标段，经分析划分为路基桥梁和路面二个标段，主要优点：总造价较大，易吸引有实力大公司竞标；进、出场公路距离较近，平面位置交叉，可减少施工单位现场设备投入，有利于现场协调管理。科学合理地划分标段，为进出场路顺利完工创造了条件。

（4）对关键进度节点采用统筹、分析比较、纠偏等目标管理。如矿井已有 30108 工作面 2008 年 12 月已掘进，至 2009 年 3 月其实际进度远落后于计划，矿方决定由我们接管 30108 工作面剩余掘进，通过沟通、协商、统筹，制定进度奖罚措施，2009 年 11 月综采面如期达到了安装条件。

统筹减少基建与生产干扰，按期完成主要节点，确保了技改项目提前投产。

（5）项目管理服务总进度控制主要节点目标均按期实现，说明《杨伙盘矿井施工组织设计》符合性良好。

2）因地制宜解决杨伙盘矿井建设众多瓶颈制约矛盾

（1）矿井可利用场地十分有限，我们因地制宜提出解决建设瓶颈制约系列措施：一是将矿行政办公区与生活区布置在基础设施完备的神木新村内；二是充分利用山势将风井公路设计成两个辅助工业场地的台阶式布置方式。

（2）充分利用荒坡地梯田式布置辅助工业场地：第一台阶为矿井污水处理站及机修厂场地，第二台阶为综采设备中转库及材料库场地。

（3）充分利用黄羊城沟荒滩地，通过对夹在神朔铁路、府店一级公路之间的狭长地段进行改沟、回填（利用上述两个台阶的余土）、改移十数条供电、通信线缆形成杨伙盘煤矿生产系统工业场地。

（4）上述场地方案引发了管线交叉、道路交叉、地上地下工程交叉等综合协调矛盾，我们现场踏勘、测绘制图、反馈设计，系统地解决了这些矛盾。

（5）原主平硐断面尺寸不足，我们采用特制带式输送机架、留设躲避硐方案满足《煤矿安全规程》要求，现主平硐特制带式输送机运转良好。

（6）府店一级公路为区域内运煤主通道，严禁长时间中断运输，我们将生产系统场地与主平硐间采用上跨栈桥方式布置，并将所有管线统一布置在该栈桥内，最大限度减少了中断运输时间，保证了区域运煤主通道畅通。

（7）利用原输煤暗道、集中设置统一桥架方式布置主、副平硐场地十多条综合管线，顺利实现了生产系统场地、两个辅助工业场地管线有机衔接。

（8）生产系统场地进出场公路采用立交、交叉方式布置，实现空车在立交桥上排队进场，重车平交出场，最大限度利用了有限的场地条件。

3）提前招标，大量节约建设资金

主要设备与工程提前招标，既满足工程需求又节约资金。如综采液压支架95%由钢铁构成，我们利用钢材价格探底的有利时机招标采购综采液压支架，仅这一项就节约资金1500多万元。

4）做好信息档案管理工作，确保工程验收

我们从开工开始就建立了项目建设全过程信息资料管理系统，对所有工程建设资料、文件进行编码管理，验收前将各单位工程竣工资料整理完毕，得到了陕西省档案局验收人员的好评，2011年通过了档案单项验收。

5）技改为杨伙盘煤矿实现跨越式发展创造了条件

技改工程提前3个月实现了试生产目标，自2011年6月试生产销售原煤83万吨，实现利税21300万元（其中：利润17000万元，税金4300万元）。

用了不到两年时间建成了一个240万吨/年综合机械化开采的现代化矿井。

2009年杨伙盘煤矿技改项目向民生银行贷款4亿元，只用了2.7亿元，其余建设资金是生产经营盈利收入，试生产次年全部还贷。

杨伙盘煤矿实现了建设与生产同步、自我完善、滚动发展的目标，技改项目为企业跨越式腾飞插上了金翅膀。

总结技改工程历程，委托项目管理+的管理模式创新功不可没！

3. 几点体会

1）"项目管理+监理"一体化建设管理模式是一次成功探索

本技改项目"项目管理+监理"一体化建设管理模式可以对施工过程中出现的一系列问题进行及时有效的沟通和协调，是一次煤矿建设项目管理模式的成功探索，实现了杨伙盘煤矿的跨越式发展。

本建设管理模式的探索得到了榆林市领导的充分肯定，榆林市在有条件的项目推广这一成功的项目建设管理模式。本建设管理模式也得到了煤炭行业建设部门领导的充分肯定和煤炭建设单位的高度关注。

2）该管理模式主要成功之处是磨合期短、契约化管理

本技改项目管理模式主要成功之处：一是由专业队伍进行项目全过程管理，减少了磨合期，能够迅速展开专业的、全面的、系统的管理工作；二是以契约化的管理模式将建设项目工程全过程授予项目管理公司，解决了项目建设完成后的人员安置问题，减轻了建设单位企业负担，节约了建设成本。

3）项目管理公司不同专业人员能及时到位

专业化的项目管理公司人员配备、人员素质、技术和管理水平，以及企业的诚信体系

建设都值得肯定，是建设项目质量、安全、高效的必要保证。

本技改工程项目管理公司投入专业人员：高峰期 60 余人，平均 30 人，中煤陕西中安公司做到了不同专业人员及时到位，其收益高于单一的监理服务。

4）项目管理+一定要多服务、不擅权、多工作、不揽权

实践证明：首先是项目管理公司要多提供有价值的服务，其次是建设单位应适度下放建设权限，二者相辅相成、缺一不可。

（1）建设单位事先考察确认我们有矿井建设管理方面业绩与能力，委托了杨伙盘技改工程项目管理业务。

（2）建设单位通过工程实践切身体会到了项目管理团队的工作价值，逐渐认识到下放建设权限的必要性。

（3）适度放权后充分地发挥了专业管理团队作用，使其多干事少揽权，辅以激励措施进一步激发了项目管理团队的聪明才智。

（4）项目管理公司适时采购节约大量资金、审图控制变更、做好前期工作提高施工速度、提出百余项合理化建议等，提供了事半功倍的高效优质服务。

5）"项目管理+监理"一体化管理模式还有不断探索的空间

（1）杨伙盘煤矿技改工程项目管理中自然不自然地延伸到了施工阶段的设计管理工作之中，演化为"设计+项目管理+监理"，而该阶段的设计管理往往是事后诸葛亮——设计方案阶段才能真正起到事半功倍的管理效果。

总之，现阶段监理企业实现全过程工程咨询还要迈过许多道坎。

（2）本工程项目管理团队由各个不同监理部抽调精兵强将构成，一是专业过程管理后又各自回到了监理岗位，未能系统有效地积累项目管理经验；二是一个监理企业的精兵强将是有限的，综合考虑算细账，其收益并不算高；三是合格的总咨询师（暂时这样称谓）相当匮乏。

正因如此，郝总提出"项目管理单位的规范化、程序化、专业化水平有待进一步提高"。

（3）郝总还提出："采用"设计+项目管理+监理"一体化管理模式有利于及时沟通、协调，但也存在缺少制约缺陷"。

客观上，我们监理企业出身的项目管理单位其自身胜任全过程工程咨询业务，但缺乏必要的市场环境锤炼，也就难以培养出合格的"总咨询师"和相应团队；另外，全过程工程咨询标准缺失也就难免"缺少制约"了。

（4）《矿井建设工程项目管理手册（示范文本）》有待于我们积累、开发。

三、全过程工程咨询的几点管见

1. 推进全过程工程咨询必须因地制宜

1）中煤陕西中安项目管理有限责任公司全过程工程咨询项目概要

中煤陕西中安项目管理有限责任公司近年全过程工程咨询项目情况详见统计表 6-3，14 个项目中：服务形式多为施工与施工准备阶段的项目管理，有 6 个项目正在执行中，3 个项目正在商签合同，且集中在榆林市域内。

表6-3 中煤陕西中安项目管理有限责任公司近年未全过程咨询项目统计表

项目序号	项目名称	项目地址	建设规模	项目类型	一体化服务内容	实施阶段	服务机构设置情况	备 注	已完工程概述
1	杨伙盘煤矿产业升级改造建工程	榆林神木县杨伙盘村	矿井240万吨/年新村：15万平方米	矿井建筑	监理与项目管理	施工与施工准备	高峰时60人，平均30人/年	2012年达产，获榆林市政府表彰，煤炭行业推荐该项目服务模式	
2	榆林市矿业大厦	榆林市	4.2万平方米	建筑	监理与项目管理	施工与施工准备	高峰时12人，平均6人/年	2014年移交使用	
3	亿隆煤矿	府谷三道沟镇昌汗沟村	120万吨/年	矿井	监理与项目管理	施工与施工准备	高峰时10人，平均6人/年	2014年试生产，效益良好	
4	圪柳沟煤矿	神木圪柳沟村	60万吨/年	矿井	监理与项目管理	施工与施工准备	高峰时8人，平均4人/年	2015年试生产，效益良好	
5	沙沟岔煤矿资源整合工程	府谷新民镇	矿井及选煤厂210万吨/年	矿井	监理与项目管理	施工与施工准备	高峰22人，平均10人/年	2016年试生产，效益良好	
6	西沟专用线扩能改造及快速装车系统	神木西沟	800万吨/年	集装站	项目管理	施工与施工准备	高峰时6人，平均3人/年	大部投运，现快装系统刚启动	
7	中鸡专用线项目	榆林神木中鸡	500万吨/年	集装站	项目管理	施工与施工准备	高峰时6人，平均4人/年	预计2018年12月投运	

表 6-3（续）

项目序号	项目名称	项目地址	建设规模	项目类型	一体化服务内容	实施阶段	服务机构设置情况	备注	已完工程概述
8	牛家梁专用线项目	榆林榆阳区牛家梁	500万吨/年	集装站	项目管理	施工与施工准备	高峰时6人，平均4人/年	预计2018年6月投运	
9	曹家伙场专用线项目	榆林榆阳区曹家伙场	500万吨/年	集装站	项目管理	施工与施工准备	高峰时6人，平均4人/年	预计2018年内开工	
10	榆林航宇大厦建设工程	榆林市	4万平方米	建筑装修	项目管理	装修	高峰时10人，平均7人/年	2018年底已实现为榆林市政务集中办公目标，正在扫尾，效果获表彰	
11	榆林职业技术学院体育馆	榆林市	3万平方米	建筑	项目管理	审图、施工准备、施工	现4人，高峰时8人	正在准备开工	
12	榆林职业技术学院农业学校	榆林市	80公顷	建筑规划	前期咨询	前期咨询	3人	正在前期咨询中，未签订合同	
13	榆林市职业技术学院幼儿园	榆林市	投资1亿元	建筑	项目管理	前期、施工	3人	正在商签合同中	
14	燕家塔集装站	榆林市	投资3亿元	集装站	项目管理	施工与施工准备		正在商签合同中	

2）地域、类似项目与同一业主的因地制宜

（1）同地域业绩联动。中煤陕西中安项目管理公司近年来在榆林市域内分别向杨伙盘、沙沟岔、亿隆等矿井提供了"项目管理+监理"一体化服务，效果良好，在榆林市域内产生了一定的联动效应。

"项目管理+监理"一体化服务中自然而然融入了设计+内容，建设单位特别看重融入设计+内容，一是增值服务，二是基本免费，最核心的是有效地实现了项目建设"三控、二管、安全协调"目标，按时投产，产生效益。

榆林市域内的矿井"项目管理+监理"一体化服务实践，其他地域的矿井项目也曾想效仿，我们评估后限于合格"总咨询师"及其团队匮乏，不想接活——承继与开创的是工作难度完全不同。

（2）同地域类似项目。

牛家梁、中鸡、西沟、曹家伙场4个煤炭铁路集装站，我们正在提供项目管理服务，带动了燕家塔集装站正在商签"项目管理+监理"一体化服务合同。

（3）同一建设单位良好业绩。榆林职业技术学院体育馆是2021年全运会体育场馆，也是复杂形体体育馆，我们提供的项目管理服务得到建设单位高度赞赏，就有了榆林市职业技术学院幼儿园商签项目管理服务合同，又有了榆林职业技术学院农业学校建筑规划这样的全过程工程咨询前期服务工作。

3）预防全过程咨询项目"水土不服"几点措施

（1）慎重承接跨地域非类似项目。跨地域非类似全过程咨询项目，建设单位调研后引入，对承担全过程咨询企业期望值往往很高；非类似项目往往暗含一些潜规则，跨地域承接后容易"水土不服"，有时连"水土不服"的原因都找不着。

跨地域非类似全过程咨询项目出现小错误，往往连纠正的机会都没有了！

（2）量体裁衣承接全过程工程咨询项目。项目管理作为全过程咨询的一个阶段，我公司分管全过程咨询项目负责人经常说："项目管理可不是监理"，这句话内含丰富——很多内容都是你应该管的，也是不熟悉的。

量公司专业人员水平能力之体，裁合适全过程咨询项目之衣。

（3）合理外委承接全过程工程咨询项目。如榆林职业技术学院农业学校建筑规划，我们就外委省内建筑规划方面的行家里手承接，下一阶段视工作难度再确定外委或承接全过程咨询内容。

2. 项目总进度策划与落实是建设单位首要关注点

1）编制《矿井施工组织设计》文件
矿井建设具有以下特殊性：
（1）鲜明的井巷工程逻辑性——前一作业面未掘完无法进行下一面作业。
（2）井巷地质不可预见性——井巷揭露地质特征与地质资料出入大。
（3）建井安全风险巨大——建井生产系统远不及永久生产系统完备，加之其受到水、火、瓦斯、粉尘、煤与瓦斯突出、冲击地压、围岩众多因素制约。
（4）建井关键连锁性——井巷工程逻辑性决定了建井关键线路连锁性。
我公司针对以上矿井建设特殊性，从2003年开始就主动编制《矿井施工组织设计》

文件，已完成《矿井施工组织设计》数十部：一是完成建井总进度策划咨询，二是解决建井特殊性总进度策划难题，三是培养建井全过程工程咨询人才。

2）主编《煤炭工业矿井施工组织设计规范》

作为主编单位，组织编制 2012 年版《煤炭工业矿井施工组织设计规范》和 2015 年版《煤炭工业矿井施工组织设计规范》（NB/T 51028—2015）。

通过主编《煤炭工业矿井施工组织设计规范》（NB/T 51028—2015）确立了煤炭行业建井总进度策划主导话语权，进一步扩大了《矿井施工组织设计》咨询即建井总进度策划的业务领域。

3）全过程工程咨询要求监理企业大幅度提升《施工组织总设计》实操能力

《建筑施工组织设计规范》（GB/T 50502—2009）第 4 章是施工组织总设计，监理企业出身的全过程咨询单位，通常接触到的多为单位工程施工组织设计，建筑市政行业对总设计（或称单项工程/项目）比较陌生，建设单位要的是项目施工组织总设计（或称总进度计划），我们应通过实践补上这一短板。

宜将项目（或单项工程）总进度策划划分为受控与非受控两个部分：非受控部分主要指融资、建设手续、征地拆迁、项目建议书、建设决策等环节，该部分内容应由建设单位负责。

提升受控部分《施工组织总设计》实操能力（体现综合素质）是我们为建设单位提供有价值全过程工程咨询服务的主攻方向之一，实操水平能力只能通过不断实践来获得：一是要当有心人，二是不懂就问，三是总结提高，四是重点关注设计、方案、招标与实施间的有机衔接等。

3. 补"总咨询师"匮乏短板

1）浅析"总咨询师"匮乏原因

现阶段"总咨询师"（广东省监理协会称谓）匮乏是制约监理企业（不限于监理企业）开展全过程工程咨询业务的瓶颈。

（1）2018 年是推行监理制度 30 周年，我公司是当时全国 10 个试点单位（代表煤炭部）之一，1988 年成立中安设计工程公司（当时称谓，1991 年称谓陕西中安监理公司），1989 年 6 月原煤炭部指定一个 5 万人口的准格尔项目中心区由我们进行监理试点，试点工作直接受煤炭部基建司领导。

准格尔项目中心区监理工作内容与现全过程工程咨询一致，现推行全过程工程咨询就是回归到国家推行监理制度的初衷——回归初心。

（2）我公司由煤炭部西安设计研究院抽调技术骨干组成，1991 年国家直接认定我公司的 5 名高级工程师为监理工程师。

即便是抽调的技术骨干，到准格尔项目中心区任项目经理（当时称谓），还是难以完全胜任这一岗位。该项目 4 年监理实践为我们培养了几位总监和监理团队，纵向回顾这批同志是我公司综合素质能力较高的，他们现已基本都退休了。

（3）推行监理制度过程中，逐渐有了工程咨询、招标代理、造价咨询、审图机构等制度，将一个完整项目划分为若干阶段，原来全过程工程咨询的监理逐渐只管施工准备与施工阶段的"三控、二管、履行协调"了，并逐渐退化为主要监理质量、安全了，监理行业整体收益处于建设管理行业的低位。监理队伍整体人员素质下降，这一过程延续 20 年以上。

需求决定存在，监理行业整体综合素质提高需要配套政策环境，缺少全过程工程咨询实践锻炼是现阶段"总咨询师"匮乏的主要原因。

2）"总咨询师"宜选拔综合能力强的总监

适应推行全过程工程咨询需求，补"总咨询师"匮乏短板，谈点不成熟看法。

（1）不一定是待遇高低问题。监理行业整体收益处于低位，待遇较低肯定是"总咨询师"匮乏的原因之一，但"总咨询师"匮乏不一定是待遇高低问题。

实践证明：即便将"总咨询师"及其团队待遇提高到相当水平，高价聘用的全过程工程咨询服务团队（通常由口碑好的一级建造师组建），其提供的服务价值与建设单位要求有较大差距，其主因是这种团队只有施工经验而全过程工程咨询服务实践太少（甚至缺失）。

（2）试点的设计单位还有没落实具体项目的。全国 24 家设计单位全过程咨询试点企业中，还有部分企业未落实具体项目，而 16 家监理试点企业已全面超额试点中；其主因是现设计单位收益高，凭啥还要离开主业，很费劲地组织全过程工程咨询团队呢？

设计为龙头的 EPC 项目经理是比较接近合格的"总咨询师"要求的，但这方面的人才谁都抢，EPC 项目整体收益高于全过程工程咨询，设计为龙头的 EPC 项目经理也就鲜见来当"总咨询师"了。

（3）宜从总监中选拔"总咨询师"。2017 年 11 月笔者在重庆建设监理协会交流全过程工程咨询经验时，雷开贵会长介绍：内蒙古 70 周年庆典会场项目，联盛做项目管理，国内外聘用合格的"总咨询师"未果，找到一位口碑很好的一级建造师组建项目管理团队，3 个月后不得不更换，最终还是选拔一位综合能力强的总监担任"总咨询师"，较好地完成了项目管理服务。

现阶段，监理服务于施工阶段为主，也往往向前延伸到总进度、方案、招标等阶段提供服务，这种实践为综合能力强的总监过渡到"总咨询师"提供了实践的土壤。正如雷会长所言：宜从综合能力强的总监中选拔"总咨询师"。

3）源于实践勤于总结

"实践是检验真理的唯一标准"大讨论为中国社会改革开放奠定了思想基础，迎来了我国社会的大发展。"总咨询师"不是天生的，称职的"总咨询师"更不可能一蹴而就，"总咨询师"必然源于实践。

我公司进行的施工阶段项目管理服务，正在为我们提供分阶段全过程工程咨询服务的实践战场，关键是要勤于、善于总结提高。

实践证明：事先策划、脚踏实地、发现亮点、总结提高，形成全过程工程咨询过程管理的 PDCA 循环，可起到事半功倍的效果。

4. 政策支持是回归初心的前提

1）二次试点差异

1988 年推行监理制度全国确定了 10 个试点单位，2017 年推行全过程工程咨询全国确定了 40 个试点单位，二次试点具有以下差异：

（1）1988年试点单位直接给项目，煤炭部指定我公司对准格尔项目中心区进行监理试点；2017年确定全过程工程咨询试点单位，未给项目。

（2）1988年准格尔中心区监理试点直接受煤炭部基建司领导，2017年全过程工程咨询试点单位定期召开碰头会议。

（3）1988年准格尔中心区监理费计列项目概算投资，中心区监理费计列项目概算开了全国监理费列入概算的先河；2017年全过程工程咨询试点未明确咨询费用标准、来源。

（4）1988年监理制度试点综合措施力度大，如国家直接认定我公司5名高工为监理工程师；2017年全过程工程咨询试点推行措施力度不大。

（5）1988年监理制度试点，各试点单位都抽调技术骨干组成监理团队；2017年全过程工程咨询试点一大短板是合格"总咨询师"匮乏。

2）信息化助力全过程工程咨询试点

笔者参加1990年山东长岛全国项目经理培训，内容之一是美国凯洛格公司的4大资料库，正是这些资料库中积累的工程咨询管理资料，支撑了美国凯洛格公司工程师们为全世界各地提供优质、高效的工程咨询服务，当时真是好羡慕。

在高度信息化的今天，我们很多监理企业通过智能手机就部分实现了30年前美国凯洛格公司4大资料库的基本功能。

在此倡导进行全过程咨询的监理企业，项目一上手就建立起信息化咨询手段，海量积累各类过程资料，大数据分析海量资料，找出全过程咨询服务规律，PDCA循环应用之。信息化是提升咨询服务水平的必备手段！

3）政策引导，社团助力，企业作为

全过程工程咨询回归了30年前确立监理制度的初心，回归初心政策引导是前提，协会助力是润滑，企业作为是关键。

（1）政策引导是前提。前已论及1988年与2017年试点政策引导的差异，在建设行业充分市场化的今天，不可能回到1988年的政策引导方式；强力政策引导缺失，利益机制将扼杀推行全过程工程咨询制度。

一是出台政府项目强制、国有项目推荐试行政策；二是大数据海量分析出台政府全过程工程咨询指导价；三是厘清项目全生命周期建设规律，出台《全过程工程咨询服务规范》；四是出台全过程工程咨询服务分类指导文件等。

（2）协会助力是润滑。陕西省没有全过程工程咨询监理企业试点，只有一个设计单位试点。五年来陕西省全过程工程咨询企业达15家以上，项目200个以上，陕西省参与全过程工程咨询的监理企业已有一定规模。陕西省建设监理协会将搭建企业交流、观摩学习平台，组织编制团体标准，确定试点企业和项目，总结项目实施经验教训，反映企业诉求，提出政策建议等，为会员单位全过程工程咨询事业润滑加油。

（3）企业作为是关键。一个没有监理企业全过程工程咨询试点的陕西省，五年来不同阶段的全过程工程咨询项目已过数百个，这从另一侧面说明市场已有需求。

回归初心监理企业应有所作为：

（1）扬长避短从施工准备阶段监理着手项目管理。

（2）不追求全过程工程咨询名头，因地制宜为建设单位提供方案咨询、BIM建模、总进度咨询、质量安全监督等分段服务。

（3）延伸到代建、代运营阶段，延长全过程工程咨询服务链条。

（4）以项目管理+实践为点，重点培养合格"总咨询师"及其团队等。

推行全过程工程咨询制度，监理企业不能完全寄希望于政策强力引导，利益机制调整是需要周期的，监理企业自身创造条件奋发作为是推行全过程工程咨询关键所在。

四、结束语

因地制宜，助力回归初心——全过程工程咨询目标阶段性实现。

总进度策划咨询，中煤陕西中安项目管理有限责任公司正在前行。

项目管理+实践，弥补中煤陕西中安项目管理有限责任公司"总咨询师"匮乏短板。

回归初心监理在路上，中煤陕西中安项目管理有限责任公司奋勇实践路在前方！

挂篮悬浇连续梁施工质量监理

中煤科工集团武汉设计研究院有限公司　程　磊

摘　要：随着国民经济的发展，我国交通基础设施发展迅速，桥梁建设项目越来越多。本文结合工程实例，通过论述悬臂现浇连续箱梁挂篮施工监理，分析了悬臂现浇箱梁挂篮施工监理中的控制方法及要点及难点，阐述了监理过程中的主要质量控制措施，以确保工程的质量。

关键词：桥梁；悬臂挂篮法施工；监理；控制措施

在桥梁设计中，因其跨度大、受地理条件制约小的特点，连续梁的应用是很多的，其施工方法也很多，挂篮悬臂浇筑施工就是其中的一种。它具有轻便灵巧、经济性、操作方便和受力合理等优点。但因采用此种方法施工普遍存在施工工序较多、施工质量要求高的特点，施工质量的控制是保证其使用功能的前提。

一、工程概况

武汉市堤角至汉口北地方铁路工程第二标段 100#~103#连续梁，孔跨类型为（70+125+70）米，预应力混凝土双线连续梁全长 264.7 米，起止里程为：DK3+410—DK3+675。该桥位于汉北河（新斗马河）流域，规划主航道处。桥面顶宽 9 米，桥面底宽 5.5 米，线间距 3.7 米，0#块高度 7 米，直线段高度 3.8 米，梁体结构为 0#~16#+合龙段，2T 结构，其中 A0 节段长 13 米，A1~A6 节段长 3 米，A7~A12 节段长 3.5 米，A13~A16 节段长 4 米，合龙段长 2 米。该桥是武汉市跨度最大的市政铁路桥梁。连续梁结构示意图如图 6-2 所示，连续梁箱梁纵断面图如图 6-3 所示。

二、上部结构箱梁悬臂浇筑工艺流程

A0 段上部结构在 101#和 102#墩处的承台上搭设支架和临时墩进行；在 100#和 103#合龙段处搭设落地支架，进行合龙段施工。其余部位均采用了分段悬臂施工。每个桥墩两侧各分 16 段。

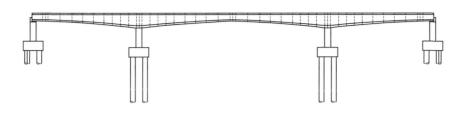

图 6-2　连续梁结构

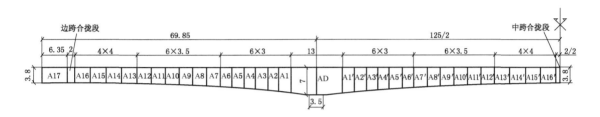

图 6-3　连续梁箱梁纵断面图

三、挂篮悬臂浇筑施工的难点分析

挂篮要承受现浇段混凝土的自重及施工荷载，若挂篮强度、刚度不足，不但影响箱梁的质量，而且因高空和水上作业，还会造成严重的安全事故。因此挂篮是悬臂浇筑的关键设备，要求构造简单、拆装方便、移动灵活、安全可靠。

挂篮悬臂的浇筑施工，每节段浇筑都应确保结构轴线、标高在允许的偏差范围内，为两侧合龙奠定基础。因此，每段浇筑前后都要精确测量，并将信息反馈，调节下一阶段的挂篮轴线标高。

合龙段施工的难点在于：合龙段施工是由悬臂梁变连续梁转换受力体系的重要环节，对于形成桥梁整体的质量至关重要。合龙段施工受两侧悬臂浇筑产生偏差的影响、温度影响等客观因素，因此合龙段施工应有专项技术措施，一般采用劲性骨架进行临时约束锁定[1]。

四、挂篮施工法悬臂浇筑施工中的主要监理控制措施

1. 监理预控措施

（1）掌握和熟悉有关挂篮悬浇连续梁的质量控制文件和资料，熟悉监理合同、承包合同、设计图纸。

（2）组织和督促施工单位全面检查挂篮悬浇连续梁各道工序是否符合设计图纸及规范要求。

（3）做好设计交底及图纸会审工作，组织施工单位进行会审，督促其做好会审记录。

（4）对承包单位人员等技术力量进行审核。

（5）审核施工单位开工申请报告。审核施工单位施工组织设计是否符合施工规范要

求，是否有保证施工质量的技术措施和施工工艺流程。

2. 主要原材料的控制

监理采用旁站其取样的工作方式对包括钢筋原材料、预应力钢绞线、高强度精轧螺纹钢筋、锚具、波纹管、高标号混凝土等进行见证取样，并应按常规报监复试和检测。

3. 上部结构施工中的测量复核工作

监理须编制专项测量细则除对交桩资料中平面控制网、水准点定期复核外，还须复核上部结构主梁节段的定位。通过对主梁轴线、里程、高程的测量复核，使其满足设计要求。挂篮和底模在使用过程中会发生变形，因此对每个节段的挂篮变形量和中心线都要复核修正。

4. 主墩处 0#块临时固结的检查要点

检查临时墩钢管柱的外观、壁厚、直径以及钢管立柱的垂直度，防止偏心、倾斜；检测钢管混凝土的强度以振捣应密度，通过锤击外壁检查是否有空鼓声；对承台顶部及箱梁底部预埋钢筋进行隐蔽验收，以确保钢管和上下结构的连接；检查钢立柱和横向联系钢梁的焊接质量；在挂篮悬臂浇筑过程中观测临时固结结构的变形量和位移量，超设计要求时应采取加固措施。

5. 挂篮制作、安装的控制要点

本桥采用三角斜拉式挂篮，整体移动。挂篮由主桁承重系统、悬吊系统、锚固系统、行走系统和模板系统组成。在现场主要检查以下几点：

（1）对挂篮设计进行审查。

（2）检查挂篮所使用的材料是否可靠，有疑问时应进行力学试验。

（3）复核挂篮的自重，挂篮与悬浇段混凝土的重量比宜控制在 0.4~0.5 之间。

（4）挂篮制作加工完成后应进行试拼装。挂篮在现场组拼后应全面检查其安装质量，并进行模拟荷载试验。

（5）挂篮的操作平台应有安全设施，应设置防止物体坠落的隔离措施，四周设护栏进行全封闭。

（6）检查挂篮的支承平台，应有足够的梁段现浇。

6. 混凝土浇筑的控制要点

（1）监理首先应对混凝土搅拌站的资质、场地的粗细骨料、混凝土外加剂、试验室配比强度以及搅拌能力、运输路线等进行考查。

（2）浇筑前，对 0#块的高程、桥轴线作详细复核。

（3）检查模板的制作与安装是否正确、牢靠。

（4）钢筋的制作与安装。

（5）检查梁段的预应力钢绞线、管道、钢筋、预埋件的加工及安装是否符合规范相关规定。

（6）浇筑前检查梁体施工稳定保证措施是否落实、是否可靠。

（7）此外，还须密切注意桥墩两侧梁段施工进度的对称、平衡情况。

7. 合龙段施工的控制要点

（1）连续梁合龙段长度及体系转换应严格按设计规定执行，将两悬臂端的合龙口予以临时连接。连接过程中注意做好如下控制工作：复查两悬臂端合龙施工荷载的调整情况；检查梁体内预应力钢绞线是否张拉完成；复测中跨、边跨悬臂的挠度及其两端的高差和调整情况；观测了解合龙前的温度变化与梁端高程及合龙段长度变化的关系。

（2）合龙段混凝土浇筑应选择在全天中气温最低的时段，并且应预先记录近期气温变化规律。这样可以保证合龙段新浇筑混凝土处于气温上升的环境中，在受压的状态下达到终凝，以防止混凝土开裂。

（3）合龙后的梁底线形要达到设计要求的状态，高程和轴线误差应控制在最小范围内。为此要求提前 3~4 个分段块件进行挠度和高程的联测；发现偏差过大应尽早调整。

（4）合龙段混凝土灌筑完成后抓紧做好养护工作。

（5）混凝土达到强度后，应尽快进行合龙段预应力束的张拉。

8. 预应力张拉、压浆的控制要点

本工程连续箱梁采用三向预应力体系，另外在 0# 块、横隔板内部设置了横向预应力钢束。三向预应力张拉顺序一般先张拉纵向束，后张拉横向束和竖向预应力筋。因横向和竖向预应力筋受挂篮施工位置的影响，考虑到预应力的滞后效应一般要推迟 2~3 个节段张拉。

混凝土强度达到设计值 90% 以上、弹性模量达到设计值 90% 以上后，即开始张拉，张拉顺序如下：$0 \rightarrow$ 初应力 $\rightarrow$ 设计控制张拉应力（持荷 2 分钟后锚固）。

腹板竖向预应力筋为 $\phi 32$ 精轧螺纹钢筋，一次张拉到设计应力值后，持荷 2 分钟后，应及时测伸长量并加以锚固。按张拉应力值和伸长量进行双控，并以张拉应力值作为主控值。

9. 预应力管道压浆的控制

预应力张拉后，张拉伸长的钢绞线应用砂轮机切除，并用水泥砂浆封锚；其覆盖层厚度应不小于 2 厘米。预应力管道压浆检查，重点检查浆液的性能指标是否符合规范要求。

五、结论

综上所述，因其跨度大、受地理条件制约小的特点，挂篮悬臂浇筑法在桥梁施工中有着十分广泛的应用。然而受其施工工序较多、施工质量要求高的特点，在实际监理管控过程中，监理人员必须对其技术特点有充分的理解，严格控制施工过程，对施工过程中各个工况进行仔细的分析，督促每一步工序的到位，确保桥梁施工能进行顺利，保证桥梁施工质量。

武汉地铁施工安全生产管理风险分析与应对措施研究

中煤科工集团武汉设计研究院有限公司　刘　凯

摘　要：本文结合武汉地铁的发展现状，分析了在武汉地铁建设过程中，监理在安全生产管理方面存在的风险因素，包括工程地质及水文地质风险、周围环境风险、施工单位施工及管理风险、监理团队建设风险四类，并提出相应的风险应对措施，为武汉及其他地区地铁建设的监理安全生产管理工作提供参考。

关键词：武汉地铁；安全生产管理；风险分析；措施

一、研究背景

党的十九大报告明确提出了区域协调发展战略的主要任务和战略取向，按照"西部开发、东北振兴、中部崛起、东部率先"的区域发展战略思想，这给位于中部核心的武汉带来了更好的发展机遇，轨道交通建设将会在政策的指引下进一步加快推进。

武汉地铁工程覆盖范围广，涉及武汉三镇，同时建设条件复杂，涉及过江隧道，各级长江阶地盾构隧道，岩溶暗挖隧道等；另外，地铁施工位于市区，地面交通繁忙，人流密集，建筑林立，地下管线密集。因此，不仅工程本身存在质量安全课题，而且如何在不利于工程施工的环境中合理开发地下空间，保证工程质量安全，保证人身财产安全，是更大的课题。《中华人民共和国安全生产法》指出："安全第一，预防为主，综合治理"是我国安全生产管理方针，是我国安全生产工作的方向，在工程建设过程中，人身财产安全与工程安全是一个有机的整体，缺一不可，也是项目参建各方需要抓的头等大事，是工程顺利进展的保证。

建设工程安全生产管理是建设工程监理基本职责的重要组成部分，安全是工程施工的永恒主题，是确保质量、进度及效益的核心要素。

二、监理单位安全管理风险分析

地铁施工涉及土方开挖、深基坑支护、盾构或爆破暗挖、起重吊装及安装拆卸工程、脚手架工程、钢支撑、管线改移等多种工程领域。武汉地铁建设更需要面临地下水、管涌、岩溶坍塌等不利地质条件，安全环节多，安全风险高。因此，如何保证安全生产是需要一整套机构、一整套制度、一整套监督管理体系作保证的。

1. 武汉地区工程及水文地质条件的多样性

武汉由于其所处的特殊地理位置，两江三镇位于长江三级阶地上，所处的工程及水文地质条件不同，进而对地铁施工提出了不同要求。

长江一级阶地分布于江河河床两岸的狭长地带，地层属于第四纪全新世（Q4），地层组合为典型的二元结构特征，上面以黏性土为主，下部为砂土、砾石、卵石组成的下粗上细的一套地层，基底多为基岩。该阶地水文地质条件复杂，常有多层地下水埋藏，浅部为上层滞水或潜水，下部砂层及砾卵石层中有承压水埋藏。由于该含水层紧邻江河，含水层中水与江河水有直接水力联系，因而具有较高的承压水头，且承压水渗流方向有垂直向上渗流的特点。

长江二级阶地分布在近河一级阶地外侧，地层时代属第四纪晚更新世（Q3），与一级阶地地层截然不连续，具有典型的二元结构组合特征，即上部为黏性土，下部为砂、卵砾石层，基底为基岩。该阶地水文地质条件较一级阶地简单，地下水埋藏类型多为潜水，赋存于粉土质土中，但水位较深，其与现代古河床无直接水力联系，因而承压水头不会太高。

长江三级阶地分布于一、二级阶地之外，是江河冲积平原最古老的组成部分，地层时代属于第四纪更新世（Q2），与二级阶地或一级阶地地层截然不连续，呈陡坎式接触，多被长期剥蚀成隆岗或波状平原。该阶地地层组合一般多以老黏性土为主，二元结构不明显，只在底部有碎石夹黏性土层。该阶地水文地质条件简单，老黏性土属于不透水非含水层，底部碎石夹黏土中相对富水，地铁施工过程中一般不需要考虑特殊地下水控制措施。三级阶地中的老古河道也具有二元结构的特征，下部砂、卵石层具有承压含水性，也存在涌水、管涌现象，但由于这类砂、卵石层属极密实土且砂中含黏粒很多，卵石呈半胶结状态，属弱透水层，对地铁施工影响不大。

武汉地铁施工贯穿长江三级阶地，主要遇到的风险有：

1）地表沉降

三级阶地第四纪松散覆盖层，由于具有承载力较低，压缩性较大等特点，在各种荷载的作用下，易产生压缩，引发有害变形，在地铁开挖之后容易产生地面沉降现象，且这种变形是持续的，对地铁结构的施工和支护都产生不利影响。

2）岩溶

武汉地铁施工穿基岩段，很多为岩溶地层，溶洞、岩溶裂隙发育，在地铁施工过程中，易引发岩溶塌陷、突水涌泥事故的发生。以武汉市轨道交通纸坊线（7 号线南延线）工程为例，该工程含 7 站 7 区间，有 5 个区间分布有岩溶，其中纸地区间岩溶发育更甚。以左线为例，该区间长度 2641 米，穿越岩溶段长度 1875 米，占 71%，根据勘探资料，共发现溶洞 151 个，圈定物探异常区 57 个，溶洞直径大于 6 米溶洞共 6 个，其中隧道洞身范围内溶洞 14 个，隧道顶板标高以上溶洞 107 个，隧道底板以下溶洞 30 个，各类溶洞由于充填情况、洞径大小、分布位置各异，对纸地区间地铁施工影响各不相同。为减小施工风险，确保施工安全，该区间采用矿山法暗挖施工方式进行开挖。

3）地下水

武汉市素有"百湖之市"美称，地下水主要受地表水（长江水、湖水）及大气降水的影响，因此，水位埋深普遍较高，一般埋深为 0.8~4.7 米左右。在地铁的沿线，地下水位一般高出基坑和隧道底板 16 米左右。

地下水的发育给地铁建设造成了非常不利的影响。地下水可以软化、侵蚀围岩及地铁衬砌结构，潜水及承压水可引发流砂及涌水，降水可引发地面沉降及建筑物破坏，地铁建成后使地下水径流环境遭到破坏等问题都非常显著。

2. 工程建设周围环境的复杂性

武汉地铁施工位于市区，地面道路密布，建筑物林立，地下管线密集，区间线路与既有道路、桥梁、建筑物、地下管线存在干扰成为常态，如何在确保地铁施工安全、可靠的条件下，不对外界生产、生活环境造成影响，协调好外部环境与地铁施工的关系，也是需要着重解决的问题。

3. 施工单位施工及管理风险

地铁建设由于其特殊性，均为地下结构，根据不同环境条件，采用明挖、暗挖或盾构法施工，工程结构复杂，施工难度大，施工方法多；由于处于地下环境，不可预见因素多，因此，施工单位的施工工艺和管理、操作水平成为影响地铁安全施工的重要因素。不同施工单位，其擅长的施工工艺不同，拥有的施工设备及对设备的操作技术水平不同，管理制度与管理水平差别很大，对一线作业人员的培训教育不足，安全意识不够，使得操作人员不熟悉、不了解安全规范、操作规程，经常出现三违现象的发生；在隐患发生时，未能及时发现，要求不严格，整改不到位，这些是造成地铁施工安全事故发生的重要原因。

4. 监理团队建设风险

地铁监理单位作为独立第三方，其应代表业主单位对施工单位做好管理与服务工作，其组织结构的健全与否，安全管理体系及制度的完善与否，服务水平与管理意识的高低，将对地铁施工过程中质量隐患、安全隐患的发现及整治起到关键作用。因此，监理团队应严格按照《建设工程安全生产管理条例》《建设工程监理规范》中明确的建设工程安全生产管理的内容、程序、责任，建立安全生产管理组织机构，确定岗位职责与管理制度，明确现场工作内容及安全生产管理工作措施，对重点部位、重点工程、重大风险应进行风险分析，并编制应急预案，做好安全生产管理工作。

三、风险应对措施

（1）针对武汉地铁建设中涉及的工程及水文地质条件风险，监理单位应在地铁项目开工前编制有针对性的监理规划和安全生产管理监理细则，其中：编制的监理规划应结合地铁工程实际情况，明确项目监理机构的工作目标，确定具体的监理工作制度、内容、程序、方法和措施。对专业性较强、危险性较大的分部分项工程，监理单位应根据建质〔2009〕87号文，要求施工单位在危险性较大的分部分项工程施工前编制专项方案；对超过一定规模的危险性较大的分部分项工程，施工单位还应当组织专家对专项方案进行论。同时，项目监理机构应结合危险性较大的分部分项工程的特点，编制监理实施细则，应明确其专业工程特点、监理工作流程、监理工作要点、监理工作方法及措施。监理实施细则应符合监理规划的要求，并应具有可操作性。

（2）针对工程建设周边环境的复杂性，应对周边环境进行系统梳理，对既有道路、桥梁、建筑物、地下管线的现状进行细致调查，制定安全、可行、经济的施工方案。

监理单位应严格审查施工单位提交的施工组织设计中的安全技术措施或专项施工方案，并由项目总监理工程师在有关技术文件报审表上签署意见；审查未通过的安全技术措施及专项施工方案不得实施。

监理工程师在审查施工组织设计中的安全技术措施时，应着重对施工单位安全组织机构和施工现场的安全管理体系、安全生产及安全文明施工管理制度、施工单位安全资质和特种作业人员操作证等进行审查。

对一般工程项目的专项施工方案和主要技术措施，监理单位应重点审查基坑支护和降水方案，土方开挖方案，模板工程及支撑体系方案，起重吊装及安装拆卸方案，脚手架搭拆方案，高空作业方案、施工现场临时用电方案和安全措施等内容。

（3）施工单位存在的施工及管理风险，主要发生在施工阶段，监理单位应通过有效的监理手段，监督施工单位按照施工组织设计中的安全技术措施和专项施工方案组织施工，及时制止违规、违章作业。根据《建设工程监理规范》（GB 50319—2013）要求，项目监理机构应根据建设工程监理合同约定，遵循动态控制原理，坚持预防为主的原则，制定和实施相应的监理措施，采用旁站、巡视和平行检验等方式对建设工程实施监理。这就要求监理单位应做到以下几点：

第一，地铁施工现场人员流动性大，工程进展动态变化，因此，监理单位应遵循动态控制原理，现场巡视中应检查上岗人员的上岗资格。同时，结合工程的动态变化，监理单位应做到事前审查施工组织设计中的安全技术措施或专项施工方案；事中，对工程现场各类制度、措施进行动态监理；事后，对存在安全隐患、施工作业不规范的行为按照监理规范进行整改、停工等控制，确保施工安全、质量安全。

第二，监理单位应切实履行自身的安全管理职责。对自身而言，应参加建设单位组织的图纸会审、设计交底会议、开工会议、安全生产专项检查等，并协助做好相关会议纪要，同时，应监督施工单位安全生产基本措施的落实情况，必要时，要求施工单位进行整改。

第三，监理单位应依照审查批准的施工方案定期、不定期对施工现场的施工机械、脚手架、模板、高空作业、临边临口等设施和安全设备进行专项检查，核查各种验收手续。

第四，监理单位应定期巡视检查施工过程中的危险性较大工程作业情况，对重要工序、关键部位进行全过程旁站监理。

第五，检查施工现场各种安全标志和安全防护措施是否符合强制性标准要求，并检查安全生产费用的投入及使用情况。

第六，监理单位对地铁施工现场发现的各类安全事故隐患，应书面通知施工单位，并督促其立即整改；情况严重的，监理单位应及时下达工程暂停令，要求施工单位停工整改，并同时报告建设单位；安全事故隐患消除后，监理单位应检查整改结果。施工单位拒不整改或不停工整改的，监理单位应及时向工程所在地建设主管部门或工程项目的行业主管部门报告。检查、整改、复查、报告等情况应有相关记录。

（4）针对监理团队建设风险，首先，应该根据地铁建设的特殊性，建立满足工作需要的安全生产管理组织机构，配备必要的安全管理人员，建立健全安全生产管理体系及安全生产管理工作制度，明确安全生产管理职责，以保证安全生产监督责任的落实。其次，监理单位要及时传达和布置安全生产的工作和检查内容，并对安全生产管理工作开展情况进行至少每月一次的例行检查或不定期检查，对于检查中发现的问题要求施工单位及时落实整改，并组织进行复查。最后，监理单位应注重团队建设，在建设工程安全生产管理过程中，应加强教育培训，提高监理人员素质、技术能力和管理水平，端正监理的工作态度和责任心，为确保地铁的安全顺利施工做好准备。

四、结论

本文对武汉地铁建设在安全生产管理方面存在的风险进行了分析和研究，得出了如下结论：

（1）武汉地铁建设在安全生产管理方面存在的风险因素，包括工程地质及水文地质风险、周围环境风险、施工单位施工及管理风险、监理团队建设风险四类。

（2）针对监理单位在武汉地铁建设安全生产管理方面存在的风险，详细分析了风险的类型、规模及存在的原因，从安全生产管理角度，提出相应的安全生产管理应对措施，通过风险预防、风险规避、风险分散、风险转移等处理措施，使风险损失对武汉地铁生产经营活动的影响降到最小限度。

（3）监理单位在武汉地区地铁建设遇到的相关安全生产管理问题，在类似的长江阶地地铁建设过程中也会遇到，风险类型及风险应对措施为其他同类型的地铁施工监理安全管理提供参考。

大跨度预应力空间钢管桁架穹形屋盖施工技术

中煤科工集团武汉设计研究院有限公司　陶春艳

摘　要：某体育馆工程为大跨度预应力空间钢管钢桁架结构，其主要承重构件为80米跨度的多品环向辐射钢管桁架，辐射桁架用圆环钢管桁架连接。工程跨度大，桁架纵横交错，杆件众多，施工复杂；屋盖结构自重大，对屋盖的挠度提出了严格的要求。分析预应力空间钢管钢桁架结构受力机理，研究了钢管桁架的拼接、吊装技术和预应力拉索的张拉方法，从而确定了屋盖结构的施工方案。

关键词：穹形屋盖；钢管桁架；预应力张拉；施工全过程

一、工程概况

某体育馆工程为大跨度预应力空间圆管钢桁架结构，屋盖为跨度80米的圆形平面，北侧局部切平并与跨度26米的矩形钢结构屋面相连。结构形式采用预应力张弦管桁架焊接钢结构，以圆心为基点间隔18°沿径向向外辐射，一侧支座为钢筋混凝柱，另一侧支撑在直径20米的刚性环桁架上；刚性环桁架上支撑凸起圆柱体平台，由20道辐射桁架汇集于中心直径4米的另一刚性环上。辐射张弦桁架之间设置环向支撑桁架，上弦设置屋面支撑。辐射张弦主桁架在混凝土柱上的支座采用成品减振、抗震球形可滑动铰支座，环向固定不可滑动。张弦索与刚性环连接节点、索与撑杆连接节点采用铸钢件，屋盖桁架最高点高度为28.60米。体育馆效果如图6-4所示。

二、屋盖结构工程的特点

（1）钢结构工程主要包括中心环形桁架、径向桁架及环向桁架组成。结构卸载后，靠内环承受压力，结构受力体系极其复杂。整个钢结构跨度80米，高度约29米。由于跨度、重量、结构尺寸、构件矢高都比较大，在组装和拼装过程中必须对刚度、稳定性、吊

图 6-4 体育馆效果图

点反力、挠度、杆件内力等进行施工验算，必要时需采取加固措施。

（2）杆件种类多，管桁架中大部分弦杆设计为弧形，对弦杆的弯管、弦杆、腹杆相贯线切割控制加工精度要求高，而杆件的制作质量直接影响到桁架的整体安装质量，因此，如何做好施工图纸的深化设计工作及确定先进、合理的加工方法、投入何种加工机械以确保本工程的制作质量是本工程实施的重点之一。

（3）桁架截面、长度变化较多，桁架拼装工作量大，拼装精度要求高。桁架拼装精度受拼装环境、胎架适用性及温度变化等多方面的影响。而桁架的拼装质量将直接影响到整个工程的质量。

（4）主桁架为辐射环向连接，次桁架以弧线为主，主桁架中段沿 20 米圆环上凸起，并由 20 道辐射桁架汇集在中心直径 4 米的另一刚性圆环上。对钢桁架、铰支座的相对位置、绝对位置、标高精度要求高，使得测量放线施工难度大，构件吊装时空间定位复杂，派生数据多，需要进行大量的计算和复核工作。

（5）相贯线焊接质量要求高。构件数量多，且构件单件性强，形状各异，钢管与钢管相贯节点的几何尺寸正确与否与相贯线切割的质量密切相关。制定切实可行的焊接工艺措施和切割措施，是保证焊接质量的重点。

三、现场构配件加工主要方法

1. 相贯口切割

相贯口切割是整个加工过程中的关键工序和质量控制重点。采用两台数控六轴管相贯线切割机进行相贯口切割，相贯曲面放样切割坡口在加工前利用 CAD/CAM 软件集成技术进行数字模拟放样，第一步建立管结构分析设计模型，第二步由管结构分析设计模型生成构件加工数据，输入到管相贯线切割机进行管件加工制作。

正式加工前应先进行预切割，达到相关技术要求后再进行正式切割，确保相贯曲面放样切割坡口的加工一次成型。

2. 弦管煨弯

管煨弯采用冷顶弯管的方法，相贯切割后，在管头定汇交线标记，采用大吨位卧式油压机及配套的内弧胎具固定在油压机杆端部，两侧固定管卡胎架，每根管件分别水平伸入顶管胎架中定位分节限量顶弯至要求的曲线，控制弓高精度，其过程实行监控。煨制同样定准管两端角度不同的相贯基准点，切割前更要定准基准点画出基准线。由于相贯单组节点管相贯管端多，管桁架管管组对节点拼装技术要求和精度非常高，极易发生管扭偏、坡口扭偏、坡口切大、轴线位移、煨管中间弯两端短直现象，会严重影响工程质量。因此需采取以下控制措施：针对进场管材，仔细查对质量保证资料，做好原始记录，并取样复检。管下料时按施工详图及规范严格查验。相贯基准点及相贯坡口加工精度的偏差，经实测实量偏差值与理论偏差值很小，在规范要求的范围内。因单管与多管相贯的管端复杂，有时发现相贯线切割尺寸在后续拼装组时出现相贯坡口角度超差，及时反馈了修改建模数据，再试验加工，经复查符合规范要求。

弯曲后，钢管直径变化不大于 3 毫米，壁厚变化不大于 1 毫米，曲率半径≤1% R，弯曲矢高≤±5 毫米，钢管表面不能出现折痕和凹凸不平的现象。

3. 抛丸除锈

本工程钢结构配件采用全自动立式抛丸机进行除锈。进行抛丸除锈时应注意，除锈区与喷涂区严格分开。虽然抛丸机有集尘设备，但是抛丸区空气中的固体颗粒含量仍然很高，如果不严格分开，固定颗粒会粘结在未干燥的漆膜表面，形成永久污染。

4. 涂装

采用水性无机富锌底漆进行构件涂装。涂装作业应在抛丸除锈后不超过 4 小时进行喷涂；喷枪不能覆盖的部位应用刷涂；喷涂角焊缝时，枪嘴不宜直对角部喷涂，应让扇形喷雾掠过角落，避免涂料在角部堆积而产生龟裂现象；表干后 2 小时内，要防止雨水冲刷；涂装好的构件应认真保护，避免践踏或其他污染；吊运过程中，防止钢丝绳拉伤涂层。

四、钢管桁架现场拼装技术

根据构件特征，本工程的屋面钢管桁架均在工厂进行切割、加工、涂装，散件出厂，在现场进行拼装，然后吊装。因此，拼装的质量直接影响到安装质量和精度，施工过程中必须采取有效措施保证拼装质量。

1. 拼装场地

钢结构进场后应在不同的施工阶段先后设若干个钢结构堆场、拼装场地。堆场及拼装场面积均为 20×30 平方米，吊装单元的拼装采用就近原则，以方便施工。拼装场地需要推平、夯实，上面铺设 200 毫米厚砂石后压实。拼装在胎架上进行，胎架设置的间距不大于腹杆的节间距，胎架需要找平找正。

2. 拼装机具

考虑到杆件单重较轻，构件外形小、体量大的特点，拼装吊机需具有良好的机动性能，故拼装吊机拟选用 1 台 8 吨汽车吊，1 台 25 吨汽车吊。

3. 胎架拼装

胎架的测量放线遵循"从整体到局部，先控制后施工"的测设原则，即将桁架上下弦上的每个支撑点由空间位置水平投影到地面上，并将其空间三维坐标在 Z 轴方向上转换到地面。采用全站仪在地面上分别测量出每个支撑胎架的位置。拼装过程中，测量放线应选用一台全站仪和两台经纬仪。

为确保构件拼装时的外形尺寸，拼装胎架必须严格按照设计尺寸进行设置。胎架放置在路基箱上，表面通过钢垫板找平。在胎架中心定位完毕后，胎架与路基箱及钢垫板焊接固定。拼装胎架的所用材料为槽钢。

4. 钢管桁架组拼焊接

1）焊接要求

桁架组装焊接采用 CO_2 气体保护焊和手工电弧焊两种方法：在工艺可行性好的情况下用 CO_2 气体保护焊；手工电弧焊可在任何场合使用，盖面用手工电弧焊。手工电弧焊用 $\phi4$ 毫米焊条进行底层和盖面层焊接，并控制焊接层间温度 110~150 ℃，做好焊接施工记录。焊接过程中，主导焊缝清渣、除飞溅物，发现缺陷及时用角磨砂轮打磨，除去缺陷。一个焊接节点焊完后应将焊缝区及焊接工作位置清理干净，转移到下一个焊接节点。

焊接后必须对焊缝质量进行外观检查，焊接厚度应符合图纸要求，不能漏焊，不能有裂纹、未融合、夹渣、焊瘤、咬边、烧穿、弧坑和针孔气孔等现象。出现以上问题，应及时进行返修。焊缝的焊波应均匀、平整、光滑，焊接区无飞溅物。

2）焊接工艺操作

（1）钢管的装配与焊接参数。施焊前应将管子坡口面两侧各 50 毫米表面上的油污、铁锈等污物清理干净，管子装配时的 V 型坡口面角度为 30°~35°，钝边为 1.2~2 毫米，跟部间隙为 1.2~2 毫米。

（2）焊接操作。固定管对接的装配及定位焊应满足以下要求：

①必须将管子对正，不应出现中心偏斜，一般施焊时先焊下部。为了补偿这部分焊接过程中所造成的上缩，应把管子的上部间隙放大 0.5~2.0 毫米，作为反变形量。

②由于定位焊缝易产生缺陷，因此对于直径较大的管子应尽可能不在坡口根部进行定位焊，而是利用肋板焊到管子外壁起定位作用。

如发现有裂纹、未焊透、夹渣、气孔等缺陷，必须铲平重焊。应彻底清除掉定位焊的焊渣、飞溅等，并将定位焊修磨成两头带缓坡的焊点。

5. 拼装变形控制措施

1）补偿焊接收缩量

由于焊口较多，焊缝金属填充量较大，因此，拼装过程中的焊接收缩量很大，必须在焊接之前加以补偿。

2）拼装技术保证措施

（1）焊接收缩量的补偿措施。在工厂进行无余量预组装，即杆件的下料长度不考虑焊缝根部间隙，此时的控制尺寸为设计尺寸；在吊装现场进行有余量拼装，即留有焊缝根部间隙。

（2）补偿加载挠度的技术措施。建模后，可以计算不同点处的挠度变形值，在整体拼装胎架搭设的过程中，将挠度补偿值加以考虑。

五、跨度80米的大型钢管桁架吊装施工技术

吊装施工示意图如图6-5所示。

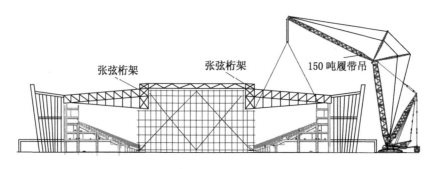

张弦桁架　　　　张弦桁架　　　　150吨履带吊

图6-5　吊装施工示意图

（1）施工准备。检查柱顶纵、横定位轴线，作为对位、校正的依据；抗震球形支座安装；确认主桁架支座安装精度；确认屋面主桁架的分段几何尺寸和分段重量；绑扎钢丝绳、高空用操作栏杆、安全绳。

（2）钢丝绳绑扎。根据桁架截面的几何特征和重心位置，确定钢丝绳绑扎点。钢丝绳绑扎在桁架上弦相贯节点处，绑扎时垫设橡胶块，防止钢丝绳损坏构件表面油漆。

（3）屋面主桁架的吊装。每榀主桁架应整体吊装，四点起吊，单机旋转就位。钢丝绳绑扎时，根据构件起重量在吊装钢丝绳上配备相应的手拉葫芦，在构件离地面1米左右后进行调平，以便吊装构件顺利就位。

（4）主桁架找正包括平面位置、垂直度和标高的找正。平面的找正在支座安装时完成。

（5）主桁架就位固定。第一榀主桁架安装就位、第二榀段主桁架就位后采用汽车吊或塔吊及时进行次桁架、支撑杆的安装就位及时与第一榀主拱桁架进行焊接固定。

（6）主桁架的组装和安装精度要求见表6-4。

表6-4　桁架的组装和安装精度

检查项目	允许偏差/mm	检查项目	允许偏差/mm
分段长度	0.0~+5.0	支座位置	±5.0
弯曲矢高	$L/2000$，10	标高	±5.0
扭曲	$H/250$，10	垂直度	$L/1000$
起拱度	−5.0~10	间距	±5.0

次桁架的吊装应配合主桁架的吊装进行。在主桁架的吊装过程中，采用另外汽车吊或塔吊进行次桁架的吊装。次桁架吊装单元结构的外形尺寸：最大约6米×3.0米，单件吊

装的计算重量均 1.0 吨以内。计划使用一台 25 吨汽车吊在站外及站内站位，完成吊装工作。

六、钢管桁架下弦预应力拉索安装与张拉技术

1. 张拉工艺

（1）预应力钢索张拉前标定张拉设备。根据设计提供的拉索预应力值，进行施工仿真计算，按照计算结果对径向拉索施加预应力。拉索预应力的施加采用分级对称的原则。预应力施加分 3 级，第 1 级施加 20%，第 2 级施加 100%，第 3 级对所有拉索进行微调（复核），使所有拉索张拉力符合设计要求。每次张拉 4 根拉索，因此选用 4 套张拉设备进行预应力张拉，即 8 台千斤顶，4 台油泵及相应的张拉工况等。根据设计和预应力工艺要求的实际张拉力对千斤顶、油压传感器进行标定。

由此标定曲线上找到控制张拉力值相对应的值，并将其计算打印成表格上，以方便操作和查验。

（2）张拉控制应力根据设计要求的预应力钢索张拉控制应力取值。

（3）预应力张拉采用双控，即控制拉索张拉力、伸长值及钢结构变形值。

预应力钢索张拉完成后，应立即测量校对。如发现异常，应暂停张拉，待查明原因，并采取措施后再继续张拉。

2. 张拉操作要点

张拉设备安装：由于工程张拉设备组件较多，因此在进行安装时必须小心安放，使张拉设备形心与钢索重合，以保证预应力钢索在进行张拉时不产生偏心。

在油泵启动供油正常后，开始加压，当压力达到钢索设计拉力时，超张拉 5% 左右，然后停止加压。张拉时，要控制给油速度，给油时间不应低于 0.5 分钟。

3. 张拉质量控制方法和要求

（1）桁架在支撑架上就位以后进行钢结构的尺寸复核检查，预应力张拉索力和伸长值根据复核后尺寸作适当调整。

（2）张拉力按标定的数值进行，用伸长值和压力传感器数值进行校核。

（3）认真检查张拉设备及与张拉设备相接的钢索，以保证张拉安全、有效。

（4）严格按照操作规程进行，控制给油速度，给油时间不应低于 0.5 分钟。

（5）张拉设备形心应与预应力钢索在同一轴线上。

七、结束语

通过对该施工技术的研究，成功解决了本工程的施工难题，圆满地完成了大跨度预应力空间斜拉弦圆管桁架穹形屋盖施工任务，为类似工程结构的施工提供了成功经验。

附录一　中国煤炭建设协会文件

中国煤炭建设协会文件

中煤建协字[2018] 90 号

关于公布 2017 年度煤炭行业工程监理与项目管理企业合同额、营业收入前 30 名及煤炭地质工程监理与项目管理企业合同额、营业收入前 5 名的通知

煤炭行业各工程监理企业：

根据 2017 年度煤炭行业工程监理与项目管理企业年报中主要经济指标分析，对 105 家监理企业的合同额及营业收入数据进行了统计汇总排序，现将 2017 年度煤炭行业工程监理与项目管理企业的合同额、营业收入前 30 名单位及煤炭地质工程监理与项目管理企业的合同额、营业收入前 5 名单位公布如下：

一、2017 年度煤炭行业工程监理与项目管理企业合同额排名（前 30 名）

1. 山西省煤炭建设监理有限公司
2. 山西煤炭建设监理咨询有限公司

3. 北京康迪建设监理咨询有限公司

4. 中煤邯郸中原建设监理咨询有限责任公司

5. 煤炭工业济南设计研究院有限公司

6. 江西同济建设项目管理股份有限公司

7. 安徽华东工程建设项目管理有限公司

8. 宁夏灵州工程监理咨询有限公司

9. 陕西建安工程监理有限公司

10. 山西诚正建设监理咨询有限公司

11. 中煤科工集团北京华宇工程有限公司

12. 河南工程咨询监理有限公司

13. 山西太行建设工程监理有限公司

14. 中煤科工集团重庆设计研究院有限公司

15. 河南兴平工程管理有限公司

16. 中煤科工集团武汉设计研究院有限公司

17. 贵州省煤矿设计研究院

18. 中赟国际工程股份有限公司

19. 西安煤炭建设监理中心

20. 中煤陕西中安项目管理有限责任公司

21. 安徽国汉建设监理咨询有限公司

22. 新疆天阳建筑工程监理有限责任公司

23. 山西中太工程建设监理公司

24. 神东监理有限责任公司

25. 煤炭工业合肥设计研究院有限责任公司

26. 兖矿长城建设监理有限公司

27. 黑龙江恒远工程管理有限公司

28. 山西潞安工程项目管理有限责任公司

29．辽宁诚信建设监理有限责任公司

30．大同宏基工程项目管理有限责任公司

二、2017 年度煤炭行业工程监理与项目管理企业营业收入排名(前 30 名)

1．山西省煤炭建设监理有限公司

2．煤炭工业济南设计研究院有限公司

3．安徽华东工程建设项目管理有限公司

4．北京康迪建设监理咨询有限公司

5．西安煤炭建设监理中心

6．安徽国汉建设监理咨询有限公司

7．山西煤炭建设监理咨询有限公司

8．中煤陕西中安项目管理有限责任公司

9．中煤科工集团重庆设计研究院有限公司

10．陕西建安工程监理有限公司

11．中煤邯郸中原建设监理咨询有限责任公司

12．宁夏灵州工程监理咨询有限公司

13．江西同济建设项目管理股份有限公司

14．神东监理有限责任公司

15．山西诚正建设监理咨询有限公司

16．河南兴平工程管理有限公司

17．煤炭工业合肥设计研究院有限责任公司

18．中煤科工集团武汉设计研究院有限公司

19．中赟国际工程股份有限公司

20．河南工程咨询监理有限公司

21．唐山开滦工程建设监理有限公司

22．中煤科工集团北京华宇工程有限公司

23．大同宏基工程项目管理有限责任公司

24．山西中太工程建设监理公司

25．兖矿长城建设监理有限公司

26．辽宁诚信建设监理有限责任公司

27．山西蓝焰煤层气工程研究有限责任公司

28．山西太行建设工程监理有限公司

29．兰州煤矿设计研究院

30．贵州省煤矿设计研究院

三、煤炭地质工程监理与项目管理企业的合同额排名(前 5 名)

1．山东省煤田地质规划勘察研究院

2．邯郸中煤华盛地质工程监理有限责任公司

3．中煤地质工程总公司

4．陕西煤田地质项目管理有限公司

5．邢台光华煤炭工程监理有限公司

四、煤炭地质工程监理与项目管理企业的收入排名(前 5 名)

1．山东省煤田地质规划勘察研究院

2．陕西煤田地质项目管理有限公司

3．河南省煤炭地质勘察研究总院

4．邯郸市金地地矿资源综合开发利用咨询有限公司

5．中陕核工业集团监理咨询有限公司

中国煤炭建设协会
2018 年 8 月 20 日

中国煤炭建设协会文件

中煤建协字[2018] 91 号

关于表彰煤炭行业先进监理企业，优秀企业负责人、技术
负责人、总监理工程师、监理工程师、十佳
监理部和监理工作成果的通知

煤炭行业各工程监理企业：

　　为提高煤炭行业监理企业业务水平，鼓励监理企业管理创新，进一步发挥监理工作在工程建设中的作用，根据中国煤炭建设协会《关于开展2016-2017年度煤炭行业先进监理企业，优秀企业负责人、技术负责人、总监理工程师、监理工程师、十佳监理部和监理工作成果评选的通知》（中煤建协字[2017] 93 号），在各监理企业自愿申报的基础上，经协会组织专家评审和现场考查，共评选出中煤科工集团北京华宇工程有限公司等20家单位为煤炭行业先进监理企业（见附件1），苏锁成等8位同志为煤炭行业监理企业优秀负责人（见附件2），彭善友等8位同志为煤炭行业监理企业优秀技术负责人（见附件3），张世民等59位同志为煤炭行业优秀总监理工程师（见附件4），王颖杰等74位同志为煤炭行业优秀监理工程师（见附件5），中煤科工集团北

京华宇工程有限公司的"太原市轨道交通 2 号线一期工程土建施工监理 JLTJ-207 标段监理部"等 15 个监理部为煤炭行业十佳监理部（见附件 6），中煤科工集团重庆设计研究院有限公司的"广州省天然气管网二期工程南坦海盾构项目监理工作总结"等 12 项监理工作成果为煤炭行业优秀监理工作成果（见附件 7）。现对上述先进单位、个人和监理工作成果等予以表彰。

希望各受表彰的工程监理企业、监理部和个人再接再励，为煤炭行业工程监理工作做出新的、更大的贡献。

附件：

1. 煤炭行业先进监理企业（20 家）

2. 煤炭行业监理企业优秀负责人（8 人 ）

3. 煤炭行业监理企业优秀技术负责人（8 人 ）

4. 煤炭行业优秀总监理工程师 （59 人）

5. 煤炭行业优秀监理工程师（74 人）

6. 煤炭行业十佳监理部（15 家）

7. 煤炭行业优秀监理工作成果（12 项）

中国煤炭建设协会网址：www.cncca.org.cn

中国煤炭建设协会

2018 年 8 月 16 日

附件 1

煤炭行业先进监理企业（20 家）

（排序不分先后）

1. 中煤科工集团北京华宇工程有限公司
2. 中煤中原（天津）建设监理咨询有限公司
3. 中煤科工集团重庆设计研究院有限公司
4. 山西省煤炭建设监理有限公司
5. 山西煤炭建设监理咨询有限公司
6. 山西太行建设工程监理有限公司
7. 大同宏基工程项目管理有限责任公司
8. 山西诚正建设监理咨询有限公司
9. 辽宁诚信建设监理有限责任公司
10. 煤炭工业合肥设计研究院有限责任公司
11. 江西同济建设项目管理股份有限公司
12. 煤炭工业济南设计研究院有限公司
13. 山东省煤田地质规划勘察研究院
14. 河南兴平工程管理有限公司
15. 河南工程咨询监理有限公司
16. 贵州省煤矿设计研究院
17. 西安煤炭建设监理中心
18. 陕西建安工程监理有限公司
19. 中煤陕西中安项目管理有限责任公司
20. 宁夏灵州工程监理咨询有限公司

附件 2

煤炭行业监理企业优秀负责人（8 人）

（排序不分先后）

1. 山西省煤炭建设监理有限公司　苏锁成
2. 山西煤炭建设监理咨询有限公司　陈怀耀
3. 山西诚正建设监理咨询有限公司　刘万江
4. 山西太行建设工程监理有限公司　任山增
5. 中煤科工集团重庆设计研究院有限公司　汪　平
6. 河南兴平工程管理有限公司　洪　源

7. 陕西建安工程监理有限公司　刘继岗
8. 中煤陕西中安项目管理有限责任公司　陈　彤

附件 3

煤炭行业监理企业优秀技术负责人（8 人）

（排序不分先后）

1. 中煤科工集团重庆设计研究院有限公司　彭善友
2. 山西省煤炭建设监理有限公司　杨海平
3. 山西煤炭建设监理咨询有限公司　韩冠军
4. 山西太行建设工程监理有限公司　延晋阳
5. 山西诚正建设监理咨询有限公司　吕保金
6. 河南兴平工程管理有限公司　刘自鑫
7. 中煤陕西中安项目管理有限责任公司　赵　雄
8. 宁夏灵州工程监理咨询有限公司　俱宪军

附件 4

煤炭行业优秀总监理工程师（59 人）

（排序不分先后）

1. 中煤科工集团北京华宇工程有限公司　张世民、张洪新、杨迎旗
2. 中煤科工集团重庆设计研究院有限公司　彭善友
3. 山西省煤炭建设监理有限公司　赵春阳、苏新瑞、崔科斌、张云奎、崔忠义、刘建平　孟旭东、曹永录
4. 山西煤炭建设监理咨询有限公司　孟维民、展永春、张书林、张学军、郭志军、杨怀献
5. 山西太行建设工程监理有限公司　赵喜云、刘志慧、潘瑞金、王河瑞
6. 山西诚正建设监理咨询有限公司　赵瑞平、姚旭跃、张乃军、刘青槐、李鹏飞、李仁智、杜建平、丁三有、王宝明、聂新明
7. 山西华台煤田地质新技术中心　席建福
8. 江西同济建设项目管理股份有限公司　黄建华、叶群辉、高述敏、刘天斌
9. 煤炭工业合肥设计研究院有限责任公司　陈安松
10. 安徽华东工程建设项目管理有限公司　李延来
11. 煤炭工业济南设计研究院有限公司　于鲁文、王奎栋
12. 河南工程咨询监理公司　张家勋、张延军、夏学红、陈　帅、张　永、席立群
13. 中煤陕西中安项目管理有限责任公司　李汝明、楚念明、许　飞、乔　佳、黄　展

14. 陕西建安工程监理有限公司　袁田发
15. 西安煤炭建设监理中心　罗　旭、吴成民、王生海、李宗辉
16. 宁夏灵州工程监理咨询有限公司　王颖东、赵世立

附件 5

煤炭行业优秀监理工程师（74 人）

（排序不分先后）

1. 中煤科工集团北京华宇工程有限公司　王颖杰、由月辉、王春生、李云旭、
李鑫喆、闫　福、焦　杰、韩敬东
2. 山西煤炭建设监理咨询有限公司　赵存寿、张宏伟、刘合吉、阎志强、孙国柱、
裴建忠、赵永富、程　珮
3. 山西诚正建设监理咨询有限公司　李建华、程连根、于亚楠、牛金星、翟国星、
姜　波、高宇捷、郑文平、郑　江、康文亭、
贾志勇、荆　霄
4. 大同宏基工程项目管理有限责任公司　龚玉宏、武　君、刘宏伟、杨　成
5. 山西太行建设工程监理有限公司　袁旭青、王　健、苏德香、杨孝卫
6. 徐州大屯工程咨询有限公司　程　勇、张广义、张正海
7. 煤炭工业合肥设计研究院有限责任公司　张兴春、芺海波、鲍士阔、刘　剑、
邹亚臣、周瑞军
8. 江西同济建设项目管理股份有限公司　张明桂、孙百南、何水根、左仁辉
9. 煤炭工业济南设计研究院有限公司　薛善冶
10. 河南工程咨询监理有限公司　常攀峰
11. 贵州省煤矿设计研究院　李朝阳、周成华、魏振富
12. 西安煤炭建设监理中心　王新峁、田亮亮、张佳佳、田　霖、李娅芬、尹利海、
王成俊
13. 中煤陕西中安项目管理有限责任公司　贾耀非、汤　宝、李嘉喜、龚　平
马浩浩、巩燕平、武　博、南剑飞
14. 宁夏灵州工程监理咨询有限公司　姜振东、张　革、张　旭、田进忠

附件 6

煤炭行业十佳监理部（15 家）

（排序不分先后）

1. 山西诚正建设监理咨询有限公司——山西平舒煤业有限公司翟下庄煤矿分区风井
工程监理部

2. 山西太行建设工程监理有限公司——晋煤集团寺河煤矿二号井新建 3.0 Mt/a 选煤厂项目监理部

3. 陕西建安工程监理有限公司——陕西榆林小保当煤矿建设项目监理部

4. 中煤中原（天津）建设监理咨询有限公司——西安市地铁四号线车站设备安装及装修工程监理部

5. 中煤陕西中安项目管理有限责任公司——贵州林华矿井（二期）工程监理部

6. 宁夏灵州工程监理咨询有限公司——银川市德丰大厦工程监理部

7. 山西省煤炭建设监理有限公司——山西垚志达煤业有限公司 1.2 Mt/a 兼并重组整合项目监理部

8. 山西煤炭建设监理咨询有限公司——晋中市华都 2#商务楼工程监理部

9. 西安煤炭建设监理中心——陕西澄合山阳煤矿建设项目监理部

10. 徐州大屯工程咨询有限公司——上海大屯能源徐庄煤矿西风井工程监理部

11. 中煤科工集团北京华宇工程有限公司——太原市轨道交通 2 号线一期工程 JLTJ-207 标段土建工程监理部

12. 中煤陕西中安项目管理有限责任公司——陕西西咸新区沣东新城三桥新街 B 段综合管廊工程监理部

13. 河南工程咨询监理有限公司——河南煤炭储备交易中心有限公司鹤壁园区 EPC 项目监理部

14. 河南兴平工程管理有限公司——河南平顶山天安煤业股份有限公司六矿三水平工程监理部

15. 江西同济建设项目管理股份有限公司——萍乡市蚂蟥河综合整治及山下内涝区整治工程监理部

附件 7

煤炭行业优秀监理工作成果（12 项）

（排序不分先后）

1. 中煤科工集团北京华宇工程有限公司——太原二号线一期工程土建施工监理 207 标段钟府明挖区间注浆封底工程监理工作总结

2. 山西诚正建设监理咨询有限公司——新疆国泰新华一期项目 2×350 MW 动力站挤扩支盘桩施工监理工作总结

3. 中煤科工集团重庆设计研究院有限公司——广东省天然气管网二期工程南坦海盾构项目监理工作总结

4. 山西太行建设工程监理有限公司——装配式建筑工程一运盛生产调度楼工程监理工作总结

5. 煤炭工业合肥设计研究院有限责任公司——中国书法大厦工程监理工作总结

6. 煤炭工业合肥设计研究院有限责任公司——赤道几内亚吉布劳水电站输变电二期

项目设备监造工作总结

7. 煤炭工业济南设计研究院有限公司——兖煤万福能源有限公司万福煤矿选煤厂建设工程监理规划

8. 中煤陕西中安项目管理有限责任公司——混凝土框架-核心筒结构加固监理总结

9. 中煤陕西中安项目管理有限责任公司——张家峁煤矿采煤工作面帷幕注浆监理工作总结

10. 中煤中原（天津）建设监理咨询有限责任公司——盾构机硬推过锚索施工监理工作总结

11. 宁夏灵州工程监理咨询有限公司——超高层建筑监理工作方法的探索

12. 宁夏灵州工程监理咨询有限公司——"监理信息化管理平台"在监理工作中的应用

中国煤炭建设协会文件

中煤建协字[2018]95号

关于公布"煤炭建设监理30年体育活动"
比赛结果的通知

各有关单位：

为庆祝煤炭建设监理30年，展示煤炭监理人风采，展现各企业的团队精神，中国煤炭建设协会组织、山西省煤炭建设监理有限公司主办，在山西省太原市举办了煤炭建设监理30年羽毛球和乒乓球比赛，来自11个煤炭建设监理企业的82名人员参加了比赛。比赛期间参赛人员努力拼搏，发扬了"友谊第一，比赛第二"的精神，赛出了水平、赛出了风格，相互学习，并取得了良好的成绩，现将获得一、二、三等奖的名单公布如下，以此鼓励。希望今后煤炭建设监理各企业积极组织人员参加体育活动，以饱满的精神状态投入到未来的煤炭建设监理与项目管理工作中，为煤炭建设监理事业的发展做出贡献。

一、羽毛球比赛

1. 羽毛球比赛第一名

女子单打：石致力 （河北德润工程项目管理有限公司）

女子双打：田继芝 王秀莲 （山西诚正建设监理咨询有限公司）

男子单打：邱伟 （山西省煤炭建设监理有限公司 ）

男子双打：刘翔洲　胡晓佳　（山西诚正建设监理咨询有限公司）

混合双打：陆晋湘　邱伟　（山西省煤炭建设监理有限公司　）

2. 羽毛球比赛第二名

女子单打：刘昌兰　　　　　（山西省煤炭建设监理有限公司　）

女子双打：侯轶　李沁芸　（中煤科工集团重庆设计研究院有限公司）

男子单打：李永明　　　　（陕西建安工程监理有限公司）

男子双打：范欣　兰树国　（中煤中原（天津）工程监理有限公司）

混合双打：石致力　郭昱辉　（河北德润工程项目管理有限公司）

3. 羽毛球比赛第三名

女子单打：侯轶　（中煤科工集团重庆设计研究院有限公司）

女子双打：刘君兰　陆晋湘　　（山西诚正建设监理咨询有限公司）

男子单打：范欣　（中煤中原（天津）工程监理有限公司）

男子双打：裴常灵　赵文聪　（山西诚正建设监理咨询有限公司）

混合双打：马婧　刘强　　（中煤科工集团北京华宇工程有限公司）

二、乒乓球比赛

1. 乒乓球球比赛第一名

女子单打：马予美　（山西省煤炭建设监理有限公司　）

男子单打：高磊　（山西诚正建设监理咨询有限公司）

男子双打：刘万江　高磊　　（山西诚正建设监理咨询有限公司）

混合双打：马金大　王秀莲　　（山西诚正建设监理咨询有限公司

混合团体：山西诚正建设监理咨询有限公司一队

2. 乒乓球球第二名

女子单打：王秀莲　（山西诚正建设监理咨询有限公司）

男子单打：茹国潮　（山西省煤炭建设监理有限公司）

男子双打：马金大　吕保金　　（山西诚正建设监理咨询有限公司）

混合双打：胡宏安 李亚梅 （山西诚正建设监理咨询有限公司）

混合团体：山西省煤炭建设监理有限公司

3. 乒乓球球第三名

男子单打：闫记文 （山西省煤炭建设监理有限公司）

男子双打：闫记文 茹国潮 （山西省煤炭建设监理有限公司 ）

女子单打：韩笑炎 （山西省煤炭建设监理有限公司 ）

混合双打：闫记文 马予美 （山西煤炭建设监理咨询有限公司）

混合团体：山西诚正建设监理咨询有限公司二队

中国煤炭建设协会

2018 年 8 月 20 日

中国煤炭建设协会文件

中煤建协字[2018]96 号

关于授予 10 位人员"中国煤炭建设监理 30 年风采人物"称号的通知

各有关单位:

　　煤炭行业是我国最早实施监理制度的行业之一,煤炭建设监理是保障煤矿安全生产的基础性工作,在保障工程质量、控制建设工期、提高投资效益方面发挥了重要作用。煤炭建设监理制度从 1988 年试点至今已走过 30 年的发展历程。值此 30 年之际,为纪念煤炭建设监理从无到有和改革发展的巨大成就,表彰为煤炭建设监理事业做出突出贡献的优秀工作人员,中国煤炭建设协会在广泛征求会员单位意见的基础上,经认真评议,决定授予秦佳之等 10 位人员"中国煤炭建设监理 30 年风采人物"称号,名单如下:

秦佳之	煤炭工业济南设计研究院有限公司	总经理
张百祥	陕西中安项目管理有限公司	原总经理
苏锁成	山西省煤炭建设监理公司	总经理
李建业	山西煤炭建设监理公司	原总经理
高明德	淮北市淮武工程建设监理有限公司	原总经理

杨振侠	中煤地质工程总公司	原总经理
徐光武	中煤设备工程监理公司	原总经理
于柏林	神东监理公司	原总经理
张家勋	河南工程监理咨询公司	总工程师
龙祖根	贵州省煤矿设计研究院有限公司	总经理

希望以上风采人物积极发挥引领示范作用，再接再厉，为开创煤炭建设监理行业新局面做出更大的贡献，同时也希望从事煤炭建设监理的单位和个人以他们为榜样，将学习先进，争当先进融入到工作中，努力开拓新局面，创造新业绩，为煤炭建设监理再立新功。

中国煤炭建设协会

2018 年 8 月 20 日

附录二　全国煤炭建设监理三十年羽毛球乒乓球比赛照片选集

参赛代表队

比赛合影

羽毛球混双比赛现场

羽毛球男单比赛现场

羽毛球男单比赛现场

羽毛球男单比赛现场

羽毛球男单比赛现场

羽毛球女单比赛现场

羽毛球男双比赛现场

乒乓球女单比赛现场

乒乓球女单比赛现场

乒乓球男单比赛现场

乒乓球男单比赛现场

乒乓球男单比赛现场

乒乓球女双比赛现场

乒乓球比赛集体合影

附录三　山西省煤炭建设监理有限公司风采

山西省煤炭建设监理有限公司主要从事矿山建设、房屋建筑、市政、机电安装、水利水保、环境、地质勘探、人防工程等监理业务，并协助山西省煤炭工业厅组织山西省煤矿安全质量标准化验收工作。公司成立至今，先后监理项目1000余个，遍布山西、内蒙古、新疆、青海、贵州、海南、浙江等省份，并于2013年走出国门，进驻刚果（金）市场。为实现企业的可持续发展，公司实施了"以监理为主业，多元化发展、多渠道创收"的战略，目前已成立并投资控股四个公司：山西蓝源成环境监测有限公司、山西锁源电子科技有限公司、山西美信工程监理有限公司、山西兴煤投资有限公司。

团结奋进的公司领导班子

山西蓝源成环境监测有限公司

山西蓝源成环境监测有限公司是山西省煤炭工业厅直属的山西省煤炭建设监理有限公司的控股企业，成立于2015年6月，是一家专业从事环境及相关领域内检验检测工作的第三方专业化机构。公司获得了山西省质量技术监督局颁发的检验检测机构资质认定证书和山西省环保厅颁发的山西省环境监测资格证书，并通过了质量管理、环境管理、职业健康安全管理体系认证。

山西美信工程监理有限公司

山西美信工程监理有限公司是山西省唯一一家专业从事煤炭行业信息系统监理服务的公司。在山西省煤炭监管信息平台项目建设中，承揽了该项目建设的项目管理业务，并承担了全省近11个地市、县的煤炭监管信息平台项目建设的监理服务，均获好评。

信息系统工程监理单位证书

经审核，确认山西美信工程监理有限公司的信息系统工程监理单位等级为乙级，特颁此证。

证书编号：JL140020180145
查询网址：www.ceca.org.cn
发证日期：二〇一八年 五 月 十八 日
有效日期：二〇二〇年 十二 月 三十一 日止
发证机构：中国电子企业协会

ISCCC
信息安全服务资质认证证书

证书编号：ISCCC-2016-ISV-RA-150

兹证明

山西美信工程监理有限公司

的**信息安全风险评估**服务资质符合

ISCCC-ISV-C01:2017《信息安全服务 规范》

二级服务资质要求。

中国信息安全认证中心

中国·北京·朝外大街甲10号（100020）　　www.isccc.gov.cn

301281

山西锁源电子科技有限公司

山西锁源电子科技有限公司是由山西省煤炭建设监理有限公司和山西锁源电子科技有限公司共同投资组建，集科研开发、工程安装、售后服务于一体的高新技术企业。公司主要服务于以安全监管为核心的政府行业管理和以管控一体化为核心的企业信息化应用两个领域。产品分为政府煤炭行业监管、集团企业可视化协同调度指挥、数字化矿山管控一体化三大系列。

山西兴煤投资有限公司

　　山西兴煤投资有限公司是由山西省煤炭建设监理有限公司和忻州市安泰煤炭资产经营有限责任公司共同投资组建。公司以自有资金对忻州市国贸商务中心项目进行投资。

　　山西兴煤投资有限公司目前投资建设山西兴煤商用写字综合楼。项目总建筑面积 4.2 万平方米，1.4 万平方米商业、1.8 万平方米写字楼，1 万平方米地下两层停车场、1 万平方米地面可延展停车位，位于忻州市忻府区七一北路西，"七四五一"主要工程雁门大道（忻州市城市建设规划南北中轴线）北。

监理业绩：

山西省煤炭建设监理有限公司监理的国投昔阳能源有限责任公司90万吨/年白羊岭煤矿兼并重组
整合工程与选煤厂工程，2013年12月获中国煤炭建设协会"太阳杯"奖

山西省煤炭建设监理有限公司监理的山西霍州煤电集团吕临能化庞庞塔煤矿
选煤厂主厂房钢结构工程，2016年12月获中国煤炭建设协会"太阳杯奖"

山西省煤炭建设监理有限公司监理的兰亭御湖城住宅小区工程，227418平方米，2016年8月荣获
中国煤炭建设协会颁发的"十佳项目监理部"、2012年1月获太原市住房和城乡建设委员会
"2011年度太原市建筑施工安全质量标准化优良基地"

山西省煤炭建设监理有限公司监理的山西潞安屯留矿阎庄进风、回风立井井筒工程与山西
潞安屯留煤矿主井井筒工程，2009年12月获中国煤炭建设协会"太阳杯"奖

山西省煤炭建设监理有限公司监理的山投恒大青运城，建筑面积442346.8平方米

山西省煤炭建设监理有限公司监理的山西霍尔辛赫煤业年产 300 万吨矿建工程

山西省煤炭建设监理有限公司监理的山西潞安高河矿井工程（矿井地面土建及安装工程），
2012 年 12 月获中国煤炭建设协会"太阳杯"奖，2013 年 12 月获
中华人民共和国住房和城乡建设部"鲁班奖"

山西省煤炭建设监理有限公司监理的山西煤炭大厦，建筑面积26512平方米，地下四层，地上25层。1999年度获山西省"汾水杯"奖，2000年度获中国建筑工程"鲁班"奖

山西省煤炭建设监理有限公司监理的山西煤炭运销集团泰山隆安煤业有限公司
1200万吨/年矿井兼并重组整合项目，2014年11月获国家优质工程奖

山西省煤炭建设监理有限公司监理的太原煤气化龙泉矿井年产500万吨矿建工程
（矿建及设备购安工程），2012年11月获全国煤炭行业双十佳项目监理部

山西省煤炭建设监理有限公司监理的同煤浙能集团麻家梁煤矿年产1200万吨
矿建工程（矿井及井巷采区建设）

山西省煤炭建设监理有限公司监理的西山晋兴能源斜沟煤矿1500万吨选煤厂工程

山西省煤炭建设监理有限公司监理的刚果（金）SICOMINES 铜钴矿采矿工程（采场及排土场内采剥工程、地质勘探工程、测量工程、边坡工程、疏干排水工程及其他零星工程）

山西潞安矿业（集团）有限责任公司李村矿井含选煤厂工程环境监理